"十二五"国家重点图书出版规划项目

中国土系志
Soil Series of China

总主编　张甘霖

辽　宁　卷
Liaoning

王秋兵　韩春兰　孙福军　孙仲秀　著

科学出版社

北　京

内 容 简 介

《中国土系志·辽宁卷》记述了科技部国家科技基础性工作专项"我国土系调查与《中国土系志》编制"项目得到的辽宁省的151个土系。在对辽宁省典型土壤类型调查的基础上,自上而下确定了各土壤的土壤系统分类层次归属。全书分上、下两篇,为土系用户提供了系统、全面、翔实的科学数据。上篇重点阐述辽宁省自然概况、成土环境和主要土壤诊断特征的表现;下篇全面记述各土系所处的景观位置、形成环境、土壤剖面形态特征、基本理化性质及其变幅特征、生产性能、相邻土系比较,并与全国第二次土壤普查时划分出的土种进行了参比。

本书可供从事土壤肥料、农业农村、自然资源、生态环境、城乡规划等与土壤学相关的专业领域的科研与工程技术人员、高等院校师生及生产经营管理工作者参考。

审图号:辽S(2019)018号

图书在版编目(CIP)数据

中国土系志. 辽宁卷 / 张甘霖主编;王秋兵等著. —北京:科学出版社,2020.7

"十二五"国家重点图书出版规划项目

ISBN 978-7-03-063983-7

Ⅰ.①中… Ⅱ.①张… ②王… Ⅲ.①土壤地理-中国②土壤地理-辽宁 Ⅳ.①S159.2

中国版本图书馆CIP数据核字(2019)第287656号

责任编辑:胡 凯 周 丹 沈 旭/责任校对:杨聪敏
责任印制:师艳茹/封面设计:许 瑞

科 学 出 版 社 出版
北京东黄城根北街16号
邮政编码:100717
http://www.sciencep.com
中国科学院印刷厂 印刷
科学出版社发行 各地新华书店经销
*
2020年7月第 一 版 开本:787×1092 1/16
2020年7月第一次印刷 印张:26 1/2
字数:628 000
定价:368.00元
(如有印装质量问题,我社负责调换)

《中国土系志》编委会顾问

孙鸿烈　赵其国　龚子同　黄鼎成　王人潮
张玉龙　黄鸿翔　李天杰　田均良　潘根兴
黄铁青　杨林章　张维理　郧文聚

土系审定小组

组　长　张甘霖

成　员（以姓氏笔画为序）

王天巍　王秋兵　龙怀玉　卢　瑛　卢升高
刘梦云　李德成　杨金玲　吴克宁　辛　刚
张凤荣　张杨珠　赵玉国　袁大刚　黄　标
常庆瑞　麻万诸　章明奎　隋跃宇　慈　恩
蔡崇法　漆智平　翟瑞常　潘剑君

《中国土系志》编委会

主　编　张甘霖

副主编　王秋兵　李德成　张凤荣　吴克宁　章明奎

编　委（以姓氏笔画为序）

王天巍	王秋兵	王登峰	孔祥斌	龙怀玉
卢　瑛	卢升高	白军平	刘梦云	刘黎明
李　玲	李德成	杨金玲	吴克宁	辛　刚
宋付朋	宋效东	张凤荣	张甘霖	张杨珠
张海涛	陈　杰	陈印军	武红旗	周　清
赵　霞	赵玉国	胡雪峰	袁大刚	黄　标
常庆瑞	麻万诸	章明奎	隋跃宇	董云中
韩春兰	慈　恩	蔡崇法	漆智平	翟瑞常
潘剑君				

《中国土系志·辽宁卷》作者名单

主要作者　王秋兵　韩春兰　孙福军　孙仲秀

参编人员（以姓氏笔画为序）

马志强	幺欣欣	王天豪	王丹丹	王晓磊
王雪娇	王晶媚	王燕平	卢望舒	白晨辉
边振兴	邢冬蕾	刘杨杨	齐向宇	安海娇
孙忠戈	李岩	李甄	杨茜	杨武成
张庆杰	张寅寅	邵帅	荣雪	施德志
姚振都	贾树海	顾欣燕	郭月	席江勇
陶静	崔东	蒋卓东	冀者	

丛 书 序 一

  土壤分类作为认识和管理土壤资源不可或缺的工具，是土壤学最为经典的学科分支。现代土壤学诞生后，近 150 年来不断发展，日渐加深人们对土壤的系统认识。土壤分类的发展一方面促进了土壤学整体进步，同时也为相邻学科提供了理解土壤和认知土壤过程的重要载体。土壤分类水平的提高也极大地提高了土壤资源管理的水平，为土地利用和生态环境建设提供了重要的科学支撑。在土壤分类体系中，高级单元主要体现土壤的发生过程和地理分布规律，为宏观布局提供科学依据；基层单元主要反映区域特征、层次组合以及物理、化学性状，是区域规划和农业技术推广的基础。

  我国幅员辽阔，自然地理条件迥异，人类活动历史悠久，造就了我国丰富多样的土壤资源。自现代土壤学在中国发端以来，土壤学工作者对我国土壤的形成过程、类型、分布规律开展了卓有成效的研究。就土壤基层分类而言，自 20 世纪 30 年代开始，早期的土壤分类引进美国 C. F. Marbut 体系，区分了我国亚热带低山丘陵区的土壤类型及其续分单元，同时定名了一批土系，如孝陵卫系、萝岗系、徐闻系等，对后来的土壤分类研究产生了深远的影响。

  与此同时，美国土壤系统分类（soil taxonomy）也在建立过程中，当时 Marbut 分类体系中的土系（soil series）没有严格的边界，一个土系的属性空间往往跨越不同的土纲。典型的例子是迈阿密（Miami）系，在系统分类建立后按照属性边界被拆分成为不同土纲的多个土系。我国早期建立的土系也同样具有属性空间变异较大的情形。

  20 世纪 50 年代，随着全面学习苏联土壤分类理论，以地带性为基础的发生学土壤分类迅速成为我国土壤分类的主体。1978 年，中国土壤学会召开土壤分类会议，制定了依据土壤地理发生的《中国土壤分类暂行草案》。该分类方案成为随后开展的全国第二次土壤普查中使用的主要依据。通过这次普查，于 20 世纪 90 年代出版了《中国土种志》，其中包含近 3000 个典型土种。这些土种成为各行业使用的重要土壤数据来源。限于当时的认识和技术水平，《中国土种志》所记录的典型土种依然存在"同名异土"和"同土异名"的问题，代表性的土壤剖面没有具体的经纬度位置，也未提供剖面照片，无法了解土种的直观形态特征。

  随着"中国土壤系统分类"的建立和发展，在建立了从土纲到亚类的高级单元之后，建立以土系为核心的土壤基层分类体系是"中国土壤系统分类"发展的必然方向。建立我国的典型土系，不但可以从真正意义上使系统完整，全面体现土壤类型的多样性和丰富性，而且可以为土壤利用和管理提供最直接和完整的数据支持。

在科技部国家科技基础性工作专项项目"我国土系调查与《中国土系志》编制"的支持下，以中国科学院南京土壤研究所张甘霖研究员为首，联合全国二十多所大学和相关科研机构的一批中青年土壤科学工作者，经过数年的努力，首次提出了中国土壤系统分类框架内较为完整的土族和土系划分原则与标准，并应用于土族和土系的建立。通过艰苦的野外工作，先后完成了我国东部地区和中西部地区的主要土系调查和鉴别工作。在比土、评土的基础上，总结和建立了具有区域代表性的土系，并编纂了以各省市为分册的《中国土系志》，这是继"中国土壤系统分类"之后我国土壤分类领域的又一重要成果。

作为一个长期从事土壤地理学研究的科技工作者，我见证了该项工作取得的进展和一批中青年土壤科学工作者的成长，深感完善这项成果对中国土壤系统分类具有重要的意义。同时，这支中青年土壤分类工作者队伍的成长也将为未来该领域的可持续发展奠定基础。

对这一基础性工作的进展和前景我深感欣慰。是为序。

中国科学院院士

2017 年 2 月于北京

丛 书 序 二

　　土壤分类和分布研究既是土壤学也是自然地理学中的基础工作。认识和区分土壤类型是理解土壤多样性和开展土壤制图的基础，土壤分类的建立也是评估土壤功能，促进土壤技术转移和实现土壤资源可持续管理的工具。对土壤类型及其分布的勾画是土地资源评价、自然资源区划的重要依据，同时也是诸多地表过程研究所不可或缺的数据来源，因此，土壤分类研究具有显著的基础性，是地球表层系统研究的重要组成部分。

　　我国土壤资源调查和土壤分类工作经历了几个重要的发展阶段。20 世纪 30 年代至70 年代，老一辈土壤学家在路线调查和区域综合考察的基础上，基本明确了我国土壤的类型特征和宏观分布格局；80 年代开始的全国土壤普查进一步摸清了我国的土壤资源状况，获得了大量的基础数据。当时由于历史条件的限制，我国土壤分类基本沿用了苏联的地理发生分类体系，强调生物气候带的影响，而对母质和时间因素重视不够。此后虽有局部的调查考察，但都没有形成系统的全国性数据集。

　　以诊断层和诊断特性为依据的定量分类是当今国际土壤分类的主流和趋势。自 20世纪 80 年代开始的"中国土壤系统分类"研究历经 20 多年的努力构建了具有国际先进水平的分类体系，成果获得了国家自然科学奖二等奖。"中国土壤系统分类"完成了亚类以上的高级单元，但对基层分类级别——土族和土系——仅仅开展了一些样区尺度的探索性研究。因此，无论是从土壤系统分类的完整性，还是土壤类型代表性单个土体的数据积累来看，仅有高级单元与实际的需求还有很大距离，这也说明进行土系调查的必要性和紧迫性。

　　在科技部国家科技基础性工作专项的支持下，自 2008 年开始，中国科学院南京土壤研究所联合国内 20 多所大学和科研机构，在张甘霖研究员的带领下，先后承担了"我国土系调查与《中国土系志》编制"（项目编号 2008FY110600）和"我国土系调查与《中国土系志（中西部卷）》编制"（项目编号 2014FY110200）两期研究项目。自项目开展以来，近百名项目参加人员，包括数以百计的研究生，以省区为单位，依据统一的布点原则和野外调查规范，开展了全面的典型土系调查和鉴定。经过 10 多年的努力，参加人员足迹遍布全国各地，克服了种种困难，不畏艰辛，调查了近 7000 个典型土壤单个土体，结合历史土壤数据，建立了近 5000 个我国典型土系；并以省区为单位，完成了我国第一部包含 30 分册、基于定量标准和统一分类原则的土系志，朝着系统建立我国基于定量标准的基层分类体系迈进了重要的一步。这些基础性的数据，无疑是我国自第二次土壤普查以来重要的土壤信息来源，相关成果可望为各行业、部门和相关研究者，特别是土壤质量提升、土地资源评价、水文水资源模拟、生态系统服务评估等工作提供最新的、系统的数据支撑。

我欣喜于并祝贺《中国土系志》的出版，相信其对我国土壤分类研究的深入开展、对促进土壤分类在地球表层系统科学研究中的应用有重要的意义。欣然为序。

中国科学院院士

2017 年 3 月于北京

丛 书 前 言

土壤分类的实质和理论基础，是区分地球表面三维土壤覆被这一连续体发生重要变化的边界，并试图将这种变化与土壤的功能相联系。区分土壤属性空间或地理空间变化的理论和实践过程在不断进步，这种演变构成土壤分类学的历史沿革。无论是古代朴素分类体系所使用的颜色或土壤质地，还是现代分类采用的多种物理、化学属性乃至光谱（颜色）和数字特征，都携带或者代表了土壤的某种潜在功能信息。土壤分类正是基于这种属性与功能的相互关系，构建特定的分类体系，为使用者提供土壤功能指标，这些功能可以是农林生产能力，也可以是固存土壤有机碳或者无机碳的潜力或者抵御侵蚀的能力，乃至是否适合作为建筑材料。分类体系也构筑了关于土壤的系统知识，在一定程度上厘清了土壤之间在属性和空间上的距离关系，成为传播土壤科学知识的重要工具。

毫无疑问，对土壤变化区分的精细程度决定了对土壤功能理解和合理利用的水平，所采用的属性指标也决定了其与功能的关联程度。在大陆或国家尺度上，土纲或亚纲级别的分布已经可以比较准确地表达大尺度的土壤空间变化规律。在农场或景观水平，土壤的变化通常从诊断层（发生层）的差异变为颗粒组成或层次厚度等属性的差异，表达这种差异正是土族或土系确立的前提。因此，建立一套与土壤综合功能密切相关的土壤基层单元分类标准，并据此构建亚类以下的土壤分类体系（土族和土系），是对土壤变异精细认识的体现。

基于现代分类体系的土系鉴定工作在我国基本处于空白状态。我国早期（1949 年以前）所建立的土系沿用了美国土壤系统分类建立之前的 Marbut 分类原则，基本上都是区域的典型土壤类型，大致可以相当于现代系统分类中的亚类水平，涵盖范围较大。"中国土壤系统分类"研究在完成高级单元之后尝试开展了土系研究，进行了一些局部的探索，建立了一些典型土系，并以海南等地区为例建立了省级尺度的土系概要，但全国范围内的土系鉴定一直未能实现。缺乏土族和土系的分类体系是不完整的，也在一定程度上制约了分类在生产实际中特别是区域土壤资源评价和利用中的应用，因此，建立"中国土壤系统分类"体系下的土族和土系十分必要和紧迫。

所幸，这项工作得到了国家科技基础性工作专项的支持。自 2008 年开始，我们联合国内 20 多所大学和科研机构，先后开展了"我国土系调查与《中国土系志》编制"（项目编号 2008FY110600）和"我国土系调查与《中国土系志（中西部卷）》编制"（项目编号 2014FY110200）两个项目的连续研究，朝着系统建立我国基于定量标准的基层分类体系迈进了重要的一步。经过 10 多年的努力，项目调查了近 7000 个典型土壤单个土体，结合历史土壤数据，建立了近 5000 个我国典型土系，并以省区为单位，完成了我国第一部基于定量标准和统一分类原则的全国土系志。这些基础性的数据，将成为自第二次全国土壤普查以来重要的土壤信息来源，可望为农业、自然资源管理、生态环境建设等部门和相关研究者提供最新的、系统的数据支撑。

项目在执行过程中，得到了两届项目专家小组和项目主管部门、依托单位的长期指导和支持。孙鸿烈院士、赵其国院士、龚子同研究员和其他专家为项目的顺利开展提供了诸多重要的指导。中国科学院前沿科学与教育局、科技促进发展局、中国科学院南京土壤研究所以及土壤与农业可持续发展国家重点实验室都持续给予关心和帮助。

值得指出的是，作为研究项目，在有限的资助下只能着眼主要的和典型的土系，难以开展全覆盖式的调查，不可能穷尽亚类单元以下所有的土族和土系，也无法绘制土系分布图。但是，我们有理由相信，随着研究和调查工作的开展，更多的土系会被鉴定，而基于土系的应用将展现巨大的潜力。

由于有关土系的系统工作在国内尚属首次，在国际上可资借鉴的理论和方法也十分有限，因此我们在对于土系划分相关理论的理解和土系划分标准的建立上肯定会存在诸多不足乃至错误；而且，由于本次土系调查工作在人员和经费方面的局限性以及项目执行期限的限制，书中疏误恐在所难免，希望得到各方的批评与指正！

张甘霖

2017 年 4 月于南京

前　言

　　土壤分类一直是土壤科学的核心和基础内容，也是其他学科应用土壤学成果的重要"桥梁"。从 20 世纪 80 年代中期开始，在中国科学院南京土壤研究所主持下，我国土壤系统分类研究顺应土壤分类研究发展的标准化、定量化和国际化潮流，经过近 20 年的不懈努力，建立了土纲-亚纲-土类-亚类的高级分类体系，成为世界主流土壤分类系统之一，世人瞩目的"中国土壤系统分类"研究成果于 2005 年获得国家自然科学奖二等奖。然而，相比之下，我国土壤基层分类单元土族-土系方面的研究一直较为薄弱，严重地限制了土壤科学的发展和土壤成果的应用。

　　土系是土壤系统分类中最基层的分类单元，是发育在相同母质上、处于相同的景观部位、具有相同土层排列和相似土壤属性的土壤集合（聚合土体）。土系在学科上对高级分类单元起支撑作用，能够更加精确地解释土壤类型，从应用角度看，土系更能反映地方实际，可为农业生产、土地评价与规划、区域生态环境建设、城乡规划与发展等提供重要的基础数据。为了加强我国土壤基层分类研究，2008 年在科技部国家科技基础性工作专项"我国土系调查与《中国土系志》编制"（项目编号 2008FY110600）支持下，由中国科学院南京土壤研究所牵头，联合全国 20 多所高等院校和科研单位，对我国东部 16 省（直辖市）的土系进行了系统性的调查研究。本书作为该专项成果的一个具体体现，也是辽宁省主要土系的集中体现。

　　这是我国第一部全面反映辽宁省土系的专著。早在 20 世纪 30～40 年代，我国曾学习美国，尝试在一些省份建立了一些土系，但当时辽宁并没有开展相关的土系研究，更没有相关土系记载；之后我国开始学习苏联发生学分类体系，放弃了土系研究；20 世纪末，本课题组参与了中国科学院南京土壤研究所主持的"中国土壤系统分类中基层分类研究"部分工作，在沈阳市东部郊区开展了淋溶土和雏形土主要土系建立的样区研究，当时只建立了 14 个土系。正是这次土系调查项目的开展，才开创了对辽宁省域范围内土系进行全面调查研究的新篇章。辽宁省土系调查自始至终严格按照项目组制定的土系建立规范进行。首先，参考土系调查布点方案，结合辽宁省实际，遵循"分布广泛性、利用重要性、类型特殊性、空间均匀性"等原则，在全省各地布置了 240 多个调查观察点，从中选择了 151 个代表性典型单个土体建立土系，基本覆盖了辽宁省的各县（市），使本次土系调查具有广泛的代表性。之后，按照《野外土壤描述与采样手册》对各样点的景观特征、土壤剖面性状进行了描述和采样，同时拍摄景观、剖面和新生体等照片，最终采集了 151 个单个土体剖面和近 700 个分层土样，再依照《土壤调查实验室分析方法》对采集的土壤样品进行分析测试，同时观察了 90 多个检查剖面，拍摄了上千张照片，获得大量第一手调查资料；在此基础上，依据《中国土壤系统分类检索（第三版）》确定了土纲到亚类的高级分类单元；根据《中国土壤系统分类土族和土系划分标准》划分出 126 个土族，确立了 151 个土系，建立了辽宁省土系数据库。

全书分上、下两篇，为土系用户提供了系统、全面、翔实的科学数据。上篇是总论部分，重点阐述辽宁省自然概况、土壤成土环境条件、成土过程和主要土壤诊断层次表现，并简短回顾辽宁省土壤分类的历史沿革；下篇是区域典型土系部分，也是全书的重点，全面记述各土系所处的景观位置和形成环境条件、土壤剖面形态特征、基本理化性质及其变幅特征、生产性能，并对空间或分类学上相邻或相近的土系进行比较分析，并与全国第二次土壤普查时划分出的土种进行了参比。

从土系调查建立过程到土系成果汇总整理，不仅饱含着课题组广大师生的辛勤劳动，更凝结着众多专家学者的智慧。在土系调查阶段，项目组多次组织召开会议，对土系建立的规范进行研讨和科学论证，并对参与土系调查的科技人员和青年学生进行技术培训，统一认识、统一标准，为辽宁省土系调查按期顺利完成奠定了坚实的基础。特别是，专家组还多次召开会议，对所建立的土系进行了认真的审定，审查内容既包括高级分类单元划分的准确性，也有土族、土系建立的科学性，更有土系记述的规范性。经过专家审定，保证了成果质量，增强了成果的权威性。

土系调查项目的开展，不仅充实了相关规范标准，积累了众多土系资料，更培养出一批土壤调查新生力量。辽宁省土系调查历时 5 年，到本土系志专著出版已长达 9 年，先后参与调查的师生有 40 多人。通过参与这项工作，他们掌握了野外调查和描述技能，这为今后的土壤调查工作奠定了人才基础，部分学生以土系调查资料为基础开展了学位论文的相关研究，一些老师还以此为基础申报获批了国家自然科学基金项目资助。可以说，通过土系调查项目的开展收获颇丰。

在专著出版之际，我们对项目组各位专家和同仁多年来的热情指导和温馨合作表示衷心的感谢！特别要感谢参与土系野外调查、室内分析、土系数据库建设的各位师生，尤其是那些未能列入作者名单的师生们！在土系调查过程中沈阳农业大学及该校土地与环境学院各级领导给予了大力支持，项目主持单位中国科学院南京土壤研究所也给予了大力帮助；在土系调查和本书写作过程中参考和引用了大量资料，在此一并表示感谢！

受时间和经费的限制，本次土系调查不同于土壤普查，而是重点针对典型土系，虽然典型土系的样点分布覆盖了辽宁省全域，但由于各地自然条件复杂、农业利用形式多样，尚有许多土系还没有被列入。因此对辽宁省的土系调查而言，本书仅是一个开端，更多新的土系有待进一步调查发现和充实完善。由于作者水平有限，疏漏之处在所难免，希望读者给予指正。

王秋兵　韩春兰　孙福军　孙仲秀

2019 年 4 月

目 录

上篇 总 论

下篇 区域典型土系

上篇 总 论

第1章 区域概况与成土因素

1.1 区域概况

1.1.1 地理位置

辽宁省位于中国东北地区的最南端，地理坐标为：东经 118°53′~125°46′，北纬 38°43′~43°26′。西南与河北省接壤，西北与内蒙古自治区为邻，东北与吉林省毗连，东南以鸭绿江为界与朝鲜民主主义人民共和国依水相连，南与山东省隔渤海湾相望。全省东西端最长直线距离 574 km，南北端直线距离约 550 km。

1.1.2 行政建制

辽宁省 1954 年成立，简称辽。至 1979 年全国第二次土壤普查开始的时候，辽宁省的行政区划为 2 个地区和 10 个省辖市，下辖 42 个县（含 2 个自治县）、3 个县级市和 44 个市辖区（表 1-1）。

表 1-1　辽宁省 1979 年行政区划一览表

市（地区）	县（市）	区
沈阳市	新民县、辽中县	和平区、沈河区、大东区、皇姑区、铁西区、苏家屯区、东陵区、新城子区、于洪区
旅大市	金县、复县、新金县、庄河县、长海县	中山区、西岗区、沙河口区、甘井子区、旅顺口区
鞍山市	海城县、台安县	铁东区、铁西区、立山区、郊区
抚顺市	抚顺县、新宾县、清原县	新抚区、露天区、望花区、郊区
本溪市	本溪县、桓仁县	平山区、溪湖区、立新区
丹东市	东沟县、凤城县、岫岩县、宽甸县	元宝区、振兴区、郊区
锦州市	锦县、锦西县、兴城县、绥中县、北镇县、黑山县、义县	古塔区、凌河区、郊区
营口市	营口县、盖县、盘山县、大洼县	站前区、西市区、郊区
阜新市	彰武县、阜新县（蒙）	海州区、新邱区、太平区、郊区
辽阳市		灯塔区、郊区、白塔区、文圣区、宏伟区、首山区
铁岭地区	铁岭市、开原县、铁岭县、西丰县、昌图县、康平县、法库县	
朝阳地区	朝阳市、北票市、凌源县、朝阳县、建平县、建昌县、喀左县（蒙）	

改革开放后，辽宁省行政区划几经变革。目前，全省共有 14 个地级市，16 个县级市、17 个县、8 个自治县、59 个市辖区（合计 100 个县级行政区划单位）。辽宁省行政区划见表 1-2 和图 1-1。

表 1-2　辽宁省 2017 年行政区划一览表

地级市	县（市）	区
沈阳	新民市、康平县、法库县	和平、沈河、大东、皇姑、铁西、苏家屯、浑南、沈北、于洪、辽中
大连	瓦房店市、庄河市、长海县	中山、西岗、沙河口、甘井子、旅顺口、金州、普兰店
鞍山	海城市、台安县、岫岩县（满）	铁东、铁西、立山、千山
抚顺	抚顺县、新宾县（满）、清原县（满）	新抚、东洲、望花、顺城
本溪	本溪县（满）、桓仁县（满）	平山、溪湖、明山、南芬
丹东	东港市、凤城市、宽甸县（满）	元宝、振兴、振安
锦州	凌海市、北镇市、黑山县、义县	古塔、凌河、太和
营口	大石桥市、盖州市	站前、西市、老边、鲅鱼圈
阜新	彰武县、阜新县（蒙）	海州、新邱、太平、细河、清河门
辽阳	灯塔市、辽阳县	白塔、文圣、宏伟、弓长岭、太子河
盘锦	盘山县	双台子、兴隆台、大洼
铁岭	调兵山市、开原市、铁岭县、西丰县、昌图县	银州、清河
朝阳	北票市、凌源市、朝阳县、建平县、喀左县（蒙）	双塔、龙城
葫芦岛	兴城市、绥中县、建昌县	连山、南票、龙港

辽宁省地图

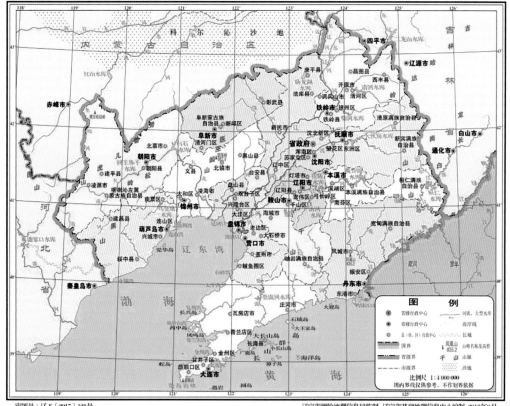

图 1-1　辽宁省行政区划图

1.1.3　土地利用与经济社会状况

辽宁省陆地总面积 14.84 万 km^2，占全国陆地总面积的 1.5%。据 2016 年辽宁土地利用变更调查资料，全省 99.54% 的土地资源已得到开发利用，其中耕地、园地、林地、草地等农用地 1213.7 万 hm^2，占全省总陆地面积的 82.06%，城镇及工矿、交通运输、水利及水域设施等建设用地总面积 259.8 万 hm^2，占全省土地总面积的 17.57%。2016 年辽宁省土地利用一级地类构成见表 1-3。

表 1-3　辽宁省土地利用一级地类构成表（2016 年）

地类	面积/hm^2	构成百分比/%
耕地	4 974 533.33	33.64
园地	468 200.00	3.16
林地	5 615 866.67	37.97
草地	1 077 933.33	7.29
城镇及工矿	1 301 933.33	8.80
交通运输	345 600.00	2.34
水利及水域设施	950 400.00	6.43
其他土地	54 800.00	0.37
合计	14 789 266.66	100.00

据 2016 年 1‰ 人口抽样调查推算，全省总人口 4377 万人。全省除汉族以外，还有满族、蒙古族、回族、朝鲜族、锡伯族等 51 个少数民族，少数民族人口占全省总人口的 16.02%，是全国少数民族人口较多的省份之一。2016 年全省地区生产总值 22 038.24 亿元，在全国占第 14 位。地区生产总值构成中，第一产业增加值 2173.4 亿元，占 9.86%；第二产业增加值 8504.84 亿元，占 38.59%；第三产业增加值 11 360.0 亿元，占 51.55%。2016 年粮食总产量 2100.6 万 t。

1.2　成　土　因　素

1.2.1　气候

1. 气候特征

辽宁省地处暖温带向温带过渡地区，属于季风气候类型。一年中雨热同期，夏季炎热湿润，冬季寒冷干燥。由于海陆位置及地形的影响，东南部气候湿润，西北部半湿润半干旱，之间逐渐过渡。

1）日照

辽宁省日照充足，太阳辐射强，年总量在 4600～6071 MJ/m^2，全省由西向东递减，能够满足农作物对光的要求。年日照时数一般在 2400 h 以上。辽西年日照时数较大，在 2600～2900 h，以北镇 3302 h 为最多；东部山区云量多，年日照时数较小，不足 2400 h。全省日照时数的年内变化规律是：春夏大于秋冬。日照百分率以冬季为最高，春秋次之，夏季最小。

2）温度

辽宁省年平均气温一般为 5～11.5 ℃，总的趋势是由西南向东北递减（图 1-2）。全省各地气温季节变化显著，冬冷夏热，春季回暖迅速，秋季降温又快。气温季节变化幅度是北部大于南部，内陆大于沿海。各地气温的年变化均为单峰型，除在南部沿海地区最高和最低气温分别出现在 8 月和 2 月外，其余大部分地区都出现在 7 月和 1 月。各地气温日较差多在 8～13 ℃，沿海地区为 7～10 ℃，内陆多在 11 ℃左右；气温年较差均在 29～38 ℃。

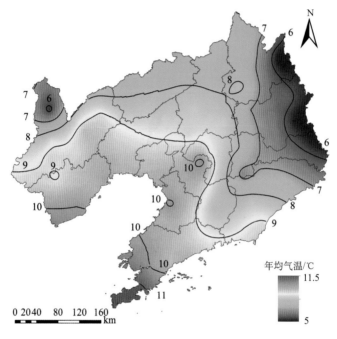

图 1-2　辽宁省年均气温分布图

数据来源：中国气象局中国气象科学数据共享服务网（http://data.cma.cn）《中国地面累年值日值数据集（1981～2010 年）》

全省≥10 ℃积温在 2740～3660 ℃（图 1-3），≥0 ℃积温在 3000～3950 ℃，两者分布趋势相近，沈阳市为 3748 ℃，西部的朝阳市为 3841 ℃，东部的新宾满族自治县为 3066 ℃。无霜期在 124～210 d，东部山区和建平县北部无霜期不足 150 d，其余地区均在 150 d 以上，长海县可达 212 d。年均最大冻土深度在 70～170 cm（图 1-4）。

3）降水

全省平均年降水量在 380～1077 mm，其分布趋势是自东南向西北递减（图 1-5），降水量最大的是宽甸满族自治县，最小的是西北部的建平县。降水量的季节分配极不均匀，一般集中在夏季的 6、7、8 三个月，约 300～700 mm，占全年降水量的 60%～70%，且多以暴雨形式降落。冬季降水量在 5～45 mm，仅占全年降水量的 1%～5%。春季降水量在 50～140 mm，占全年降水量的 12%～14%。秋季降水量在 60～210 mm，占全年降水量的 15%～20%。全省各地年降水量相对变率较小且稳定，一般在 15%～25%，其中辽东

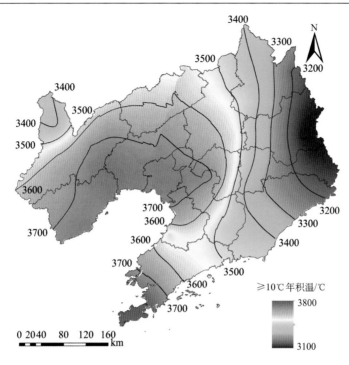

图 1-3　辽宁省≥10 ℃年积温分布图

数据来源：中国气象局中国气象科学数据共享服务网（http://data.cma.cn）《中国地面累年值日值数据集（1981～2010 年）》

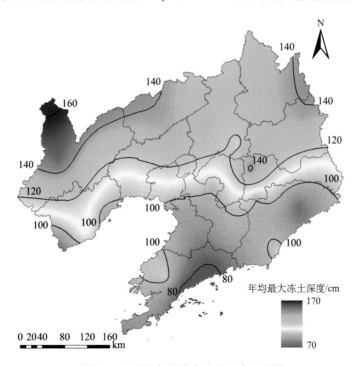

图 1-4　辽宁省年均最大冻土深度分布图

数据来源：中国气象局中国气象科学数据共享服务网（http://data.cma.cn）《中国地面气候标准值年值数据集（1981～2010 年）》

半岛东岸和西部丘陵地区较大,在 20%以上,东北部山地最小,在 15%以下。全省年降水量的各季变率较大,全省平均在 40%左右,冬季最大,春、秋季次之,夏季最小。朝阳市的冬季和春季月降水变率大,且年降水量又小,发生春旱的频率较高,而沿海地区则易发生洪涝灾害。

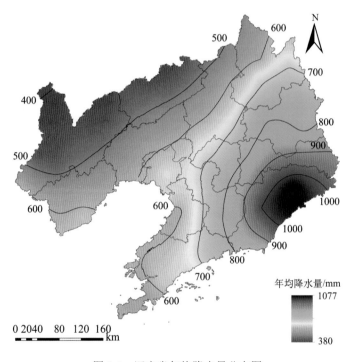

图 1-5　辽宁省年均降水量分布图

数据来源:中国气象局中国气象科学数据共享服务网(http://data.cma.cn)《中国地面累年值日值数据集(1981~2010 年)》

4)干燥度

全省各地年干燥度一般在 0.50~2.00,在地理分布上呈现明显的规律变化。以东南部丹东市最低,年干燥度不足 0.75;中部辽河平原区在 1.00 左右;辽西低山丘陵区、大连市西部和南部地区年干燥度超过 1.25,特别是朝阳市北部和阜新市的西北部年干燥度最高,达到 1.75 以上。

5)大风

全省年平均大风日数的地理分布特点是:沿海多于内陆,平原多于山区,西部山区多于东部山区。长海县居全省之冠,达 115 d;其次是渤海湾沿岸的盘山县、黑山县、瓦房店市等地,达 90 d;再次为康平县、法库县、新民市等地,达 70 d 以上;其余地区均在 50 d 以下。东部山区年平均大风日数仅 10 d 左右,其中以新宾满族自治县最少,仅 7.6 d。长海和新宾的年平均大风日数相差达 15 倍之多。

2. 农业气候分区

由上述气候特征可见,全省热量差异较大,水分条件差异显著,区域性特征十分明显。东部地区濒临海洋，深受海洋影响。辽东半岛、中部平原及辽西走廊地区，正对东南季风路径，故降水充沛。西部内陆远离海洋，故大陆性气候显著。农业气候区划是以种植业对气候条件的共同要求来鉴定区域气候资源的满足程度的。辽宁省农业资源和区划地图集编辑委员会（1988）将全省划分为8个不同的农业气候类型区（图1-6）。

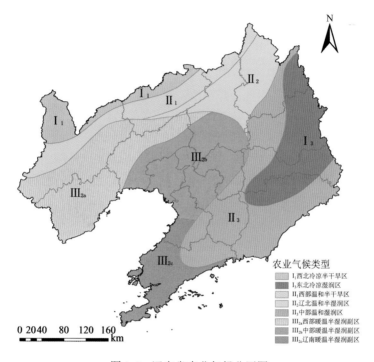

图 1-6　辽宁省农业气候分区图

根据辽宁省农业资源和区划地图集编辑委员会（1988）修改而成

1）西北冷凉半干旱区（I₁）

西北冷凉半干旱区包括建平县大部及北票市、阜新蒙古族自治县、彰武县的北部。主要气候特征是：年平均气温 6～8 ℃，最热月平均气温在 22～25 ℃，最冷月平均气温为–14～–10 ℃，年较差在 35～36 ℃，≥10 ℃积温为 3384～3608 ℃，无霜期为 140～150 d；年降水量为 400～500 mm，降水变率为 17%～22%，干燥度为 1.2 以上；年日照时数为 2650～2960 h，日照百分率在 64%～67%。该区因受大气环流的影响，冬、春两季大风频繁，每年的起沙风达 400～500 次之多，多形成风成地貌。

2）东北冷凉湿润区（I₃）

东北冷凉湿润区包括西丰县和清原、新宾满族自治县的全部及桓仁、宽甸、本溪满族自治县和凤城、开原市的部分地区。主要气候特征是：年平均气温为 5～8 ℃，最热月平均气温为 22～23 ℃，最冷月平均气温为–17～–10 ℃，年较差在 34～40 ℃，居全省之首。≥10 ℃积温为 3100～3421 ℃，无霜期在 120～140 d；年降水量多在 740～1145 mm，降水变率在 12%～20%，年干燥度在 0.8 以下；年日照时数多在 2260～2725 h，年日照百分率在 51%～69%。该区雨水充足，热量不足，日照条件较差，无霜期短，气候冷凉湿润。

3）西部温和半干旱区（II₁）

西部温和半干旱区包括阜新市康平县、北票市大部和朝阳、建平县南部地区。主要气候特征是：年平均气温为 7～8 ℃，最热月平均气温为 24～25 ℃，最冷月平均气温为 –13～–10 ℃，年较差在 35～37 ℃，≥10 ℃积温为 3377～3666 ℃，无霜期为 150 d 左右；年降水量为 300～500 mm，多集中在 6～9 月，占年降水量的 70%以上，降水变率为 13%～22%，干燥度为 1.0～1.2；年日照时数在 2880～2940 h，日照百分率为 65%～67%。

4）辽北温和半湿润区（II₂）

辽北温和半湿润区包括昌图县、开原市、铁岭县、法库县和新民市的部分地区以及彰武县的一小部分地区。主要气候特征是：年平均气温为 7～8 ℃，最热月平均气温为 24 ℃左右，最冷月平均气温为–14～–11 ℃，年较差在 36～38 ℃，≥10 ℃积温为 3292～3659 ℃左右，无霜期为 150 d 左右；年降水量为 650 mm 左右，降水变率为 13%左右，干燥度为 1.0～1.2；年日照时数为 2570～2930 h，日照百分率为 58%～66%。

5）中部温和湿润区（II₃）

中部温和湿润区包括岫岩满族自治县的全部，开原、铁岭、苏家屯、灯塔、辽阳、海城、大石桥、盖州等县（市、区）东部以及凤城、庄河、宽甸、桓仁等县（市、区）的部分地区。主要气候特征是：年平均气温为 8～9 ℃，≥10 ℃积温 3126～3616 ℃，年降水量 700～800 mm，无霜期为 150～155 d，干燥度小于 1.00。

6）西部暖温半湿润副区（III₂ₐ）

西部暖温半湿润副区包括锦州、葫芦岛两市和凌源市、喀左蒙古族自治县、朝阳县的大部分以及北票市、新民市的小部分地区。主要气候特征是：年平均气温为 8 ℃；最热月平均气温为 24 ℃，最冷月平均气温为–10～–8 ℃，年较差为 32～36 ℃，≥10 ℃积温 3582～3744 ℃；年降水量 484～637 mm，降水变率为 17%～22%；年日照时数为 2694～2962 h，日照百分率为 61%～73%。无霜期为 150～170 d，干燥度为 1.00～1.31。

7）中部暖温半湿润副区（III₂ᵦ）

中部暖温半湿润副区包括盘山县、辽中区、辽阳市、台安县、海城市、大石桥市的大部分地区和黑山县、新民市的小部分地区。主要气候特征是：年平均气温 8～9 ℃，最热月平均气温为 24～25 ℃，最冷月平均气温为–12～–11 ℃，年较差为 34～36 ℃，≥10 ℃积温 3466～3741 ℃；年降水量 575～752 mm，降水变率为 14%～16%；年日照时数为 2528～2807 h，日照百分率为 57%～63%。无霜期为 160～180 d，干燥度为 0.98～1.13。

8）辽南暖温半湿润副区（III₂ᵨ）

辽南暖温半湿润副区包括大连市、丹东市区以及盖州市、东港市的大部分地区。主要气候特征是：年平均气温为 8～10 ℃，最热月平均气温为 24～25 ℃，最冷月平均气温为–9～–5 ℃，年较差为 29～34 ℃，≥10 ℃积温 3486～3817 ℃；年降水量为 651～1028 mm，降水变率为 17%～19%；年日照时数为 2475～2787 h，日照百分率为 56%～63%，无霜期为 170～210 d，干燥度为 0.72～1.21。

1.2.2　植被

1. 植物种类与植物区系

植物区系指一定地区所有植物种类的总和，是植物界在一定自然地理条件下，特别是在自然历史条件下综合作用发展和演化的结果。

经董厚德（2011）调查，辽宁省现有维管束植物（包括引种栽培种）160 科、796 属、2145 种、275 变种和 82 变型。其中，蕨类植物 24 科、40 属、94 种、10 变种；裸子植物 6 科、16 属、43 种、12 变种、3 变型；被子植物 130 科、740 属、2008 种、253 变种、79 变型。乔木、灌木或半灌木总计 68 科、167 属、548 种（包括变种和变型），占植物总数的 21.5%。辽宁植物种类占东北区的 69.1%，是我国北方植物种类较多的省份。

根据中国植物区系分区，辽宁省位于中国泛北极植物区。结合辽宁省实际，可划分为 3 个植物亚区、3 个植物地区和 4 个亚地区，即东北植物区系区、蒙古草原植物区系区（包括东部蒙古植物区系亚地区和东北平原植物区系亚地区）、华北植物区系区（包括辽东半岛华北植物区系亚地区和辽西山地华北植物区系亚地区），如图 1-7 所示。

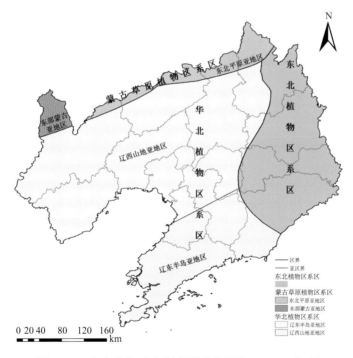

图 1-7　辽宁省植物区系分区图［据董厚德（2011）修改］

1）东北植物区系区

东北植物区系区是中国泛北极植物区中，中国–日本森林植物亚区的东北部区域。其中心地带在中国东北的东部，长白山地区是其代表，故又称长白植物区。辽宁省的东北植物区系区是长白植物区向南延伸的一部分，包括辽宁东部的千山山脉北段、老岭和龙岗等山脉，其西界在昌图、抚顺和本溪一线，其南界在本溪、凤城和宽甸一线。

本区内有 3 个特有属，即双蕊兰属（*Diplandrorchis*）、大叶子属（*Astilboides*）和槭叶草属（*Mukdenia*），而双蕊兰属仅产于辽东山地。东北植物区系的指示性植物为红松，其主要代表植物有：红松（*Pinus koraiensis*）、杉松（*Abies holophylla*）、鱼鳞云杉（*Picea jezoensis* var. *microsperma*）、东北红豆杉（*Taxus cuspidata*）、硕桦（*Betula costata*）、色木槭（*Acer mono*）、三花槭（*Acer triflorum*）、青楷槭（*Acer tegmentosum*）、蒙古栎（*Quercus mongolica*）、紫椴（*Tilia amurensis*）、岳桦（*Betula ermanii*）、毛榛（*Corylus mandshurica*）、东北山梅花（*Philadelphus schrenkii*）、暴马丁香（*Syringa reticulata* var. *amurensis*）、刺参（*Oplopanax elatus*）、粗茎鳞毛蕨（*Dryopteris crassirhizoma*）、细辛（*Asarum sieboldii*）、人参（*Panax ginseng*）、槭叶草（*Mukdenia rossii*）、大叶子（*Astilboides tabularis*）。

特别应当指出的是，在桓仁县、宽甸县的千山山脉北段，海拔 1000～1300 m 的中山上部，分布有不少北极苔原和长白山高山苔原植物成分，这些植物有：苞叶杜鹃（*Rhododendron bracteatum*）、高山杜鹃（*Rhododendron lapponicum*）、牛皮杜鹃（*Rhododendron aureum*）、高山笃斯越桔（*Vaccinium uliginosum* var. *alpinum*）、圆叶柳（*Salix rotundifolia*）、大苞柴胡（*Bupleurum euphorbioides*）、高山龙胆（*Gentiana algida*）、高山石竹（*Dianthus chinensis* var. *morii*）、长白棘豆（*Oxytropis anertii*）、长白金莲花（*Trollius japonicus*）、高山乌头（*Aconitum monanthum*）、宽叶仙女木（*Dryas octopetala* var. *asiatica*）。这些植物出现在北纬 42°附近的千山山脉北段的中山地带，说明该区在第四纪曾受到冰期冰缘气候的强烈影响。

2）蒙古草原植物区系区

辽宁蒙古草原植物区系区是中国泛北极植物区欧亚草原植物亚区中蒙古草原地区的一部分。其西部属于东部蒙古亚地区的南缘，东部属于东北平原亚地区的南缘，南邻华北植物区系区。

东部蒙古植物区系亚地区在辽宁仅分布在建平县、北票市和阜新蒙古族自治县（阜新县）的北部，代表植物有：大针茅（*Stipa grandis*）、长芒草（*Stipa bungeana*）、狼针草（*Stipa baicalensis*）、冷蒿（*Artemisia frigida*）、山蒿（*Artemisia brachyloba*）、栉叶蒿（*Neopallasia pectinata*）、线叶菊（*Filifolium sibiricum*）、知母（*Anemarrhena asphodeloides*）、甘草（*Glycyrrhiza uralensis*）、苦马豆（*Sphaerophysa salsula*）、兴安百里香（*Thymus dahuricus*）、狼毒（*Stellera chamaejasme*）、唐松草（*Thalictrum aquilegifolium* var. *sibiricum*）、花苜蓿（*Medicago ruthenica*）、叉叶委陵菜（*Potentilla bifurca*）、达乌里芯芭（*Cymbaria daurica*）、艾菊（*Tanacetum vulgare*）、砂珍棘豆（*Oxytropis racemosa*）、线棘豆（*Oxytropis filiformis*）、草木樨状黄耆（*Astragalus melilotoides*）、刺藜（*Chenopodium aristatum*）、大果虫实（*Corispermum macrocarpum*）、蒺藜（*Tribulus terrester*）、糙隐子草（*Cleistogenes squarrosa*）、山杏（*Armeniaca sibirica*）、虎榛子（*Ostryopsis davidiana*）、小叶锦鸡儿（*Caragana microphylla*）。本区地处蒙古区南部边缘，有大量华北植物成分渗入。

东北平原植物区系亚地区由东北松嫩平原向南延伸到辽宁北部，其南界在昌图、康平和彰武一线，主要为固定沙丘、半固定沙丘和沙质平原。代表植物有：羊草（*Leymus chinensis*）、短芒大麦草（*Hordeum brevisubulatum*）、盐蒿（*Artemisia halodendron*）、黄柳（*Salix gordejevii*）、草麻黄（*Ephedra sinica*）、冰草（*Agropyron cristatum*）、沙蓬（*Agriophyllum squarrosum*）、胡卢巴（*Trigonella foenum-graecum*）、翠雀（*Delphinium grandiflorum*）、藜（*Chenopodium album*）。本区与华北植物区和东北植物区毗邻，有一定的华北植物区系和东北植物区系成分渗入本区，如桃叶卫矛、乌苏里鼠李（*Rhamnus ussuriensis*）和叶底珠（*Flueggea suffruticosa*）等。

　　3）华北植物区系区

　　辽宁省的华北植物区系区是中国泛北极植物区中中国-日本森林植物亚区中华北地区的最北部区域，分两个亚地区。南部的辽东半岛为中国辽东半岛、山东半岛亚地区，西部的下辽河平原和辽西山地丘陵属中国华北平原、山地亚地区。

　　辽东半岛华北植物区系亚地区包括辽东半岛千山山脉南段的东南侧，其西侧大体在本溪—熊岳一线，拥有维管束植物 152 科、666 属、1614 种。该区的标志性植物为赤松，代表植物有：赤松（*Pinus densiflora*）、麻栎（*Quercus acutissima*）、锐齿槲栎（*Quercus aliena* var. *acuteserrata*）、枹栎（*Quercus serrata*）、辽东栎（*Quercus wutaishanica*）、凤城栎（*Quercus fenchengensis*）、青檀（*Pteroceltis tatarinowii*）、灯台树（*Cornus controversa*）、栗（*Castanea mollissima*）、白蜡树（*Fraxinus chinensis*）、水榆花楸（*Sorbus alnifolia*）、青花椒（*Zanthoxylum schinifolium*）、木防己（*Cocculus orbiculatus*）、盾叶唐松草（*Thalictrum ichangense*）、结缕草（*Zoysia japonica*）、中华结缕草（*Zoysia sinica*）。本区受特殊的历史地质条件和现代气候条件的作用，其植物区系含特有种较多，如金州绣线菊（*Spiraea nishimurae*）、旅顺茶藨子（*Ribes giraldii* var. *polyanthum*）、迥旋扁蕾（*Gentianopsis contorta*）、短柄草（*Brachypodium sylvaticum*）等，同时拥有不少耐寒的亚热带植物，如枫杨（*Pterocarya stenoptera*）、玉铃花（*Styrax obassia*）、天女木兰（*Magnolia sieboldii*）、八角枫（*Alangium chinense*）、盐肤木（*Rhus chinensis*）、省沽油（*Staphylea bumalda*）、日本紫珠（*Callicarpa japonica*）、三桠乌药（*Lindera obtusiloba*）、海州常山（*Clerodendrum trichotomum*）、白檀（*Symplocos paniculata*）等。上述植物的大量出现，说明该区曾受到第四纪间冰期亚热带气候的强烈影响。

　　辽西山地华北植物区系亚地区包括下辽河平原和辽西的医巫闾山脉、松岭山脉、大青山脉、努鲁儿虎山脉和燕山山脉以及辽东山地的西侧。全地区拥有维管束植物 118 科、970 种。本区的标志性植物为油松，代表植物有：油松（*Pinus tabuliformis*）、侧柏（*Platycladus orientalis*）、辽东栎（*Quercus wutaishanica*）、槲树（*Quercus dentata*）、栓皮栎（*Quercus variabilis*）、臭椿（*Ailanthus altissima*）、文冠果（*Xanthoceras sorbifolium*）、栾树（*Koelreuteria paniculata*）、小叶朴（*Celtis bungeana*）、元宝槭（*Acer truncatum*）、酸枣（*Ziziphus jujuba* var. *spinosa*）、荆条（*Vitex negundo* var. *heterophylla*）、扁担杆（*Grewia biloba*）、黑钩叶（*Leptopus chinensis*）、蚂蚱腿子（*Myripnois dioica*）、白羊草（*Bothriochloa ischaemum*）、黄背草（*Themeda japonica*）、角蒿（*Incarvillea sinensis*）。本区地处华北植物区的边缘，北部蒙古植物区系成分和东部东北植物区系成分大量渗入。蒙古草原植物区的成分有大针茅（*Stipa grandis*）、长芒草（*Stipa bungeana*）、线叶菊（*Filifolium sibiricum*)、冷蒿（*Artemisia frigida*）、知母（*Anemarrhena asphodeloides*）、羊草（*Leymus chinensis*）等，东北植物区系区成分有紫椴（*Tilia amurensis*）、色木槭（*Acer mono*）、核桃楸（*Juglans mandshurica*）、黄檗（*Phellodendron amurense*）等，特别是中国西部荒漠草原地区亚灌木刺旋花（*Convolvulus tragacanthoides*）在本区松岭山脉南部的石灰岩山地上形成群落，说明第四纪以来本区曾出现过更为干旱的气候。

2. 植被的区域分异规律

1）森林与草原的区域分异

辽宁省植被的第一级区域分异是森林与草原的区域分异。它是以水分为主导因素引起的植被在大区域上的分异。其分异界线在努鲁儿虎山脉的西麓，这是中国东部森林区与西部草原区分异在辽宁的反映。此线以东为森林区，包括辽宁西部的冀北山地北麓松岭山脉、医巫闾山山脉，以及辽东山地和辽东半岛。在这广大地区内，遍布着温带森林植物群落及其次生植被，属于中国东部森林区的一部分。努鲁儿虎山脉以北，为森林区向草原区过渡的森林草原地带，亦称草甸草原带。这一地区为温带半干旱气候，形成草甸、草原植被，长芒草（*Stipa bungeana*）和羊草（*Leymus chinensis*）群落为代表群落。

2）温带森林地带与暖温带森林地带的分异

辽宁的森林区域纵跨 5.3 个纬度，由于受山脉走向的影响，气温自西南向东北方向递减，辽东山地气温低而降水多，为温带寒冬全年湿润型季风气候，形成以沙松+红松-落叶阔叶混交林及其次生的蒙古栎林和杂木林组成的温带针阔叶混交林地带，是东北东部红松阔叶混交林带的一部分。辽东半岛和辽西低山丘陵，气温较高，降雨偏少，属于暖温带冬冷全年湿润或春秋干旱夏湿的季风气候，形成以栎属为主的落叶阔叶林地带。温带森林地带与暖温带森林地带的分界线大体与日均温≥10 ℃的年积温总和 3200 ℃线相当。

3）暖温带森林地带内的分异

在暖温带落叶阔叶林地带内部，由于年降水量和温度的变化，引起地带内部亚地带的分异。千山山脉南段分水岭以东，受海洋的影响，气候温暖而湿润，形成以赤松为特征的落叶阔叶林亚地带。千山山脉分水岭以西，气候大陆性增强，形成以油松为特征的落叶阔叶林亚地带。辽河平原以西，年降水量进一步减少，春季明显干旱，阳坡植被以小叶朴矮林和山杏矮林为主，地带性植被类型油松栎林则主要生长在水分条件较好的阴坡。由于植被长期遭到破坏，现存森林所剩无几，广大低山丘陵已主要为荆条灌丛和白羊草灌丛所占据。在辽西山地，大体以松岭山脉为界，西部地区小半灌木灌丛分布很广，植被主要是长芒草-荆条灌丛和次生糙隐子草（*Cleistogenes squarrosa*）、百里香（*Thymus monogolicus*）、兴安胡枝子（*Lespedeza daurica*）等，说明这一地区受人为活动和气候旱化的共同影响，植被发生明显的草原化趋势。

4）植被的垂直分布

辽东中山植被垂直分布:辽东山地海拔 800 m 以上的中山集中分布在千山山脉北段，大约在北纬 41° 附近。由于这一地区年降水量多在 800 mm 以上，夏季雨日多，气温低，气温直减率高达 7~8 ℃/km，山体上下出现气候分异，现状植被可被分出以下垂直带：海拔 400～900 m 为次生的落叶阔叶林带，主要由蒙古栎林和杂木林组成；海拔 900～1100 m 为沙松、红松阔叶混交林带，从发生学上看，为本山地的植被基带；海拔 1100～1200 m 为冷杉、云杉林带，由臭冷杉+鱼鳞云杉林组成；在海拔 1200 m 以上的坡峭中山上部为岳桦（*Betula ermanii*）矮曲林带；在海拔 1300 m 以上的浑圆山顶，出现红丁香（*Syringa villosa*）灌丛和蹄叶橐吾（*Ligularia fischeri*）杂类草甸。

辽西中山植被垂直分布：辽西中山集中分布在与河北省交界的冀北山地，在海拔 1200 m 以上的中山，植被出现垂直分布现象。阳坡：海拔 200～300 m 的丘陵，为农田和白羊草灌草丛；海拔 300～600 m 的低山丘陵，以次生荆条灌丛为主，并有一定面积的山杏矮林，个别地区尚残留小片的栓皮栎林；海拔 600 m 以上的山地，为蒙古栎林及其次生的鹅耳栎林组成的落叶阔叶林带。阴坡：海拔 400 m 以下为三裂绣线菊（*Spiraea trilobata*）灌丛，荆条灌丛和毛秆野古草（*Arundinella hirta*）灌草丛；海拔 400～600 m，为油松栎林和栎树疏林；海拔 600～800 m，为由辽东栎和蒙古栎形成的落叶阔叶林；海拔 800 m 以上的中山则为混生白桦（*Betula platyphylla*）的杂木林。

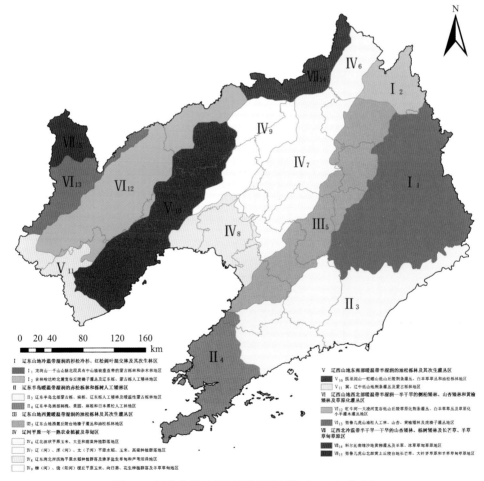

图 1-8 辽宁省植被区划图[据董厚德（2011）修改]

3. 植被区划

董厚德（2011）运用植物群落的定量指标和定性指标相结合的方法编制了辽宁省植被区划图（图1-8）。该区划将辽宁省植被划分为7个植被区、15个植被地区和25个植被小区。各植被小区的主要特点、分布面积及构成比例见表1-4。

表1-4　辽宁省各植被小区主要特点及分布面积统计表*

植被区	植被地区	植被小区	植被主要特点	面积/km²	占全省土地比例/%
辽东山地冷温带湿润的杉松冷杉、红松阔叶混交林及其次生林区	龙岗山-千山山脉北段具有中山植被垂直带的蒙古栎林和杂木林地区	清源-新宾小区	森林覆被率60.5%。地带性植被多已破坏，代之以次生的杂木林和蒙古栎林，以及榛子和胡枝子灌丛	9544.91	6.55
		本溪-桓仁小区	辽宁山势最高的地区。900 m为蒙古栎林和杂木林带；海拔800～1000（1100）m为针阔叶混交林带；海拔1000～1200 m为鱼鳞云杉+臭冷杉林带；海拔1200 m以上为岳桦矮曲林、红丁香灌丛等杂类草草甸带	13 240.95	9.09
	吉林哈达岭北麓宽谷丘陵榛子灌丛及辽东栎、蒙古栎人工矮林地区	西丰-开原北小区	本区为宽谷丘陵地区。森林植被主要有蒙古栎林、杂木林和辽东栎林。蒙古栎和辽东栎人工矮林占总面积的15.8%	4268.00	2.93
辽东半岛暖温带湿润的赤松栎林和栎树人工矮林区	辽东半岛北部蒙古栎、麻栎、辽东栎矮林及暖温性蒙古栎林地区	盖（州）南-凤（城）北小区	本区为3个地区的交汇地带。发展林业既可选用长白山系珍贵树种，又可选用华北区系的优良树种	5791.70	3.97
		庄河-东港小区	本区个别地方仍保留上百年的赤松林、栓皮栎林、麻栎林和栎林。林内残留不少的亚热带植物。应严加保护，用做种源	12 790.10	8.78
	辽东半岛南部刺槐、果园、麻栎和日本黑松人工林地区	瓦房店-金州小区	森林覆被率较低，只有13.1%。应尽快扩大森林面积，造林树种可选用日本黑松、刺槐、栓皮栎、麻栎和鹅耳栎等	8039.80	5.52
辽东山地西麓暖温带湿润的油松栎林及其次生灌丛区	辽东山地西麓丘陵台地榛子灌丛和油松栎林地区	铁岭-抚顺小区	本小区森林覆被率为28.9%，其中59.6%为地带性森林（天然油松和油松栎林），是我国天然油松林分布的北界。榛子灌丛在次生灌丛中占有较大比重（71.1%）	8154.10	5.59
		辽阳-海城小区	本区森林覆盖率为28.4%，主要为人工林和萌生的幼龄林。有栎树矮林755.7 km²，退化比较严重。灌丛以榛子和胡枝子为主。本区优势之一是水果生产，是辽宁省苹果经济栽培区的北界，是名优水果南果梨的产地	6591.90	4.52

续表

植被区	植被地区	植被小区	植被主要特点	面积/km²	占全省土地比例/%
辽河平原一年一熟农业植被及草甸区	辽北波状平原玉米、大豆和甜菜种植群落地区	昌图-开原小区	为一年一熟的农耕区。森林覆被率只有3%	3429.30	2.35
	辽（河）、浑（河）、太（子河）平原水稻、玉米、高粱种植群落地区	法库-铁（岭）西小区	地带性植物群落为小叶朴矮林和辽东栎林，在小区东北部出现小面积的荆条灌丛，这是荆条在我国东北地区分布的北界。农业植被以玉米、高粱为主，并有向日葵、花生等油料作物，亦有甜菜等经济作物	3391.20	2.33
		辽中-台安小区	属于辽河、浑河及太子河的冲积低平原，海拔8~40 m；为辽宁主要粮食产区，历史上以高粱、玉米为主，目前水稻面积逐步扩大，成为辽宁稻米的主要产区	10 834.10	7.43
	柳（河）、绕（阳河）缓丘平原玉米、向日葵、花生种植群落及羊草草甸地区	彰武-新（民）北小区	本区为辽宁主要粮食产区。自然植被占3.6%	4997.90	3.43
		黑山-北镇小区	一年一熟农业耕种区，森林覆被率只有2.3%	2781.60	1.91
	辽东湾北岸滨海平原水稻种植群落及獐茅盐生草甸和芦苇沼泽地区	盘山-大洼小区	本区为辽宁省最大的水稻种植区。自然植被只占11.2%，主要是芦苇群落和獐茅盐生草甸	3061.00	2.10
		凌海-东郭小区	本区自然植被以芦苇群落和獐茅盐生草甸为主，前者占总面积的31.4%，后者占11.6%。本区是辽宁省野生罗布麻集中分布的地区	2889.52	1.98
辽西山地东南部暖温带半湿润的油松栎林及其次生灌丛区	医巫闾山-虹螺山低山丘陵荆条灌丛、白羊草草丛和油松栎林地区	阜（蒙）-义（县）-北（镇）小区	自然植被分布在医巫闾山和大青山。森林覆被率为22%，本区盛产小白梨	5226.50	3.59
		葫芦岛-兴城小区	本区森林覆被率仅12.5%	8649.50	5.94
	冀、辽中低山地荆条灌丛及蒙古栎林地区	绥中小区	植被覆被率51.1%，森林覆被率21.8%。各类灌丛占30%。本区盛产白梨和苹果，是辽宁暖温带水果生产的第二大基地	1371.10	0.94
		凌（源）南-建（昌）南小区	本区植被覆被率80.6%，森林覆被率24.5%，绿化及造园花卉植物资源丰富	2743.40	1.88
辽西山地西北部暖温带半湿润-半干旱的侧柏矮林、山杏矮林、黄榆矮林及草原化灌丛区	牤牛河-大凌河宽谷低山丘陵草原化荆条灌丛、白羊草草丛及草原化小半灌木灌丛地区	阜（蒙）北小区	本区位于科尔沁沙地的西南缘，植被严重退化和草原化，覆被率45%。草原化小半灌丛面积占全区的13.4%，次生临界裸地面积占3.7%	3232.40	2.22
		北票小区	森林覆被率9.4%，各类灌丛和灌草丛占36.2%，次生临界裸地占7.4%，植被退化严重	4115.30	2.82
		朝阳-喀左小区	本区森林覆被率7.8%。灌丛和灌草丛占26.8%，裸地占12.2%，植被受到严重破坏	8973.40	6.16

植被区	植被地区	植被小区	植被主要特点	面积/km²	占全省土地比例/%
辽西山地西北部暖温带半湿润–半干旱的侧柏矮林、山杏矮林、黄榆矮林及草原化灌丛区	努鲁儿虎山地油松人工林、山杏、黄榆矮林及虎榛子灌丛地区	建（平）南-凌（源）北小区	本区植被覆盖率80.6%，森林覆盖率24.5%，绿化及造园花卉植物资源丰富	5124.90	3.52
辽西北冷温带半干旱–干旱的山杏矮林、栎树矮林及长芒草、羊草草甸草原区	科尔沁南缘沙地黄柳灌丛及羊草、冰草草甸草原地区	康平-彰(武)北小区	本区为科尔沁沙地的南缘部分的固定沙丘坨甸地区。植被覆盖率为43.1%，农田比重过大	3937.40	2.70
	努鲁儿虎山北部黄土丘陵台地长芒草、大针茅草原及羊草草甸草原地区	建平小区	地带性植被为长芒草、羊草草甸草原，植被覆盖率42.9%，农田比重过大	2546.60	1.75
全省合计				145 726.58	100.00

*本表根据董厚德（2011）汇总而成。

1.2.3　地质地貌

1. 地质

辽宁省90%以上的地区位于中朝准地台内，属于华北地层区；北部边缘地区属于天山—兴安地层区。在侏罗纪以前，两个地层区在地层发育程度、沉积成因、变质作用、岩浆活动等方面存在着明显差异；侏罗纪以后则基本相同。各地质时代地层特征如下：

1）太古界

主要分布在辽东及辽西北部地区，岩性复杂，厚度巨大，为一套遭受区域变质作用而形成的中深变质岩系。

辽东地区太古界地层主要分布于抚顺市范围内，以混合岩、片麻岩为主。由于长期的地壳上升，基底出露，古老岩系形成众多山峰。其中，清原、新宾有大顶子东山（海拔997 m）、十花顶子山（1090 m）、四花顶子山（963 m）等中低山分布，至抚顺周围则渐变成丘陵景观。

在辽西，太古界混合岩及片麻岩构成了北东–南西向的大青山和努鲁儿虎山的基底，大青山位于阜新、北票的西北边界，努鲁儿虎山则斜穿建平中部。北镇的医巫闾山及兴城和绥中一线的丘陵，许多也是由太古界变质岩构成。

2）元古界

元古界地层广泛分布于辽东地区大石桥和丹东之间的广大区域。其中，厚层石英岩及硅质石灰岩等抗风化能力强的岩石往往形成山峰，成为辽东南北水系的分水岭——千山山脉的峰线。较为高大的山峰有桓仁的牛毛大山（1319 m）、草河口的摩天岭（968 m）、凤城的老虎山（907 m）、岫岩的四方顶（970 m）和庄河的步云山（1130 m）等。

在辽西北地区，元古界的石英岩、硅质灰岩和白云质大理岩等往往形成一些低山，有朝阳的骆驼岭（831 m）、柏山（853 m）、喀左的拐脖子沟梁山（929 m）、凌源三道杖子的红石砬子山（1256 m）等。

3）古生界

古生界地层在辽宁的分布范围不大，岩性以白云岩、灰岩、砂岩、黏土岩等沉积岩类为主，还有少量的片岩、变粒岩、片麻岩等变质岩类。

下古生界主要是各种石灰岩，集中分布在辽阳、本溪至桓仁沙尖子一线及瓦房店西部，多为嶙峋的山峰；在辽西则为零星的山丘，如朝阳的凤凰山、凌源的帽子山（906 m）、喀左的大阳山（881 m）和马圈山（605 m），以及葫芦岛的白马石等。上古生界以砂页岩为主，并夹有煤层，整合覆盖在下古生界之上，形成低矮的丘陵。古生代晚期的地壳运动引起一些岩浆岩的侵入，其中在西丰广大地区出露的二长花岗岩构成冰砬山、城子山（868 m）和红石砬子山（356 m）等低山丘陵，辽西的大青山及建平北部也有一些花岗岩的侵入。

4）中生界

中生界地层在辽西地区最为发育，岩性为安山岩、玄武岩、集块岩、凝灰岩等火山喷出岩以及砾岩、砂岩、页岩、泥岩等陆源碎屑沉积岩。在大型构造带附近和盆地边缘发育有大面积的侵入岩，如花岗岩、二长花岗岩、花岗闪长岩、闪长岩等。

中生代辽宁地区发生了大规模的地壳运动，中部的辽河平原从此时开始呈地堑式逐渐下降，而辽东、辽西的低山丘陵则相对上升。西北部的大青山和努鲁儿虎山随蒙古高原上升，成为辽西的北部屏障，中部的大凌河、小凌河谷地则呈地堑式下降，松岭山地为地垒式上升。升降运动的地形差异，造成中生代的沉积地层以粗碎屑和砂砾岩为主，还夹杂有许多薄层的玄武岩和安山岩等喷出岩。这些岩层构成了大凌河、小凌河两岸大面积的低缓丘陵，其中少数喷出岩也构成了一些低山。与之相似的断陷盆地沉积，在辽东的新宾、桓仁一带也有发生，砂砾岩及火山凝灰质角砾岩构成了许多低山丘陵。辽宁中部平原是东北松辽凹陷的一部分，大规模下沉以后，成为后来的辽河油田、沈北煤田及铁法煤田赋存地层的分布区，只有昌图、康平、法库一带于古近纪由于松辽分水岭的隆起，才有一些中生界砂页岩地层出露。

辽宁地区中生代的另一个极为重要的地质事件就是规模大小不等的花岗岩侵入，数量众多，分布广泛，构成辽东、辽西的山地和丘陵。

5）新生界

辽宁省的古近系和新近系主要分布在下辽河平原及浑河流域。此外，在凌源、朝阳、建平、北票和清原一带亦有零星出露。下辽河地区古近系和新近系发育最完整，但多被掩埋于第四系之下而未出露地表。自古新世至上新世，沈北凹陷沉积了一套成因类型繁杂的含煤岩系，并于渐新世早、中期上升，使抚顺地区出露了古新世至渐新世含煤的砂页岩地层。

辽宁省的第四系颇为发育，分布亦较广泛。喜马拉雅运动造就了辽宁省现今东西高中间低的地形地貌，并导致第四纪辽东、辽西和下辽河平原古气候、古生物群系、岩相、岩性和成因类型的差异，据此将辽宁第四系划分成辽东、辽西和下辽河平原三个地区。

因受第四纪新构造运动影响，辽东地区一直处于间歇性差异上升状态，长期遭受强烈的剥蚀作用，使大部分地区第四系层序残缺不全，分布受到限制，厚度一般为 30～40 m。在新构造运动较强烈的宽甸境内，沿断裂喷发的火山堆积很发育。由于第四纪冰期和间冰期气候周期交替出现，辽东地区形成了相应的堆积物。在碳酸盐岩分布地区也有一些洞穴堆积。

辽西地区第四系发育良好，层序完整、齐全。松散堆积物以黄土或黄土状土为主，冰期的冰碛、冰水沉积物及冰川外围或间冰期的河湖相砂砾石层沉积也有一定规模。沿海地区则有海相或海陆交互相沉积。在碳酸盐岩类岩石分布区尚有少量的洞穴堆积。

下辽河平原地区自第四纪以来，继续整体下沉。除东、西部山前倾斜地带发育有巨厚的冰水沉积和洪积物外，绝大部分平原地区连续沉积了巨厚的松散堆积物，厚度达400 m 左右。

2. 地貌

辽宁省地表形态的总体特征是北高南低，东、西两侧分布山地、丘陵，中部为平坦、开阔的冲积平原。山地占全省总面积的 59.8%，平原占 33.4%，水面占 6.8%，故有"六山一水三分田"之说。依地貌形态特征可将全省划分为 3 个地貌单元，即辽东山地丘陵区、辽西山地丘陵区、辽河平原区（图 1-9）。

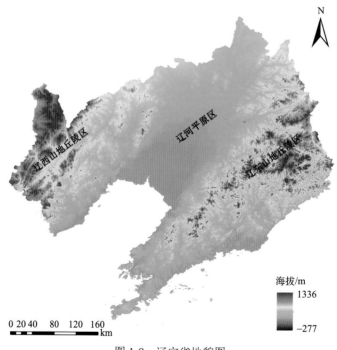

图 1-9　辽宁省地貌图

DEM 数据来源：地理空间数据云(http://www.gscloud.cn/) 的《SRTMDEM 90 m 分辨率原始高程数据》

1）辽东山地丘陵区

辽东山地丘陵区大致位于长大铁路以东,呈北东-南西走向,属于长白山脉的延续部分,其南端插入海中,构成辽东半岛的脊梁。以沈丹铁路为走向,又将本地区划分为两部分。

沈丹铁路东北地区是长白支脉和吉林哈达岭的延续,山势起伏陡峭。主要山脉有(自北向南):清原的莫日红山、本溪的摩天岭,南部的龙岗山、桓仁的老秃顶子山和花脖子山,宽甸的四方顶子山和凤城的凤凰山,海拔均在 500～1000 m,构成了辽宁省地势最高的部分,其中老秃顶子山(1325 m)和花脖子山(1336 m)是省内的两个最高峰。山地两侧是 400 m 以下的丘陵;山地东侧鸭绿江流域谷地较宽,凤城、宽甸一带盆地丘陵相间,海拔在 200～300 m。

沈丹铁路西南地区,以千山山脉为骨干蜿蜒南伸,构成辽东半岛的骨架,地势北高南低,海拔一般在 500 m 以下,1000 m 以上的只有帽盔山、绵羊顶子山、魏家岭和步云山等,其中帽盔山海拔最高(1141.5 m),是辽南第一高峰,辽宁第三高峰。

辽东海岸线曲折,半岛的东北和西北部,滩涂广布,是重要的苇滩和盐场。

2）辽西山地丘陵区

辽西山地丘陵区是内蒙古高原向辽河平原的过渡地带,位于老哈河与辽河平原之间。自西北向东南,由努鲁儿虎山、松岭、医巫闾山呈阶梯式倾斜,海拔自 1000 m 以上逐渐下降为 300～400 m 的丘陵。大凌河、小凌河、女儿河和六股河分布其中,地形地貌多样。以大凌河为界,西侧是山地,山势险峻;东部为丘陵,地势较平缓。本区的南侧靠渤海岸,是海拔 50 m 以下的狭长海滨平原,习惯上称作“辽西走廊”。

3）辽河平原区

辽河平原区位于辽东山地丘陵区和辽西山地丘陵区之间,由辽河及其支流冲积而成,土地肥沃,农业发达。辽河平原区是松辽平原的一部分,北部与吉林省接壤。彰武、铁岭以北,海拔在 50～250 m,丘陵、平原相间分布;彰武、铁岭以南至辽东湾,海拔在 50 m 以下,近海地区海拔更低,辽河、浑河、太子河、大凌河、小凌河及绕阳河等河流在此汇集入海,形成了地势平坦的三角洲平原,其间分布着许多盐碱地和涝洼地。

1.2.4　河流水系与水资源

1. 河流水系

辽宁省河流众多、水系河网密布。全省有名可查且流域面积在 5000 km² 以上的大型河流共 16 条,流域面积在 1000～5000 km² 的中型河流有 35 条,流域面积在 100～1000 km² 的小型河流有 390 条(辽宁省水利厅,2006)。主要有辽河干流、浑河、太子河、绕阳河、大凌河、小凌河、鸭绿江、浑江和大洋河等。辽宁省主要河流概况见表 1-5。

按地理位置划分,全省河流可以划分为 5 大水系区(图 1-10),即以辽河、浑河、太子河为主的辽河水系区(Ⅰ),以鸭绿江、浑江为主的鸭绿江水系区(Ⅱ),沿海诸河水系区(Ⅲ)及东西两侧小面积的松花江水系区(Ⅳ)和滦河水系区(Ⅴ)。其中,沿海诸河水系区(Ⅲ)可细分为辽东湾西部沿渤海诸河水系区(Ⅲ₁)、辽东湾东部沿渤海诸河水系区（III$_2$）和辽东沿黄海诸河水系区（III$_3$）。

表 1-5　辽宁省主要河流概况

流域或水系	河名	流域面积/ km²	河流长度/km	备注
辽河	辽河	37 927	521.0	干流
	老哈河	3494	100.0	省内
	东辽河	415	70.1	省内
	清河	5113	170.7	—
	柴河	1501	142.8	—
	凡河	1000	108.1	—
	柳河	5791	253.0	全河
	绕阳河	9946	283.0	—
	大辽河	1936	96.0	—
	浑河	11 481	415.4	—
	太子河	13 883	412.9	—
	汤河	1460	90.9	—
鸭绿江	鸭绿江	61 900	790.0	省内 16 616 km²
	浑江	15 381	447.0	省内 6952 km²
沿黄渤海东部诸河	大洋河	6202	201.7	—
	碧流河	2817	159.1	—
沿渤海西部诸河	大凌河	23 549	397.4	省内 20 285 km²
	小凌河	5479	20.6.2	—
	六股河	3080	153.2	—

注：本表引自辽宁省水利厅（2006）。

2. 水资源

辽宁省水资源分区除考虑水资源分布特点、自然地理条件的相似性和一致性外，在全国统一规范下，兼顾水系和行政区划的完整性，满足农业区划、流域规划、水资源估算和供需平衡分析等方面的要求。辽宁省水资源可以划分为辽河区、松花江区和海河区3 个水资源一级区、8 个水资源二级区、12 个水资源三级区和 31 个水资源四级区，各分区面积见表 1-6。

全省多年平均地表水资源量为 302.49 亿 m³，折合径流深为 207.9 mm，流域分区地表水资源（天然年径流量）特征值见表 1-7。辽宁省年均径流深的地区分布极不均匀。东部最大，往中部和西部递减，西北部最小，最大值是最小值的 26 倍。从流域看，鸭绿江流域年径流深最大（600～700 mm），分布也较均匀；黄海、渤海沿海水系和浑河、太子河水系年径流深次之，辽河流域最小（25 mm）。年径流深的区域分布特征与年降水量的分布基本相对应，但区域分布的不均匀性比降水量更严重。

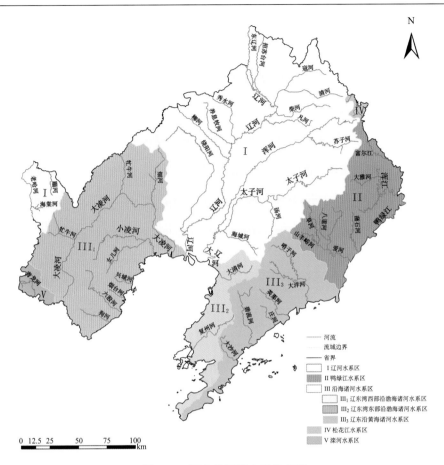

图 1-10　辽宁省河流水系分布图

根据辽宁省农业资源和区划地图集编辑委员会（1988）及辽宁省自然资源厅（2019）资料修改而成

表 1-6　辽宁省水资源分区计算面积表

一级区	二级区	三级区	计算面积/km²
辽河	西辽河	西拉木伦河及老哈河	3494
	东辽河	东辽河	415
	辽河干流	柳河口以下	24 635
		柳河口以上	13 292
	浑太河	浑河	11 481
		太子河及大辽河干流	15 846
	鸭绿江	浑江口以上	6952
		浑江口以下	9664
	东北沿黄渤海诸河	沿黄渤海东部诸河	24 413
		沿渤海西部诸河	33 063
松花江区	第二松花江	丰满以上	541
海河区	滦河及冀东沿海	滦河山区	1710
	全省		145 506

注：本表引自辽宁省水利厅（2006）。

表 1-7　辽宁省流域分区地表水资源（天然年径流量）特征值

流域三级区	计算面积 /km²	统计参数①				不同频率天然年径流量/亿 m³			
		年均值		Cv	Cs/Cv	20%	50%	75%	95%
		径流深 /mm	径流量 /亿 m³						
西拉木伦河及老哈河	3494	27.3	0.95	0.3	2.5	1.18	0.92	0.75	0.54
东辽河	415	146.2	0.61	0.62	2.0	0.88	0.53	0.33	0.15
柳河口以上	24 635	113.1	27.85	0.54	2.0	39.10	25.20	16.82	8.49
柳河口以下	13 292	61.2	8.14	0.82	2.0	12.61	6.41	3.27	9.44
浑河	11 481	209.4	24.04	0.56	2.0	34.04	21.59	14.16	6.90
太子河及大辽河干流	15 846	220.2	34.90	0.44	2.0	46.70	32.67	23.70	14.03
浑江口以上	6952	481.3	33.46	0.40	2.0	43.90	31.69	23.72	14.89
浑江口以下	9664	571	55.18	0.46	2.0	74.60	51.32	36.64	21.02
沿黄渤海东部诸河	24 413	316.4	77.26	0.48	2.0	105.53	71.38	50.14	27.89
沿渤海西部诸河	33 063	111.2	36.77	0.68	2.5	53.28	30.08	18.57	10.33
丰满以上	541	220.3	1.19	0.56	2.0	1.68	1.06	0.69	0.35
滦河山区	1710	125.1	2.14	0.72	2.5	3.13	1.70	1.02	0.57
全省合计/平均	145 506	207.9	302.49	0.44	2.0	405.03	283.13	205.39	121.60

注：本表引自辽宁省水利厅（2006）；①为水文统计参数，反映不同时段水文要素的多年均值、变差系数（Cv）和偏态系数（Cs）等在地区的分布规律。

辽宁省 1980~2000 年多年平均地下水资源量为 124.68 亿 m³（表 1-8），全省平均地下水资源模数为 8.82 万 m³/km²。总的趋势是东部大于西部，平原大于山区。

表 1-8　辽宁省流域分区地下水资源汇总表　　　　（单位：亿 m³）

水资源三级区	山丘区地下水资源量	平原区地下水资源量	山前侧向补给量	河川基流量形成地表水体补给量	地下水资源量	地下水开采量
西拉木伦河及老哈河	0.45				0.45	0.20
东辽河	0.21				0.21	0.02
柳河口以上	6.16	19.04	0.55	0.52	24.13	17.02
柳河口以下	1.27	13.46	0.38	0.69	13.67	12.33
浑河	5.73	12.63	0.16	1.54	16.66	14.29
太子河及辽河干流	8.02	11.8	0.48	1.23	18.11	12.03
浑江口以上	7.29				7.29	0.87
浑江口以下	9.47	0.39	0	0.03	9.83	1.15
沿黄渤海东部诸河	15.25	2.2	0.11	0.08	17.36	4.99
沿渤海西部诸河	12.42	4.48	0.41	0.64	15.84	8.32
丰满以上	0.35				0.35	0.11
滦河山区	0.78				0.78	0.14
全省	67.40	64.00	2.09	4.73	124.68	71.47

注：本表引自辽宁省水利厅（2006）。

1.2.5　成土母质

辽宁广大山地丘陵区的成土母质是各种基岩风化的残积物、坡积物；山麓地带有较厚的多次沉积的砾石层，在山麓和平原过渡地带出现洪积物和冲积物的混合堆积。中部平原则为巨厚的河流冲积物、海冲积物，到海滨逐渐过渡到海相沉积物，并可见风积沙。辽宁省西部与内蒙古高原接壤，分布有风积沙和黄土。受古代冰川影响，辽西和辽东的局部地区有冰碛物和冰水沉积物分布。根据辽宁区域地质和地貌条件，将全省成土母质划分为 11 个类型。

1. 残积物

根据母岩的矿物学特性和化学组合，划分为酸性岩、基性岩、泥质岩、碳酸盐岩、砂页岩、石英岩等残积物。

1）酸性岩残积物

酸性岩残积物包括花岗岩、片麻岩、混合岩、变粒岩、粗面岩、流纹岩、英安岩等残积物。其中，混合岩、片麻岩残积风化壳分布面积最广。

花岗岩属酸性侵入岩，是形成山地丘陵土壤最主要的一类母岩。花岗岩风化壳厚度较薄，一般不超过 2 m，而半干旱的辽西山地丘陵冲刷剧烈，一般不超过 1 m，多在 30 cm以下，甚至有基岩出露。

片麻岩、混合岩和变粒岩构成的地貌多为平缓的低丘和准平原。在漫长地质时期的风化作用下，形成深厚的残积风化壳，一般为 5～6 m，甚至达 10 m 以上。这些岩石及其风化物除含有石英外，还含有较多的暗色矿物。以片麻岩为例，黑云母、角闪石、磁铁矿、磷灰石等含量较高，但片麻岩因种类不同，矿物组合也有差异。

流纹岩、英安岩和粗面岩是酸性至中性喷出岩。它们的残积物主要分布在凌源旧庙隆起与绥中－医巫闾山隆起之间的侏罗–白垩纪断陷盆地，山势陡峻，海拔在 100～1100 m。辽东地区清源满族自治县的南口前镇以北也有零星分布。这类岩石残积物化学组成与花岗岩残积物近似，但铁含量稍高。

2）基性岩残积物

基性岩残积物主要是玄武岩残积物，此外，还包括辉长岩、辉绿岩、橄榄岩、辉石岩、安山岩和凝灰岩残积物等。辽宁省内的玄武岩主要形成于中生代和新生代。阜新务欢池盆地的敖包梁、碱锅等低丘是由侏罗纪、白垩纪玄武岩组成的，由于长期受剥蚀夷平，形成海拔 100～150 m 的三级夷平面。新近纪橄榄玄武岩主要分布在海拔 490～520 m的清原草市一级夷平面上，构成平顶山和柱状山地貌。宽甸构造盆地第四纪的玄武岩熔岩流沿河谷阶地形成平坦的台地，上下可分为两层，上层气孔较多，岩性疏松，下层气孔微小，致密坚硬。

安山岩和凝灰岩这类岩石主要分布在侏罗系、白垩系地层中，各地均有分布，但以辽西为最多，构成低山丘陵和台地。

3）泥质岩类残积物

泥质岩类残积物包括片岩、千枚岩、板岩质页岩、非钙质页岩等。这类岩石广泛分布在辽东半岛晚元古界地层和辽西地区的中生界地层中，多形成低而平缓的地貌。

这类岩石极易风化，因具有片理构造，易裂成片状。由于这类岩石缺钙，风化一开始就进入硅铝化阶段，形成硅钾质风化壳，质地多为砂质黏壤土或黏壤土。

4）碳酸盐岩残积物

辽东的本溪、桓仁和辽西的喀左等县石灰岩多形成高大陡峭的侵蚀悬崖和单面山，岩溶地貌发育，如本溪的天然溶湖水帘洞、大连的北平山、营口的金牛山、喀左的鸽子洞等；抚顺哈达一带为陡峻的低丘陵；大石桥与宽甸间广泛分布大理岩构成的平缓丘陵；菱镁矿主要分布在海城、大石桥、岫岩、凤城、宽甸、抚顺等地区。

钙质页岩除富钙外，其他性状与非钙质页岩相同。粒度成分以粉砂和黏粒为主。钙质页岩硬度小，极易风化，形成较厚的风化壳，质地黏重。由于富含盐基，钙质页岩发育土壤一般呈中性至碱性反应。

5）石英岩残积物

石英岩残积物包括石英岩、石英砂岩、石英砾岩、石英片岩和硅质岩类，广泛分布在辽西和辽北凡河流域、辽东太子河流域和大连等地的新元古界地层中。石炭系、二叠系地层中也有分布。

石英质岩类致密坚硬，抗风化能力最强，往往形成陡峻的山岭；风化壳极薄，质地多为富含岩块的砂土-砂壤土；酸度较大，植物矿质营养元素缺乏。

2. 坡积物

坡积物是斜坡上的土壤和岩石风化物经重力和流水（冰雪融水和雨水）作用顺坡而降，在坡下部和坡脚再堆积而成的，多以"裙"状分布在丘陵和山体的坡脚，形成坡积裙。坡积物前缘常覆盖于谷底、山间盆地或山间平原上，因此常与冲积物、洪积物互层构成坡积冲积物和坡积洪积物。

坡积物的岩石成分比较复杂，主要受坡上部母岩的控制。斜坡上部若是岩石风化物，经片流搬运的多是岩石碎屑和细土的混合物。由于搬运距离较近，坡积物分选性差，岩石碎屑磨圆度小，多呈棱角状，岩性与母岩一致。坡积物一般不具层理，但在坡积裙上沿着顺坡向具有与斜坡一致的层理。

3. 冲积物

冲积物由河流冲积而成，主要分布在各水系的河谷地貌上。冲积物的主要特征是具有明显的层理，粒度成分分选性好，但不均一。冲积物的水平分异规律和水流的特性密切相关。一般离河床越近粒度越粗，离河床越远粒度越细，按砂土－壤土－黏土的顺序有规律地呈带状分布。河流上游的冲积物主要由石砾组成，而下游由砂土、壤土和黏土组成。滨河床浅滩的沉积物由河床相的砂砾、黏土组成。河漫滩和河成阶地的沉积物具有二元结构，即上部为河漫滩相沉积（由细砂或黏土组成，具有微波状交错层理），下部为河床相沉积（由砂砾和黏土组成，一般无层理）。

冲积物的剖面特征极其复杂，并且是多种多样粒度组成的层次组合。发育在滨河床浅滩、河漫滩和一级阶地上的土壤，具有明显的冲积层次。表土质地有砂砾质、砂质、壤质和黏质的，土体构型有夹砂、夹砾、夹黏、砂底、砂石底、黏土底等。发育在高阶地和冲积平原上的土壤一般土层深厚，质地均一，多为壤土到黏土。

4. 洪积物

洪积物是山区溪沟间歇性洪水挟带的碎屑物质在山前沟口堆积而形成的沉积物，主要分布在山麓扇形地、山前倾斜平原、山间谷地和河谷上游。洪积物通常在山口呈扇形分布而形成洪积扇，当邻近的几条山地河流形成的洪积扇扩大伸展到彼此相连时，就形成洪积平原。

洪积物属快速流水搬运，因此一般颗粒较粗，除砂、砾外，还有巨大的块石，分选性也差，大小混杂（一般搬运距离比坡积物长，分选性比坡积物好，而较冲积物差）。通常情况下，洪流搬运距离比冲积物短得多，碎屑磨圆度较差，多呈次棱角状。洪积物一般不分层理，有时存在斜层理和交错层理。同一溪沟的洪积物物质成分相对单一，不同冲沟产生的洪积物岩性差别较大。

洪积扇顶部和其边缘部分的洪积物，质地很不相同。扇顶部位由爆发性洪流出山后迅速堆积，通常由大量石砾、岩屑、岩块组成，分选性很差，透水性强，层理不清楚，这里地形高而不平，坡度较大。由扇顶到洪积扇边缘，地形越来越平缓，洪流流速越来越慢，沉积物亦逐步变细，由小圆砾变成砾质砂土到砂质土，最后是壤土，分选性也逐渐加强。

5. 湖沼沉积物

湖沼沉积物主要分布在平原河流两岸的低洼地、沼泽、湖泊周围和古代海侵地段以及山前倾斜平原的低地和山间洼地。湖沼沉积物是河流挟带的大量松软泥土在湖泊淤积而形成的，属于静水沉积物，以淤泥为主，颗粒较细，质地为壤土或更细，因此也被称为淤泥质壤土。在湖沼地区，地表常年或季节性积水，沉积物长期被水分饱和。在此环境条件下，土壤潜育化作用和腐殖化作用（表层的泥炭化作用）同时进行。在辽宁省，湖沼沉积物主要分布于辽河下游平原南部的辽河和大凌河的入海口处（赵圈河、东郭、辽滨和羊圈子苇场）；丹东的东港、孤山子也有分布。受海水影响，淤泥质壤土中含一定盐分，呈中性和微碱性反应。这为芦苇沼泽的形成创造了良好的生态环境，但在好气、嫌气交替作用下，植物残体分解速度较快，有利于腐殖质的形成，而不利于泥炭的积累。

6. 滨海沉积物

滨海沉积物可划分为冲海积物和潮间带（海涂）海相沉积物两种类型。

1）冲海积物

冲海积物主要分布在三角洲平原和潟湖平原，如鸭绿江、辽河、大小凌河、大洋河、大清河等河口均有一定规模的三角洲平原。河流携带的大量泥沙和可溶物质在河口沉积，同时海洋潮流也带来了部分泥沙，于是在河口地区形成海陆相交互沉积，所以这种沉积物也被称为冲海积物。由于入海河流流经区域不同，携带的物质各异，粒度成分也相差悬殊。冲海积物的粒度成分为淤泥质、砂或砂质黏土，有的还夹杂砾石和碎石。因此，在冲海积物上形成的土壤多样且复杂。在辽河三角洲，沉积物颗粒细，质地黏重，通透性极差，加之海水顶托，排水不良，地表常年积水，多形成芦苇沼泽。

2）潮间带（海涂）海相沉积物

潮间带（海涂）海相沉积物是以潮汐为动力，在地质沉积和生物活动共同作用下形成的一种独特沉积物，其形成过程包括泥沙絮凝沉积过程、盐渍还原过程、潮汐运移过程和养分积累过程。它的主要特征是，颜色呈青灰色（潜育特征），含盐量高，粒度具有高度分选性和均一性，层理明显，表层呈泥糊状，往下则逐渐紧实，植物和底栖生物生长繁茂。黄海沿岸的潮间带海相沉积物的粒度从东往西由细变粗。潮间带（海涂）海相沉积物的矿物组成以石英为主，其次为少量斜长石、钾长石和微量白云母。黏粒矿物为蒙脱石、高岭石和绿泥石。潮间带（海涂）海相沉积物在剖面上盐分分布均匀，盐分组成中的阴离子以氯离子为主，占阴离子总量的 85%；阳离子以 Na^+ 和 K^+ 占优势，为阳离子总量的 80%。在该母质上发育的土壤呈中性或微碱性反应，pH 7.4～8.6。

7. 冰碛冰水沉积物

冰碛物是由融化冰川挟带的碎屑物堆积形成的沉积物，其主要特征有：不具层理，粒度变化很大，没有分选性，但在冰碛物中夹砾石、砂或黏土构成的透镜体；冰碛砾石未经磨圆，多呈棱角状，砾石表面具有擦痕、压坑或变形弯曲。第四纪辽宁境内发生过三次冰川事件，并在一定高度、一定地形部位上保存了不同冰期的冰川地形及其相应的冰碛和冰水沉积物。

8. 黄土与黄土状沉积物

黄土是经风力搬运以粉砂颗粒为主的沉积物，具有典型的风成特征，也称为原生黄土。颜色呈黄色或棕黄色，无层理，质地均一，富含碳酸钙，具多孔性和湿陷性，呈柱状节理。黄土状沉积物即次生黄土，是指原生黄土被流水冲刷、搬运再堆积而成的黄土。它与原生黄土的主要区别是具有层理，并含有较多的砂粒甚至细小砾石。

1）黄土母质

辽宁省黄土分布广泛，机械组成和碳酸钙含量区域差异明显（贾文锦，1992a），由西北向东南呈有规律的变化，即砂黄土（富钙）-壤黄土（脱钙）-黏黄土（非钙质）。

砂黄土（富钙黄土）主要分布在建平、北票和阜新等地的北部，大连地区也有零星分布。机械组成表明，其质地偏砂，粒度以细砂（0.25～0.05 mm）为主，一般为 410～550 g/kg；黏粒矿物主要是水云母和蛭石-蒙脱石混层物，含少量高岭石，并有微量石英，可见长石衍射峰；碳酸钙含量高，pH 8.1～8.6，呈碱性反应。

壤黄土（脱钙黄土）主要分布在建平、北票和阜新等地的南部至辽河西侧的山前倾斜平原，辽东也有零星分布。壤黄土的粗粉砂（0.05～0.01 mm）含量为 320～460 g/kg，黏粒矿物主要是水云母，并有一定量的蒙脱石和绿泥石（蛭石）混层物及微量高岭石。这类黄土处于脱钙阶段，质地偏黏，多为壤质黏土。土体中碳酸钙含量低，无石灰反应，土壤呈微碱性反应，pH 7.3～8.0。

黏黄土（非钙质黄土）主要分布在辽东地区的丘陵、山麓平原、盆地和高阶地上。

它具有典型黄土的柱状节理，不显层理，质地均一，以粉砂为主，多小孔隙性，棕黄色，但土体中无游离碳酸钙存在，呈微酸性或酸性反应。盐基饱和(>50%)或不饱和(<50%)。

2）黄土状沉积物

黄土状沉积物主要分布在辽东和辽西地区山前洪积平原的前缘、冲积平原或河流阶地上。与黄土的机械组成相似，但>0.25 mm 颗粒含量偏高，甚至含有少量的粗砂和石砾；色调不均匀且区域变化明显，常有层理，夹石砾、砂砾石层或透镜体，柱状节理不发育，湿陷性差。黄土状沉积物的氧化钙和游离碳酸钙含量因区域不同而有所差异，在辽东地区一般属于非碳酸盐性的，在辽西地区则属于富钙型或脱钙型。

9. 风积沙

风积沙主要分布在现代河流两岸、滨海地区和阜新、彰武的北部。春秋时节干旱多风，河床、滨海沙滩及科尔沁沙地的沙质沉积物经风力跃运重新堆积形成覆盖沙地和波状的沙丘；有的生长植物逐渐形成半固定沙丘或固定沙丘；有的无植被仍在流动，形成流动沙丘。

风积沙的颗粒组成具有高度的分选性，特别是丘状沙剖面具有明显的均一性。由于区域性水热条件，特别是水分状况不同的缘故，风积沙颗粒组成区域性差异明显，彰武县章古台镇、台安县、鲅鱼圈区熊岳镇的固定沙丘黏粒含量依次增高。

根据碳酸钙的有无可将风积沙分为石灰性风积沙和非石灰性风积沙，石灰性风积沙主要分布在朝阳、阜新地区和辽河中下游，碳酸钙含量一般不超过 25 g/kg，盐基饱和，呈中性至微碱性反应，pH 7.1～8.4。

10. 古红土

古红土是在第三纪及第四纪中更新世间冰期湿热环境下，经过强烈的风化作用和成土作用形成的产物，是一种古土壤。辽宁省的古红土多埋藏于地下，但在地势较高的剥蚀区，如山麓、低丘等地，亦有一部分的古红土出露地表，主要分布在辽西的朝阳和辽南的大连，其他地方有零星分布。古红土母质的主要特征是颜色呈红色，质地黏重，因此常被称为红黏土；呈中性至微酸性，缺乏碱金属和碱土金属而富含铁、铝氧化物，铁氧化物常包括褐铁矿和赤铁矿等。个别地方的古红土，因受后期黄土沉积（覆盖于古红土之上）影响有复钙现象，即承受了自上层淋溶下来的一部分 $CaCO_3$，在黄土与古红土层交接处有时可见石灰结核，在古红土层内的根系孔道中有时也可以发现大量的管状石灰结核。

11. 有机物质

有机母质是一种特殊的土壤母质类型，以有机物质为主构成。根据形成环境，有机母质可以划分为两大类，一类是经常被水分饱和具高有机碳的泥炭、腐泥等物质，通常被称为草炭，是在湖沼的基础上发展起来的；另一类是被水分饱和时间很短但具有极高有机碳的枯枝落叶物质或草毡状物质，通常出现在寒冷潮湿气候区的分水岭顶部或北坡，地形高亢、平坦，或有永冻土层。

在辽宁省有机母质以第一类为主，即在长期水分饱和的环境条件下，有机物质的生成速度超过其分解速度，深厚的有机碳含量较高的草炭、腐泥等物质积累在矿质土层上。有机母质主要分布在辽东山地的河谷和沟谷洼地，以新宾、清原为最多，是在晚全新世冷湿环境下沉积的，也有从中全新世开始沉积持续到现在的，一些地区的草炭受环境变化的影响被后期沉积物埋藏在地下不同深度。从鸭绿江口至山海关一线的沿海地区，也零星分布有草炭。形成草炭的主要有薹草、芦苇、泥炭藓等沼生湿生植物。

草炭的基本性质，一是容重小、持水量大、黏着性及可塑性都小，故施用适量泥炭于矿质土壤中可以改善其物理性状，增加持水能力。因草炭分解程度不同，泥炭的这些性质亦有一定差异。高度分解的草炭（腐泥），植物纤维已完全分解或含量极少，呈深灰至黑色，容重 $0.2 \sim 0.3$ g/cm^3，持水量为 $100\% \sim 400\%$；分解度低的草炭，植物纤维含量高，呈黄色至黄褐色，容重更小（< 0.1 g/cm^3），具很强的持水力（$1000\% \sim 2000\%$），黏着性及可塑性则更小。二是草炭导热性、透水性都弱，如遇强烈干燥脱水后，就会丧失吸水和湿胀的能力。三是草炭的有机质含量高，盐基交换量大，交换性盐基以钙镁为主，但由于地理地带条件不同和形成草炭的植物种类及其分解程度不同而差异较大。

1.2.6 人类活动

人类活动作为一个成土因素，对土壤的形成与演化有着重要的作用，但它对土壤性质的影响与其他自然因素有着本质的不同。自然土壤是生物、母质、气候和地形等一系列因素在一定时间上相互作用的结果。在自然条件下，土壤的形成发育完全遵循着自然规律，且形成一定的土壤类型及其特性，需要相当长的时间，如几百年，甚至上千年的时间，并保持着一定的生态平衡。人类开垦种植和砍伐森林以后，原有生态平衡遭到破坏，土壤的特性发生变化，甚至形成新的土壤类型。

1. 人类活动作用的特点

人类活动对土壤的影响具有以下特点：①有意性或有目的性。在生产实践活动中，人们在逐步认识土壤发生发展规律的基础上，有意识地利用和改造土壤，并定向地培育土壤，最终形成了具有不同熟化程度的耕种土壤。②社会性。人类活动对土壤形成发育的影响也受社会制度、社会生产力发展水平的制约，在不同社会制度和不同生产力水平条件下，人类活动对土壤的影响有很大的不同。③双向性。人类活动对土壤发生发育的影响具有双向性，即如果利用得当，土壤可朝向良性循环的方向发展，如果不合理利用也可走向负面，引起土壤退化（土壤侵蚀、沙化、荒漠化、次生盐碱化、潜育化、土壤污染和酸化）。

2. 辽宁省土地开发简史

辽宁是我国东北开发最早的地区，在辽宁多地发现距今六七千年前的新石器时代的人类活动遗址。距今 7200 多年的沈阳新乐遗址发掘出火耕农业的整地工具——石斧和碳化谷物，反映当时原始农业已初具规模。数千年来的人类活动和劳动人民的智慧加速了土壤的进化过程，然而，由于人口不断增加，人地矛盾日益突出，人类过度的开发利用和不当活动，导致土壤环境恶化，最终导致土地退化。

辽宁的土地开发可分为 3 个历史阶段，即古代土地开发、近代土地开发和现代土地开发阶段（廖维满，2001）。

1）古代土地开发

辽宁古代土地形成规模开发是在燕国占据辽宁以后开始的，距今有两千多年的历史。当时在辽宁设置辽东、辽西两郡，开发辽河平原。此时辽宁土地开发时兴时废，规模不大，只有过三次土地开发高峰时期，即秦汉时期、辽金时期和明朝后期。古代土地开发主要是农地开发，而且是局部开发。

2）近代土地开发

鸦片战争以后，辽宁进入近代土地开发时期。辽宁近代土地开发冲破了历来的单一农地开发局面，形成多种产业全面开发的格局，即农地开发由过去的局部开发进入全境开发；由过去单一的农地开发进入多种产业的开发，主要是工矿、城市、交通等产业的开发。

辽宁的矿藏极为丰富，特别是铁、煤资源储量很大，集中在辽阳、鞍山、本溪、抚顺一带。近代辽宁的工矿业开发十分突出，在多种产业开发中占有十分重要的地位。进入近代时期以后，辽宁的民族工业有所发展，当时全省有开采的煤矿 148 址，金矿 188 处，其中开采规模较大的矿山有 25 处。日俄战后，日本取代沙俄强占旅大地区，开始对东北进行殖民掠夺，辽宁的工矿业是日本帝国主义者掠夺的重点。"九一八"事变后，成立"伪满洲国"，日本帝国主义者为了加速掠夺辽宁的战略资源，扩建"鞍山制铁所"，改名为"昭和制钢所"，并在鞍山、本溪、大连等地扩建高炉，在本溪、安东、锦西等地扩建有色金属矿山，在奉天、抚顺、葫芦岛建设有色金属冶炼厂，扩建抚顺、本溪、阜新、北票的煤矿；并大量占地建立军火工厂，使辽宁成为重工业基地。

辽宁近代城市和交通的发展也是十分迅速的，并且规模大、档次高。日本帝国主义根据其掠夺资源和殖民统治的需要，最早于 1861 年在营口建立近代港口城市，之后建设了大连市，作为其侵略整个东北的桥头堡。"九一八"事变后，除了奉天市和大连市、旅顺口以外，又增设辽阳市、鞍山市、抚顺市、铁岭市、锦州市、安东市、本溪市和阜新市，在辽宁中部形成了密集的工业城市群体，这在当时的全国来说是独一无二的，城市人口比重也远远超过全国其他省区。辽宁从 1894 年开始修筑沈山铁路，是全国第二个有干线铁路的省份。到 1948 年，辽宁全省铁路营业里程已超过 2400 km，是当时全国铁路密度最大的省份，而全省公路里程已达 7900 km 以上。

日本帝国主义的殖民侵略和掠夺性开发，造成土地资源被严重破坏。日本入侵后大量向东北移民，名为"开拓"，实为占地，强占农民大片良田，逼迫农民不得不到偏僻的坡地、草地去开荒，造成水土流失和土壤沙化。到中华人民共和国成立前夕，辽宁境内水土流失面积已达 5.6 万 km^2，其中耕地水土流失达 133 多万 hm^2。1908 年，日本帝国主义者在安东设立鸭绿江采木公司，大肆砍伐森林，掠夺木材，使鸭绿江流域的森林资源遭到严重破坏。"九一八"事变后，日本占领东北，更加肆意掠夺森林资源，使辽宁的森林面积大量减少，当时全省森林面积只剩下 188.5 万 hm^2，森林覆盖率只有 12.9%。由于森林遭到破坏，水旱灾害频繁，危及辽宁中部平原的工农业生产，损失严重。随着工矿业和城市建设的发展，废水、废气、废渣（固体废弃物）大量增加，造成严重的环境污染，使土地资源也遭到严重破坏。

3）现代土地开发

中华人民共和国成立以后，辽宁的土地开发进入现代土地开发阶段。中华人民共和国成立初期，辽宁省作为重工业基地，人口大量增加，在滨海平原富水区的营口、盘山、大洼及东沟县（今东港市）等地大规模开荒，扩大耕地以满足国民经济发展需要。随着国民经济的全面大发展，城市规模急剧膨大。矿产能源建设的开发，交通网络的完备，以及人口的增加、农村居民点的全面扩展等，导致大量耕地被非农建设占用。

我国改革开放以来，农业上逐步克服"以粮为纲"的土地单一利用格局，辽宁全省农、林、牧业用地比例有了部分的调整，开始形成了因地制宜、多种经营的区域分工与协同开发利用的局面。

为改善生态环境，我国政府于1979年决定在"三北地区"（西北、华北和东北）建设大型人工林业生态工程，并把这项工程列为国家经济建设的重要项目。工程规划期限为70年，分七期工程进行，2000~2009年为第四期工程建设。辽宁省处于"三北"防护林建设的重点区域，为了确保全省土地资源的可持续利用，各地政府以"三北"防护林建设为核心，配合山、水、田、林、路统筹建设，逐年加大水土流失防治、林网建设、流域治理等多项生态环境建设工作。经过前四期工程的建设，全省"三北"防护林项目建设区植树造林面积累计达 8.7 万 hm²，有力地促进了水土流失防治、沙化土地治理及生态环境建设。

进入21世纪以来，辽宁已进入建设用地的高峰期。辽宁上下认真执行"耕地占补平衡"制度，采取一系列措施，在建设用地增加的情况下保证耕地总量不减少。20世纪末的第一次土地调查时，辽宁耕地面积为41 748 万 hm²，到第二次土地调查时，辽宁拥有耕地50 419 万 hm²。

3. 辽宁省土地利用的基本格局

辽宁省经过多年的开发，已经形成了复杂多样的土地利用类型，总体呈现"六山一水三分田"的土地利用格局。"六山"集中分布在东部山区、辽东半岛及辽西低山丘陵地区，适于发展以森林为主导地位的多种经营，为发展生态大农业及全面综合利用提供了广阔的前景。东部山区主要为林业产区，区内山峦重叠、林木茂盛、水源充沛，具有山多、林多、水多的自然经济特点。其森林面积占全省森林面积的 2/3，发展森林及蚕业的潜力很大。辽东半岛位于辽宁南端，具有发展经济作物的优势，是果树、柞蚕及花生的生产基地。辽西的低山丘陵区虽存在水土流失和干旱等自然灾害，但光照条件好，宜于发展棉花、花生、杂粮作物及果树等。"三分田"主要集中分布在辽宁中部平原区，约占全省耕地的80%。高产区及中高产区主要分布于辽河中下游的大连、营口、盘山、海城等地区，该地区气候适宜、水源充足、土壤肥沃，生态环境比较稳定。中产区包括铁岭、锦州、抚顺及本溪等地区。这一地区耕地的自然肥力状况有高有低，很不均匀。辽宁的西北部为低产区，由于沙漠化、盐渍化及旱涝等自然灾害严重，风沙侵蚀、水土流失，加之经营粗放等，土壤肥力偏低。

4. 土地开垦对土壤发育和性状的影响

人类开垦种植作物后，土壤的形成受自然因素和人为因素的双重影响。随着社会生产力的发展，农业生产技术水平的提高，通过不断的耕作、施肥、灌溉、排水、轮作及其他改良措施，人为因素对土壤影响日益加强，使土壤的发展进入新阶段。

辽宁省大部分耕地土壤开垦时间较长，达数百乃至数千年，少部分耕地土壤特别是一些水田土壤开垦时间较短，有的不足 50 年。人类耕作的影响使土壤有不同程度的熟化，土壤形态和肥力特性与自然土壤相比有明显的差异。经过耕作，自然土壤表土和心土拌混，形成新的层次组合。一般说来，15~20 cm 的表层土壤由于常年进行耕翻，变得疏松多孔，受地表生物气候条件的影响较大，比较通气、透水，物质转化快、水分养分供应较多，形成"耕作层"。在耕作层下，土壤受地表生物气候影响较小，冷热变化较小，通气透水性差，表层黏粒向下移动，微生物活动较弱，出现一紧实的"犁底层"。在农业机械日益广泛应用的地区，机械耕作使耕作层加深，犁底层被击破，又使水、肥、气、热条件发生了新的变化。土地整治、矿山开采等人类活动也明显地改变着土壤的发生发育条件。

1）旱田土壤

自然土壤开垦后，其土壤性质因其所在的地形部位和人类耕作措施不同而呈现显著差异。平原中上游地区土壤质地轻，开垦前有机质分解良好，开垦后，表土土质疏松，耕性良好，蓄水能力强，耕作层肥沃，但如不重视施用有机肥，土壤有机质含量将会降低，表土颜色将会变淡。平原下游的自然土壤，由于地下水位浅，通气透水性能差，雨季易涝，有机质分解程度较差，土壤潜在肥力难以发挥。开垦后通过采取深耕措施，破坏密集的草根层和降低杂草的再生能力，形成深厚疏松的耕作层，促进土壤微生物的活动，加速养分释放以供应作物需要。黄土丘陵坡地土壤，因母质为黄土状物质或红色黏土，虽然土层深厚，但质地黏重，物理性质不良，加上地下水位较深，特别是处于半干旱气候地区，土壤开垦后会受到不同程度的侵蚀，如不注意保持水土，则会使熟土层变薄，土壤肥力下降。

2）水田土壤

辽宁省水稻种植历史较短，只有百余年的历史。19 世纪中叶，随着清政府对长白山封禁政策的"开禁"，部分朝鲜垦民由于饥荒和战争等因素，越过鸭绿江，开始在辽东地区桓仁、东港等地种植水稻。20 世纪 30 年代，日本组织开拓团在盘锦市大洼区荣兴一带种植水稻。中华人民共和国成立后，水田面积日益扩大，特别是 20 世纪 70 年代以来，发展更快。开垦种植水稻的原有土壤类型多样，但是在栽培水稻过程中，根据水稻生理需要人为地进行灌溉排水，使一年中土壤水分状况发生特有的变化，引起土壤中的氧化-还原交替、一些物质转化和淋溶。随着时间的延长，原土壤类型的性质逐渐减弱，水耕表层和水耕氧化还原层特性逐渐显著，土壤类型演化成"水耕人为土"。

5. 土壤改良

处于不利自然条件下的低产土壤，存在限制土壤肥力的突出的不利因素（如土壤侵蚀、风沙、盐碱等），如要进行耕作，必须通过人为措施对土壤进行改良，才能使土壤向肥沃的方向发展。

1）水土保持与坡耕地治理

辽宁省低山丘陵耕地分布广泛，45%的土地面积存在不同程度的土壤侵蚀，以辽西的朝阳、阜新为最多，辽东半岛次之，锦州再次，辽东最少。辽宁省自中华人民共和国成立以来开展了土壤侵蚀的防治工作，到 1980 年全省已治理面积 258.7 万 hm²，占水土流失面积的 47.4%。改革开放以后，坚持"以小流域为单元，实行全面规划，综合治理，集中治理，连续治理，植物措施与工程措施相结合，坡面治理与沟道治理相结合，田间工程与蓄水保土耕作措施相结合，当前利益与长远利益相结合"的治理方针，根据不同区域情况，对土壤侵蚀地区分门别类进行全面治理。辽宁省坡耕地占全省耕地面积的 33%，谷物产量仅占总产量的 19%。在土层浅薄、坡度较大的坡耕地，水土保持措施以等高垄作、带状间作为主，在坡耕地上沿等高方向修成地埂，截短坡长，拦蓄径流和泥土，逐年淤积加高，省工省力，且占用耕地少，控制水土流失效果明显；在土层深厚的土质丘陵区（辽西和辽北地区）兴修水平梯田，水土保持效果显著，对保持地力和提高产量起到了积极作用。

2）风沙地利用与改良

辽宁西北部的科尔沁草地，人畜对草地的践踏、樵采、挖药和滥牧，使草地不断退化，发生风蚀，土壤沙化，土壤则由固定风沙土演变成半固定风沙土，最后形成了流动风沙土。中华人民共和国成立初期，辽宁北部章古台地区是一片风沙肆虐的瀚海，素有"塞外沙荒"之称。每年有 40%～70% 的农田遭受风剥沙压，粮食亩产不足百斤甚至绝收，50% 的牧场遭受风沙危害，并且每年以惊人的速度向东南扩展，直接威胁着辽西北乃至沈阳地区的生态环境。1952 年，辽宁省政府在章古台建立了林业试验站（1978 年改成辽宁省固沙造林研究所）。科研人员经过长期努力和反复试验，终于从数百种植物中筛选出易繁殖、再生能力强、耐风蚀沙埋的小黄柳、差巴嘎蒿、胡枝子、小叶锦鸡儿、紫穗槐 5 种固沙植物。1955 年又成功营造起中国第一片樟子松防风固沙林；1957 年，他们总结出的"以灌木固沙为主，人工沙障为辅，顺风推进，前挡后拉，分批治理"的一整套综合固沙方法，被誉为中国三大治沙方法之一。经过几代人的艰苦创业和不懈努力，章古台的森林覆盖率由中华人民共和国成立初期的 6% 提高到如今的 67%，粮食产量由以前的亩产不到 50 kg 发展到如今的亩产 400 kg。章古台已由原来的不毛之地演变成林茂水清、农牧兴旺的鱼米之乡，成为全国特色种苗基地，被批准为东北唯一的国家沙地森林公园。

3）盐碱地利用与改良

盘锦等沿海地区原来的土壤含盐量在 10 g/kg 以上，植被稀少。辽宁省 1958 年在盘锦创建了盐碱地利用研究所。经过科研工作者半个多世纪的探索，遵循土壤利用与改良相结合、土壤改良与土壤培肥相结合、生物措施与工程措施相结合等原则，积累了一系列卓有成效的改良技术措施和利用途径，包括盐碱土种稻、盐碱土旱作改良措施（综合改良苏打型的碱斑、排涝排盐、引洪淤灌、选择耐盐作物、水旱轮作）、盐渍化草场的改良利用（选择适应性强的牧草品种、提高牧草的保苗率、综合改良盐渍化草场）、盐碱土植树造林等。经过利用和改良，土壤养分、盐分状况发生了巨大变化。根据 1986 年的土壤普查资料，土壤全盐含量显著下降，减少了 85%，同时氮、磷、钾等含量显著增加，全氮增加了 0.9 g/kg，速效磷增加了 5 mg/kg，速效钾增加了 140 mg/kg。盘锦稻区水稻产量已由过去的 1500～2250 kg/hm² 增至 7500～9000 kg/hm²，也由昔日著名的东北地区"南大荒"变成了如今享誉中外的"鱼米之乡"。

4）酸性土壤改良

酸性土壤是指土壤溶液 pH 低于 5.6 的土壤，一般多分布于温度较高、降雨较多的温暖湿润地区。辽宁省酸性土壤总面积为 100.7 万 km²，占全省土壤总面积的 7.3%，其中耕地为 13.8 万 km²，主要分布在丹东市、抚顺市、本溪市所属各县区和大连市的庄河市。辽宁省从 1983 年开始对酸性土壤的改良，采用以有机肥为基础，施用石灰并配合施用化肥的改良方案。多点试验和大面积示范推广取得了明显的效果，平均增产 937.5 kg/hm²。

6. 现代农业

现代农业越来越向集约化种植方向发展。为了使作物高产，人们向耕地增加了耕翻、排灌、施化肥、施有机物、除草、防治病虫害等物质、资金、劳动力等投入。高强度的投入除了对作物产生影响外，还对作物根系以外的土壤生态系统构成要素，即对土壤生物群落和土壤环境产生影响，进而对作物生育发生再影响。现代机械化农业操作，造成土壤压实作用；农药、塑料薄膜等化学物质在农田中大量使用，造成农田土壤农药等化学物质残留；化肥的长期超量施用和不合理施用，不仅造成土壤养分失衡、作物当季利用率低下、经济效益下降和资源巨大浪费，而且带来了巨大的环境风险，通过淋溶损失造成地下水的污染和地表水体富营养化，威胁地下水和饮用水的质量和安全。因此，如何兼顾现代农业高投入的经济效益、生态环境效益和社会效益，建立高产、稳产、优质、低耗、省工、无污染的现代农业管理技术，建立持久稳定的土壤生态系统，应是当前和今后农田土壤研究中的主要任务。

工厂化高效农业及设施园艺生产，特别是日光温室生产是近 30 年来农业种植业中效益最大的产业，它解决了长期困扰我国北方地区的蔬菜冬淡季供应问题，增加了农民收入，节约了能源，促进了农业产业结构的调整，带动了相关产业发展，安置了大量人员就业，改善了人们的食物构成，为提高城乡居民的生活水平、稳定社会做出了历史性贡献。辽宁省现有设施园艺面积 22.5 万 hm²，占耕地面积的 5.4%，其中设施蔬菜面积 20.1 万 hm²，占设施园艺面积的 89.3%，50% 为日光温室蔬菜面积，设施园艺总产值却占种植业总产值的 35%，其中设施蔬菜总产值占种植业总产值的 31.8%，日光温室蔬菜总产值占种植业总产值的 26.9%。因此，日光温室蔬菜已经成为辽宁省的支柱产业。然而，由于高效农业及设施园艺生产改变了农田生态系统平衡，造成大棚土壤次生盐渍化、土传病害严重等问题，需要在今后加强研究，找出切实有效的应对方案。

第2章　主要土壤形成过程与土层特征

2.1　土壤形成因素影响下的主导土壤形成过程

土壤的形成过程是地壳表面的岩石风化物及其搬运的沉积体,在成土因素的作用下,形成具有一定剖面形态和肥力特征的土壤的历程。在一定的环境条件下,土壤形成过程中有其特定的基本物理化学作用和生物化学作用,它们的组合使普遍存在的基本成土作用具有特殊的表现,因而构成了具有各种特性的成土过程。辽宁省土壤的主要成土过程有原始成土过程、腐殖质积累过程、黏化过程、钙积过程、盐化过程与脱盐化过程、漂白淋溶过程和潜育化过程、沼泽化过程、熟化过程等。

2.1.1　原始成土过程

从岩石露出地表有微生物和低等植物着生开始到高等植物定居之前的土壤形成过程,称为原始成土过程。原始成土过程是土壤形成作用的起始点,与岩石风化、风化壳形成过程同时进行。岩面上着生或定居生物就标志着原始成土过程的发生,同时这一过程也必然直接或间接地加速岩体的风化,由此而形成的土壤即为原始土壤。根据生物的变化,可以把原始成土过程分为"岩漆"、地衣类植物着生和苔藓类植物着生三个阶段。

岩面上出现"岩漆"就是原始成土过程开始的明显标志,其特征是岩石中矿质养分被吸收利用,同时累积有机物质,尤其是氮素。出现的生物为自养型微生物,如绿藻、硅藻等以及与其共生的固氮微生物,它们将许多营养元素吸收到生物地球化学过程中。

岩面上着生地衣类植物标志着原始成土过程已进入第二个发展阶段,为地衣着生繁殖创造了条件。在这一阶段,各种异养型微生物,如细菌、黏液菌、真菌、地衣组成的原始植物群落,着生于岩石表面与细小孔隙中,通过生命活动促使矿物进一步分解,不断增加细土和有机质。地衣着生时期的实质是生物风化层的发生与发展,生物-物理风化层加厚并向外扩张以及基部出现并累积细土,这为苔藓植物的着生提供了物质基础。

苔藓植物首先着生在地衣的残体或有少许细土的岩隙中,而后顺着地衣着生的地方扩展,最后则呈地毡状掩盖整个岩面。由于苔藓类植株较大且生长较快,所以,一方面增加了有机质与细土;另一方面则加强了拦蓄细土与保持水分的能力,苔藓植物的吸水能力可达其体重的 10 倍。随着苔藓植物的生长与繁殖,岩石的生物物理与化学风化作用进一步加强,细土层不断增厚,并在细土层基础上形成有机质累积层,同时其下的细土砾质层也逐步增厚,为高等植物着生准备了条件。原始土壤的形成随着高等植物生长繁殖而告终。

辽宁省气候温暖湿润,基岩裸露地区的成土过程仍然以原始成土过程为主。

2.1.2　腐殖质积累过程

腐殖质在土体中的积聚是生物因素在土壤形成过程中的具体表现。腐殖质积累过程广泛存在于各种土壤中。根据植被类型、水热条件、有机质含量和成分不同，腐殖质积累可以分为草原型、草甸型、林下型、草毡型和荒漠型等。腐殖质累积的结果是在土壤中形成暗色腐殖质层（如暗沃表层）。腐殖质层有机质含量高，具有团粒结构。随腐殖质层的增厚和腐殖质含量的提高，土壤肥力逐渐提高，有深厚腐殖质层的土壤一般被认为是肥沃的土壤。辽宁省土壤的腐殖质积累过程主要有以下两种类型。

1）草甸植被下土壤的腐殖质积累过程

下辽河平原及辽西和辽东山间盆地、河谷两岸，地下水位埋深较浅，在夏秋季温暖的气候条件下，草甸植物生长繁茂，根系分布深而致密，干重较大，有利于土壤中腐殖质的大量积累；而冬季寒冷漫长，气温低，植物残体分解缓慢。一般在草甸植被下，土壤表层有机质含量可达 30～80 g/kg 或更高，在 1 m 深处有时仍可达 10 g/kg 左右。

2）森林植被下土壤的腐殖质积累过程

在全省各地森林植被下，每年都有大量森林凋落物积累在土壤表层，形成松软多孔的枯枝落叶层。随着凋落物的逐渐分解，大量的氮素和灰分元素归还土壤，使土壤表层腐殖质积累明显。但因为森林的残落物多堆积在地表，水分条件相对差，残落物腐解过程较差，形成的腐殖质层也较薄。

辽宁的森林植被主要是针阔混交林和落叶阔叶林。在针叶林下，凋落物富含木质素、单宁、树脂，有利于好气性微生物（真菌）活动和渗滤液淋洗，因而形成酸性腐殖质和有机酸，造成 Ca、Mg、K、Na 等盐基淋失。而阔叶林凋落物的木质素、单宁、树脂较少，灰分中 Ca、Mg、K、Na 等盐基较多，其枯枝落叶分解后向土壤的归还可以不断补充淋失的盐基，并中和有机酸，使土壤呈中性和微酸性，而没有灰化特征，并使土壤保持较高的肥力。

2.1.3　黏化过程

黏化过程是土壤剖面中原生硅铝酸盐不断变质形成次生硅铝酸盐的过程，由此产生的黏粒积聚过程称为黏化过程。黏化过程可分为残积黏化、淀积黏化和残积-淀积黏化三种。

残积黏化指就地黏化或隐黏化，它是在降水量较少的环境条件下，土内风化作用形成的黏粒产物移动微弱而就地积累，形成一个明显黏化或铁质化的土层。其特点是：土壤颗粒只表现为由粗变细，不涉及黏土物质的移动或淋失；土壤结构体表面无黏粒胶膜出现。

淀积黏化是指风化和成土作用形成的黏粒发生了淋溶和淀积。这种作用均发生在碳酸盐从土层上部淋失，土壤呈中性或微酸性反应时，新形成的黏粒失去了与钙相固结的能力而发生下淋，当黏粒移动到一定土体深度，由于物理（如土壤质地较细的阻滞层）或化学（如 Ca^{2+} 的絮凝作用）作用而淀积。淀积黏化的特点是：土壤结构体表面有明显的光性定向黏粒胶膜，以及黏化层距地表的深度与降水量有关。

残积-淀积黏化系上述两种作用的联合形式，一般发生于从湿润到干旱的过渡地区。黏粒在淀积层中含量最高，淀积层下部黏粒含量相对稍低，但光性定向黏粒却以淀积层下部最高，说明在残积黏化作用下形成的黏粒只有少部分下移到淀积层下部，大部分仍残积在淀积层上部。

辽宁省东南部气候湿润，西北部为半湿润、半干旱气候，因此，淀积黏化和残积-淀积黏化过程广泛存在。三种作用常常相伴在一起，难以截然分开。

2.1.4　钙积过程

钙积过程是干旱、半干旱地区土壤的碳酸盐发生移动积累的过程。在季节性淋溶条件下，易溶性盐类被降水淋洗，钙、镁部分淋失，部分残留在土壤中，土壤胶体表面和土壤溶液多为钙（或镁）饱和，土壤表层残存的钙离子与植物残体分解时产生的碳酸结合，形成重碳酸钙，在雨季向下移动，在中、下部淀积，形成钙积现象、钙积层或超钙积层。钙积层次出现的深度，随气候湿润程度的增加而逐渐下移，土体中碳酸钙淀积的形态不一，有粉末状、假菌丝体状、眼斑状、结核状或层状等。钙积层是富含次生碳酸盐的未胶结或未硬结的土层，厚度≥15 cm，碳酸钙相当物一般为150～500 g/kg。若其厚度≥15 cm，碳酸钙相当物≥500 g/kg，则称为超钙积层。

在辽宁省西北部较干旱的朝阳、阜新、锦州等地，土壤的钙积过程普遍存在。

2.1.5　漂白淋溶过程

土壤漂白淋溶过程是由黏粒机械淋溶淀积、潜育淋溶和草甸腐殖化过程所组成的一个复合过程。

土壤漂白淋溶过程发生在气候湿润地区，植物生长期高温与多雨同步，有利于植物生长，草甸植物生长茂盛，土壤表层有机质积累明显，腐殖质层有机质含量可达 60～100 g/kg。土壤矿质养分亦十分丰富。

在湿润季节，黏粒被水分散，并随下渗水产生机械悬浮性位移，淋溶至土壤中下部水分减少处附着在土壤结构体的表面。在这个过程中，土体上下层的质地发生分异，而土壤的矿物组成和化学组成无明显变化，是一个典型的黏粒机械淋溶淀积过程。

质地黏重的土壤母质（如第四纪河湖沉积物等），透水性差，雨季上层土壤处于滞水还原状态。东北地区初春的冻融交替时期，土壤中季节性冻土层的存在，也导致上层滞水状况的发生，表层土壤经常处于干湿交替状态。土壤中铁锰被还原，随水移动，一部分随侧渗水（地面坡度为此创造了条件）淋洗出土体，一部分在旱季水分含量减少的情况下重新氧化，以铁锰结核或胶膜形式沉积固定在原地。由于铁锰不断被侧向淋洗和在土层中的非均质分布，原土壤亚表层脱色成为灰白色土层，这个过程通常被称为潜育淋溶过程。

辽宁省土壤漂白淋溶过程主要发生在辽东低山、丘陵、岗地的缓坡及高阶地上，出现白土层，但尚未达到漂白层的诊断标准。

2.1.6　盐渍过程

土壤盐渍过程是由季节性地表积盐与脱盐两个相反过程构成的。积盐过程是指地下水位较高且矿化度较大的地区，在干旱季节强烈的蒸发作用下，通过土壤水的垂直上升运动，使地下水或母质中分散的盐分逐渐向地表积聚的过程。在辽宁沿海地区，地表积聚的盐分以中性盐（NaCl）为主；在辽宁内陆地区，地表积聚的盐分中 CO_3^{2-} 和 HCO_3^- 含量较高，土壤偏碱性。土壤中的可溶性盐可以通过降低地下水位（开沟排水）和洗盐（降水或人为灌溉）等措施迁移到下层土壤或排出土体，这一过程称为脱盐过程。在脱盐过程中，交换性钠或交换性镁在土壤吸收复合体表面比例增加，土壤发生碱化过程，土壤 pH 升高，导致无机和有机胶体高度分散，胶粒和水溶性腐殖质淋溶下移，而粒级较粗的细砂、粉砂和次生无定形二氧化硅相对富集土壤表层，使表土轻质化，其下的碱化层相对黏重，形成交换性钠含量高的特殊淀积黏化层，并具有柱状或棱柱状结构，湿时膨胀泥泞，干时收缩板结坚硬，通透性和耕性均较差。

辽宁省积盐过程主要发生在北部的半湿润半干旱地带和南部的沿海低平原，脱盐过程主要发生在南部的沿海低平原。碱化过程主要发生在下辽河平原北部，以康平县和彰武县最多。

2.1.7　潜育化过程和潴育化过程

潜育化过程是土壤长期渍水，有机质嫌气分解，而铁锰强烈还原，形成灰蓝-灰绿色土体的过程。有时由于"铁解"作用（铁的氧化物氧化还原交替进行导致黏土矿物被破坏的过程），土壤胶体被破坏，土壤变酸。该过程主要出现在排水不良的水稻种植和沼泽植被地区，且往往发生在剖面下部。

潴育化过程是土壤的氧化-还原交替过程。土壤渍水带经常上下移动，土体中干湿交替比较明显，促使该土层中氧化-还原反复交替，引起铁、锰化合物氧化态与还原态的转化，结果在土体内出现锈纹、锈斑、铁锰结核和红色胶膜等物质。

潜育化过程和潴育化过程主要发生在辽宁省中部平原地区，南部的滨海平原地带，东部及西部山间盆地、坡麓和河流两岸。

2.1.8　沼泽化过程

沼泽化过程是长期处于水（包括地下水、悬着水及灌溉水等其他来源的水）饱和状态的土壤中发生的特定土壤发生过程。沼泽化过程主要发生在气候湿润、地形低洼、土壤质地较黏重、长期或季节性积水的地方。这一过程由土壤表面的泥炭化作用和近地表或下部的潜育化作用构成。发生沼泽化的土壤上覆盖着特定的沼泽植被，它们在生长季节由于土温升高，生长旺盛，生长量极大。可是，由于潮湿积水，土壤长期处于厌氧状态，土温低不利于有机质快速、充分分解，植物残体分解程度极低而呈泥炭或粗腐殖质积累下来，形成泥炭层或粗腐殖质层。由于有机质分解量远远低于生长量，泥炭层或粗腐殖质层越积越厚。与此对应，长期处于水饱和、还原状态的土壤次表层或下部，厌氧细菌在分解活动中产生的 H_2、CH_4 等和一些有机酸成分使 Fe^{3+} 和 Mn^{4+} 被还原为 Fe^{2+} 和 Mn^{2+}，所以发生潜育化作用，形成潜育特征。沼泽化过程是形成有机土（泥炭土和沼泽土）的主要过程。

沼泽化过程在辽宁省分布比较广泛，几乎各市都有。诸如辽河及其支流——浑河、太子河和大、小凌河冲积平原区内的堤外洼地、古河道、牛轭湖等部位，辽东北山地区的山间盆地及其河流的河滩、阶地、河流源头和一些过湿的坳沟谷地；辽东半岛滨海平原内的河流两侧泛滥地区、小三角洲平原及部分潟湖内；辽西北的沙丘间风蚀洼地内等。

2.1.9　熟化过程

熟化过程是指由于环境条件激烈变化，突然加速发育，在较短时间内向成熟方向发育的过程，特别是指原发育于水底的土壤或沉积物在筑堤或排水后，出现的一系列理化或生物学过程。这些过程使原来的沉积物较迅速地发育为成熟的土壤。这些熟化作用主要是土壤失水的结果，包括不可逆的收缩、裂隙形成、沉陷、有机质的矿质化、还原性物质（主要是 Fe^{2+}）的氧化和好氧型微生物的发育等。现在土壤熟化的概念已经拓宽，人为作用是土壤熟化的重要因素，由于人工搬运、耕作、施肥和灌溉，原有的成土过程加速或阻滞，向人为熟化过程发展（如形成肥熟表层和耕作淀积层），逐渐形成成熟的耕作土壤。土壤熟化可分为水耕熟化和旱耕熟化。

2.2　诊断层和诊断特性的形成与表现

主要成土过程决定了辽宁土壤具有特定的诊断层和诊断特性。《中国土壤系统分类（第三版）》拟订了 33 个诊断层（包括 11 个诊断表层、20 个诊断表下层、2 个其他诊断层）、20 个诊断现象和 25 个诊断特性。本次辽宁省土系调查，根据调查土壤剖面的主要形态特征以及物理、化学和矿物学性质，按照中国土壤系统分类中的定义标准，辽宁省土壤剖面包含了 5 个诊断表层、4 个诊断表下层、5 个诊断现象和 13 个诊断特性（表 2-1）。

表 2-1　"中国土壤系统分类"中的诊断层、诊断现象和诊断特性汇总表

诊断层			诊断现象	诊断特性
诊断表层	诊断表下层	其他诊断层		
A 有机质表层类 **1.有机表层** 2.草毡表层	1.漂白层 2.舌状层	1.盐积层 2.含硫层	1.有机现象 2.草毡现象	**1.有机土壤物质** **2.岩性特征**
B 腐殖质表层类 **1.暗沃表层** 2.暗瘠表层	**3.雏形层** 4.铁铝层		3.灌淤现象 4.堆垫现象	**3.石质接触面** **4.准石质接触面**
3.淡薄表层	5.低活性富铁层		5.肥熟现象	5.人为淤积物质
C 人为表层类 1.灌淤表层 2.堆垫表层	6.聚铁网纹层 7.灰化淀积层		**6.水耕现象** 7.舌状现象	6.变性特征 **7.人为扰动层次**
3.肥熟表层	**8.耕作淀积层**		8.聚铁网纹现象	**8.土壤水分状况**
4.水耕表层	**9.水耕氧化还原层**		9.灰化淀积现象	**9.潜育特征**
D 结皮表层类 1.干旱表层 2.盐结壳	**10.黏化层**		10.耕作淀积现象	**10.氧化还原特征**
	11.黏磐		**11.水耕氧化还原现象**	**11.土壤温度状况**
	12.碱积层		**12.碱积现象**	12.永冻层次
	13.超盐积层		13.石膏现象	13.冻融特征
	14.盐磐		**14.钙积现象**	14.n 值
	15.石膏层		**15.盐积现象**	15.均腐殖质特性
	16.超石膏层		16.变性现象	16.腐殖质特性
	17.钙积层		17.潜育现象	**17.火山灰特性**

续表

诊断层			诊断现象	诊断特性
诊断表层	诊断表下层	其他诊断层		
	18.超钙积层		18.铝质现象	**18.铁质特性**
	19.钙磐		19.富磷现象	19.富铝特性
	20.磷磐		20.钠质现象	20.铝质特性
				21.富磷特性
				22.钠质特性
				23.石灰性
				24.盐基饱和度
				25.硫化物物质

注：据《中国土壤系统分类（第三版）》（2001）整理，加粗字体为辽宁省土系调查所涉及的诊断表层、诊断表下层、诊断现象和诊断特性。

2.2.1　诊断表层的形成与表现

1. 有机表层

有机表层指土壤表层是有机土壤物质，形成于有机物质的生成超过其分解作用的环境条件。它是在土壤经常被水分饱和的环境条件下，矿质土壤之上形成的具有一定厚度和高含量有机碳的泥炭、腐泥等物质表层；在土壤被水分饱和时间很短的条件下，矿质土壤之上覆盖的厚度≥20 cm，且具有极高含量有机碳的枯枝落叶质物质或草毡状物质表层。

本次调查的辽宁省土系中共有 4 个土系存在有机表层，均为有机土纲，包括纤维正常有机土中的红庙系，半腐正常有机土中的德榆系，高腐正常有机土中的业主沟系和北四平系。其基本理化性质如表 2-2 和表 2-3 所示。有机表层较为深厚，厚度为 62～141 cm，平均值为 104 cm；有机土壤物质为 62%～80%，平均值为 72%；容重为 0.32～0.50 g/cm^3，平均值为 0.42 g/cm^3；pH 为 4.1～5.3，平均值为 4.8；有机质含量为 231.6～468.7 g/kg，平均值为 322.2 g/kg；全氮含量为 8.55～15.56 g/kg，平均值为 11.65 g/kg；全磷含量为 1.49～5.36 g/kg，平均值为 3.6 g/kg；全钾含量为 27.1～30.8 g/kg，平均值为 29.1 g/kg；阳离子交换量（CEC）为 32.3～39.4 cmol/kg，平均值为 37.1 cmol/kg。

表 2-2　有机表层物理性质统计（*n*=4）

项目	诊断层厚度/cm	有机土壤物质(体积分数)/%	细土颗粒组成(粒径：mm)/(g/kg)			容重/(g/cm^3)
			砂粒 2～0.05	粉粒 0.05～0.002	黏粒 < 0.002	
平均值	104	72	0	0	0	0.42
最大值	141	80	0	0	0	0.50
最小值	62	62	0	0	0	0.32

表 2-3　有机表层化学性质统计（*n*=4）

项目	pH (H₂O)	有机质 /(g/kg)	全氮 /(g/kg)	全磷 /(g/kg)	全钾 /(g/kg)	CEC /(cmol/kg)
平均值	4.8	322.2	11.65	3.64	29.1	37.1
最大值	5.3	468.7	15.56	5.36	30.8	39.4
最小值	4.1	231.6	8.55	1.49	27.1	32.3

2. 暗沃表层

暗沃表层属于腐殖质表层类，是在腐殖质积累作用下形成的诊断表层。暗沃表层表现为土壤腐殖质含量较高，土壤颜色的明度和彩度值较低，土壤结构良好，盐基饱和度 ≥50%；暗瘠表层表现为土壤腐殖质含量较高，土壤颜色的明度和彩度值较低，土壤结构较暗沃表层稍差，盐基饱和度<50%；淡薄表层表现为土壤腐殖质含量较低，和/或土壤明度及彩度值较高，或厚度较薄。

本次调查的辽宁省土系中，共计 13 个土系存在暗沃表层，主要分布于淋溶土和雏形土 2 个土纲，包括暗沃冷凉淋溶土中的曲家系，暗色潮湿雏形土中的阿及系，冷凉湿润雏形土中的坎川系、八面城系、拐磨子系、十五间房系、文兴系、纯仁系、安民系、骆驼山系、哈达系，简育湿润雏形土中的柳壕系、黄家系。其基本理化性质如表 2-4 和表 2-5 所示。暗沃表层颜色润态明度为 2~3，干态明度为 2~5；润态彩度为 1~3，干态彩度为 2~4；厚度为 26~48 cm，平均值为 36 cm；砾石含量为 0~29%，平均值为 7%；细土颗粒组成中砂粒为 54~672 g/kg，平均值为 401 g/kg，粉粒为 169~580 g/kg，平均值为 393 g/kg，黏粒为 93~394 g/kg，平均值为 206 g/kg；容重为 0.85~1.41 g/cm³，平均值为 1.22 g/cm³；pH 为 5.0~7.5，平均值为 6.3；有机质含量为 11.8~121.6 g/kg，平均值为 41.2 g/kg；全氮含量为 1.08~47.51 g/kg，平均值为 5.79 g/kg；全磷含量为 0.41~5.61 g/kg，平均值为 2.04 g/kg；全钾含量为 10.8~38.4 g/kg，平均值为 25.7 g/kg；阳离子交换量（CEC）为 18.0~56.0 cmol/kg，平均值为 25.7 cmol/kg。

表 2-4　暗沃表层物理性质统计（*n*=12）

项目	诊断层厚度/cm	砾石 (> 2 mm, 体积分数)/%	细土颗粒组成(粒径：mm)/(g/kg)			容重 /(g/cm³)
			砂粒 2~0.05	粉粒 0.05~0.002	黏粒 < 0.002	
平均值	36	7	401	393	206	1.22
最大值	48	29	672	580	394	1.41
最小值	26	0	54	169	93	0.85

表 2-5　暗沃表层化学性质统计（*n*=12）

项目	pH (H₂O)	有机质 /(g/kg)	全氮 /(g/kg)	全磷 /(g/kg)	全钾 /(g/kg)	CEC /(cmol/kg)
平均值	6.3	41.2	5.79	2.04	25.7	25.7
最大值	7.5	121.6	47.51	5.61	38.4	56.0
最小值	5.0	11.8	1.08	0.41	10.8	18.0

3. 淡薄表层

淡薄表层同样属于腐殖质表层类，相对来说，其腐殖质积累作用较弱。在诊断指标中有一项或多项不能满足暗沃表层或暗瘠表层的诊断标准。

本次调查的辽宁省土系中，共计 126 个土系存在淡薄表层，主要分布于火山灰土、潜育土、淋溶土、雏形土和新成土 5 个土纲。火山灰土仅有简育湿润火山灰土 1 个土类；潜育土仅有简育滞水潜育土 1 个土类；淋溶土包括简育冷凉淋溶土、铁质干润淋溶土、简育干润淋溶土、钙质湿润淋溶土、酸性湿润淋溶土、铁质湿润淋溶土和简育湿润淋溶土 7 个土类；雏形土包括淡色潮湿雏形土、铁质干润雏形土、底锈干润雏形土、简育干润雏形土、冷凉湿润雏形土、铁质湿润雏形土和简育湿润雏形土 7 个土类；新成土包括干润砂质新成土、湿润砂质新成土、湿润冲积新成土、红色正常新成土、干润正常新成土和湿润正常新成土 6 个土类，其基本理化性质如表 2-6 和表 2-7 所示。淡薄表层厚度为 3～30 cm，平均值为 15 cm；砾石含量为 0～35%，平均值为 4%；细土颗粒组成中砂粒为 20～995 g/kg，平均值为 352 g/kg，粉粒为 2～831 g/kg，平均值为 438 g/kg，黏粒为 1～421 g/kg，平均值为 208 g/kg；容重为 0.35～1.64 g/cm³，平均值为 1.25 g/cm³；pH 为 4.8～9.2，平均值为 6.4；有机质含量为 1.0～179.0 g/kg，平均值为 23.9 g/kg；全氮含量为 0.28～43.70 g/kg，平均值为 1.89 g/kg；全磷含量为 0～42.17 g/kg，平均值为 2.53 g/kg；全钾含量为 1.5～77.3 g/kg，平均值为 23.5 g/kg；阳离子交换量（CEC）为 1.0～36.7 cmol/kg，平均值为 15.9 cmol/kg。

表 2-6　淡薄表层物理性质统计（*n*=127）

项目	诊断层厚度/cm	砾石 (> 2 mm，体积 分数)/%	细土颗粒组成(粒径：mm)/(g/kg)			容重 /(g/cm³)
			砂粒 2～0.05	粉粒 0.05～0.002	黏粒 < 0.002	
平均值	15	4	352	438	208	1.25
最大值	30	35	995	831	421	1.64
最小值	3	0	20	2	1	0.35

表 2-7　淡薄表层化学性质统计（*n*=127）

项目	pH (H₂O)	有机质 /(g/kg)	全氮 /(g/kg)	全磷 /(g/kg)	全钾 /(g/kg)	CEC /(cmol/kg)
平均值	6.4	23.9	1.89	2.53	23.5	15.9
最大值	9.2	179.0	43.70	42.17	77.3	36.7
最小值	4.8	1.0	0.28	0.00	1.5	1.0

4. 肥熟表层和肥熟现象

肥熟表层是人类长期种植蔬菜，大量施用人畜粪尿、厩肥、有机垃圾和土杂肥等，精耕细作，频繁灌溉而形成的厚度≥25 cm 的高度熟化的人为表层，表现为有机碳和有效磷含量较高，有多量蚯蚓，并有人为侵入体存在。

当有效磷含量较高，但厚度不够；或厚度和有机碳含量符合要求，有效磷含量稍低；或厚度和有效磷含量符合要求，但有机碳含量较低时，即称为肥熟现象。

本次调查的辽宁省土系中，共计有 3 个土系存在肥熟表层，均为人为土纲，均属肥熟旱耕人为土土类，包括星五系、康平镇系和红光系，其基本理化性质如表 2-8 和表 2-9 所示。肥熟表层厚度为 30～45 cm，平均值为 35 cm；细土颗粒组成中砂粒为 230～412 g/kg，平均值为 296 g/kg，粉粒为 487～494 g/kg，平均值为 490 g/kg，黏粒为 102～276 g/kg，平均值为 213 g/kg；容重为 1.21～1.37 g/cm³，平均值为 1.30 g/cm³；pH 为 6.7～8.0，平均值为 7.3；有机质含量为 20.1～38.5 g/kg，平均值为 26.6 g/kg；全氮含量为 1.16～1.69 g/kg，平均值为 1.44 g/kg；全磷含量为 50.70～169.39 g/kg，平均值为 112.60 g/kg；全钾含量为 26.6～36.4 g/kg，平均值为 30.6 g/kg；阳离子交换量（CEC）为 4.7～21.7 cmol/kg，平均值为 14.5 cmol/kg。

表 2-8　肥熟表层物理性质统计（n=3）

项目	诊断层厚度/cm	砾石 (> 2 mm，体积分数)/%	细土颗粒组成(粒径: mm)/(g/kg)			容重 /(g/cm³)
			砂粒 2～0.05	粉粒 0.05～0.002	黏粒 < 0.002	
平均值	35	1	296	490	213	1.30
最大值	45	2	412	494	276	1.37
最小值	30	0	230	487	102	1.21

表 2-9　肥熟表层化学性质统计（n=3）

项目	pH (H₂O)	有机质 /(g/kg)	全氮 /(g/kg)	全磷 /(g/kg)	全钾 /(g/kg)	CEC /(cmol/kg)
平均值	7.3	26.6	1.44	112.60	30.6	14.3
最大值	8.0	38.5	1.69	169.39	36.4	21.7
最小值	6.7	20.1	1.16	50.70	26.6	4.7

5. 水耕表层和水耕现象

水耕表层是在淹水耕作条件下形成的人为表层（包括耕作层和犁底层）。表现为：厚度≥18 cm；大多数年份，在土温> 5 ℃时有 3 个月或更长时间的人为滞水水分状况，且耕作层土壤因水耕搅拌而表现为半个月或更长时间的糊泥化状态；在淹水状态下，土壤润态明度和彩度较低，色调通常比 7.5YR 更黄，乃至呈偏蓝或蓝灰等色调；排水落干后因干燥收缩会产生开裂，沿裂隙和根孔有锈纹、锈斑，且犁底层土壤容重比耕作层土壤容重大，比值≥1.10。

种植水稻历史较短，或水旱轮作（在 10 年中最多有 5 年的时间，当土温> 5 ℃时有

3 个月或更长时间的人为滞水水分状况）制度下，因水耕作用影响较弱，没有形成犁底层，或虽有犁底层微弱发育，但与耕作层的土壤容重比值< 1.10，称为水耕现象。

本次调查的辽宁省土系中，共计有 5 个土系存在水耕表层，均为人为土纲，包括潜育水耕人为土的老边系和田家系、铁渗水耕人为土的东郭系、简育水耕人为土的靠山系和东风系，其基本理化性质如表 2-10 和表 2-11 所示。水耕表层厚度为 22～36 cm，平均值为 30 cm；细土颗粒组成中砂粒为 41～128 g/kg，平均值为 96 g/kg，粉粒为 431～763 g/kg，平均值为 587 g/kg，黏粒为 138～455 g/kg，平均值为 281 g/kg；容重为 1.28～1.40 g/cm^3，平均值为 1.36 g/cm^3；pH 为 5.3～8.0，平均值为 7.3；有机质含量为 14.5～21.3 g/kg，平均值为 18.1 g/kg；全氮含量为 0.92～1.49 g/kg，平均值为 1.25 g/kg；全磷含量为 0.49～3.53 g/kg，平均值为 1.34 g/kg；全钾含量为 13.8～22.2 g/kg，平均值为 18.4 g/kg；阳离子交换量（CEC）为 15.8～30.5 cmol/kg，平均值为 24.6 cmol/kg。

表 2-10　水耕表层物理性质统计（n=5）

项目	诊断层厚度/cm	砾石 (> 2 mm，体积分数)/%	细土颗粒组成(粒径：mm)/(g/kg)			容重 /(g/cm^3)
			砂粒 2～0.05	粉粒 0.05～0.002	黏粒 < 0.002	
平均值	30	0	96	587	281	1.36
最大值	36	0	128	763	455	1.40
最小值	22	0	41	431	138	1.28

表 2-11　水耕表层化学性质统计（n=5）

项目	pH (H$_2$O)	有机质 /(g/kg)	全氮 /(g/kg)	全磷 /(g/kg)	全钾 /(g/kg)	CEC /(cmol/kg)
平均值	7.3	18.1	1.25	1.34	18.4	24.6
最大值	8.0	21.3	1.49	3.53	22.2	30.5
最小值	5.3	14.5	0.92	0.49	13.8	15.8

2.2.2　诊断表下层的形成与表现

1. 雏形层

雏形层形成于风化-成土作用。表现为：有土壤结构发育（土壤结构体含量占土层体积的 50%或以上），带棕、红棕、红、黄或紫等颜色的 B 层；厚度≥10 cm；无或基本上无物质淀积，未发生明显黏化。

本次调查的辽宁省土系中，共计有 67 个土系存在雏形层，主要分布于火山灰土、淋溶土和雏形土土纲，火山灰土包括简育湿润火山灰土的大川头系、太平系和宽甸镇系，淋溶土包括简育干润淋溶土的富山系和简育湿润淋溶土的碱厂沟系，雏形土包括淡色潮湿雏形土、铁质干润雏形土、底锈干润雏形土、简育干润雏形土、冷凉湿润雏形土、铁质湿润雏形土和简育湿润雏形土 7 个土类，其基本理化性质如表 2-12 和表 2-13 所示。

雏形层厚度为 11～142 cm，平均值为 47 cm；砾石含量为 0～85%，平均值为 16%；细土颗粒组成中砂粒为 38～954 g/kg，平均值为 369 g/kg，粉粒为 35～851 g/kg，平均值为 424 g/kg，黏粒为 12～446 g/kg，平均值为 207 g/kg；容重为 0.82～1.69 g/cm³，平均值为 1.40 g/cm³；pH 为 5.5～8.4，平均值为 7.0；有机质含量为 0.7～106.5 g/kg，平均值为 11.7 g/kg；全氮含量为 0.16～2.41 g/kg，平均值为 0.95 g/kg；全磷含量为 0～44.56 g/kg，平均值为 2.54 g/kg；全钾含量为 1.1～41.1 g/kg，平均值为 23.5 g/kg；阳离子交换量（CEC）为 1.2～159.0 cmol/kg，平均值为 18.1 cmol/kg。

表 2-12　雏形层物理性质统计（*n*=67）

项目	诊断层厚度/cm	砾石(> 2 mm，体积分数)/%	细土颗粒组成(粒径：mm)/(g/kg)			容重/(g/cm³)
			砂粒 2～0.05	粉粒 0.05～0.002	黏粒 < 0.002	
平均值	47	16	369	424	207	1.40
最大值	142	85	954	851	446	1.69
最小值	11	0	38	35	12	0.82

表 2-13　雏形层化学性质统计（*n*=67）

项目	pH (H₂O)	有机质/(g/kg)	全氮/(g/kg)	全磷/(g/kg)	全钾/(g/kg)	CEC/(cmol/kg)
平均值	7.0	11.7	0.95	2.54	23.5	18.1
最大值	8.4	106.5	2.41	44.56	41.1	159.0
最小值	5.5	0.7	0.16	0.00	1.1	1.2

2. 耕作淀积层和耕作淀积现象

耕作淀积层是旱地土壤受耕作影响而形成的一种淀积层，位置紧接耕作层之下，厚度≥10 cm；孔隙壁和结构体表面有腐殖质-黏粒胶膜，或腐殖质-粉砂-黏粒胶膜淀积。

紧接耕作层之下，有一定耕作淀积的特征，但厚度较小；或厚度满足耕作淀积层的条件，但孔隙壁和结构体表面的腐殖质-黏粒胶膜、腐殖质-粉砂-黏粒胶膜的厚度较薄，则为耕作淀积现象。

本次调查的辽宁省土系中，共计有 3 个土系存在耕作淀积层，均为人为土纲，仅有肥熟旱耕人为土一个土类，包括星五系、康平镇系和红光系，其基本理化性质如表 2-14 和表 2-15 所示。耕作淀积层较为深厚，厚度为 55～90 cm，平均值为 68 cm；细土颗粒组成中砂粒为 139～601 g/kg，平均值为 365 g/kg，粉粒为 313～558 g/kg，平均值为 402 g/kg，黏粒为 91～312 g/kg，平均值为 235 g/kg；容重为 1.31～1.46 g/cm³，平均值为 1.40 g/cm³；pH 为 6.7～8.0，平均值为 7.2；有机质含量为 2.1～25.3 g/kg，平均值为 17.0 g/kg；全氮含量为 0.48～1.45 g/kg，平均值为 1.05 g/kg；全磷含量为 0.52～2.33 g/kg，平均值为 1.17 g/kg；全钾含量为 33.4～34.1 g/kg，平均值为 33.7 g/kg；阳离子交换量（CEC）为 11.8～38.4 cmol/kg，平均值为 22.4 cmol/kg。

表 2-14　耕作淀积层物理性质统计（*n*=3）

| 项目 | 诊断层厚度/cm | 砾石
(> 2 mm, 体积
分数)/% | 细土颗粒组成(粒径: mm)/(g/kg) | | | 容重
/(g/cm³) |
			砂粒 2~0.05	粉粒 0.05~ 0.002	黏粒 < 0.002	
平均值	68	1	365	402	235	1.40
最大值	90	2	601	558	312	1.46
最小值	55	0	139	313	91	1.31

表 2-15　耕作淀积层化学性质统计（*n*=3）

项目	pH (H₂O)	有机质 /(g/kg)	全氮 /(g/kg)	全磷 /(g/kg)	全钾 /(g/kg)	CEC /(cmol/kg)
平均值	7.2	17.0	1.05	1.17	33.7	22.4
最大值	8.0	25.3	1.45	2.33	34.1	38.4
最小值	6.7	2.1	0.48	0.52	33.4	11.8

3. 水耕氧化还原层和水耕氧化还原现象

水耕氧化还原层是指水耕条件下，铁、锰自水耕表层，或加上其下垫土层的上部亚层还原淋溶，或兼有由下面具潜育特征或潜育现象的土层还原上移，在一定深度中形成的氧化淀积层。表现为：厚度≥20 cm；有锈纹、锈斑，锰斑块、凝团或铁锰结核，或紧接水耕表层之下有一带灰色的铁渗淋亚层；发育明显的棱柱状和/或角块状结构；土壤结构体表面和孔道壁有厚度≥0.5 mm 的灰色腐殖质-粉砂-黏粒胶膜。

具有一定水耕氧化还原层特征，但厚度为 5~20 cm 者，称为水耕氧化还原现象。

本次调查的辽宁省土系中，共计有 5 个土系存在水耕氧化还原层，均为人为土纲，包括潜育水耕人为土的老边系和田家系、铁渗水耕人为土的东郭系、简育水耕人为土的靠山系和东风系，其基本理化性质如表 2-16 和表 2-17 所示。水耕氧化还原层厚度为 31~100 cm，平均值为 67 cm；细土颗粒组成中砂粒 45~302 g/kg，平均值为 133 g/kg，粉粒为 351~752 g/kg，平均值为 558 g/kg，黏粒为 171~435 g/kg，平均值为 298 g/kg；容重为 1.36~1.45 g/cm³，平均值为 1.41 g/cm³；pH 为 5.8~8.9，平均值为 7.6；有机质含量为 2.8~15.4 g/kg，平均值为 7.1 g/kg；全氮含量为 0.41~1.06 g/kg，平均值为 0.70 g/kg；全磷含量为 0.61~2.55 g/kg，平均值为 1.07 g/kg；全钾含量为 15.4~22.1 g/kg，平均值为 18.9 g/kg；阳离子交换量（CEC）为 9.9~27.9 cmol/kg，平均值为 20.4 cmol/kg。

表 2-16　水耕氧化还原层物理性质统计（*n*=5）

| 项目 | 诊断层厚度/cm | 砾石
(> 2 mm, 体积
分数)/% | 细土颗粒组成(粒径: mm)/(g/kg) | | | 容重
/(g/cm³) |
			砂粒 2~0.05	粉粒 0.05~0.002	黏粒 < 0.002	
平均值	67	0	133	558	298	1.41
最大值	100	0	302	752	435	1.45
最小值	31	0	45	351	171	1.36

表 2-17　水耕氧化还原层化学性质统计（*n*=5）

项目	pH (H$_2$O)	有机质 /(g/kg)	全氮 /(g/kg)	全磷 /(g/kg)	全钾 /(g/kg)	CEC /(cmol/kg)
平均值	7.6	7.1	0.70	1.07	18.9	20.4
最大值	8.9	15.4	1.06	2.55	22.1	27.9
最小值	5.8	2.8	0.41	0.61	15.4	9.9

4. 黏化层

黏化层是黏粒含量明显高于上覆土层的表下层，其一是因表层黏粒分散后随悬浮液向下迁移，并于一定深度中淀积而形成；其二是由原土层中原生矿物发生土内风化作用就地形成黏粒并聚集而形成的次生黏化。表现为：孔隙壁和结构体表面有厚度>0.5 mm的黏粒胶膜，且其数量占该层结构面和孔隙壁的 5%或更多；孔隙壁和结构体表面一般无淀积黏粒胶膜，但黏粒含量比上覆和下垫土层高，比较紧实，且有较高的彩度、较红的色调。若表层遭受侵蚀，黏化层可位于地表或接近地表。

本次调查的辽宁省土系中，共计有 58 个土系存在黏化层，均为淋溶土纲，包括暗沃冷凉淋溶土、简育冷凉淋溶土、铁质干润淋溶土、简育干润淋溶土、钙质湿润淋溶土、酸性湿润淋溶土、铁质湿润淋溶土和简育湿润淋溶土 8 个土类，其基本理化性质如表 2-18和表 2-19 所示。黏化层厚度为 8～152 cm，平均值为 76 cm；砾石含量为 0～54%，平均值为 6%；细土颗粒组成中砂粒为 54～733 g/kg，平均值为 233 g/kg，粉粒为 93～823 g/kg，平均值为 413 g/kg，黏粒为 53～718 g/kg，平均值为 359 g/kg；容重为 0.92～1.57 g/cm^3，平均值为 1.39 g/cm^3；pH 为 4.7～8.3，平均值为 6.4；有机质含量为 1.2～13.4 g/kg，平均值为 4.0 g/kg；全氮含量为 0.30～1.46 g/kg，平均值为 0.81 g/kg；全磷含量为 0.06～19.72 g/kg，平均值为 2.18 g/kg；全钾含量为 7.8～34.8 g/kg，平均值为 21.6 g/kg；阳离子交换量（CEC）为 2.3～45.2 cmol/kg，平均值为 19.4 cmol/kg。

表 2-18　黏化层物理性质统计（*n*=58）

项目	诊断层厚度/cm	砾石 (> 2 mm，体积分数)/%	细土颗粒组成(粒径：mm)/(g/kg)			容重 /(g/cm^3)
			砂粒 2～0.05	粉粒 0.05～0.002	黏粒 < 0.002	
平均值	76	6	233	413	359	1.39
最大值	152	54	733	823	718	1.57
最小值	8	0	54	93	53	0.92

表 2-19　黏化层化学性质统计（*n*=58）

项目	pH (H$_2$O)	有机质 /(g/kg)	全氮 /(g/kg)	全磷 /(g/kg)	全钾 /(g/kg)	CEC /(cmol/kg)
平均值	6.4	4.0	0.81	2.18	21.6	19.4
最大值	8.3	13.4	1.46	19.72	34.8	45.2
最小值	4.7	1.2	0.30	0.06	7.8	2.3

5. 钙积现象

钙积现象是因淋溶-淀积作用，使土层中具有一定次生碳酸盐聚积的特征。表现为：土层厚度>15 cm，颗粒大小为砂质、砂质粗骨、粗壤质或壤质粗骨，细土部分黏粒含量<180 g/kg，$CaCO_3$ 相当物高，但可辨认次生碳酸盐含量比下垫或上覆土层中高出值不足 50 g/kg（绝对值）；或土层厚度 > 15 cm，颗粒大小比壤质更黏，$CaCO_3$ 相当物高，但可辨认次生碳酸盐含量比下垫或上覆土层中高出值不足 100 g/kg（绝对值），或按体积计<10%；或 $CaCO_3$ 相当物高，而且比下垫或上覆土层至少高 50 g/kg（绝对值），或 $CaCO_3$ 相当物高，可辨认次生碳酸盐（如石块底面悬膜、凝团、结核、假菌丝体、软粉状石灰、石灰斑等）按体积计≥5%，但土层厚度仅 5～14 cm。

6. 盐积现象

盐积现象是土层中有一定易溶性盐聚积的特征，是因地表水、地下水及母质中含有盐分，在强烈的蒸发作用下，通过土壤水的垂直和水平移动，逐渐向地表积聚而形成的。表现为：厚度≥15 cm，含盐量下限为 5 g/kg（干旱地区）或 2 g/kg（其他地区）。

2.2.3　诊断特性的形成与表现

1. 有机土壤物质

有机土壤物质形成于有机物质的生成超过其分解作用之环境条件，是在土壤经常被水分饱和的环境条件下，矿质土壤之上形成的具有高有机碳含量的泥炭、腐泥等物质；在土壤被水分饱和时间很短的条件下，矿质土壤之上覆盖的具有极高有机碳含量的枯枝落叶质物质或草毡状物质。有机土壤物质按原有植物分解程度和种类可细分为五类，即纤维的、半腐的、高腐的、枯枝落叶的（简称落叶的）和草毡的。

（1）纤维有机土壤物质：搓后的纤维含量（不包括粗碎屑）按体积计至少占 2/5 或更多。

（2）半腐有机土壤物质：中度分解的有机土壤物质，搓后的纤维含量（不包括粗碎屑）按体积计介于纤维有机土壤物质与高腐有机土壤物质之间（即 1/6～3/4）。

（3）高腐有机土壤物质：高度分解的有机土壤物质，常呈黑灰至黑色，纤维含量少，容重最大，水分饱和时以干重计含水量最低。搓后纤维含量（不包括粗碎屑）按体积计不足 1/6。

（4）落叶有机土壤物质：≥3/4 体积的有机土壤物质是枯枝落叶（包括半分解枯枝落叶）。

（5）草毡有机土壤物质：按体积计≥10%的有机土壤物质是活的和死亡的缠结根系群。

本次调查的辽宁省土系中，共计有 4 个土系存在有机土壤物质，它们分别是红庙系、德榆系、业主沟系和北四平系，属于有机土纲。

2. 岩性特征

岩性特征是指土表至 125 cm 范围内土壤性状明显或较明显保留母岩或母质的岩石学性质特征,可细分如下。

1) 冲积物岩性特征

因新构造运动引起河流流经地带的相对下降,接受不定期河水泛滥的沉积,形成一定厚度且具有明显沉积层理的沉积层次,称为土壤的成土母质。表现为:0~50 cm 范围内,某些亚层的沉积层理明显;且在 125 cm 深度处有机碳含量较高,或在 25~125 cm 深度内或从 25 cm 至石质、准石质接触面,有机碳含量随深度呈不规则的减少。

2) 砂质沉积物岩性特征

由风力搬运-沉积作用形成。表现为:沉积物以砂粒为主,单粒状,含一定水分时或呈结持极脆弱的块状结构,无沉积层理,有机碳含量≤1.5 g/kg,土壤质地为壤质细砂土或更粗。

3) 黄土和黄土状沉积物岩性特征

黄土即原生黄土,是经风力搬运-沉积作用形成的;黄土状沉积物是原生黄土经水力作用,再搬运-沉积而形成的次生黄土。表现为:色调为 10YR 或更黄,干态明度值较大,上、下土层颗粒组成均一,以粉砂或细砂占优势,$CaCO_3$ 相当物≥80 g/kg。

4) 红色砂、页岩、砂砾岩和北方红土岩性特征

红色砂、页岩、砂砾岩和北方红土岩性特征具有以下条件:a.色调为 2.5R~5R,明度为 4~6,彩度为 4~8;或色调为 7.5R~10R,明度为 4~6,彩度≥6;或 b.在北方红土中或具石灰性,或含钙质凝团、结核,或盐基饱和,或具盐积现象。

5) 碳酸盐岩岩性特征

碳酸盐岩岩性特征来源于母岩,单个土体内可见碳酸盐岩岩屑及其风化壳。表现为:0~125 cm 范围内,有沿水平方向起伏或断续的碳酸盐岩石质接触面,界面清晰;或 0~125 cm 范围内,有碳酸盐岩岩屑或风化残余石灰。

3. 石质接触面

石质接触面是土壤与紧实黏结的下垫物质(岩石)之间的界面层,不能用铁铲挖开。本次调查的辽宁省土系中,共计有 13 个土系存在石质接触面,分别属于淋溶土、雏形土和新成土土纲。

4. 准石质接触面

准石质接触面是土壤与连续黏结的下垫物质(一般为部分固结的砂岩、粉砂岩、页岩或泥灰岩等沉积岩)之间的界面层,湿时用铁铲可勉强挖开。本次调查的辽宁省土系中,共计有 16 个土系存在准石质接触面,分别属于淋溶土、雏形土和新成土土纲。

5. 人为扰动层次

人为扰动层次是由平整土地、修筑梯田等形成的耕翻扰动层。土表下 25~100 cm 范

围内按体积计有≥3%的杂乱堆集的原诊断层碎屑或保留有原诊断特性的土体碎屑。

本次调查的辽宁省土系中，共计有 4 个土系存在人为扰动层次，它们分别是星五系、康平镇系、红光系和八面城系，分别属于人为土和雏形土土纲。

6. 土壤水分状况

土壤水分状况受气候条件、水文条件和土壤质地条件的综合影响，是指年内各时期土壤内或某土层内地下水或<1500 kPa 张力保持的水的有无。就维持大多数中生植物存活而言，以≥1500 kPa 张力保持的水是不可利用的。当土层的水分张力≥1500 kPa 时，视为干燥；当 0<张力<1500 kPa 时，视为湿润。土壤水分状况可分为干旱、半干旱、湿润、常湿润、滞水、人为滞水和潮湿 7 个等级，辽宁省有半干润、湿润、滞水、人为滞水和潮湿 5 种土壤水分状况。

1）半干润土壤水分状况

半干润土壤水分状况是介于干旱和湿润之间的土壤水分状况。处于这种水分状况的土壤，水分是有限的，但在条件适合植物生长的时期仍有水分存在。对于辽宁而言，土表以下 50 cm 深度处年平均土温< 22 ℃，其水分状况的表现是：50 cm 深度处夏季平均土温与冬季平均土温之差≥6 ℃，土壤水分控制层段（水分控制层段的上、下界可按土壤物质的粒径组成大致确定，即细壤质、粗粉质、细粉质或黏质者为 10～30 cm，粗壤质为 20～60 cm，砂质为 30～90 cm）的某些部分或其全部在常态年中累计干燥时间≥90 d；但在 50 cm 深度处土温> 5 ℃期间累计有一半以上的日数全部层段是不干燥的。如果在常态年中，全部水分控制层段在冬至后 4 个月内连续≥45 d 是湿润的，则由全部层段在夏至后 4 个月内连续干燥的日数应<45 d。

2）湿润土壤水分状况

土壤水分控制层段的任何部分在常态年中只要累计 90 d 不干燥，即全部层段累计湿润日数≥90 d，就称为湿润土壤水分状况。如果在土表以下 50 cm 深度处年平均土温< 22 ℃，且有夏季平均土温与冬季平均土温之差≥6 ℃，全部土壤水分控制层段在常态年夏至后 4 个月内连续干燥的日数<45 d。当土温> 5 ℃时，除短期外，在部分或全部土壤水分控制层段中，湿润水分状况需要一个固、液、气三相体系。

湿润气候地区的土壤通常是湿润土壤水分状况。常态年中的某些时间，水分可下渗通过整个土壤。

3）滞水土壤水分状况

由于地表至 2 m 内存在缓透水黏土层或较浅处有石质接触面或地表有苔藓和枯枝落叶层，其上部土层在大多数年份中有相当长的湿润期，或部分时间被地表水和/或上层滞水饱和；导致土层中发生氧化还原作用而产生氧化还原特征、潜育特征或潜育现象，或铁质水化作用使原红色土壤的颜色转黄；或由于土体层中存在具一定坡降的缓透水黏土层或石质、准石质接触面，大多数年份某一时期其上部土层被地表水和（或）上层滞水饱和并有一定的侧向流动，导致黏粒和（或）游离氧化铁侧向淋失，称为滞水土壤水分状况。

4）人为滞水土壤水分状况

人为滞水土壤水分状况是指在水耕条件下由于缓透水犁底层的存在，耕作层被灌溉水饱和的土壤水分状况。常态年中土温>5 ℃期间，耕作层和犁底层至少有 3 个月时间被灌溉水饱和，并呈还原状态。其中的还原态铁锰可通过犁底层淋溶至非水分饱和的心土层中氧化淀积。在地势低平地区，水稻生长季节地下水位抬高的土壤中人为滞水可能与地下水相连。

5）潮湿土壤水分状况

潮湿土壤水分状况是指大多数年份土温>5 ℃时的某一时期，全部或某些土层被地下水或毛管水饱和并呈还原状态的土壤水分状况。若地下水始终位于或接近地表（如潮汐沼地、封闭洼地），则可称为"常潮湿土壤水分状况"。

本次调查的辽宁省土系中，不同类型的土壤水分状况的土系个数统计结果见表2-20。

表 2-20　土壤水分状况统计

	半干润土壤水分状况	湿润土壤水分状况	滞水土壤水分状况	人为滞水土壤水分状况	潮湿土壤水分状况	合计
土系数量/个	43	88	1	5	14	151

7. 潜育特征和潜育现象

潜育特征是指长期被水饱和，导致土壤发生强烈还原的特征。表现为：50%以上的土壤基质（按体积计）的色调比 7.5Y 更绿或更蓝，或为无彩色（N）；或色调为 5YR～10YR，但润态明度值较高，润态彩度值较低；还原基质内外的土体中可以有少量锈斑纹、铁锰凝团、结核或铁锰管状物。

土壤发生弱-中度还原作用的特征，仅 30%～50%的土壤基质（按体积计）符合"潜育特征"的全部条件；或 50%以上的土壤基质（按体积计）符合"潜育特征"的颜色值，但 rH 值（rH = [Eh (mV) / 29] + 2 pH）较高，为 20～25，则为潜育现象。

本次调查的辽宁省土系中，共计有 8 个土系存在潜育特征，它们分别是红庙系、北四平系、老边系、田家系、东郭系、东风系、草市系和阿及系，分别属于有机土、人为土、潜育土和雏形土土纲。

8. 氧化还原特征

氧化还原特征是指由于潮湿水分状况、滞水水分状况或人为滞水水分状况的影响，大多数年份某一时期土壤受季节性水分饱和，发生氧化-还原交替作用而形成的特征。表现为：有锈斑纹，或兼有由脱潜而残留的不同程度的还原离铁基质；或有硬质或软质铁锰凝团、结核和（或）铁锰斑块或铁磐；或无斑纹，但土壤结构体表面或土壤基质中占优势的润态彩度≤2；或还原基质按体积计< 30%。

本次调查的辽宁省土系中，共计有 63 个土系存在氧化还原特征，分别属于有机土、人为土、淋溶土、雏形土和新成土土纲。

9. 土壤温度状况

土壤温度状况指土表下 50 cm 深度处或浅于 50 cm 的石质或准石质接触面处的土壤

温度。土壤温度状况分为永冻、寒冻、寒性、冷性、温性、热性和高热性 7 类，辽宁省涉及冷性和温性两类土壤温度状况。

（1）冷性土壤温度状况：年平均土温<8 ℃，但夏季平均土温高于具寒性土壤温度状况土壤的夏季平均土温。

（2）温性土壤温度状况：8 ℃≤年平均土温<15 ℃。

本次调查的辽宁省土系中，共计有 65 个土系属冷性土壤温度状况，86 个土系属温性土壤温度状况。

10. 火山灰特性

火山灰特性是指火山灰土发育在火山喷发物质（火山灰、浮石、火山渣、火山熔岩）上，土壤中火山灰、火山渣或其他火山碎屑物占全土质量的 60%或更高，矿物组成中以水铝英石、伊毛缟石、水硅铁石等短序矿物占优势，伴有铝-腐殖质络合物的特性。除有机碳含量<250 g/kg 外，还至少应满足下列条件之一：

（1）草酸铵浸提 Al+1/2Fe≥2.0%，细土部分的磷酸盐吸持≥85%，水分张力为 33 kPa 时的容重≤0.90 Mg/m^3；

（2）细土部分的磷酸盐吸持≥25%，0.02～2.0 mm 粒级的含量≥300 g/kg，且火山玻璃含量较高，判定标准见图 2-1。

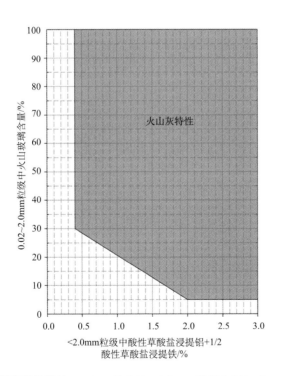

图 2-1 若<2.0 mm 粒级磷酸盐吸持>25%，且 0.02～2.0 mm 粒级≥300 g/kg，火山灰特性的判定标准

据 *Keys to Soil Taxonomy*, 11th ed., 2010, p.16

本次调查的辽宁省土系中，共计有 3 个土系存在火山灰特性，它们分别是大川头系、太平系和宽甸镇系，均属于火山灰土纲。

11. 铁质特性

铁质特性是指在成土过程中，土壤中游离氧化铁非晶质部分的浸润和赤铁矿、针铁矿微晶的形成，充分分散于土壤基质内使土壤红化。表现为：土壤基质色调为 5YR 或更红；或游离铁含量高。

本次调查的辽宁省土系中，共计有 33 个土系存在铁质特性，分别属于淋溶土、雏形土土纲。

12. 石灰性

由土壤中含有 $CaCO_3$ 相当物所致。表现为：0～50 cm 范围内所有亚层中 $CaCO_3$ 相当物均≥10 g/kg，用 1∶3 HCl 处理有泡沫反应。

若某亚层中 $CaCO_3$ 相当物比其上、下亚层高时，则绝对增量不超过 20 g/kg，即低于钙积现象的下限。

本次调查的辽宁省土系中，共计有 15 个土系存在石灰性，分别属于人为土、淋溶土、雏形土、新成土土纲。

13. 盐基饱和度

盐基饱和度指吸收复合体被 K、Na、Ca 和 Mg 阳离子饱和的程度。对于铁铝土和富铁土以外的土壤，当土壤盐基饱和度≥50%时，称为饱和的土壤；土壤盐基饱和度<50%的，称为不饱和的土壤。对于铁铝土和富铁土，当土壤盐基饱和度≥35%时，称为富盐基土壤；当盐基饱和度<35%时，称为贫盐基土壤。

第 3 章 土 壤 分 类

3.1 历 史 沿 革

3.1.1 古代的土壤分类

据《中国古代土壤科学》释注，辽河是"冀州"的东北界，辽河平原及沿海地带属"青州"。辽宁省最早的土壤分类可追溯到公元前 4 世纪的《禹贡》，其中记载的我国九州土壤，其中包含辽宁省西部及辽河平原广大地区（王云森，1980）。当时根据土壤颜色和肥力，把我国九州土壤划分为上、中、下三等，每等又分为上、中、下三级，共三等九级。冀州土壤为"白壤"，肥力属五级；青州土壤为"白坟"，肥力属三级；滨海地带土壤为"广斥"，可煮盐。春秋战国时代的《管子·地员篇》根据"草土之道，各有谷造"的道理（土宜法），采用"相土尝水"法（按土壤性状和地下水位），把九州土壤分为 18 类，每类又分 5 级，共 90 种，即所谓"九州之土凡九十物"。这种抓住土壤与生产实际相联系的分类观点，对以后的农业生产和土壤分类发展产生了重要影响。

3.1.2 20 世纪初至新中国成立前的土壤分类

辽宁地区现代土壤科学工作始于日俄战争以后。1904～1905 年，日本帝国与俄罗斯帝国为了争夺朝鲜半岛和中国辽东半岛的控制权，在中国东北的土地上进行了一场帝国主义列强之间的战争。日俄战争结束后，日本帝国主义者从沙俄手中夺得了旅大地区的租赁权，并夺得了从长春到旅顺口的铁路及支线的一切所有权。"开发满洲，移民垦殖"是日本帝国主义者侵略我国东北地区的重要战略目标。日本占领旅大地区以及南满铁路以后，就在所谓的"满铁附属地"内建立农事试验场、苗圃。从 1908 年到 1931 年，在大连、瓦房店、熊岳、铁岭、奉天、安东、本溪、开源、黑山等地设立了 54 处农场和苗圃（廖维满，2001），相继进行了一些土壤调查、土壤分析、土壤分类及土壤生产力测定等工作。突永一枝（1930）发表了南满土质调查报告。1932 年，伪满洲国成立后，日本加紧对辽宁的资源掠夺，进行了较大范围的土壤及肥料试验工作。突永一枝等（1937）发表了《"满州"的土壤类型》突永一枝（1938）根据土壤发生学理论，用土壤气候公式推断法编绘了《满洲国土壤预察图》，图中载明辽宁省有森林褐色土（即棕色森林土）、灰褐色土（褐色土）和地下水型含盐土壤的分布。之后，池田实（1942）出版了《满洲の土壌と肥料》，提出辽宁省有赤色土（红壤）、湿草地土（草甸土）、沼泽土和盐土的分布。

1941 年，马溶之和朱莲青合编的《中国土壤概图》表明，辽宁省山地丘陵区有山东棕壤、灰壤和漠钙土的分布，平原区为石灰性冲积土及含盐冲积土（马溶之，1941）。1948 年，陈恩凤编著的《中国土壤地理》指出，在辽宁省山地也有灰棕壤分布，其所在部位常较棕壤为高。这些都是应用近代土壤学的理论方法研究辽宁省土壤分类的早期记载。

3.1.3　20世纪50～70年代的土壤分类

中华人民共和国成立后，为完成建立国有农场、流域规划和土壤区划等任务，辽宁省土壤分类有了迅猛的发展。1954年开始，辽宁省农业厅和水利勘测设计院进行了大量的土壤调查，为建立辽宁省土壤分类体系积累了大量资料。受苏联以黑钙土为中心的土壤学研究的影响，我国东北湿润区的草原土壤曾一直被划为黑钙土，称为变质黑钙土（Gordeef，1926）或淋溶黑钙土（潘德顿等，1935；梭颇，1936）或退化黑钙土（突永一枝，1937）。在20世纪50年代，宋达泉先生根据实地考察结果，认为这一地区的土壤不是由黑钙土变质、淋溶和退化而来，而是有其本身的形成条件、形成过程和属性，因此，在苏联《土壤学》杂志上连续发表两篇论文（Сун Да-Чен，1956，1957），指出这种土壤不是典型的黑钙土，应当单独划分出来一个土类——黑土。这不仅对我国，甚至对世界土壤分类都是一项重要贡献（龚子同，2012）。宋达泉等（1958）根据土壤发生学理论拟订了《东北及内蒙东部土壤区划》，其中对涉及辽宁省的土壤分类命名做了修改和补充，如改山东棕壤为棕色森林土，改漠钙土为栗钙土，并补充褐色土、草甸土和沼泽土3个土类。1959年首次提出了辽宁省土壤分类体系（宋达泉等，1959），共分8个土类21个亚类。曾昭顺（1958，1963）在深入研究形成环境和形成机制的基础上确立了白浆土作为独立土类的分类地位。程伯容等（1957）和寿祝邦等（1959，1960，1961）在辽宁省流域土壤调查中曾提出过泛滥地土壤、固定沙地、半固定沙地、流动沙地风沙土、粗骨性褐土、粗骨性棕壤、石灰性棕壤和棕壤型草甸土亚类的划分。唐耀先等（1979）分别于1956～1958年和1962～1964年在沈阳东陵后山林地采用定位方法研究了沈阳地区棕壤的基本性质和水、热、养分动态。这是我国对土壤基本状况进行系统定位研究的最早资料之一，成为后来多种土壤学教科书和学术著作的重点引用和参考材料，对以后完善辽宁省土壤分类起到了积极作用。

1958年，我国开展了第一次全国土壤普查。在辽宁省由农业厅组织领导，通过总结农民认土、用土和改土经验，进行了以耕地土壤为重点的土壤基层分类研究。根据土壤的农业生产特性、性态、地形部位和成土特点，制定了全省耕地土壤分类体系。经汇总，全省耕地共划分出10个土类、19个亚类、78个土种和148个变种（辽宁省土壤普查办公室，1961）。这次土壤普查注重耕地土壤，缺乏耕地土壤同自然土壤联系上的研究，也没有建立起被公认的土种体系。尽管如此，这次土壤普查在指导生产实际方面发挥了一定作用。

20世纪50年代末期到60年代初期，我国土壤学界对自然土壤和农业土壤的关系存在着激烈的争论。一些学者把农业土壤与自然土壤完全对立起来，过分强调人为因素对农业土壤形成方面的作用。唐耀先教授坚持自己的学术观点，撰文指出（唐耀先，1962），人为因素及其措施是主观因素，不是农业土壤发展的内部原因，自然肥力与人工肥力、经济肥力之间不是本质的差别，农业土壤与自然土壤具有相同的内部土壤发生机制，农业土壤形成的实质是在自然土壤和人为因素共同作用下的矛盾对立统一体。这一观点引导土壤科学在正确的轨道上健康发展。

中国科学院林业土壤研究所（现中国科学院沈阳应用生态研究所）集新中国成立后

广大土壤科学工作者多年来进行的土壤调查研究、科学实验和总结群众生产实践经验所
累积的大量资料，于 1980 年出版了《中国东北土壤》一书。该书中的土壤分类是以土壤
发生学分类的理论为基础，对自然土壤与耕地土壤采取统一的分类原则，建立了东北地
区土壤分类系统。辽宁省分布有 10 个土类：暗棕色森林土、棕色森林土、褐土、黑土、
白浆土、草甸土、水稻土、沼泽土、风沙土和盐土。与前述 1959 年的土壤分类体系相比，
改四级分类制为五级，增加土属一级的划分。在土类上取消了栗钙土，增加了黑土、白
浆土和水稻土，并将灰化棕色森林土改名为暗棕色森林土，褐色土改名为褐土，砂土改
名为风沙土。《中国东北土壤》的出版为辽宁省第二次土壤普查制订土壤分类系统提供了
重要参考。

　　20 世纪 70 年代，在以竺可桢副院长为主任的《中国自然地理》编委会的领导下，
根据当时的资料曾编著了《中国自然地理·土壤地理》一书。该书作为“中国自然地理”
丛书的组成部分，于 1981 年正式出版。在该书中，把辽东丘陵山区划为辽东、山东半岛
棕壤区，北起铁岭市南到辽河入海口的营口市划为辽河中下游平原潮土、棕壤区，辽西
北的小面积土壤区划为西辽河平原风沙土、灌淤土区。

3.1.4　第二次全国土壤普查时期的土壤分类

　　1979 年，国务院决定在全国范围内开展第二次土壤普查。为适应土壤普查的需要，
辽宁省遵照《全国第二次土壤普查土壤工作分类暂行方案》精神，在沈阳市苏家屯区试
点的基础上，制定了《辽宁省第二次土壤普查土壤工作分类暂行方案》。这个分类方案采
用了土类、亚类、土属、土种和变种五级分类制，共划分 12 个土类，42 个亚类，而对
土属、土种、变种等基层分类单元，只提出了划分的原则和依据。为进一步完善土壤分
类方案，辽宁省土壤普查办公室又组织土壤专家和科技人员进行了全省土壤概查和辽东、
辽西山地丘陵区的专题考察，并收集 12 个市 24 个县 1200 多个典型土种的标本进行比土
评土，修订了土种的具体指标，完成了《辽宁省第二次土壤普查土壤工作分类方案（暂
行）》（辽宁省土壤普查办公室，1982）。该分类方案共划分 11 个土类，31 个亚类，155
个土属，602 个土种。

　　为了全国土壤普查汇总时分类的统一，1984 年后全国土壤普查办公室和中国土壤学
会分别在昆明、滁州、太原等地召开了土壤分类专业会议，对我国土壤分类的高级、中
层和基层单元进行了研究，确定了划分原则，制定了“全国第二次土壤普查土壤分类系
统”（中国土壤学会，1989）。为了同全国土壤分类保持一致，辽宁省土壤普查办公室对
辽宁省土壤分类又进行了多次修改，最后确定了“辽宁省土壤分类系统”，形成了包括土
纲、亚纲、土类、亚类、土属、土种各级分类单元在内的分类体系，辽宁土壤共划分出
7 个土纲、12 个亚纲、19 个土类、43 个亚类、101 个土属、253 个土种（贾文锦，1992a）。

　　辽宁省第二次土壤普查成果集中反映在《辽宁土种志》（辽宁省土壤肥料总站，1991）
和《辽宁土壤》（贾文锦，1992a）中。《辽宁土种志》是在基本查清了全省土壤资源数量
和质量的基础上，通过比土评土、剖面理化性质数理统计，对确立的土种逐个阐明了其
所处景观部位、分布面积、特征土层性状、有效土层厚度、养分含量幅度、不同年景的
生产潜力及土壤障碍因素、利用方向、改良措施等土种特性。在土种命名方面，采用了

群众习惯名称，很形象地反映出土种的特性。

全国土壤普查办公室根据业已编成的各省、自治区、直辖市土种志，经过反复评比、提炼，选择其中个体单元清晰、资料信息齐全的土种，以大区为单位，共分 6 卷，出版了《中国土种志》（全国土壤普查办公室，1994）。辽宁省的主要土种集中列在该书的第二卷中。

3.1.5　20 世纪 90 年代后的土壤系统分类研究

在以发生分类为基础的"中国土壤分类系统"形成和不断修订过程中，随着国际交往日增，美国"土壤系统分类"（诊断分类）的思想和方法也逐渐被我国土壤学家所了解，并对我国现代土壤分类产生了重大影响。从 1984 年起，中国科学院南京土壤研究所先后联合国内 30 多所高校和科研院所，进行新的中国土壤系统分类（定量诊断分类）的研究。在吸收国外土壤分类研究经验和中国土壤分类与土壤调查成果的基础上，不断修改补充。中国科学院南京土壤研究所土壤系统分类课题组、中国土壤系统分类课题研究协作组相继完成《中国土壤系统分类初拟》（1985）、《中国土壤系统分类（二稿）》（1987）、《中国土壤系统分类（首次方案）》（1991）、《中国土壤系统分类（修订方案）》（1995），2001 年出版的《中国土壤系统分类检索（第三版）》沿用至今。龚子同等（1999）还出版专著系统阐述中国土壤系统分类的理论、方法与实践。中国土壤系统分类为多级分类系统，共六级，即土纲、亚纲、土类、亚类、土族和土系，前四级为高级分类级别，主要供中小比例尺土壤图确定制图单元用；后二级为基层分类级别，主要供大比例尺土壤图确定制图单元用。

进入新世纪，孙鸿烈院士领导组成《中国自然地理系列专著》编辑委员会，编辑出版了 10 本专著。龚子同（2014）主编的《中国土壤地理》是该丛书之一。该书应用以定量化为主要特征的中国土壤系统分类理论基础和研究成果，全面系统地介绍了中国土壤的主要类型、地理分布规律、重要土壤属性的空间变异、土壤资源与分区。在该专著中，抚顺和本溪两市部分地区的土壤被划为冷凉湿润雏形土、暗色潮湿雏形土、漂白冷凉淋溶土区，辽东低山丘陵地区被划为湿润淋溶土、湿润雏形土、干润淋溶土区，中部的辽河下游平原（含渤海沿岸的辽西走廊）被划为淡色潮湿雏形土、水耕人为土区。

沈阳农业大学唐耀先教授为推动中国土壤系统分类研究做出了重要贡献。唐耀先教授于 1981 年受原农业部教育局委托为全国高等农业院校土壤学教师举办"土壤分类和土地利用"讲习班，并邀请美国专家来华介绍美国土壤分类系统和土地利用情况。这是美国"土壤系统分类"于 1975 年问世以后在我国国内进行的首次系统传播和研讨，对我国土壤学工作者学习和了解世界先进的土壤分类和土地合理利用等方面的进展情况起到了重要的推动作用。之后，唐耀先教授又针对我国现行土壤分类制度存在的问题，明确提出"我国现行土壤分类制必须改革"（唐耀先，1983），在全国引起热烈讨论。他作为国家自然科学基金委员会地学部评审员，鼎力支持中国土壤系统分类课题研究，并积极促成把该项课题从面上项目纳入国家自然科学基金重点资助项目，并在每个关键时期给予热情支持和指导，使中国土壤系统分类研究取得重大进展（龚子同，1998）。中国科学院沈阳应用生态研究所肖笃宁研究员等作为项目组主要成员参与了中国土壤系统分类研究

（Xiao，1992；肖笃宁和张国枢，1994；肖笃宁和谢志霄，1994）。

辽宁省的土壤系统分类研究开始于 20 世纪 90 年代。蒋毓蘅等研究了沈阳地区黏淀棕壤黏淀层中植物根系分布特征（Jiang，1990）；贾文锦等利用第二次土壤普查成果尝试研究了辽宁省"红黏土"（贾文锦，1992b）、棕壤（贾文锦，1993a）、酸性棕壤（贾文锦，1993b）、褐土（贾文锦，1993c）、植稻土壤（贾文锦，1994）的系统分类；谢萍若等（1992，1993，1994）对辽宁省宽甸县等地的火山土壤的物理性质、化学性质、矿物学特征进行了研究；程伯容等（1993，1994）研究了我国暗棕壤（冷凉淋溶土）的特性和系统分类；张国枢等（1993）对我国黑土的系统分类进行了初步研究。1993 年须湘成、王秋兵、汪景宽等参加了中国科学院南京土壤研究所龚子同主持的中国土壤系统分类研究，开展了辽宁省湿润淋溶土系统分类研究，定位观测了沈阳地区简育湿润淋溶土（棕壤）水热动态变化状况（汪景宽等，1994），并对辽吉东部山区土壤诊断特性及其系统分类进行了研究（王秋兵等，1996）。1999～2002 年，王秋兵等参加了中国科学院南京土壤研究所张甘霖主持的中国土壤系统分类中基层分类研究（国家自然科学基金重点项目），通过对沈阳样区近 100 个土壤剖面的观察和对 14 个典型剖面理化性质的分析，进行了土壤系统分类的基层分类研究（王秋兵等，2002），之后，王秋兵等（2010）探讨了将土种资料转化为土系的必要性与可行性。王天豪等（2018）利用土系调查资料，根据土族土系划分标准（张甘霖等，2013）研究了辽宁省植稻土壤在中国土壤系统分类中的归属。

2006～2019 年，王秋兵团队在 6 个国家自然科学基金项目的连续资助下对辽宁省古红土、黄土、火山喷出物等发育土壤的基本特性、发生形成机制、分类等进行了系统研究。王秋兵等（2008a，2009）、韩春兰等（2006，2010，2013a）研究了辽宁省红黏土特性、诊断特征及其系统分类。研究认为辽宁红黏土是古土壤，其诊断标准需要修订，分类位置有待进一步完善，在此基础上探讨了古土壤在中国土壤系统分类中的位置（王秋兵，2008b，2012）。基金项目（编号：40671079）结题后得到国家自然科学基金委主管部门好评，并被列入基金委地理学科年度优秀成果并进行宣传报道（冷疏影等，2010）。韩春兰（2013b）、王秋兵等（2013b）对火山喷出物发育土壤的特性、诊断特征和系统分类进行了研究，为完善中国土壤系统分类中火山灰土的系统分类提供了参考。

在土壤发生学方面，王秋兵团队重点研究深厚黄土的形成发育和演变机制（Sun et al.，2016，2017，2018）。研究结果表明，北方地区广泛分布的黄土粉尘沉积伴随着土壤发生过程同步进行，由此在长时间沉积形成的深厚黄土剖面中便出现了随第四纪气候多次干湿冷暖交替变化而形成的多层古土壤，这些古土壤处于不同发育阶段，表现出不同的颜色，相互交替叠加排列。因此，埋藏在地下深层的黄土层也是古土壤，从而改变了长期以来只把红土层视为古土壤的传统看法。由于受侵蚀作用的影响，埋藏于地下深层处于不同发育阶段的古土壤被剥蚀出露于地表，而不同区域受到的侵蚀作用强度不同，被剥蚀的土壤深度也有差异，导致处于不同埋深不同类型的古土壤出现在地表，这样会造成在较小区域范围内出现多种不同类型的地带性土壤。通过采集发育于不同气候带上的现代土壤的 22 个剖面，建立了土壤性质与成土气候环境之间的定量模型（函数关系），并以地处辽宁西部形成于不同历史时期处于不同发育阶段黄土-古土壤序列为研究载体，以土壤性质作为替代指标，重建了辽宁西部 42 万年以来不同时期的古气候变化（王秋兵等，2013a）。此外，王秋兵等（2017）还以辽宁省浑河不同阶地上黄土状物质发育的土壤为研究对象，通过对剖面形态学特征、基本理化性质和母质均一性判定等研究，探讨了浑河三级阶地白浆化土壤的灰白土层特征及其形成机制。

传统土壤学认为，土壤铁锰结核是在土壤地下水位升降引起的土壤氧化还原电位频繁变化的条件下形成的，主要出现在低平原、洼地、河流两岸、湖泊周围或山谷、缓坡坡麓等地区，与地形部位等地方性因子有关，而与气候这一地带性因子关系不大。因此，通常把土壤是否具有铁锰结核作为标志特征来判定微域成土环境。然而，在我国东北地区位于高平地、地下水位较深的第四纪黄土状母质发育的土壤中通常能够看到铁锰结核的分布，这与传统认识的土壤与景观关系相矛盾，给土壤分类造成了很多困扰。王秋兵研究团队利用全国第二次土壤普查资料和土系调查成果，找出了铁锰结核在温带地区高平地土壤中的分布规律（王秋兵等，2019）。研究结果表明，铁锰结核的形成不仅仅受微域地形条件的影响，也可以广泛分布在冷凉湿润的温带地区地下水位较深的高平地，同样具有地带性土壤分布特征，从而改变了人们对于土壤类型地理分布的传统认识，丰富了土壤地理学理论。同时，通过观测不同景观部位土壤及深厚土壤各土层土壤铁锰结核形态学分布特征，分析温带地区土壤铁锰结核的形貌、化学组成及矿物学特征，实地定位观测沈阳地区高平地土壤的水分、温度及氧化还原电位的动态变化（特别是早春消融期）规律（马志强等，2015a，2015b），探讨了温带地区土壤铁锰新生体特性与成土环境之间的对应关系研究。为研究温带地区土壤铁锰结核的形成环境和形成过程奠定了基础。

除土壤系统分类之外，肖笃宁等（1987）尝试研究了数值土壤分类。在土壤调查技术手段方面，肖笃宁（1986）撰文介绍了脉冲雷达及其在土壤调查中的应用，胡童坤（1987）探讨了多层地形理论在土壤调查中的应用，林孟龙等利用遥感影像评估和监测荒漠化土壤（Lin，2006），解宏图等尝试利用近红外光谱和偏最小二乘判别分析方法基于改进的遗传算法选择变量识别土壤类型（Xie，2015），王秋兵利用数字化土壤形态学方法（digital soil morphometrics）研究了沈阳地区发育于黄土母质深厚淋溶土剖面中动物洞穴的分布特征（Wang et al.，2017）。

2009 年开始，在中国科学院南京土壤研究所张甘霖研究员的带领下，中国开始了大规模的土系调查工作，首先对我国东部 16 个省（市、区）的土系进行调查，辽宁省的土系调查包括在其中。本书正是这次土系调查成果的集中体现。

3.2　本次土系调查

3.2.1　依托项目

本次土系调查主要依托科技部国家科技基础性工作专项"我国土系调查与《中国土系志》编制"（项目编号 2008FY110600）。

3.2.2　调查方法

1）单个土体位置确定与调查方法

单个土体调查点的布置，主要是在综合考虑全省气候、地质地貌、成土母质、植被和土地利用等成土要素的基础上，遵循重要性（农林牧业利用价值大）、主要性（分布广，面积大）、独特性（分布面积虽小，但类型独特）、相对均匀性（全省各地尽量均匀）等原则，力图涵盖尽可能多的土壤类型，反映全省土壤类型分布特征。在全省各地布置了240 多个调查观察点，从中选择了 151 个典型单个土体建立土系。本次土系调查典型单个土体空间分布见图 3-1，覆盖了辽宁省的所有地级市和绝大多数县（区）。样点序号与代表性单个土体编号对应关系见表 3-1。

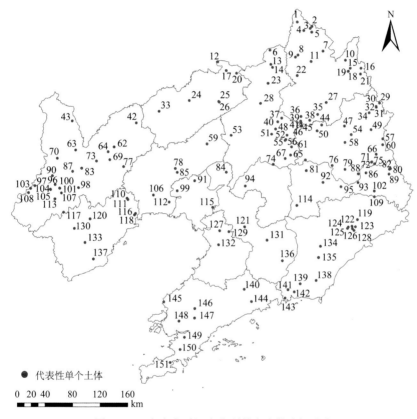

图 3-1　辽宁省土系调查典型单个土体空间分布

2）野外单个土体调查和描述、土壤样品测定、系统分类归属的依据

本次调查对调查土壤剖面的地理位置、成土条件、性态特征进行了全面的描述，野外单个土体调查和描述依据中国科学院南京土壤研究所编著的《野外土壤描述与采样手册》，土壤颜色比色依据《中国标准土壤色卡》（中国科学院南京土壤研究所和中国科学院西安光学精密机械研究所，1989）。根据系统分类检索的需要，对采集样品的发生学性质进行了全面的分析[包括分层土样的 pH、有机质、CEC、交换性酸、交换性盐基、氧化铁形态（游离氧化铁和无定形氧化铁）、颗粒组成，部分土壤的黏土矿物类型、养分含量等]。土样测定分析依据《土壤调查实验室分析方法》（张甘霖和龚子同，2012），土壤系统分类高级单元确定依据《中国土壤系统分类检索（第三版）》（中国科学院南京土壤研究所土壤系统分类课题组和中国土壤系统分类课题研究协作组，2001），土族和土系建

表 3-1 样点序号与代表性单个土体编号对应关系

样点序号	代表性单个土体编号	样点序号	代表性单个土体编号	样点序号	代表性单个土体编号	样点序号	代表性单个土体编号
1	21-086	39	21-108	77	21-198	115	21-235
2	21-087	40	21-201	78	21-154	116	21-146
3	21-322	41	21-110	79	21-130	117	21-164
4	21-323	42	21-208	80	21-133	118	21-144
5	21-089	43	21-207	81	21-141	119	21-036
6	21-102	44	21-091	82	21-134	120	21-178
7	21-318	45	21-093	83	21-044	121	21-165
8	21-090	46	21-113	84	21-225	122	21-034
9	21-315	47	21-011	85	21-153	123	21-066
10	21-114	48	21-200	86	21-140	124	21-030
11	21-310	49	21-129	87	21-078	125	21-155
12	21-100	50	21-092	88	21-132	126	21-017
13	21-103	51	21-199	89	21-135	127	21-183
14	21-104	52	21-149	90	21-056	128	21-020
15	21-124	53	21-142	91	21-237	129	21-182
16	21-116	54	21-131	92	21-139	130	21-179
17	21-099	55	21-001	93	21-238	131	21-229
18	21-120	56	21-126	94	21-220	132	21-185
19	21-122	57	21-127	95	21-138	133	21-180
20	21-101	58	21-115	96	21-189	134	21-216
21	21-118	59	21-143	97	21-048	135	21-214
22	21-320	60	21-125	98	21-197	136	21-230
23	21-105	61	21-094	99	21-236	137	21-181
24	21-213	62	21-082	100	21-193	138	21-176
25	21-097	63	21-162	101	21-192	139	21-175
26	21-098	64	21-047	102	21-137	140	21-231
27	21-300	65	21-095	103	21-196	141	21-173
28	21-106	66	21-117	104	21-195	142	21-174
29	21-002	67	21-096	105	21-160	143	21-177
30	21-073	68	21-224	106	21-151	144	21-166
31	21-004	69	21-041	107	21-194	145	21-233
32	21-003	70	21-188	108	21-051	146	21-172
33	21-211	71	21-123	109	21-136	147	21-171
34	21-077	72	21-121	110	21-148	148	21-168
35	21-112	73	21-159	111	21-147	149	21-170
36	21-107	74	21-163	112	21-152	150	21-169
37	21-202	75	21-119	113	21-190	151	21-167
38	21-109	76	21-128	114	21-218		

立依据《中国土壤系统分类土族和土系划分标准》（张甘霖等，2013）。每一单个土体均有一套完整的景观照片、剖面照片和剖面记载表，某些剖面的特殊土层还拍摄了新生体、结构体等照片，获得大量第一手调查资料，并建立了规范的数据库。

3.2.3 土系建立情况

本次土系调查经过筛选和归并，共建立 151 个土系，涉及 7 个土纲，14 个亚纲，31

个土类，54 个亚类，126 个土族（表 3-2）。各典型土系的系统分类表见表 3-3，它们与第二次土壤普查土种的参比结果见附录。需要说明的是，由于本次土系调查采用的是土壤系统分类，其分类原则、方法和标准与第二次全国土壤普查所采用的土壤发生学分类体系有明显差别，土系与土种并非一一对应关系，两者的参比是粗略的，或大致相当的，不可能完全一致。各典型土系的详细信息见下篇"区域典型土系"。

表 3-2 辽宁省土系分布统计

序号	土纲	亚纲	土类	亚类	土族	土系
1	有机土	1	3	4	4	4
2	人为土	2	4	7	8	8
3	火山灰土	1	1	1	2	3
4	潜育土	1	1	1	1	1
5	淋溶土	3	8	16	42	58
6	雏形土	3	8	17	56	63
7	新成土	3	6	8	13	14
	合计	14	31	54	126	151

表 3-3 辽宁省各典型土系的系统分类表

土纲	亚纲	土类	亚类	土族	土系	典型剖面编号
有机土	正常有机土	纤维正常有机土	矿底纤维正常有机土	壤质混合型弱酸性冷性-矿底纤维正常有机土	红庙系	21-123
		半腐正常有机土	埋藏半腐正常有机土	壤质混合型弱酸性冷性-埋藏半腐正常有机土	德榆系	21-122
		高腐正常有机土	埋藏高腐正常有机土	黏质伊利石混合型强酸性冷性-埋藏高腐正常有机土	北四平系	21-127
				灰泥质型弱酸性冷性-埋藏高腐正常有机土	业主沟系	21-134
人为土	水耕人为土	潜育水耕人为土	普通潜育水耕人为土	黏质伊利石混合型非酸性温性-普通潜育水耕人为土	老边系	21-183
				黏壤质硅质混合型非酸性温性-普通潜育水耕人为土	田家系	21-237
		铁渗水耕人为土	底潜铁渗水耕人为土	壤质硅质混合型非酸性温性-底潜铁渗水耕人为土	东郭系	21-236
		简育水耕人为土	普通简育水耕人为土	黏壤质混合型非酸性冷性-弱盐简育水耕人为土	靠山系	21-310
			底潜简育水耕人为土	黏壤质混合型非酸性温性-底潜简育水耕人为土	东风系	21-235
	旱耕人为土	肥熟旱耕人为土	斑纹肥熟旱耕人为土	黏壤质混合型非酸性冷性-斑纹肥熟旱耕人为土	星五系	21-089
			石灰肥熟旱耕人为土	黏壤质混合型冷性-石灰肥熟旱耕人为土	康平镇系	21-104
			普通肥熟旱耕人为土	砂质硅质混合型非酸性冷性-普通肥熟旱耕人为土	红光系	21-124

土纲	亚纲	土类	亚类	土族	土系	典型剖面编号
火山灰土	湿润火山灰土	简育湿润火山灰土	普通简育湿润火山灰土	中粒-粗骨质玻璃质非酸性温性-普通简育湿润火山灰土	大川头系	21-036
				中粒-浮石质玻璃质非酸性温性-普通简育湿润火山灰土	太平系	21-030
					宽甸镇系	21-066
潜育土	滞水潜育土	简育滞水潜育土	普通简育滞水潜育土	黏质伊利石混合型非酸性冷性-普通简育滞水潜育土	草市系	21-004
淋溶土	冷凉淋溶土	暗沃冷凉淋溶土	斑纹暗沃冷凉淋溶土	黏壤质硅质混合型非酸性-斑纹暗沃冷凉淋溶土	曲家系	21-323
		简育冷凉淋溶土	石质简育冷凉淋溶土	粗骨壤质混合型非酸性-石质简育冷凉淋溶土	腰堡系	21-139
			斑纹简育冷凉淋溶土	黏质伊利石混合型非酸性-斑纹简育冷凉淋溶土	长春屯系	21-077
					北口前系	21-011
					八家沟系	21-108
					样子系	21-318
					大甸系	21-112
				黏壤质混合型非酸性-斑纹简育冷凉淋溶土	东营坊系	21-138
					头道沟系	21-315
				黏壤质硅质混合型非酸性-斑纹简育冷凉淋溶土	八宝系	21-224
				黏质伊利石混合型酸性-斑纹简育冷凉淋溶土	黏泥岭系	21-073
					横道河系	21-110
				粗骨黏质硅质混合型酸性-斑纹简育冷凉淋溶土	普乐堡系	21-137
				壤质混合型酸性-斑纹简育冷凉淋溶土	大窝棚系	21-003
				黏壤质混合型酸性-斑纹简育冷凉淋溶土	查家系	21-121
			普通简育冷凉淋溶土	黏壤质混合型非酸性-普通简育冷凉淋溶土	马架子系	21-129
					苇子峪系	21-130
				壤质硅质混合型非酸性-普通简育冷凉淋溶土	南四平系	21-117
	干润淋溶土	铁质干润淋溶土	表蚀铁质干润淋溶土	黏壤质混合型石灰温性-表蚀铁质干润淋溶土	八宝沟系	21-041
			斑纹铁质干润淋溶土	黏壤质硅质混合型非酸性温性-斑纹铁质干润淋溶土	南公营系	21-164
					西官营系	21-207
				粗骨壤质硅质混合型非酸性温性-斑纹铁质干润淋溶土	波罗赤系	21-044

土纲	亚纲	土类	亚类	土族	土系	典型剖面编号
淋溶土	干润淋溶土	铁质干润淋溶土	斑纹铁质干润淋溶土	黏质伊利石混合型石灰温性-斑纹铁质干润淋溶土	老窝铺系	21-163
					羊角沟系	21-197
					宋杖子系	21-048
				黏质伊利石混合型非酸性温性-斑纹铁质干润淋溶土	乌兰白系	21-160
				黏质混合型非酸性温性-斑纹铁质干润淋溶土	联合系	21-159
				黏壤质混合型非酸性温性-斑纹铁质干润淋溶土	高家梁系	21-195
			普通铁质干润淋溶土	壤质硅质混合型非酸性温性-普通铁质干润淋溶土	四道梁系	21-051
				黏壤质混合型非酸性温性-普通铁质干润淋溶土	郝杖子系	21-162
		简育干润淋溶土	斑纹简育干润淋溶土	黏质伊利石混合型非酸性温性-斑纹简育干润淋溶土	阊阳系	21-153
				壤质混合型非酸性温性-斑纹简育干润淋溶土	黄土坎系	21-148
			普通简育干润淋溶土	黏壤质混合型石灰温性-普通简育干润淋溶土	他拉皋系	21-047
					桃花吐系	21-082
				壤质混合型非酸性温性-普通简育干润淋溶土	三宝系	21-208
					富山系	21-056
				黏质伊利石混合型非酸性温性-普通简育干润淋溶土	哈叭气系	21-196
				砂质硅质混合型非酸性温性-普通简育干润淋溶土	大五家系	21-211
	湿润淋溶土	钙质湿润淋溶土	普通钙质湿润淋溶土	黏质伊利石混合型非酸性温性-普通钙质湿润淋溶土	牌楼系	21-165
				黏质伊利石混合型非酸性温性-普通钙质湿润淋溶土	龙山系	21-172
		酸性湿润淋溶土	红色酸性湿润淋溶土	粗骨壤质硅质混合型温性-红色酸性湿润淋溶土	十字街系	21-176
				黏壤质混合型非酸性温性-红色酸性湿润淋溶土	亮子沟系	21-034
		铁质湿润淋溶土	红色铁质湿润淋溶土	黏质伊利石混合型酸性温性-红色铁质湿润淋溶土	孤山子系	21-173
				黏质伊利石混合型非酸性温性-红色铁质湿润淋溶土	十三里堡系	21-169
				黏质伊利石混合型非酸性温性-红色铁质湿润淋溶土	泉水系	21-167
					石棚峪系	21-182
					朱家注系	21-146
				黏壤质混合型非酸性温性-红色铁质湿润淋溶土	石灰窑系	21-174

土纲	亚纲	土类	亚类	土族	土系	典型剖面编号
淋溶土	湿润淋溶土	铁质湿润淋溶土	普通铁质湿润淋溶土	粗骨壤质混合型酸性温性-普通铁质湿润淋溶土	菩萨庙系	21-177
				黏壤质混合型非酸性温性-普通铁质湿润淋溶土	北九里系	21-168
		简育湿润淋溶土	斑纹简育湿润淋溶土	黏质伊利石混合型非酸性温性-斑纹简育湿润淋溶土	道义系	21-200
					桃仙系	21-096
				粗骨壤质伊利石混合型非酸性温性-斑纹简育湿润淋溶土	李相系	21-095
				黏质伊利石混合型石灰温性-斑纹简育湿润淋溶土	深井系	21-094
				黏壤质混合型非酸性温性-斑纹简育湿润淋溶土	天柱系	21-001
			普通简育湿润淋溶土	粗骨壤质混合型非酸性温性-普通简育湿润淋溶土	大房身系	21-229
				黏壤质混合型非酸性温性-普通简育湿润淋溶土	碱厂沟系	21-020
				黏质伊利石混合型非酸性温性-普通简育湿润淋溶土	边门系	21-214
雏形土	潮湿雏形土	暗色潮湿雏形土	普通暗色潮湿雏形土	壤质盖黏质硅质混合型非酸性-普通暗色潮湿雏形土	阿及系	21-092
		淡色潮湿雏形土	弱盐淡色潮湿雏形土	黏质伊利石混合型石灰性冷性-弱盐淡色潮湿雏形土	大五喇嘛系	21-098
			石灰淡色潮湿雏形土	砂质硅质混合型冷性-石灰淡色潮湿雏形土	张家系	21-103
			普通淡色潮湿雏形土	砂质盖粗骨质硅质混合型非酸性温性-普通淡色潮湿雏形土	哨子河系	21-230
				砂质硅质混合型非酸性冷性-普通淡色潮湿雏形土	四合城系	21-101
				壤质硅质混合型非酸性温性-普通淡色潮湿雏形土	造化系	21-199
					马官桥系	21-126
				黏壤质硅质混合型非酸性温性-普通淡色潮湿雏形土	塔山系	21-144
					西佛系	21-225
				黏质伊利石混合型非酸性温性-普通淡色潮湿雏形土	小谢系	21-143
	干润雏形土	铁质干润雏形土	石质铁质干润雏形土	粗骨黏质碳酸盐型温性-石质铁质干润雏形土	药王庙系	21-178
				粗骨壤质混合型非酸性冷性-石质铁质干润雏形土	五峰系	21-097
			普通铁质干润雏形土	黏壤质混合型非酸性温性-普通铁质干润雏形土	巴图营系	21-198
				粗骨黏质伊利石混合型非酸性温性-普通铁质干润雏形土	雷家店系	21-179

土纲	亚纲	土类	亚类	土族	土系	典型剖面编号
雏形土	干润雏形土	底锈干润雏形土	普通底锈干润雏形土	壤质混合型非酸性温性-普通底锈干润雏形土	双羊系	21-151
			石灰底锈干润雏形土	壤质硅质混合型温性-石灰底锈干润雏形土	务欢池系	21-213
		简育干润雏形土	普通简育干润雏形土	壤质硅质混合型非酸性温性-普通简育干润雏形土	双庙系	21-194
				砂质硅质混合型非酸性冷性-普通简育干润雏形土	海洲窝堡系	21-102
				砂质硅质混合型非酸性温性-普通简育干润雏形土	大红旗系	21-142
				粗骨壤质硅质混合型非酸性冷性-普通简育干润雏形土	慈恩寺系	21-105
				粗骨壤质混合型石灰温性-普通简育干润雏形土	衣杖子系	21-190
				壤质混合型石灰温性-普通简育干润雏形土	端正梁系	21-078
				黏壤质混合型石灰温性-普通简育干润雏形土	大营子系	21-189
				黏质伊利石混合型石灰温性-普通简育干润雏形土	后坟系	21-192
	湿润雏形土	冷凉湿润雏形土	酸性冷凉湿润雏形土	粗骨壤质硅质混合型-酸性冷凉湿润雏形土	坎川系	21-136
			暗沃冷凉湿润雏形土	壤质混合型非酸性-暗沃冷凉湿润雏形土	八面城系	21-086
				粗骨壤质硅质混合型非酸性-暗沃冷凉湿润雏形土	拐磨子系	21-133
				黏壤质混合型非酸性-暗沃冷凉湿润雏形土	十五间房系	21-119
				黏壤质硅质混合型非酸性-暗沃冷凉湿润雏形土	文兴系	21-114
				粗骨砂质硅质混合型非酸性-暗沃冷凉湿润雏形土	纯仁系	21-120
				粗骨壤质硅质混合型非酸性-暗沃冷凉湿润雏形土	安民系	21-116
				粗骨壤质混合型非酸性-暗沃冷凉湿润雏形土	骆驼山系	21-002
				粗骨质碳酸盐型-暗沃冷凉湿润雏形土	哈达系	21-091
			斑纹冷凉湿润雏形土	黏壤质盖粗骨砂质硅质混合型非酸性-斑纹冷凉湿润雏形土	汪清门系	21-125
				壤质混合型非酸性-斑纹冷凉湿润雏形土	宝力系	21-090
				黏壤质硅质混合型非酸性-斑纹冷凉湿润雏形土	大泉眼系	21-300
					厂子系	21-322

续表

土纲	亚纲	土类	亚类	土族	土系	典型剖面编号
雏形土	湿润雏形土	冷凉湿润雏形土	普通冷凉湿润雏形土	粗骨壤质混合型非酸性-普通冷凉湿润雏形土	木奇系	21-113
				粗骨壤质混合型非酸性-普通冷凉湿润雏形土	平顶山系	21-132
				粗骨砂质混合型非酸性-普通冷凉湿润雏形土	高官系	21-141
			普通冷凉湿润雏形土	粗骨壤质混合型非酸性-普通冷凉湿润雏形土	小莱河系	21-131
				粗骨质混合型非酸性-普通冷凉湿润雏形土	红升系	21-115
					黑沟系	21-135
				粗骨质碳酸盐型-普通冷凉湿润雏形土	振兴系	21-118
				壤质硅质混合型非酸性-普通冷凉湿润雏形土	老秃顶系	21-238
				黏壤质硅质混合型非酸性-普通冷凉湿润雏形土	孤家子系	21-128
					后营盘	21-109
				黏壤质混合型非酸性-普通冷凉湿润雏形土	宏胜系	21-320
		铁质湿润雏形土	红色铁质湿润雏形土	粗骨砂质硅质混合型酸性温性-红色铁质湿润雏形土	徐岭系	21-166
				粗骨壤质盖砂质硅质混合型非酸性温性-红色铁质湿润雏形土	南沙河系	21-181
				砂质硅质混合型非酸性温性-红色铁质湿润雏形土	龙王庙系	21-175
				壤质硅质混合型非酸性温性-红色铁质湿润雏形土	石河系	21-170
		简育湿润雏形土	暗沃简育湿润雏形土	黏质伊利石混合型非酸性温性-暗沃简育湿润雏形土	柳壕系	21-220
				黏壤质硅质混合型非酸性温性-暗沃简育湿润雏形土	黄家系	21-202
			斑纹简育湿润雏形土	黏质伊利石混合型非酸性温性-斑纹简育湿润雏形土	青椅山系	21-155
				黏壤质硅质混合型非酸性温性-斑纹简育湿润雏形土	青石岭系	21-185
				黏壤质硅质混合型非酸性温性-斑纹简育湿润雏形土	兴隆台系	21-201
			普通简育湿润雏形土	粗骨壤质硅质混合型非酸性温性-普通简育湿润雏形土	下马塘系	21-218
				粗骨壤质混合型非酸性温性-普通简育湿润雏形土	双岭系	21-017
				粗骨砂质硅质混合型酸性温性-普通简育湿润雏形土	草河系	21-216

续表

土纲	亚纲	土类	亚类	土族	土系	典型剖面编号
雏形土	湿润雏形土	简育湿润雏形土	普通简育湿润雏形土	粗骨砂质硅质混合型非酸性温性-普通简育湿润雏形土	宽邦系	21-180
				壤质硅质混合型非酸性温性-普通简育湿润雏形土	专子山系	21-149
					蓉化山系	21-231
新成土	砂质新成土	干润砂质新成土	斑纹干润砂质新成土	硅质混合型非酸性冷性-斑纹干润砂质新成土	章古台系	21-099
			普通干润砂质新成土	硅质混合型非酸性冷性-普通干润砂质新成土	三江口系	21-087
					阿尔系	21-100
		湿润砂质新成土	普通湿润砂质新成土	硅质混合型非酸性温性-普通湿润砂质新成土	东岗系	21-233
	冲积新成土	湿润冲积新成土	普通湿润冲积新成土	粗骨砂质硅质混合型非酸性冷性-普通湿润冲积新成土	偏岭系	21-140
	正常新成土	红色正常新成土	饱和红色正常新成土	粗骨黏质硅质混合型非酸性温性-饱和红色正常新成土	元台系	21-171
		干润正常新成土	石质干润正常新成土	粗骨砂质硅质混合型非酸性温性-石质干润正常新成土	观军场系	21-154
				壤质硅质混合型非酸性冷性-石质干润正常新成土	登仕堡系	21-106
				粗骨壤质硅质混合型非酸性温性-石质干润正常新成土	六官营系	21-193
				壤质硅质混合型石灰性温性-石灰干润正常新成土	青峰山系	21-188
		湿润正常新成土	石质湿润正常新成土	粗骨壤质硅质混合型非酸性冷性-石质湿润正常新成土	李千户系	21-107
				粗骨壤质硅质混合型石灰冷性-石质湿润正常新成土	会元系	21-093
				粗骨质硅质混合型非酸性温性-石质湿润正常新成土	三台子系	21-152
			普通湿润正常新成土	粗骨砂质硅质混合型非酸性温性-普通湿润正常新成土	虹螺岘系	21-147

下篇　区域典型土系

第4章 有 机 土

4.1 纤维正常有机土

4.1.1 红庙系（**Hongmiao Series**）

土　　族：壤质混合型弱酸性冷性-矿底纤维正常有机土
拟定者：王秋兵，李　岩，邢冬蕾，白晨辉

分布与环境条件　　本土系分布
于辽宁省抚顺市新宾和清原满
族自治县、本溪市桓仁满族自治
县的山间沟谷洼地，以新宾满族
自治县面积最大。在质地黏重的
湖积物、冲湖积物上，生长繁茂
的三棱草、薹草、小叶章、沼柳
等沼生和湿生植物死亡后，在过
湿渍水和较低温的环境条件下
未彻底分解，年复一年地积累，
形成了纤维含量较高的有机土。
本土系处于温带半湿润大陆性

红庙系典型景观

季风气候区，年平均气温 4.2～5.1 ℃，年降水量 840～900 mm，蒸发量小，空气湿度在
70%以上，无霜期 150 d 左右。

土系特征与变幅　　诊断层为有机表层（泥炭质有机土壤物质表层），诊断特性包括冷性
土壤温度状况、潮湿土壤水分状况、纤维有机土壤物质和潜育特征。土体厚度约 100 cm，
地表为厚度大于 60 cm 的纤维有机表层，纤维含量在 75%以上。60 cm 以下因冲积作用
影响，有机土壤物质间混进矿质土沉积，形成厚度约 20 cm、有机质含量较高、有一定
土壤结构发育的层次。有机土壤物质的有机质含量在 6～478 g/kg，容重为 0.2～1.2 g/cm³。
矿质底层的上界出现在 100 cm 以下，具有潜育特征。

对比土系　　目前在同土族内没有其他土系，相似的土系有德榆系、业主沟系和北四平系。
德榆系，因耕种熟化作用影响，地表形成了小于 10 cm 的矿质土层，其下为半腐有机土
壤物质，矿质底层出现在 130 cm 左右以下，与本土系为同一亚纲，不同土类。业主沟系
和北四平系，无有机表层，因耕作而人为堆垫，形成了厚度 15～20 cm 的矿质表层，自地
表至 50 cm 左右深度内，以高腐有机土壤物质占优势，与本土系为同一亚纲，不同土类。

利用性能综述　位于山间谷地，地势低洼，地下水位高，地表有季节性积水。植被覆盖度高，适合芦苇、三棱草等喜湿植物的生长，有机质积累深厚。其农业生产的障碍性因素是水分多、土温低、有效养分少、土壤酸性强，适耕期短、作物产量低，不适合开垦为农田。可开采泥炭用于生产肥料，但为保护其生态效益，要适度开采，不能盲目开发利用。

参比土种　薄草炭土（薄层泥炭土）。

代表性单个土体　位于辽宁省抚顺市新宾满族自治县红庙子乡查家大点，41°32′4.5″N，125°4′6.6″E，海拔 467 m，发育于山间谷地的河湖相沉积物上，沼泽湿地，生长大量蒿草、芦苇。野外调查时间为 2010 年 10 月 6 日，编号 21-123。

红庙系代表性单个土体剖面

Oir:　0～61 cm，浊黄棕色（10YR 5/4，干），棕色（10YR 4/6，润）；有机土壤物质纤维含量在 75%以上，未分解的有机残体占 10%左右，其间填充有高腐的有机质，并能清晰地看到中量的小锈斑；向下波状清晰过渡。

Ahrb:　61～82 cm，棕灰色（10YR 4/1，干），暗棕色（10YR 3/3，润）；黏壤土，小块状结构，疏松，有黏着性、中等可塑性；夹少量薄层纤维有机土壤物质，黑棕色（10YR 2/3），结构体上能够看见很多中等大小的铁锈斑，极少量细根；向下波状清晰过渡。

Oi:　82～103 cm，黑棕色（10YR 3/2，干），黑棕色（10YR 2/3，润）；有机土壤物质纤维含量 75%以上；向下波状清晰过渡。

Cg:　103～124 cm，灰色（5Y 6/1，干），灰色（7.5YR 4/3，润）；壤土，无结构，具有潜育特征，土层中零星分布有半分解的纤维。

红庙系代表性单个土体物理性质

土层	深度 /cm	有机土壤物质纤维含量（体积分数）/%	砾石* (> 2 mm，体积分数)/%	细土颗粒组成（粒径：mm）/(g/kg)			质地	容重 /(g/cm³)
				砂粒 2～0.05	粉粒 0.05～0.002	黏粒 < 0.002		
Oir	0～61	75	0	—	—	—	—	0.47
Ahrb	61～82	—	3	395	331	274	黏壤土	0.55
Oi	82～103	75	0	—	—	—	—	0.21
Cg	103～124	—	0	445	420	135	壤土	1.14

* 包括岩石、矿物碎屑及矿质瘤状结核，下同。

红庙系代表性单个土体化学性质

深度 /cm	pH		有机质 /(g/kg)	全氮(N) /(g/kg)	全磷(P₂O₅) /(g/kg)	全钾(K₂O) /(g/kg)	阳离子交换量 /(cmol/kg)
	H₂O	CaCl₂					
0～61	4.6	4.4	266.4	9.53	1.34	28.0	34.7
61～82	4.8	4.6	156.4	6.33	2.69	30.4	27.3
82～103	5.0	—	477.7	17.24	1.94	30.1	47.2
103～124	5.0	4.5	6.2	0.70	3.00	26.4	6.6

4.2　半腐正常有机土

4.2.1　德榆系（Deyu Series）

土　族：壤质混合型弱酸性冷性-埋藏半腐正常有机土
拟定者：韩春兰，崔　东，王晓磊，荣　雪

分布与环境条件　本土系分布于辽宁省抚顺市新宾和清原满族自治县、本溪市桓仁满族自治县、铁岭市西丰县的山间沟谷洼地。在河湖相沉积物上，生长繁茂的三棱草、薹草、小叶章、沼柳等植被死亡后由于水分多、温度低而未被彻底分解，年复一年地积累，形成有机土壤物质。地表受径流影响，覆盖了淤泥。后来，地下水位降低，上层的有机土壤物质在多数年内只能短期

德榆系典型景观

饱和，含水量降低，在耕种熟化作用影响下，表层形成了 10 cm 左右的矿质层。本土系位于中温带半湿润大陆性季风气候区，四季分明，气候温和，降水充沛。年均气温 4.2～5.1 ℃，年均降水量 840～900 mm，蒸发量小，无霜期 150 d 左右。

土系特征与变幅　诊断层为有机表层（泥炭质有机土壤物质表层），诊断特性包括冷性土壤温度状况、潮湿土壤水分状况、半腐有机土壤物质、氧化还原特征。由于耕种熟化作用影响，表层形成厚度小于 10 cm 的矿质土层；其下是厚度 130 cm 左右的半腐有机土壤物质，有机质含量 16～400 g/kg，容重 0.4～0.7 g/cm^3，矿质底层出现在 130 cm 左右以下。

对比土系　同土族内没有其他土系，相似的土系有业主沟系、北四平系和红庙系。业主沟系和北四平系，无有机表层，因耕作而人为堆垫，形成了厚度 15～20 cm 的矿质表层，自地表至 50 cm 左右深度内，以高腐有机土壤物质占优势，与本土系为同一亚纲，不同土类。红庙系，为纤维有机土壤物质，土体中部夹有厚 20 cm 左右的矿质层，矿质底层出现在 100 cm 以下，与本土系为同一亚纲，不同土类。

利用性能综述　地势低洼，气候冷凉，降水充沛，地下水位埋深 1.5 m 左右。土壤含水量大，不发小苗，贪青晚熟。农业生产的障碍性因素是土壤 pH 低，酸性反应强，有效养分少，适耕期短。

参比土种　浅埋草煤土（浅位埋藏泥炭土）。

代表性单个土体 位于辽宁省铁岭市西丰县更刻乡德榆村纯仁屯，42°41′24.5″N，124°40′55.0″E，海拔 242 m，发育于山间谷地的河湖相沉积物上，已部分开垦，种植玉米。野外调查时间为 2010 年 10 月 6 日，编号 21-122。

Aup: 0~6 cm，灰黄棕色（10YR 4/2，干），黑色（10YR 2/1，润）；稍润，粉壤土，发育中等的小团块状结构，疏松；中量细根，很少量小块岩石碎屑；向下平滑清晰过渡。

Oe1: 6~40 cm，黑棕色（10YR 3/1，干），黑色（10YR 2/1，润）；润，草炭状，纤维含量 50%左右，疏松；向下平滑清晰过渡。

Oe2: 40~88 cm，黑棕色（10YR 3/2，干），黑棕色（10YR 3/2，润）；润，草炭状，纤维含量 50%左右，少量菌丝体，疏松；向下平滑清晰过渡。

Oe3: 88~135 cm，黑色（10YR 2/1，干），黑色（2.5YR 2/1，润）；潮，草炭状，纤维含量 50%左右，少量菌丝体，疏松；向下平滑清晰过渡。

2Cr: 135~160 cm，灰黄棕色（10YR 4/2，干），黑棕色（10YR 3/1，润）；粉壤土，无结构，湿，冲洪积物，其中含有少量风化岩石碎屑，多为小块，偶见中块；混有少量植物纤维；少量铁锈斑纹。

德榆系代表性单个土体剖面

德榆系代表性单个土体物理性质

| 土层 | 深度/cm | 有机土壤物质纤维含量(体积分数)/% | 砾石(> 2 mm,体积分数)/% | 细土颗粒组成(粒径：mm)/(g/kg) | | | 质地 | 容重/(g/cm³) |
				砂粒 2~0.05	粉粒 0.05~0.002	黏粒 < 0.002		
Aup	0~6	—	1	395	491	114	粉壤土	0.72
Oe1	6~40	50	0	—	—	—		0.50
Oe2	40~88	50	0	—	—	—		0.60
Oe3	88~135	50	0	—	—	—		0.40
2Cr	135~160	—	30	261	591	148	粉壤土	1.70

德榆系代表性单个土体化学性质

| 深度/cm | pH | | 有机质/(g/kg) | 全氮(N)/(g/kg) | 全磷(P₂O₅)/(g/kg) | 全钾(K₂O)/(g/kg) | 阳离子交换量/(cmol/kg) |
	H₂O	CaCl₂					
0~6	5.0	4.5	135.8	6.36	1.72	28.7	40.1
6~40	3.4	3.3	391.9	14.83	3.31	28.3	39.7
40~88	3.8	3.8	246.7	12.57	4.13	26.5	47.2
88~135	4.8	4.8	200.2	6.65	2.94	26.9	29.5
135~160	4.9	4.8	16.2	0.90	1.43	29.1	7.4

4.3　高腐正常有机土

4.3.1　业主沟系（**Yezhugou Series**）

土　族：灰泥质型弱酸性冷性-埋藏高腐正常有机土
拟定者：王秋兵，韩春兰，崔　东，王晓磊，荣　雪

业主沟系典型景观

分布与环境条件　本土系零星分布于辽宁省抚顺市新宾和清原满族自治县、本溪市桓仁满族自治县较为平坦开阔的山间沟谷洼地，分布面积较小，为汇水集中区。生长在质地黏重的冲湖积物上的沼生和湿生植物死亡后，在过湿渍水条件下，未彻底分解，形成有机土壤物质。本土系处于温带半湿润大陆性季风气候区，年均气温 4.2～5.1 ℃，年均降水量 840～900 mm，蒸发量小。

土系特征与变幅　诊断层为有机表层（泥炭质表层），诊断特性包括冷性土壤温度状况、潮湿土壤水分状况、高腐有机土壤物质。本土系用于种植水稻，表层人工覆盖片麻岩风化物厚度为 20 cm 左右，有机质含量平均在 100 g/kg 以下；其下是高腐有机土壤物质，厚度 35 cm 左右，有机质含量在 350 g/kg 以上，容重 0.2 g/cm³ 左右；向下是纤维或半腐有机物质，夹有淤泥层，有机质含量一般在 300 g/kg 以上，容重 ≥0.16 g/cm³。

对比土系　目前在同土族内没有其他土系，相似的土系有北四平系、红庙系和德榆系。北四平系，与本土系为同一亚类，但有机土壤物质层较薄，矿质底层出现在 80 cm 深度以内。红庙系，为纤维有机土壤物质，分布厚度在 100 cm 左右以上，其下为矿质底层，与本土系为同一亚纲，不同土类。德榆系，耕种熟化作用形成的矿质土层薄，厚度不足 10 cm，其下为半腐有机土壤物质，矿质底层出现在 130 cm 以下，与本土系为同一亚纲，不同土类。

利用性能综述　地势低洼，降水充足，地下水位高，有机质积累深厚，土壤肥力较高。但由于土壤过湿冷凉，土壤酸性强，春季不发小苗，水稻前期生长缓慢，往往影响分蘖。气温转暖后，尤其是入伏后气温剧增，造成水稻猛长，贪青晚熟，易受霜害，影响作物产量。

参比土种　厚草炭土（厚层泥炭土）。

代表性单个土体　位于辽宁省本溪市桓仁县古城镇坑火洛村小洞子，41°26′11.8″N，125°22′43.2″E，海拔 396 m，山间洼地，水田。野外调查时间为 2010 年 10 月 15 日，编号 21-134。

Aup11：　0～10 cm，灰黄棕色（10YR 5/2，干），黑棕色（10YR 2/2，润）；湿，壤土，疏松，发育中等的小团块状结构；中量细根；向下平滑清晰过渡。

Aup12：　10～19 cm，灰黄棕色（10YR 4/2，干），黑色（10YR 2/1，润）；湿，壤土，疏松，发育微弱的小团块状结构；少量细根，多量（15%～40%）风化的小角状岩石碎屑（10～25 mm）；向下平滑清晰过渡。

Oa：　　19～55 cm，棕色（10YR 4/4，干），黑棕色（10YR 2/2，润）；湿，疏松；大量高腐有机土壤物质；向下平滑清晰过渡。

Oi1：　　55～110 cm，黑棕色（10YR 2/2，干），黑色（10YR 2/1，润）；湿，疏松；纤维有机土壤物质含量 75%；向下平滑清晰过渡。

业主沟系代表性单个土体剖面

Oi2：　　110～125 cm，棕灰色（10YR 4/1，干），黑色（10YR 2/1，润）；湿，疏松；大量纤维有机土壤物质，其间夹有 1 cm 左右厚的淤泥层；向下平滑清晰过渡。

Oe：　　125～140 cm，黑棕色（10YR 3/1 干），黑色（10YR 2/1，润）；湿，疏松；半腐有机土壤物质，夹有淤泥层，厚达 5 cm。

业主沟系代表性单个土体物理性质

土层	深度/cm	有机土壤物质纤维含量(体积分数)/%	砾石(>2 mm，体积分数)/%	细土颗粒组成(粒径：mm)/(g/kg)			质地	容重/(g/cm³)
				砂粒2～0.05	粉粒0.05～0.002	黏粒<0.002		
Aup11	0～10	—	2	380	372	247	壤土	1.03
Aup12	10～19	—	30	417	400	182	壤土	0.96
Oa	19～55	15	—	—	—	—	—	0.35
Oi1	55～110	75	—	—	—	—	—	0.26
Oi2	110～125	75	—	—	—	—	—	0.40
Oe	125～140	30	—	—	—	—	—	0.69

业主沟系代表性单个土体化学性质

深度 /cm	pH		有机质 /(g/kg)	全氮(N) /(g/kg)	全磷(P_2O_5) /(g/kg)	全钾(K_2O) /(g/kg)	阳离子交换量 /(cmol/kg)
	H_2O	$CaCl_2$					
0～10	5.0	4.8	108.1	0.48	0.59	51.1	12.4
10～19	5.1	5.1	72.5	3.34	2.52	40.5	18.0
19～55	5.1	4.8	368.8	18.93	2.21	45.8	41.2
55～110	4.8	4.6	586.9	17.62	6.18	27.4	41.0
110～125	4.5	4.6	383.4	12.67	9.24	27.2	30.6
125～140	4.8	4.7	297.6	10.84	3.39	29.5	39.0

4.3.2 北四平系（**Beisiping Series**）

土　族：黏质伊利石混合型强酸性冷性-埋藏高腐正常有机土
拟定者：韩春兰，崔　东，王晓磊，荣　雪

分布与环境条件　本土系分布于辽宁省抚顺市新宾和清原满族自治县、本溪市桓仁满族自治县的山间洼地。在河湖相沉积物上，生长的沼生和湿生植物——三棱草、薹草、小叶章、沼柳等死亡后，在过湿渍水条件下未彻底分解，形成有机土壤物质。本土系处于温带半湿润大陆性季风气候区，年平均气温 4.2～5.1 ℃，年平均降水量 840～900 mm，蒸发量小，无霜期150 d 左右。

北四平系典型景观

土系特征与变幅　诊断层为有机表层（泥炭质表层），诊断特性包括冷性土壤温度状况、潮湿土壤水分状况、潜育特征、氧化还原特征。该土系表层客土耕种，客土厚度为 20 cm 左右，有机质含量在 200 g/kg 以下，容重 0.80 g/cm^3 左右，pH<4.5，质地为砂质黏壤土。其下为厚 40 cm 左右的高腐有机土壤物质，有机质含量 200～350 g/kg，容重 0.4 g/cm^3。再向下为厚度 20 cm 左右的半腐有机土壤物质，有机质含量稍高于 200 g/kg，容重 0.50 g/cm^3 左右。深度 80 cm 左右以下为矿质土壤，质地为黏土。

对比土系　目前同土族内没有其他土系，相似的土系有业主沟系、红庙系和德榆系。业主沟系，与本土系为同一亚类，但有机土壤物质深厚，至深度 160 cm 内无单层厚度＞10 cm 的矿质土层分布。红庙系，为纤维有机土壤物质，分布厚度在 100 cm 左右以上，其下为矿质底层，与本土系为同一亚纲，不同土类。德榆系，耕种熟化作用形成的矿质土层薄，厚度不足 10 cm，其下为半腐有机土壤物质，矿质底层出现在 130 cm 左右以下，与本土系为同一亚纲，不同土类。

利用性能综述　土层深厚，土质疏松，有机质含量较高，保水保肥能力强。由于气候冷凉，水分过多，春季升温慢，不发小苗，适耕期短，土壤疏松多孔，作物不易扎根固定，幼苗生长柔弱，中后期气温升高后，作物生长过于旺盛，常造成贪青晚熟，并易引起倒伏，对作物生长发育十分不利。土壤酸性强，养分转化率低，速效养分供应不足，缺磷少钾，影响作物产量。

参比土种　薄草炭土（薄层泥炭土）。

代表性单个土体　位于辽宁省抚顺市新宾满族自治县北四平乡桦树村，41°49′22.8″N，125°16′21.0″E，海拔 411 m，发育于山间洼地的河湖相沉积物上。现利用方式为耕地，种植玉米、大豆、水稻。野外调查时间为 2010 年 10 月 7 日，编号 21-127。

Aupr：0~16 cm，棕灰色（10YR 5/1，干），浊红棕色（5YR 4/4，润）；潮，砂质黏壤土，发育中等的小团块状结构，疏松；很少中根和少量细根，偶见蚯蚓，少量蚯蚓粪，少量铁锈斑纹；向下平滑清晰过渡。

Oa1：16~33 cm，黑棕色（10YR 3/1，干），黑色（2.5Y 2/1，润）；潮，疏松；高腐有机土壤物质，纤维含量为 10%，偶见蚯蚓，少量蚯蚓粪；向下平滑清晰过渡。

Oa2：33~56 cm，黑棕色（10YR 2/2，干），橄榄黑色（5YR 2/2，润）；潮，疏松；高腐有机土壤物质，纤维含量为 15%；向下平滑清晰过渡。

Oe：56~78 cm，黑棕色（10YR 2/3，干），黑棕色（10YR 4/3，润）；潮，疏松；半腐有机土壤物质，纤维含量为 30%；向下平滑清晰过渡。

北四平系代表性单个土体剖面

Cg：78~130 cm，棕灰色（10YR 6/1，干），灰色（10Y 4/1，润）；潮，黏土，无明显结构，很坚实；夹很少量半腐有机土壤物质；有潜育斑。

北四平系代表性单个土体物理性质

| 土层 | 深度 /cm | 有机土壤物质纤维含量(体积分数)/% | 石砾 (>2 mm，体积分数)/% | 细土颗粒组成(粒径：mm)/(g/kg) | | | 质地 | 容重 /(g/cm³) |
				砂粒 2~0.05	粉粒 0.05~0.002	黏粒 <0.002		
Aupr	0~16	—	0	503	153	344	砂质黏壤土	0.81
Oa1	16~33	10	0	—	—	—		0.40
Oa2	33~56	15	0	—	—	—		0.40
Oe	56~78	30	0	—	—	—		0.51
Cg	78~130	—	0	258.0	270.7	471.3	黏土	1.61

北四平系代表性单个土体化学性质

| 深度 /cm | pH | | 有机质 /(g/kg) | 全氮(N) /(g/kg) | 全磷(P₂O₅) /(g/kg) | 全钾(K₂O) /(g/kg) | 阳离子交换量 /(cmol/kg) |
	H₂O	CaCl₂					
0~16	4.2	3.9	146.8	6.24	0.87	30.0	18.7
16~33	4.6	4.2	218.1	6.58	5.67	31.2	21.5
33~56	5.3	4.3	316.7	10.81	2.21	30.3	36.3
56~78	5.0	3.9	216.4	7.70	5.23	31.0	36.4
78~130	5.0	3.6	10.2	1.68	3.23	32.2	7.7

第5章 人 为 土

5.1 潜育水耕人为土

5.1.1 老边系（Laobian Series）

土　族：黏质伊利石混合型非酸性温性-普通潜育水耕人为土
拟定者：王秋兵，韩春兰，顾欣燕，刘杨杨，张寅寅，孙仲秀

分布与环境条件　本土系分布于下辽河冲积平原近河流入海口处，地势平坦。地下水位埋深1 m左右，土壤长期处于水分饱和状态。成土母质为滨海沉积物，种植水稻。暖温带大陆性季风气候，四季分明，雨热同季。年均气温9.5 ℃，1月份最冷，平均气温为–8.5 ℃，极端最低气温可达–28 ℃以下；7月份最热，平均气温为25 ℃。年均降水量在650 mm左右，主要集中在 7～8 月，占全年降水量的50%左右。年均日照时数2898 h，无霜期275 d 左右。

老边系典型景观

土系特征与变幅　诊断层包括水耕表层、水耕氧化还原层，诊断特性包括温性土壤温度状况、人为滞水土壤水分状况、氧化还原特征、潜育特征。本土系地表有盐斑，土壤质地黏重，质地为粉质黏土-黏土。地下水位埋深1 m左右，土壤长期受地下水影响，潜育特征出现在深度30 cm以下，兼有锈纹锈斑和铁锰结核。土壤中到弱碱性，pH 6.9～7.7。

对比土系　目前在同土族内没有其他土系，性质相近的土系有田家系、东郭系、东风系，均具有潜育特征。老边系和田家系在60 cm深度以内即出现潜育特征，属于同一亚类，但田家系水耕表层内无氧化还原特征，潜育特征在50 cm以下出现，黏壤土-粉质黏壤土质地。东郭系和东风系的潜育特征出现在60 cm深度以下，东郭系的水耕表层内无氧化还原特征，水耕氧化还原层内有灰色的铁渗淋亚层，粉壤土质地；东风系为粉质黏壤土-黏壤土-粉壤土质地，土体中有硅粉分布。

利用性能综述　土壤通体黏重，湿时泥泞，干时坚硬，土壤通透性差，耕性不良，黏着

力、塑性指数较高，影响根系下扎。改良措施是提高田间工程标准，完善灌排系统，降低地下水位，使地下水与灌溉水分离。还可以实行浅灌，适时落干烤田，改善耕层土壤氧化还原条件。深耕改土，秋翻晒垡，改善土壤通透性。

参比土种　黏轻水碱田（黏质轻度氯化物盐渍田）。

代表性单个土体　位于辽宁省营口市老边区赵边村一组，40°40′31.4″N，122°25′36.6″E，海拔 36 m，冲积平原，成土母质为滨海沉积物，水田，单季稻。野外调查时间为 2011 年 5 月 7 日，编号 21-183。

21-183

老边系代表性单个土体剖面

Apr1：0～23 cm，黄灰（2.5Y 5/1，干），橄榄黑（5Y 2/2，润）；粉质黏土，潮，发育强的团粒结构，坚实，黏着，稍塑；中量水稻细根，沿根孔有锈纹锈斑；强石灰反应；土壤动物有蚯蚓；向下波状清晰过渡。

Apr2：23～32 cm，黄灰（2.5Y 5/1，干），橄榄黑（5Y 2/2，润）；粉质黏土，潮，发育弱的片状结构，很坚实，黏着，稍塑；有锈纹锈斑；强石灰反应；土壤动物有蚯蚓，向下波状清晰过渡。

Brg：32～65 cm，灰黄棕（10YR 6/2，干），橄榄棕（2.5Y 4/3，润）；黏土，潮，中度中团粒结构，很坚实，稍黏着，中塑；少量细根；结构体表面有少量小的橄榄棕色（2.5Y 4/6）斑纹，与土体有明显的对比度，少量锈纹锈斑，少量小的黑色铁锰结核；向下平滑清晰过渡。

Bg1：65～81 cm，黄灰（2.5Y 6/1，干），浊黄棕（2.5Y 5/1，润）；粉质黏土，湿，中度弱块状结构，很坚实，极黏着，中塑；很少量中根，结构体表面有中量橄榄棕色（2.5Y 4/6）潜育斑，中量锈纹锈斑，少量小的黑色铁锰结核；向下平滑清晰过渡。

Bg2：81～100 cm，淡灰（5Y 7/1，干），灰（5Y 6/1，润）；粉质黏土，湿，中度弱棱块状结构，很坚实，黏着，强塑；结构体表面有大量锈纹锈斑和潜育斑，中量黑色铁锰结核。

老边系代表性单个土体物理性质

土层	深度 /cm	砾石 (>2 mm, 体积分数)/%)	细土颗粒组成(粒径：mm)/(g/kg)			质地	容重 /(g/cm³)
			砂粒 2～0.05	粉粒 0.05～0.002	黏粒 <0.002		
Apr1	0～23	0	114	431	455	粉质黏土	1.36
Apr2	23～32	0	112	429	459	粉质黏土	1.52
Brg	32～65	0	235	344	421	黏土	1.45
Bg1	65～81	0	146	419	435	粉质黏土	1.51
Bg2	81～100	0	14	532	454	粉质黏土	1.49

老边系代表性单个土体化学性质

深度 /cm	pH (H₂O)	有机质 /(g/kg)	全氮(N) /(g/kg)	全磷(P₂O₅) /(g/kg)	全钾(K₂O) /(g/kg)	阳离子交换量 /(cmol/kg)	含盐量 /(g/kg)	游离氧化铁 (Fe₂O₃)含量 /(g/kg)
0～23	7.7	18.7	1.05	3.53	13.8	26.6	1.1	5.2
23～32	7.3	11.8	1.49	3.70	14.4	21.2	0.8	4.9
32～65	6.9	4.9	0.44	3.86	15.0	15.7	0.5	4.5
65～81	7.4	2.8	0.41	2.55	17.1	9.9	0.6	4.0
81～100	7.7	2.4	0.39	2.84	14.3	19.9	0.6	3.7

5.1.2　田家系（Tianjia Series）

土　族：黏壤质硅质混合型非酸性温性-普通潜育水耕人为土
拟定者：顾欣燕，刘杨杨，张寅寅，孙仲秀，邵　帅

分布与环境条件　本土系分布于下辽河平原，成土母质为河流冲积物。地下水位埋深 1.5 m 左右，土壤长期处于水分饱和状态，种植水稻。温带半湿润大陆性季风气候，四季分明，光照充足，年均气温 8.3 ℃，年均降水量 623.6 mm，无霜期 172 d。

土系特征与变幅　诊断层包括水耕表层、水耕氧化还原层，诊断特性包括温性土壤温度状况、人为滞水土壤水分状况、潜育特

田家系典型景观

征、氧化还原特征。本土系地表有盐斑，除表层为黏壤土外，其下均为粉质黏壤土。深度 50 cm 以下出现潜育特征，85 cm 以下为沉积层理明显的母质层。土壤呈碱性，pH≥8.0。

对比土系　目前在同土族内没有其他土系，性质相近的土系有老边系、东郭系和东风系，均具有潜育特征。田家系和老边系均在 60 cm 深度以内出现潜育特征，属于同一亚类，但老边系水耕表层内有氧化还原特征，潜育特征出现深度约 30 cm，较浅，土壤质地为粉质黏土-黏土。东郭系和东风系的潜育特征出现在 60 cm 深度以下，东郭系的水耕表层内无氧化还原特征，水耕氧化还原层内有灰色的铁渗淋亚层，粉壤土质地；东风系为粉质黏壤土-黏壤土-粉壤土质地，土体中部有硅粉分布。

利用性能综述　土壤通体黏重，湿时泥泞，干时坚硬，土壤通透性差，耕性不良，黏着力、塑性指数较高，影响根系下扎。改良措施是提高田间工程标准，完善排水系统，降低地下水位，使地下水与灌溉水分离。还可以实行浅灌，适时落干烤田，改善耕层土壤氧化还原条件。秋翻晒垡，改善土壤通透性。

参比土种　轻水碱田（黏质轻度氯化物盐渍田）。

代表性单个土体　位于辽宁省盘锦市盘山县胡家镇田家村，41°18′26.0″N，121°59′23.9″E，冲积平原，地势平坦，海拔 16.3 m，成土母质为河流冲积物，水田。野外调查时间为 2011 年 11 月 16 日，编号 21-237。

Ap1： 0～15 cm，灰黄棕（10YR 4/2，干），灰（5Y 4/1，润）；
黏壤土，润，弱度发育的小块状结构，极疏松，黏着，
中塑；极多极细根，多量细根，向下平滑清晰过渡。

Ap2： 15～21 cm，暗灰黄（2.5Y 5/2，干），灰（5Y 4/1，润）；
粉质黏壤土，潮，弱度发育的中片状结构，坚实，黏着，
中塑；少量极细根，向下平滑清晰过渡。

Br： 21～50 cm，灰黄（2.5Y 6/2，干），灰（5Y 5/1，润）；
粉质黏壤土，潮，弱度发育的中棱块状结构，坚实，黏
着，中塑；少量极细根，少量铁锰斑纹；向下平滑模糊
过渡。

Brg： 50～85 cm，灰黄（2.5Y 6/2，干），暗灰黄（2.5Y 4/2，
润）；粉质黏壤土，湿，弱度发育的中棱块状结构，坚
实，黏着，中塑；少量极细根，多量铁锰斑纹，有潜育
斑；向下平滑模糊过渡。

田家系代表性单个土体剖面

Cg： 85～125 cm，灰黄（2.5Y 6/2，干），黑棕（2.5Y 3/1，润）；粉质黏壤土，湿，稍坚实，稍黏着，
稍塑；极少极细根，多量潜育斑；薄层沉积层理，夹杂很少未腐烂芦苇残体，少量黑色腐烂的芦
苇残体。

田家系代表性单个土体物理性质

土层	深度/cm	砾石(>2 mm，体积分数)/%	细土颗粒组成(粒径：mm)/(g/kg)			质地	容重/(g/cm³)
			砂粒2～0.05	粉粒0.05～0.002	黏粒<0.002		
Ap1	0～15	0	230	454	316	黏壤土	1.28
Ap2	15～21	0	55	634	311	粉质黏壤土	1.41
Br	21～50	0	32	675	293	粉质黏壤土	1.35
Brg	50～85	0	52	632	316	粉质黏壤土	1.37
Cg	85～125	0	127	592	282	粉质黏壤土	1.40

田家系代表性单个土体化学性质

深度/cm	pH(H₂O)	有机质/(g/kg)	全氮(N)/(g/kg)	全磷(P₂O₅)/(g/kg)	全钾(K₂O)/(g/kg)	阳离子交换量/(cmol/kg)	含盐量/(g/kg)
0～15	7.9	20.5	1.57	0.87	21.9	25.2	1.2
15～21	8.1	17.0	1.38	0.82	22.4	23.8	1.0
21～50	8.1	9.8	0.99	0.75	20.9	15.5	0.9
50～85	8.0	4.0	0.69	0.54	22.7	26.2	0.5
85～125	8.0	2.6	0.54	0.63	21.6	18.9	0.0

5.2　铁渗水耕人为土

5.2.1　东郭系（Dongguo Series）

土　　族：壤质硅质混合型非酸性温性-底潜铁渗水耕人为土
拟定者：王秋兵，韩春兰

东郭系典型景观

分布与环境条件　本土系分布于下辽河平原，成土母质为河流冲积物。地下水位为 1~1.5 m，土壤长期水分饱和，种植水稻。温带半湿润大陆性季风气候，四季分明，光照充足，年均气温 8.3 ℃，年均降水量 623.6 mm，无霜期 172 d。

土系特征与变幅　诊断层包括水耕表层、水耕氧化还原层（灰色铁渗淋亚层），诊断特性包括温性土壤温度状况、人为滞水土壤水分状况、氧化还原特征、潜育特征。本土系质地均一，为粉壤土，粉粒含量多在 700 g/kg 以上。在深度 80 cm 以下有潜育特征。土壤 pH ≥8.0，从表层向下逐渐增加。

对比土系　目前在同土族内没有其他土系，性质相近的土系有东风系、老边系和田家系，均具有潜育特征，但均无灰色铁渗淋亚层。东郭系和东风系的潜育特征出现在 60 cm 深度以下，但东风系的水耕表层内有氧化还原特征，粉质黏壤土-黏壤土-粉壤土质地，土体中部有硅粉分布。田家系和老边系均在不足 60 cm 深度处就出现了潜育特征，老边系为粉质黏土-黏土质地，水耕表层内有氧化还原特征；田家系以粉质黏壤土质地为主。

利用性能综述　土壤表层疏松，通水透气性好，有利于耕作；下部坚实，适宜用作水田，是辽宁省的水稻主产区之一，水稻品质较好；可种植玉米等旱作作物。地下水位高，需要适度排水，降低地下水位。

参比土种　轻水碱田（壤质轻度氯化物盐渍田）。

代表性单个土体　位于辽宁省盘锦市盘山县东郭苇场，41°10′39.1″N，121°41′16.2″E，冲积平原，地势平坦，海拔 3.2 m，地下水埋深 1.5 m，地表有中量中等大小的盐斑，成土母质为河流冲积物。水田，单季稻。野外调查时间为 2011 年 11 月 16 日，编号 21-236。

Apr1：0～16 cm，浊黄橙（10YR 7/2，干），灰黄棕（10YR 4/2，润）；粉壤土，湿，中度发育中团块结构，疏松，黏着，强塑；多量中根，多量与土壤基质对比度清晰、边界模糊的铁锰斑纹；向下平滑明显过渡。

Apr2：16～22 cm，浊黄橙（10YR 7/2，干），灰黄棕（10YR 4/2，润）；粉壤土，湿，中度发育片状结构，坚实，黏着，强塑；多量与土壤基质对比度清晰、边界模糊的铁锰斑纹；向下平滑明显过渡。

Br1：22～35 cm，橙白（10YR 8/2，干），暗灰棕（2.5Y 5/2，润）；粉壤土，湿，中度发育中棱块状结构，坚实，稍黏着；中量中草根和少量细根，多量与土壤基质对比度清晰、边界模糊的铁锰斑纹，离铁基质大于85%；向下平滑渐变过渡。

21-236

东郭系代表性单个土体剖面

Br2：35～82 cm，浊黄橙（10YR 7/3，干），灰黄棕（7.5YR 4/3，润）；粉壤土，湿，发育弱的大团块状结构，坚实，黏着；少量中、细根，少量与土壤基质对比度清晰、边界模糊的铁锰斑纹；向下平滑明显过渡。

Argb：82～110 cm，浊棕（7.5YR 6/3，干），灰黄棕（7.5YR 4/3，润）；粉壤土，很湿，发育弱的大团块状结构，疏松，黏着，中塑；少量粗、极细根，上部有黏土夹层，多量与土壤基质对比度清晰、边界模糊的铁锰斑纹，颜色红棕（5YR 4/6，润），黄棕（7.5YR 5/6，干），少量潜育斑；向下平滑渐变过渡。

Brg：110～130 cm，橙白（10YR 8/2，干），灰黄棕（7.5YR 4/3，润），粉壤土，很湿，发育弱的大团块状结构，坚实，稍黏着，稍塑；极少量中根，中量与土壤基质对比度清晰、边界模糊的小铁锰斑纹和少量潜育斑。

东郭系代表性单个土体物理性质

土层	深度/cm	砾石(>2 mm，体积分数)/%	细土颗粒组成(粒径：mm)/(g/kg)			质地	容重/(g/cm³)
			砂粒 2～0.05	粉粒 0.05～0.002	黏粒 <0.002		
Apr1	0～16	0	118	744	138	粉壤土	1.23
Apr2	16～22	0	115	745	140	粉壤土	1.40
Br1	22～35	0	145	732	123	粉壤土	1.42
Br2	35～82	0	11	777	213	粉壤土	1.37
Argb	82～110	0	193	695	112	粉壤土	1.40
Brg	110～130	0	188	708	104	粉壤土	1.41

东郭系代表性单个土体化学性质

深度 /cm	pH (H₂O)	有机质 /(g/kg)	全氮(N) /(g/kg)	全磷(P₂O₅) /(g/kg)	全钾(K₂O) /(g/kg)	阳离子交换量 /(cmol/kg)	含盐量 /(g/kg)	游离氧化铁 (Fe₂O₃)含量 /(g/kg)
0～16	8.0	12.6	0.96	0.85	19.3	21.7	0.7	2.0
16～22	8.0	11.3	0.80	0.82	18.1	20.5	0.6	2.2
22～35	8.6	4.0	0.49	0.83	20.6	19.5	0.6	1.8
35～82	8.9	4.0	0.42	0.77	19.7	15.4	0.9	2.3
82～110	8.8	14.8	1.06	0.65	19.3	17.8	0.7	5.3
110～130	9.1	3.5	0.40	0.53	18.6	15.6	0.7	2.1

5.3 简育水耕人为土

5.3.1 东风系（Dongfeng Series）

土　族：黏壤质混合型非酸性温性-底潜简育水耕人为土
拟定者：顾欣燕，刘杨杨，张寅寅，孙仲秀，邵　帅

分布与环境条件　本土系分布于下辽河平原近海地带，地势平坦，成土母质为滨海沉积物。地下水位 1 m 左右。水田，单季稻。温带半湿润大陆性季风气候，四季分明，光照充足。年均气温 8.3 ℃，1 月平均气温–10.2 ℃，最低气温–27.3 ℃，7 月平均气温 24.6 ℃，最高气温 35 ℃；年均降水量 645 mm，多集中在 7、8 月份；无霜期 175 d 左右。

东风系典型景观

土系特征与变幅　诊断层包括水耕表层、水耕氧化还原层，诊断特性包括温性土壤温度状况、人为滞水土壤水分状况、氧化还原特征、潜育特征。本土系地下水位埋深较小，一般在 1 m 左右。受地下水位波动影响，土体内形成了一定量的铁锰斑纹，并在 50 cm 以下出现潜育特征。经较长时间种稻，形成水耕表层和水耕氧化还原层。pH 7～8。

对比土系　目前在同土族内没有其他土系，性质相近的土系有老边系、田家系和东郭系，均具有潜育特征，但这 3 个土系均没有硅粉分布。老边系和田家系的潜育特征在不足 60 cm 深度内就已经出现，老边系为粉质黏土-黏土质地；田家系水耕表层内无氧化还原特征，质地为黏壤土-粉质黏壤土。东郭系的潜育特征虽然也出现在 80 cm 深度以下，但其水耕表层内无氧化还原特征，水耕氧化还原层内有灰色的铁渗淋亚层，粉壤土质地。

利用性能综述　地下水位较高，土壤质地较黏重，湿时泥泞，干时坚硬，通透性较差，耕性不良，但保水保肥性能较好，适合种稻。改良措施是施用有机肥，提高土壤有机质含量。

参比土种　轻水碱田（壤质轻度氯化物盐渍田）。

代表性单个土体　位于辽宁省盘锦市大洼区东风镇河沿村，40°58′18.8″N，122°18′16.9″E，海拔 17 m。平原，成土母质为滨海沉积物，种植水稻。野外调查时间为 2011 年 11 月 15 日，编号 21-235。

Ap: 0～12 cm，灰棕色（10YR 4/1，干），橄榄黑色（7.5Y 3/1，润）；粉质黏壤土，润，弱度发育的小团粒结构，极疏松；黏着，稍塑；多量极细根，中量细根；向下平滑清晰过渡。

Apr: 12～21 cm，黑棕色（2.5Y 3/2，干），黑棕色（10YR 2/2，润）；粉质黏壤土，润，中度发育的片状结构，坚实，黏着，中塑；中量极细根，少量铁锰斑纹，多量黏粒胶膜；向下平滑清晰过渡。

Br1: 21～37 cm，暗灰黄色（2.5Y 4/2，干），黑棕色（10YR 2/3，润）；黏壤土，润，强度发育的小团粒结构，坚实，稍黏着，稍塑；中量极细根，少量铁锰斑纹；向下平滑清晰过渡。

Brq: 37～66 cm，灰黄色（2.5Y 6/2，干），暗橄榄棕色（2.5Y 3/3，润）；黏壤土，湿，强度发育的小团粒结构，稍坚实，黏着，稍塑；少量极细根，很多硅粉，少量铁锰斑纹；向下平滑模糊过渡。

东风系代表性单个土体剖面

Br2: 66～90 cm，灰黄棕色（2.5Y 7/1，干），淡灰色（10YR 4/2，润）；黏壤土，湿，强度发育的小棱块状结构，稍坚实，黏着，稍塑；多量铁锰斑纹；向下平滑模糊过渡。

Bg: 90～120 cm，淡灰色（2.5Y 7/1，干），黄灰色（2.5Y 5/1，润）；粉壤土，湿，弱度发育的中块状结构，坚实，黏着，稍塑；具有潜育现象，多量铁锰斑纹。

东风系代表性单个土体物理性质

| 土层 | 深度/cm | 砾石（>2 mm，体积分数)/% | 细土颗粒组成(粒径：mm)/(g/kg) | | | 质地 | 容重/(g/cm³) |
			砂粒 2～0.05	粉粒 0.05～0.002	黏粒 <0.002		
Ap	0～12	0	58	595	347	粉质黏壤土	1.30
Apr	12～21	0	91	578	331	粉质黏壤土	1.44
Br1	21～37	0	341	310	348	黏壤土	1.41
Brq	37～66	0	329	322	349	黏壤土	1.45
Br2	66～90	0	243	413	343	黏壤土	1.48
Bg	90～120	0	205	544	251	粉壤土	1.43

东风系代表性单个土体化学性质

深度/cm	pH(H₂O)	有机质/(g/kg)	全氮(N)/(g/kg)	全磷(P₂O₅)/(g/kg)	全钾(K₂O)/(g/kg)	阳离子交换量/(cmol/kg)	游离氧化铁(Fe₂O₃)含量/(g/kg)
0～12	7.6	26.0	1.69	0.87	20.8	28.9	16.7
12～21	8.0	18.6	1.38	1.09	21.7	31.4	17.4
21～37	7.9	16.0	1.21	0.91	20.2	34.7	17.2
37～66	7.7	6.2	0.78	0.51	19.8	31.9	16.3
66～90	7.6	3.4	0.57	0.99	21.5	18.5	15.8
90～120	7.5	4.4	0.67	0.89	21.7	19.8	16.3

5.3.2　靠山系（Kaoshan Series）

土　族：黏壤质混合型非酸性冷性-普通简育水耕人为土
拟定者：王秋兵，刘杨杨，张寅寅

分布与环境条件　本土系分布
于辽宁省北部辽河平原地带，地
势平坦。成土母质为河流冲积
物，地下水位埋深 1.5 m 左右。
水田，一年一熟。温带半湿润大
陆性季风气候，日照充足，四季
分明，雨热同季，年均气温
7.0 ℃，年均降水量 607.5 mm，
全年日照时数 2775.5 h，作物生
长期有效日照时数 1749.2 h，无
霜期 147.8 d。

靠山系典型景观

土系特征与变幅　诊断层包括水耕表层、水耕氧化还原层，诊断特性包括冷性土壤温度
状况、人为滞水土壤水分状况、氧化还原特征、盐积现象。本土系质地均一，通体为粉
壤土。地下水位较高，通体分布较多的锈纹锈斑，无潜育特征。通体有机质含量较高。
土壤呈酸性，pH 5.2～5.9。

对比土系　目前在同土族内没有其他土系，性质相近的有东风系，为同一土类不同亚类。
东风系剖面下部有潜育特征。

利用性能综述　土体深厚，地势平坦。土壤通体有机质含量较高，土壤质地砂黏适中，
通气透水性良好。土壤水、肥、气、热协调，肥力较高，生产性能好，是主要粮油生产
基地。适种作物广，各种粮食作物、经济作物和蔬菜、瓜果均较适宜，尤其是需水需肥
较多的农作物，如玉米、高粱、水稻、大豆等均能达到高产和稳产。应加强农田基本建
设，开沟排水，防洪排涝。

参比土种　西丰黑淤土田（厚黑壤质冲积淹育田）。

代表性单个土体　　位于辽宁省铁岭市昌图县老城镇靠山村，42°49′29.7″N，124°01′21.3″E，海拔 129.6 m，平原，成土母质为冲积物，水田。野外调查时间为 2011 年 10 月 22 日，编号 21-310。

靠山系代表性单个土体剖面

Apr1：　0～14 cm，浊黄棕色（10YR 4/3，干），黑棕色（10YR 2/2，润）；粉壤土，润，发育弱的小团粒结构，湿时疏松，稍黏着，稍塑；多量极细根和中量细根；多量与土壤基质对比度明显的中等大小的锈纹锈斑；向下平滑清晰过渡。

Apr2：　14～25 cm，浊黄棕色（10YR 4/3，干），黑棕色（10YR 2/2，润）；粉壤土，润，发育强的小片状结构，湿时坚实，稍黏着，稍塑；中量细根和极细根；多量与土壤基质对比度明显的中等大小的锈纹锈斑；向下平滑清晰过渡。

Br1：　25～48 cm，黑棕色（10YR 2/3，干），黑棕色（10YR 2/2，润）；粉壤土，润，发育强的小棱块状结构，湿时稍坚实，稍黏着，稍塑；少量细根；少量与土壤基质对比度明显的中等大小的锈纹锈斑；向下波状清晰过渡。

Br2：48～86 cm，灰黄棕色（10YR 5/2，干），黑棕色（10YR 2/3，润）；粉壤土，润，发育强的团粒状结构，湿时极疏松；稍黏着，稍塑；少量极细根；多量与土壤基质对比度明显的中等大小的锈纹锈斑；向下平滑模糊过渡。

Br3：86～125 cm，黑棕色（10YR 3/2，干），黑棕色（10YR 2/2，润）；粉壤土，潮，中度发育的很小的棱块状结构，湿时疏松；黏着，中塑；很少量极细根；多量与土壤基质对比度明显的中等大小的锈纹锈斑。

靠山系代表性单个土体物理性质

土层	深度 /cm	砾石（>2 mm,体积分数)/%	细土颗粒组成(粒径：mm)/(g/kg)			质地	容重 /(g/cm³)
			砂粒 2～0.05	粉粒 0.05～0.002	黏粒 <0.002		
Apr1	0～14	0	81	728	191	粉壤土	1.21
Apr2	14～25	0	67	808	122	粉壤土	1.38
Br1	25～48	0	137	605	258	粉壤土	1.36
Br2	48～86	0	124	671	205	粉壤土	1.33
Br3	86～125	0	185	583	232	粉壤土	1.40

靠山系代表性单个土体化学性质

深度 /cm	pH		有机质 /(g/kg)	全氮(N) /(g/kg)	全磷(P₂O₅) /(g/kg)	全钾(K₂O) /(g/kg)	阳离子交换量 /(cmol/kg)	有效磷(P) /(mg/kg)	游离氧化铁 (Fe₂O₃)含量 /(g/kg)
	H₂O	KCl							
0～14	5.4	5.0	20.2	1.46	0.51	15.0	24.3	16.3	15.9
14～25	5.2	5.1	14.9	1.15	0.47	16.9	27.9	20.1	16.3
25～48	5.8	5.3	24.6	1.48	0.69	17.1	32.0	15.1	16.7
48～86	5.9	5.3	15.8	1.12	0.87	15.0	29.1	46.1	17.1
86～125	5.7	5.0	9.6	0.76	0.59	14.8	18.4	68.8	16.3

5.4　肥熟旱耕人为土

5.4.1　星五系（Xingwu Series）

土　族：黏壤质混合型非酸性冷性-斑纹肥熟旱耕人为土
拟定者：王秋兵，韩春兰，崔　东

星五系典型景观

分布与环境条件　本土系分布于辽宁省北部的波状平原上，海拔 50～250 m。母质为河流冲积物，排水良好。菜地，已有 50 余年的种植历史，土壤熟化程度较高，目前保留很少，是很珍贵的土壤类型。温带半湿润大陆性季风气候，年均气温 7.0 ℃，日照充足，四季分明，雨热同季，年均降水量 607.5 mm，全年日照时数 2775.5 h，作物生长期有效日照时数 1749.2 h，无霜期 147.8 d。

土系特征与变幅　诊断层包括肥熟表层、磷质耕作淀积层；诊断特性包括冷性土壤温度状况、湿润土壤水分状况、氧化还原特征。长期旱耕熟化，形成厚度大于 30 cm 的肥熟表层。土体厚度一般在 1 m 以上，质地较为黏重，黏粒含量 256～315 g/kg，有铁锰结核，中性，pH 6.6～7.1。

对比土系　目前在同土族内没有其他土系，相似的土系有其他不同亚类的康平镇系和红光系。康平镇系，黄土状沉积物母质，通体有石灰反应，无氧化还原特征。红光系，冲积物母质，质地较砂，土体疏松，无石灰反应，也无氧化还原特征。

利用性能综述　土层深厚，质地砂黏适中，耕性好。土壤水、肥、气、热协调，肥力较高。本土系经多年种菜，精耕细作，大量施用优质农肥，土壤熟化程度较高，适种多种蔬菜。

参比土种　河淤菜园土（壤质菜园草甸土）。

代表性单个土体　位于辽宁省铁岭市昌图县八面城镇五星村，43°11′47.8″N，124°02′19.2″E，海拔 135 m。波状平原，成土母质为冲积物，菜园地，种植大葱、白菜、生菜等（已弃种两年）。野外调查时间为 2010 年 9 月 17 日，编号 21-089。

Ap: 0～23 cm，暗棕色（10YR 3/3，干），暗棕色（10YR 3/3，润）；粉壤土，发育弱的团粒结构，疏松；大量细根和中根，能够看到大量的蚯蚓粪；向下平滑清晰过渡。

Apr: 23～33 cm，暗棕色（10YR 3/3，干），暗棕色（10YR 3/4，润）；黏壤土，发育中团块状结构，疏松；很多细根，偶见铁钉和少量砖头瓦块，并有少量铁锰结核；向下不规则渐变过渡。

BA: 33～70 cm，黄棕色（10YR 5/6，干），棕色（10YR 4/6，润）；黏壤土，发育弱的团块状结构，疏松；很多细根，并能看到少量铁锰结核的存在，有少量土体填充在土壤裂隙中；向下不规则清晰过渡。

Br: 70～103 cm，亮黄棕色（10YR 6/6，干），黄棕色（10YR 5/6，润）；黏壤土，发育弱的团块状结构，疏松；少量细根，有铁锰结核；向下平滑渐变过渡。

星五系代表性单个土体剖面

Brq: 103～130 cm，亮黄棕色（10YR 7/6，干），黄棕色（10YR 5/6，润）；黏壤土，发育中团块状结构，疏松；少量极细根，有铁锰结核存在，有硅粉。

星五系代表性单个土体物理性质

| 土层 | 深度/cm | 砾石（>2 mm，体积分数）/% | 细土颗粒组成(粒径：mm)/(g/kg) | | | 质地 | 容重/(g/cm³) |
			砂粒 2～0.05	粉粒 0.05～0.002	黏粒 <0.002		
Ap	0～23	0	242	502	256	粉壤土	1.30
Apr	23～33	0	264	459	278	黏壤土	1.40
BA	33～70	0	323	377	300	黏壤土	1.33
Br	70～103	0	366	319	315	黏壤土	1.46
Brq	103～130	0	340	351	309	黏壤土	1.45

星五系代表性单个土体化学性质

深度/cm	pH(H₂O)	有机质/(g/kg)	全氮(N)/(g/kg)	全磷(P₂O₅)/(g/kg)	全钾(K₂O)/(g/kg)	阳离子交换量/(cmol/kg)	游离氧化铁(Fe₂O₃)含量/(g/kg)	有效磷(P)/(mg/kg)
0～23	6.6	22.2	1.57	2.45	35.9	17.2	11.7	144.9
23～33	7.0	14.1	1.15	0.83	37.9	16.6	12.7	39.4
33～70	7.1	6.1	0.78	0.44	35.4	14.6	13.2	7.7
70～103	6.8	2.1	0.49	0.30	32.9	12.8	12.6	4.4
103～130	6.6	1.9	0.46	0.79	34.3	10.7	11.4	8.9

5.4.2　康平镇系（Kangpingzhen Series）

土　　族：黏壤质混合型冷性-石灰肥熟旱耕人为土
拟定者：王秋兵，韩春兰，崔　东，王晓磊，荣　雪，姚振都

分布与环境条件　本土系分布于辽宁省北部的波状平原，黄土状沉积物母质。菜地，排水良好，经多年种菜和精耕细作，土壤熟化程度较高。温带半湿润大陆性季风气候，年均气温 7.2 ℃，最高气温 36.5 ℃，最低气温 –29.9 ℃，年均降水量 540 mm 左右，年均日照时数 2867.8 h，≥10 ℃积温在 3283.3 ℃，无霜期在 150 d 左右。

康平镇系典型景观

土系特征与变幅　诊断层包括肥熟表层、磷质耕作淀积层，诊断特性包括冷性土壤温度状况、半干润土壤水分状况、石灰性。长期旱耕熟化，形成厚度大于 50 cm 的肥熟表层，50 cm 以下有腐殖质-黏粒淀积。土体厚度一般在 1 m 以上，质地较为黏重。土壤呈碱性，pH 7.9～8.6，通体有石灰反应。

对比土系　目前在同土族内没有其他土系，相似的土系有其他不同亚类的星五系和红光系。星五系，冲积物母质土体中有铁锰结核，无石灰反应。红光系，冲积物母质，质地较砂，土体疏松，无氧化还原特征，无石灰反应。

利用性能综述　土体深厚，质地上壤下黏，保水保肥性能好，土壤水、肥、气、热协调，肥力较高。多年种菜，大量施用优质农肥，土壤熟化程度较高，适种多种蔬菜。

参比土种　黑菜园土（壤质厚黑菜园草甸土）。

代表性单个土体　位于辽宁省沈阳市康平县康平镇西，42°45′01.1″N，123°20′16.8″E，海拔 92 m。平原，成土母质为黄土状沉积物。菜园地，种植白菜、香菜、大葱等蔬菜。野外调查时间为 2010 年 9 月 27 日，编号 21-104。

Ap: 　0～17 cm，灰黄棕色（10YR 4/2，干），黑棕色（10YR 2/3，润）；润，壤土，发育中等的团粒状结构，疏松，黏着；中量细根和极细根，大量蚯蚓粪，偶见蚯蚓，少量砾石、煤渣，石灰反应剧烈；向下平滑清晰过渡。

AB1: 17～45 cm，灰黄棕色（10YR 4/2，干），黑棕色（10YR 2/3，润）；润，黏壤土，发育中等的小团块状结构，坚实，黏着；少量细根和极细根，少量蚯蚓粪，少量砾石、砖瓦块、煤渣，石灰反应剧烈；向下平滑清晰过渡。

AB2: 45～65 cm，棕灰色（10YR 4/1，干），黑棕色（10YR 2/2，润）；润，黏壤土，发育中等的中团块状结构，坚实，黏着；很少量细根和极细根，很少量蚯蚓粪，少量砾石、砖瓦块、煤渣，石灰反应剧烈；向下平滑清晰过渡。

康平镇系代表性单个土体剖面

2A1: 65～102 cm，黑色（10YR 2/1，干），黑色（10YR 2/1，润）；潮，粉质黏壤土，发育中等的中棱块状结构，坚实，黏着；很少量细根和极细根，很少量蚯蚓粪；少量砾石、砖瓦块、煤渣，石灰反应剧烈；向下平滑清晰过渡。

2A2: 102～120 cm，黑棕色（10YR 3/1，干），黑棕色（10YR 2/2，润）；潮，黏壤土，发育很强的大团块状结构，坚实，黏着；很少量细根和极细根，很少量蚯蚓粪，偶见蚯蚓，少量砾石、砖瓦块、煤渣，石灰反应剧烈。

康平镇系代表性单个土体物理性质

土层	深度 /cm	砾石 （> 2 mm，体积 分数）/%	细土颗粒组成（粒径：mm）/(g/kg)			质地	容重 /(g/cm³)
			砂粒 2～0.05	粉粒 0.05～0.002	黏粒 < 0.002		
Ap	0～17	1	274	469	257	壤土	1.30
AB1	17～45	2	203	509	288	黏壤土	1.42
AB2	45～65	3	276	415	309	黏壤土	1.35
2A1	65～102	2	72	612	316	粉质黏壤土	1.42
2A2	102～120	1	277	447	276	黏壤土	—

康平镇系代表性单个土体化学性质

深度 /cm	pH (H₂O)	有机质 /(g/kg)	全氮(N) /(g/kg)	全磷(P₂O₅) /(g/kg)	全钾(K₂O) /(g/kg)	阳离子交换量 /(cmol/kg)	有效磷(P) /(mg/kg)	碳酸钙相当物 /(g/kg)
0～17	7.9	23.6	1.41	1.68	31.8	23.0	82.1	22.7
17～45	8.1	19.6	1.01	1.08	27.1	21.0	31.6	23.4
45～65	8.6	19.1	1.06	0.79	32.9	30.1	33.5	13.8
65～102	7.9	19.6	1.21	0.79	35.9	38.7	39.5	21.0
102～120	8.1	32.0	1.25	0.35	30.3	37.8	19.0	64.9

5.4.3　红光系（Hongguang Series）

土　　族：砂质硅质混合型非酸性冷性-普通肥熟旱耕人为土
拟定者：韩春兰，崔　东，王晓磊，荣　雪

分布与环境条件　本土系分布于辽宁省北部的波状平原，冲积物母质，排水良好，种植蔬菜。温带半湿润大陆性季风气候，四季分明，气候温和，雨量充沛，年均气温 5.1 ℃，1 月平均气温 –17 ℃，最低气温–41.0 ℃，7 月平均气温 23.2 ℃，最高气温 35.2 ℃，年均降水量 738 mm，空气湿度相对较大，年均在 70% 以上，蒸发量小，无霜期 135 d 左右。

红光系典型景观

土系特征与变幅　诊断层包括肥熟表层、磷质耕作淀积层，诊断特性包括冷性土壤温度状况、湿润土壤水分状况。长期旱耕熟化，形成大于 30 cm 的肥熟表层。土体厚度一般在 1 m 以上，质地较砂，土体疏松。中性反应，pH 7.0～7.2。

对比土系　目前在同土族内没有其他土系，相似的土系有其他不同亚类的星五系和康平镇系。星五系，土壤质地较黏重，土壤中有铁锰结核，无石灰反应。康平镇系，黄土状沉积物母质，土壤质地较黏重，无氧化还原特征，通体有石灰反应。

利用性能综述　地势平坦，土体深厚，通体质地较砂，通气透水性好。经过多年种菜，人为地精心管理和施肥使土壤熟化程度较高，水、肥、气、热协调，土壤肥力高，生产性能好，适种蔬菜。

参比土种　砂菜园土（砂质菜园草甸土）。

代表性单个土体　位于辽宁省铁岭市西丰县城西站前，42°43′45.2″N，124°43′16.4″E，海拔 215 m。平原，成土母质为冲积物。种植蔬菜，种菜历史已有 30 年以上，近 10 年来没有施有机肥，但由于近年来的城市建设，土壤受到人为扰动。野外调查时间为 2010 年 10 月 6 日，编号 21-124。

Ap: 0～30 cm，浊黄棕色（10YR 4/3，干），暗棕色（10YR 3/3，润）；润，壤土，发育中等的小棱块状结构，疏松；中量细根，少量砖瓦碎片、煤渣，大量蚯蚓粪，偶见蚯蚓；向下平滑清晰过渡。

Bup: 30～80 cm，浊黄棕色（10YR 5/3，干），黑棕色（10YR 3/2，润）；润，砂质壤土，发育较弱的粒状结构，混杂少量片状结构，松散；少量细根，少量砖瓦碎片、煤渣，混杂 1 cm 厚的草炭层；向下波状清晰过渡。

Bp: 80～120 cm，浊黄棕色（10YR 5/3，干），黑棕色（10YR 3/1，润）；潮，壤土，发育较强的小棱块状结构，坚实；很少量细根，少量砖瓦碎片、煤渣。

红光系代表性单个土体剖面

红光系代表性单个土体物理性质

| 土层 | 深度 /cm | 砾石 (>2 mm，体积分数)/% | 细土颗粒组成(粒径：mm)/(g/kg) | | | 质地 | 容重 /(g/cm³) |
			砂粒 2～0.05	粉粒 0.05～0.002	黏粒 <0.002		
Ap	0～30	0	412	487	102	壤土	1.21
Bup	30～80	0	688	234	78	砂质壤土	1.26
Bp	80～120	0	492	400	108	壤土	1.38

红光系代表性单个土体化学性质

深度 /cm	pH (H₂O)	有机质 /(g/kg)	全氮(N) /(g/kg)	全磷(P₂O₅) /(g/kg)	全钾(K₂O) /(g/kg)	阳离子交换量 /(cmol/kg)	有效磷(P) /(mg/kg)
0～30	7.2	38.5	1.69	3.11	26.6	4.7	169.4
30～80	7.0	27.2	1.52	2.61	33.2	15.8	96.5
80～120	7.1	23.0	1.36	1.98	33.6	18.1	61.5

第6章　火山灰土

6.1　简育湿润火山灰土

6.1.1　大川头系（Dachuantou Series）

土　族：中粒-粗骨质玻璃质非酸性温性-普通简育湿润火山灰土

拟定者：韩春兰，王秋兵，顾欣燕，李　岩

大川头系典型景观

分布与环境条件　本土系分布于辽宁省丹东市宽甸满族自治县境内的火山锥顶部，海拔近500 m。宽甸县的火山锥形成于第四纪中更新世晚期，由火山渣、浮岩、火山砾和火山蛋等火山碎屑物组成，岩性为玄武岩。植被为灌木林，生长有蒙古栎、山杨等，林下杂草繁茂，地表覆盖度≥80%。温带湿润大陆性季风气候，四季分明，雨量充沛，光照充足，年均气温 7.1 ℃，1月平均气温–11.5 ℃，7、8月平均气温 22 ℃左右，平均最高气温 27 ℃，40 cm 深处土温 9.1 ℃，年均降水量 1051.3 mm，空气湿度 70%，≥10 ℃积温为 3000 ℃，无霜期 140 d。

土系特征与变幅　诊断层为暗沃表层，诊断特性包括温性土壤温度状况、湿润土壤水分状况、腐殖质特性、火山灰特性。本土系的土体中含有大量的火山渣、火山砾和火山块，以火山砾和火山块占优势，25 cm 深度以内的含量≤20%（体积分数），25 cm 深度以下的含量≥50%（体积分数）。细土质地为粉壤土-壤土，土壤 33 kPa 容重≤0.9 g/cm³，孔隙度高，持水性能强。土壤呈微酸性，水浸提 pH 6.0～6.5，NaF 浸提 pH＞9.4。磷酸盐吸持量＞25%，火山玻璃含量高达 45%以上。

对比土系　目前在同土族内没有其他土系，相似的土系有太平系和宽甸镇系。这三个土系为同一亚类，共同特征是磷酸盐吸持量＞25%，火山玻璃含量高，多数土层 NaF 浸提 pH＞9.4；区别在于砾石含量的多少、砾石的大小和孔隙含量的多少、细土质地及有机质含量。太平系，砾石以火山渣占优势，细土部分质地较细，主要为黏壤土。宽甸镇系，成土母质为坡残积的火山碎屑物，土体内砾石含量较低，砾石较小，细土部分质地为黏壤土-壤土，有机质含量较低。

利用性能综述 土壤肥力较高，但因为主要位于火山锥顶部，土体砾石含量较高，所以主要用作林地。浮岩是重要的矿产，具有保温、隔音等性能，在工业和建材业方面具有广泛用途，目前大川头火山锥已开发为采石场。然而，宽甸火山群在地貌方面独具一格，是"天然火山自然博物馆"，也是不可多得的旅游胜地，所以关于宽甸火山群的矿产开发利用不能盲目，要有长远计划，做到充分论证、合理规划，对火山景观和一些稀有的、特殊的火山喷出物应加以保护，加强旅游事业发展。

参比土种 火山灰土（腐殖质暗火山灰土）。

代表性单个土体 位于辽宁省丹东市宽甸满族自治县（宽甸县）大川头乡大川头村火山锥顶部，40°48′19.2″N，124°47′40.4″E，海拔 495 m。成土母岩为玄武质火山碎屑物，林地。野外调查时间为 2009 年 11 月 8 日，编号 21-036。

Oi：+3～0 cm，枯枝落叶层。

Ah：0～10 cm，浊红棕色（5YR 4/4，干），极暗红棕色（5YR 2/3，润）；粉壤土，中度发育的小团粒状结构，润，疏松；多量细根，中量小砾石，弱风化；向下平滑清晰过渡。

AB：10～25 cm，红棕色（5YR 4/6，干），浊红棕色（2.5YR 4/4，润）；壤土，弱发育的小团粒状、中度发育的小粒状结构，润，疏松；中量细根，多量小－中砾石，弱－中等风化；向下波状渐变过渡。

BC：25～77 cm，红棕色（5YR 4/6，干），红棕色（5YR 3/6，润）；壤土，中度发育的小粒状结构，润，疏松；少量细－极细根，多量中－大砾石，弱－中等风化；向下波状渐变过渡。

CB：77～105 cm，亮红棕色（2.5YR 5/6，干），暗红棕色（5YR 3/6，润）；壤土，中度发育的小粒状结构，润，疏松；多量中－很大砾石，弱－中等风化。

大川头系代表性单个土体剖面

大川头系代表性单个土体物理性质

土层	深度/cm	砾石（>2 mm，体积分数)/%	细土颗粒组成（粒径：mm)/(g/kg)			质地	33 kPa 容重/(g/cm³)	1500 kPa 含水量/(g/kg)
			砂粒 2～0.02	粉粒 0.02～0.002	黏粒 <0.002			
Ah	0～10	10	261	506	233	粉壤土	0.35	454.06
AB	10～25	20	360	388	253	壤土	0.79	472.46
BC	25～77	55	328	432	240	壤土	0.82	485.38
CB	77～105	75	327	448	226	壤土	0.87	483.52

大川头系代表性单个土体化学性质

深度 /cm	pH			有机质 /(g/kg)	全氮(N) /(g/kg)	全磷(P$_2$O$_5$) /(g/kg)	全钾(K$_2$O) /(g/kg)	阳离子交换量 /(cmol/kg)
	H$_2$O	KCl	NaF					
0~10	6.4	5.7	10.9	179.0	4.44	3.93	8.2	49.0
10~25	6.1	4.9	11.5	48.6	1.28	3.91	13.8	25.0
25~77	6.1	5.0	11.4	24.7	1.29	4.29	15.1	18.1
77~105	6.5	4.8	10.7	5.7	1.56	3.98	17.3	11.9

深度 /cm	磷酸盐吸持量 (质量分数)/%	草酸铵浸提 Al+1/2Fe (质量分数)/%	0.02~2.0 mm 粒级火山玻璃 (质量分数)/%
0~10	70.6	3.7	—
10~25	88.2	5.4	46.9
25~77	81.3	4.4	46.2
77~105	48.6	1.9	—

6.1.2 太平系（Taiping Series）

土　族：中粒-浮石质玻璃质非酸性温性-普通简育湿润火山灰土
拟定者：王秋兵，韩春兰，李　岩

分布与环境条件　本土系分布于辽宁省丹东市宽甸县境内火山锥的中部至顶部，海拔 370～500 m。宽甸火山锥形成于第四纪中更新世晚期，由火山渣、浮岩、火山砾和火山蛋等火山碎屑物组成，岩性为玄武岩。植被为针阔混交林，生长有落叶松、蒙古栎、山杨等，林下杂草繁茂，地表覆盖度≥80%。温带湿润大陆性季风气候，四季分明，雨量充沛，光照充足，年均气温7.1 ℃，1 月平均气温–11.5 ℃，

太平系典型景观

7、8 月平均气温 22 ℃左右，平均最高气温 27 ℃，40 cm 深处土温 9.1 ℃，年均降水量 1051.3 mm，空气湿度 70%，≥10 ℃积温为 3000 ℃，无霜期 140 d。

土系特征与变幅　诊断层为暗沃表层，诊断特性包括温性土壤温度状况、湿润土壤水分状况、腐殖质特性、火山灰特性。本土系的土体中含有大量的火山渣和火山块，以火山渣占优势，17 cm 深度以内的含量≤25%（体积分数），17 cm 深度以下的含量≥55%（体积分数）。细土质地为壤土-黏壤土，表层和次表层土壤 33 kPa 容重≤0.9 g/cm^3，孔隙度高，持水性能强。土壤呈微酸性，水浸提 pH 5.9～6.5，NaF 浸提 pH＞9.4（表层除外）。磷酸盐吸持量＞25%，火山玻璃含量高，多在 35%以上。

对比土系　同土族内的土系有宽甸镇系，相似的土系还有同亚类的大川头系。这三个土系的共同特征是磷酸盐吸持量＞25%，火山玻璃含量高，多数土层 NaF 浸提 pH＞9.4；区别在于砾石含量的多少、砾石的大小和孔隙含量的多少、细土质地和有机质含量。宽甸镇系，成土母质为坡残积的火山碎屑物，土体内砾石含量较低，砾石较小，有机质含量较低。大川头系，砾石以火山砾和火山块占优势，细土部分质地较粗，为粉壤土-壤土。

利用性能综述　土壤自然肥力较高，但由于主要位于火山锥中部至顶部，土体中砾石含量较高，所以目前主要用作林地。浮岩是重要的矿产，具有保温、隔音等性能，在工业和建材业方面具有广泛用途。然而，宽甸火山群在地貌方面独具一格，是辽宁的"天然火山自然博物馆"，也是不可多得的旅游胜地，所以宽甸火山群的矿产开发利用不能盲目，要有长远计划，做到充分论证、合理规划，对火山景观和一些稀有的、特殊的火山喷出

物应加以保护，以发展旅游业为主。

参比土种　火山灰土（腐殖质暗火山灰土）。

代表性单个土体　位于辽宁省丹东市宽甸县青椅山镇太平村青椅山顶部，40°42′47.7″N，124°37′59.8″E，海拔 378 m，成土母岩为玄武质火山碎屑物，林地。野外调查时间为 2009 年 11 月 7 日，编号 21-030。

太平系代表性单个土体剖面

Oi：　+1～0 cm，枯枝落叶层。

Ah：　0～8 cm，暗棕色（7.5YR 3/4，干），黑棕色（7.5YR 3/2，润）；黏壤土，中度发育的小团粒状结构，润，疏松；多量细根，多量小－大砾石，个别直径>250 mm，弱风化；向下平滑渐变过渡。

AB：　8～17 cm，浊红棕色（5YR 4/3，干），极暗红棕色（5YR 2/3，润）；壤土，中度发育的小团粒状结构，润，疏松；中量细根，很多小－大砾石，以大砾石为主，弱风化；向下波状渐变过渡。

BC1：17～45 cm，亮红棕色（5YR 5/8，干），暗红棕色（5YR 3/6，润）；黏壤土，中度发育的小粒状结构，润，疏松；少量细根，很多小－大砾石，浊红棕色（2.5YR 5/3，干），灰红色（2.5YR 5/2，润），以大砾石为主，弱风化；向下波状渐变过渡。

BC2：45～75 cm，亮红棕色（5YR 5/6，干），红棕色（5YR 4/8，润）；黏壤土，中度发育的小粒状结构，润，疏松；少量细根，很多中-很大砾石，棕灰色（2.5YR 5/1，干），灰红色（2.5YR 5/2，润），弱风化；向下不规则渐变过渡。

CB：　75～95 cm，亮红棕色（5YR 5/6，干），红棕色（5YR 4/8，润）；黏壤土，中度发育的小粒状结构，润，疏松；少量细根，很多大-很大砾石，弱风化。

太平系代表性单个土体物理性质

土层	深度/cm	砾石（>2 mm，体积分数)/%	细土颗粒组成（粒径：mm)/(g/kg)			质地	33 kPa 容重/(g/cm³)	1500 kPa含水量/(g/kg)
			砂粒 2～0.02	粉粒 0.02～0.002	黏粒 <0.002			
Ah	0～8	10	337	369	295	黏壤土	0.68	492
AB	8～17	25	350	413	237	壤土	0.87	624
BC1	17～45	55	400	318	283	黏壤土	0.93	612
BC2	45～75	70	372	303	325	黏壤土	1.07	563
CB	75～95	75	333	288	379	黏壤土	—	—

太平系代表性单个土体化学性质

深度	pH			有机质	全氮(N)	全磷(P₂O₅)	全钾(K₂O)	阳离子交换量
/cm	H₂O	KCl	NaF	/(g/kg)	/(g/kg)	/(g/kg)	/(g/kg)	/(cmol/kg)
0～8	6.5	5.7	9.3	169.2	1.06	2.31	13.1	51.5
8～17	5.9	5.1	9.6	97.3	2.12	2.15	9.9	39.0
17～45	5.9	4.8	10.3	14.9	1.13	2.85	17.9	20.2
45～75	6.0	4.9	9.9	5.1	1.83	3.98	8.6	16.3
75～95	6.2	5.0	9.8	3.8	2.76	4.76	11.2	15.5

深度 /cm	磷酸盐吸持量 (质量分数)/%	草酸铵浸提 Al+1/2Fe (质量分数)/%	0.02～2.0 mm 粒级火山玻璃 (质量分数)/%
0～8	39.0	1.34	35.8
8～17	50.2	1.72	40.9
17～45	52.2	1.55	26.2
45～75	40.7	0.58	40.0
75～95	35.6	0.54	—

6.1.3 宽甸镇系（Kuandianzhen Series）

土　　族：中粒-浮石质玻璃质非酸性温性-普通简育湿润火山灰土
拟定者：王秋兵，韩春兰，李　岩

宽甸镇系典型景观

分布与环境条件　本土系分布于辽宁省丹东市宽甸县境内火山锥的下部和底部，海拔 300～380 m。成土母质为火山喷出物质的坡残积物。灌木林地或玉米地。温带湿润大陆性季风气候区，四季分明，雨量充沛，冬暖夏凉，光照充足。年均气温 7.1 ℃，1 月平均气温–11.5 ℃，7、8 月平均气温 22 ℃左右，平均最高气温 27 ℃，40 cm 深处土温 9.1 ℃，年均降水量 1051.3 mm，空气湿度 70%，≥10 ℃积温为 3000 ℃，无霜期 140 d。

土系特征与变幅　诊断层包括淡薄表层、雏形层，诊断特性包括温性土壤温度状况、湿润土壤水分状况、火山灰特性。本土系由玄武质火山碎屑的坡残积物发育而成，土体中含有 5%～35% 的火山渣和火山砾。细土质地为黏壤土-壤土，表层和次表层土壤 33 kPa 容重 ≤0.9 g/cm³，孔隙度高，持水性能强。土壤呈微酸性，水浸提 pH 5.7～6.3，NaF 浸提 pH>9.4。磷酸盐吸持量>25%，火山玻璃含量高达 35% 以上。

对比土系　同土族内的土系有太平系，相似的土系还有同亚类的大川头系。这三个土系的共同特征是磷酸盐吸持量>25%，火山玻璃含量高，多数土层 NaF 浸提 pH>9.4；区别在于砾石含量的多少、砾石的大小和孔隙含量的多少、细土质地和有机质含量。太平系，土体内砾石含量高，个体大，土壤有机质含量高。大川头系，土体内砾石含量高，个体大，细土部分质地较粗，为粉壤土-壤土，有机质含量高。

利用性能综述　土质疏松，持水性能强。土壤具有较高的自然肥力，微酸性。土体含有较多的砾石，给农业生产带来了一定的障碍，土地利用中需注意控制水土流失。

参比土种　火山灰土（腐殖质暗火山灰土）。

代表性单个土体　位于辽宁省丹东市宽甸县宽甸镇城厢村黄椅山火山锥的底部，40°42′53.1″N，124°45′33.2″E，海拔 305 m，坡向东北，坡度 6°，成土母质为火山喷出物质的坡残积物，灌木林地或玉米地。野外调查时间为 2010 年 5 月 21 日，编号 21-066。

Ap: 0～8 cm，棕色（7.5YR 4/4，干），棕色（7.5YR 4/4，润）；黏壤土，弱发育的小粒状和小团粒状结构，润，疏松；很多量细根和极细根；向下平滑清晰过渡。

AB: 8～29 cm，棕色（10YR 4/6，干），暗棕色（7.5YR 3/4，润）；黏壤土，弱发育的小团粒和小块状结构，润，疏松；少量细根和极细根，中量中－大砾石（玄武质火山碎屑），棱角状－次圆状，中度风化；向下波状清晰过渡。

Bw1: 29～73 cm，亮红棕色（5YR 5/6，干），红棕色（5YR 4/6，润）；黏壤土，弱发育的小块状和中棱块状结构，润，疏松；很少量细根和极细根，中量中－大砾石（玄武质火山碎屑），棱角状－次圆状，中度风化；向下平滑渐变过渡。

宽甸镇系代表性单个土体剖面

Bw2: 73～93 cm，橙色（5YR 6/6，干），红棕色（5YR 4/6，润）；壤土，弱发育的中块状和小棱块状结构，润，疏松；中量中－大砾石（玄武质火山碎屑），棱角状－次圆状，中度风化；向下平滑渐变过渡。

BC: 93～120 cm，浊红棕色（5YR 5/4，干），浊红棕色（5YR 4/4，润）；壤土，弱发育的中块状和小棱块状结构，润，疏松；中量小砾石，棱角状－次圆状，中度风化。

宽甸镇系代表性单个土体物理性质

土层	深度/cm	砾石(>2 mm，体积分数)/%	细土颗粒组成(粒径：mm)/(g/kg)			质地	33 kPa 容重/(g/cm³)	1500 kPa含水量/(g/kg)
			砂粒2～0.02	粉粒0.02～0.002	黏粒<0.002			
Ap	0～8	5	366	357	277	黏壤土	0.72	451
AB	8～29	20	306	413	281	黏壤土	0.79	465
Bw1	29～73	25	321	356	323	黏壤土	1.12	413
Bw2	73～93	35	358	392	250	壤土	1.16	386
BC	93～120	30	355	415	230	壤土	—	—

宽甸镇系代表性单个土体化学性质

深度/cm	pH			有机质/(g/kg)	全氮(N)/(g/kg)	全磷(P₂O₅)/(g/kg)	全钾(K₂O)/(g/kg)	阳离子交换量/(cmol/kg)
	H₂O	KCl	NaF					
0～8	5.7	4.4	10.1	54.3	3.41	3.12	12.2	39.4
8～29	6.0	4.6	10.4	15.6	2.07	3.31	18.2	35.9
29～73	6.0	4.6	10.6	3.9	1.96	3.51	16.5	35.6
73～93	6.1	4.5	10.4	2.5	1.52	6.75	8.2	35.4
93～120	6.3	4.6	10.0	3.0	1.73	6.26	20.7	32.9

深度 /cm	磷酸盐吸持量 (质量分数)/%	草酸铵浸提 Al+1/2Fe (质量分数)/%	0.02～2.0 mm 粒级火山玻璃 (质量分数)/%
0～8	62.2	2.97	34.7
8～29	75.9	3.07	41.2
29～73	75.6	3.05	48.4
73～93	69.8	2.45	43.7
93～120	68.5	2.69	43.2

第7章 潜 育 土

7.1 简育滞水潜育土

7.1.1 草市系（Caoshi Series）

土　　族：黏质伊利石混合型非酸性冷性-普通简育滞水潜育土
拟定者：王秋兵，韩春兰，邢冬蕾

分布与环境条件　本土系分布于辽宁省东部，集中分布在抚顺市新宾和清原满族自治县丘陵漫岗的坡脚处，排水中等，多数年内短期土壤水分饱和，因而土体中形成大量的锈纹锈斑和铁锰结核。成土母质为冰水沉积物。自然植被为落叶林，地表覆盖度≥80%。温带湿润大陆性季风气候，雨热同季，四季分明。冬季漫长寒冷，夏季炎热多雨，年均气温 3.9～5.4 ℃，年均降水量 700～850 mm，集中在 6、

草市系典型景观

7、8 月。年平均日照 2433 h，≥10 ℃的年活动积温 2497.5～2943.0 ℃，无霜期 120～139 d。

土系特征与变幅　诊断表层为淡薄表层，诊断现象包括水耕现象和水耕氧化还原现象，诊断特性包括冷性土壤温度状况、滞水土壤水分状况、潜育特征。本土系土壤质地黏重，黏壤土和砂质黏土与黏土互层出现，在 50 cm 深度以内有厚度大于 10 cm 的黏土滞水层。这种土壤质地结构造成土体大部分层次表现为潜育特征，同时分布有锈色斑纹和铁锰结核。由于近年来开垦种稻，在土体表层形成了水耕现象和水耕氧化还原现象。在 50 cm 深度以下的结构体表面分布有二氧化硅粉末。土壤通体呈酸性，pH 为 6 左右。

对比土系　目前，潜育土纲内只有本土系，没有其他对比土系。与本土系性状相近的有阿及系，属于不同土纲。阿及系土体具有暗沃表层，潜育层出现在土表下 50～100 cm 范围内，而本土系具有淡薄表层，潜育层出现在土表至 50 cm 范围内。

利用性能综述 本土系所处气候冷凉湿润，地势较低，土体下部长期处于积水状态。土壤保水保肥，但黏、冷、湿、微酸，春季地温回升慢，不发小苗。土壤适耕期短，好气性微生物活动弱，有机质分解缓慢。改良措施应加强排水工程建设，降低地下水水位。

参比土种 垡包土（浅位泥炭沼泽土）。

代表性单个土体 位于辽宁省抚顺市清原满族自治县粘泥岭村高速公路附近，42°13′42.9″N，125°10′09.7″E，海拔 376 m。丘陵坡脚处，成土母质为冰水沉积物，现种植水稻。野外调查时间为 2009 年 10 月 19 日，编号 21-004。

草市系代表性单个土体剖面

Apr: 0～8 cm，浊黄橙（10YR 6/3，干），暗棕（10YR 3/4，润）；黏壤土，中度发育的中团粒结构，疏松；大量根系，少量棕色（10YR 4/6）斑纹；向下平滑突变过渡。

AB: 8～16 cm，淡黄（2.5YR 7/6，干），浊黄橙（10YR 6/4，润）；黏土，弱度发育的小棱块结构，疏松；中量根系，中量棕色（10YR 4/6）和亮棕色（7.5YR 5/8）斑纹；向下平滑清晰过渡。

Brg: 16～32 cm，浊黄橙（10YR 7/3，干），浊黄棕（10YR 5/4，润）；黏壤土，中度发育的中块状结构；少量根系，中量红棕色（5YR 4/6）铁斑纹和灰棕色（5YR 4/2）潜育斑纹，少量铁磐，黑棕色（7.5Y 3/1）铁锰结核；向下不规则突变过渡。

Brg1: 32～59 cm，浊黄橙（10YR 7/3，干），浊黄（2.5Y 6/3，润）；黏土，中度发育的中块状、棱块状结构；黑棕色（7.5Y 3/1）结核，中量亮红棕色（7.5YR 5/8）铁斑纹和灰棕色（5YR 4/2）潜育斑纹，潜育特征明显；向下平滑清晰过渡。

Brgq: 59～77 cm，浊黄橙（10YR 7/3，干），浊黄棕（10YR 5/4，润）；砂质黏土，强度发育的大块状、棱块状结构；有胶膜、黑棕色（7.5Y 3/1）铁锰结核，有大量红棕色（5YR 4/8）铁斑纹和灰棕色（7.5YR 4/2）潜育斑纹，潜育特征明显，结构体表面有二氧化硅粉末；向下不规则清晰过渡。

Brg2: 77～99 cm，淡黄（2.5Y 7/3，干），浊黄棕（10YR 5/3，润）；砂质黏土，强度发育的大块状、棱块状结构；有大量红棕色（5YR 5/8）铁斑纹和灰棕色（7.5YR 4/2）潜育斑纹，黑棕色（7.5Y 3/1）铁锰结核；向下模糊清晰过渡。

Crg: 99～120 cm，灰白（5Y 8/2，干），浊黄（2.5Y 6/3，润）；黏土，强度发育的很大块状、棱块状结构，潜育特征明显；大量橙色（7.5YR 6/8）斑纹，为交互层次。

草市系代表性单个土体物理性质

土层	深度 /cm	石砾 (>2 mm, 体积分数)/%	细土颗粒组成(粒径：mm)/(g/kg)			质地	容重 /(g/cm³)
			砂粒 2～0.05	粉粒 0.05～0.002	黏粒 <0.002		
Apr	0～8	0	437	201	362	黏壤土	1.33
AB	8～16	0	324	274	402	黏土	1.36
Brg	16～32	0	278	376	346	黏壤土	1.37
Brg1	32～59	0	253	341	406	黏土	1.44
Brgq	59～77	0	505	37	458	砂质黏土	1.46
Brg2	77～99	0	497	98	405	砂质黏土	1.49
Crg	99～120	0	340	233	426	黏土	1.52

草市系代表性单个土体化学性质

深度 /cm	pH		有机质 /(g/kg)	全氮(N) /(g/kg)	全磷(P_2O_5) /(g/kg)	全钾(K_2O) /(g/kg)	阳离子交换量 /(cmol/kg)	含盐量 /(g/kg)
	H₂O	KCl						
0～8	5.7	4.0	68.6	4.49	3.22	16.1	22.4	0.6
8～16	5.9	3.9	7.6	1.73	3.83	15.4	20.1	0.5
16～32	6.1	4.0	6.5	1.71	2.04	15.5	15.9	0.2
32～59	6.2	4.0	3.2	1.52	3.69	15.1	20.3	3.9
59～77	6.0	4.0	4.3	1.49	3.89	15.2	22.2	3.7
77～99	6.3	4.0	2.7	1.30	2.82	15.5	18.8	3.6
99～120	5.7	4.0	2.9	4.49	1.48	16.0	22.4	2.1

第8章 淋 溶 土

8.1 暗沃冷凉淋溶土

8.1.1 曲家系（Qujia Series）

土　族：黏壤质硅质混合型非酸性-斑纹暗沃冷凉淋溶土
拟定者：王秋兵，韩春兰

曲家系典型景观

分布与环境条件　本土系分布于辽宁省北部河流冲积平原，冲积物母质，旱地，种植玉米，一年一熟。温带半湿润大陆性季风气候，年均气温 7.0 ℃，年均降水量 608 mm，年均日照时数 2776 h，作物生长期有效日照时数 1749 h，无霜期 148 d。

土系特征与变幅　诊断层包括暗沃表层、黏化层；诊断特性包括冷性土壤温度状况、潮湿土壤水分状况、氧化还原特征。本土系发育在河流冲积物上，通体无岩屑；有厚度大于 50 cm 的暗沃表层，疏松，小团块状结构，壤土，黏粒含量 145～333 g/kg；土体下部有少量铁锰结核；底部的夹砂层以上：土壤颜色呈暗棕至黑棕色，色调 10YR，明度 2～3，彩度 2～3；有机质含量 3.9～21.6 g/kg；土壤通体呈弱酸性，pH 5.7～6.4。

对比土系　目前在同土族内没有其他土系。地理位置距离较近的相似土系有样子系和头道沟系。样子系具黏质土壤颗粒大小级别，伊利石混合型土壤矿物学类型，淡薄表层，二元母质，上部为黄土状物质，下部为粉砂岩残积物。头道沟系具混合型土壤矿物学类型，淡薄表层，成土母质为黄土状物质。本土系具有暗沃表层，在分类上属于同一亚纲不同土类。

利用性能综述　由于所处气候暖季短冷季长，草甸植物生长茂盛，生物积累作用强，形成了深厚的黑色腐殖质。土层深厚，水热协调，土壤肥力较高，生产性能好，适种作物广，是辽宁省粮食生产的主产区。盛产玉米、高粱、谷子、大豆、花生和多种蔬菜等。

参比土种　新城子板潮黄土（壤质浅淀黄土状潮棕壤）。

代表性单个土体　位于辽宁省铁岭市昌图县曲家店镇曲家村，43°13′3.1″N，123°53′55.9″E，海拔 46 m，冲积平原，成土母质为冲积物。旱地，种植玉米，一年一熟。野外调查时间为 2011 年 10 月 3 日，编号 21-323。

Ap:　0～10 cm，灰黄棕色（10YR 5/2，干），暗棕色（10YR 3/3，润）；壤土，弱度发育的中团块结构，极疏松，稍黏着，中塑；少量中根，多量细根，少量蚯蚓；向下平滑清晰过渡。

AB:　10～34 cm，灰黄棕色（10YR 4/2，干），黑棕色（10YR 2/3，润）；壤土，强度发育的中团块结构，疏松，稍黏着，中塑；很少极细根，中量蚯蚓；向下平滑模糊过渡。

Bt:　34～57 cm，黑棕色（10YR 3/2，干），黑棕色（10YR 2/2，润）；壤土，强度发育小团块状结构，坚实，稍黏着，中塑；很少细根；向下平滑模糊过渡。

2Ah:　57～72 cm，黑棕色（10YR 3/2，干），黑棕色（10YR 3/2，润）；粉质黏壤土，强度发育小核状结构，坚实，稍黏，强塑；很少细根系；向下平滑模糊过渡。

曲家系代表性单个土体剖面

2Br:　72～86 cm，浊黄棕色（10YR 5/3，干），暗棕色（10YR 3/3，润）；粉壤土，中度发育的中核状结构，疏松，稍黏着，稍塑；很少的细根，少量很小的铁锰结核；向下平滑清晰过渡。

2C:　86～104 cm，浊黄棕色（10YR 7/3，干），浊黄橙色（10YR 6/3，润）；壤土，中度发育的中片状结构，坚实；很少的细根。

曲家系代表性单个土体物理性质

土层	深度/cm	砾石（>2 mm，体积分数)/%	细土颗粒组成（粒径：mm)/(g/kg)			质地	容重/(g/cm³)
			砂粒 2～0.05	粉粒 0.05～0.002	黏粒 <0.002		
Ap	0～10	0	404	451	145	壤土	1.26
AB	10～34	0	406	428	167	壤土	1.30
Bt	34～57	0	388	364	248	壤土	1.35
2Ah	57～72	0	18	649	333	粉质黏壤土	1.51
2Br	72～86	0	186	633	182	粉壤土	1.44
2C	86～104	0	404	451	145	壤土	1.61

曲家系代表性单个土体化学性质

深度 /cm	pH		有机质 /(g/kg)	全氮(N) /(g/kg)	全磷(P₂O₅) /(g/kg)	全钾(K₂O) /(g/kg)	阳离子交换量 /(cmol/kg)
	H₂O	KCl					
0~10	5.7	4.4	17.3	43.70	0.63	15.9	27.7
10~34	5.7	4.9	15.3	49.10	1.19	15.1	27.7
34~57	5.9	5.4	15.7	52.63	2.01	15.8	31.5
57~72	6.3	5.9	21.6	58.80	2.06	15.7	38.9
72~86	6.4	6.2	10.5	61.50	1.61	16.7	24.3
86~104	6.4	6.3	3.9	63.10	0.82	17.0	16.8

8.2 简育冷凉淋溶土

8.2.1 腰堡系（**Yaopu Series**）

土　族：粗骨壤质混合型非酸性-石质简育冷凉淋溶土
拟定者：王秋兵，韩春兰，崔　东，王晓磊，荣　雪

分布与环境条件　本土系分布于辽宁省东部低山丘陵坡上部；成土母质为残积物，混有黄土状物质；土地利用类型为旱地，种植玉米，一年一熟。温带湿润大陆性季风气候，年均气温6.9 ℃，年均降水量为778.3 mm。

腰堡系典型景观

土系特征与变幅　诊断层包括淡薄表层、黏化层；诊断特性包括石质接触面、碳酸盐岩岩性特征、冷性土壤温度状况、湿润土壤水分状况、氧化还原特征。淡薄表层有机质含量28.5 g/kg，以下各层有机质含量12.2～14.8 g/kg；黏化层上界出现在土表至50 cm范围内，厚度50 cm以上，中度发育的小棱块结构，黏粒含量140～300 g/kg；地表以下 50 cm 开始出现铁锰结核；土壤呈中性，pH 6.4～7.1；阳离子交换量 13.4～23.3 cmol/kg；土体局部出现基岩（石灰岩）。

对比土系　同土族内没有其他土系。相似的土系有东营坊系，属于同一土类不同亚类。东营坊系具黏壤质土壤颗粒大小级别，在 20 cm 以上出现氧化还原特征，无石质接触面。本土系 50 cm 范围内岩屑体积≥70%。

利用性能综述　本土系土层较薄，质地相对较黏，且土体中含有大块的岩屑，影响土壤的耕作。雨季常遭山洪冲刷，水土流失严重，土层逐年变薄，地力减退。宜种植耐旱耐瘠薄作物，或退耕还草还林，防止水土流失。

参比土种　灰石土（钙镁质石质土）。

代表性单个土体　位于辽宁省本溪市本溪满族自治县东营坊乡东营坊村四组，41°17′11.1″N，124°12′4.8″E，海拔 211 m，地形为丘陵。成土母质为残积物，混有黄土状物质，旱地，种植玉米，一年一熟。野外调查时间为 2010 年 10 月 17 日，编号 21-139。

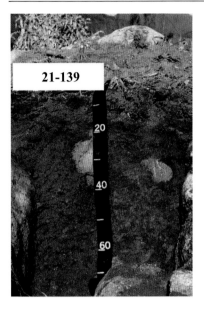

Ap：0～20 cm，浊黄橙色（10YR 7/3，干），暗棕色（10YR 3/4，润）；壤土，中等发育的团粒结构，疏松；中量细根和中根，少量石灰岩岩石碎屑；向下平滑清晰过渡。

Bt：20～48 cm，暗红棕色（5YR 3/3，干），棕色（7.5YR 4/6，润）；黏壤土，中等发育的小棱块结构，疏松；少量细根，中量黏粒胶膜，有石灰岩岩石碎屑，局部出现基岩（石灰岩）；向下不规则模糊过渡。

Btr：48～78 cm，暗红棕色（5YR 3/3，干），棕色（7.5YR 4/3，润）；黏壤土，中等发育的小棱块结构，疏松；少量细根，大量黏粒胶膜，少量铁锰斑纹，很少量铁锰结核，多量石灰岩岩石碎屑，局部出现基岩（石灰岩）。

腰堡系代表性单个土体剖面

腰堡系代表性单个土体物理性质

土层	深度/cm	砾石（>2 mm，体积分数)/%	细土颗粒组成(粒径：mm)/(g/kg)			质地	容重/(g/cm³)
			砂粒 2～0.05	粉粒 0.05～0.002	黏粒 <0.002		
Ap	0～20	3	427	430	143	壤土	1.29
Bt	20～48	30	362	347	291	黏壤土	1.43
Btr	48～78	70	242	460	298	黏壤土	1.39

腰堡系代表性单个土体化学性质

深度/cm	pH		有机质/(g/kg)	全氮(N)/(g/kg)	全磷(P₂O₅)/(g/kg)	全钾(K₂O)/(g/kg)	阳离子交换量/(cmol/kg)	碳酸钙相当物/(g/kg)
	H₂O	KCl						
0～20	6.4	5.5	28.5	0.76	1.45	35.2	13.4	3.8
20～48	7.0	—	14.8	0.12	1.23	28.8	23.2	4.3
48～78	7.1	—	12.2	0.91	1.18	32.0	23.3	4.9

8.2.2　长春屯系（Changchuntun Series）

土　族：黏质伊利石混合型非酸性-斑纹简育冷凉淋溶土
拟定者：王秋兵，韩春兰，邢冬蕾

分布与环境条件　本土系分布于辽宁省东部的台地，成土母质为黄土状物质，林地，植被种类有山里红、松树、刺槐等。温带湿润大陆性季风气候，年均气温 3.9～5.4 ℃，年均降水量 700～850 mm，年平均日照时数 2433 h，≥10 ℃的年活动积温 2497.5～2943.0 ℃，无霜期 120～139 d。

长春屯系典型景观

土系特征与变幅　诊断层包括淡薄表层、黏化层，诊断特性包括冷性土壤温度状况、湿润土壤水分状况、氧化还原特征。本土系发育在黄土状物质上，土壤厚度大于 160 cm；淡薄表层有机质含量 24 g/kg，以下各层有机质含量 1.9～3.6 g/kg；黏化层上界出现在土表至 50 cm 范围内，厚度大于 100 cm，中度至强度发育的块状至大棱块状结构，通体黏粒含量 470～530 g/kg；50 cm 以下出现亮棕色（7.5YR 5/6，润）铁锰斑纹；土壤通体呈酸性或微酸性，pH 5.2～6.0；阳离子交换量 10.2～18.1 cmol/kg。

对比土系　同土族的土系有北口前系、八家沟系、样子系和大甸系。北口前系在 20 cm 开始出现氧化还原特征，没有硅粉淀积。八家沟系在 10 cm 出现氧化还原特征，在 56 cm 开始有硅粉淀积。样子系在 10 cm 出现氧化还原特征，在 23 cm 开始有硅粉淀积。大甸系在 28 cm 出现氧化还原特征，也没有硅粉淀积。

利用性能综述　本土系土层深厚，质地黏重，干时坚硬，透水性差。土性冷且偏酸。目前为林地，林分质量欠佳，为改变次生林面貌，应坚持人工更新和天然更新相结合，逐渐培育质量好、产量高的针阔混交林。

参比土种　黏板潮黄土（黏质浅淀黄土状潮棕壤）。

代表性单个土体　位于辽宁省抚顺市清原满族自治县英额门镇长春屯村，42°9′32.9″N，125°2′32.9″E，海拔 373 m，地形为台地，成土母质为黄土状物质，林地，植被为山里红、松树、刺槐等。野外调查时间为 2010 年 5 月 29 日，编号 21-077。

21-077

长春屯系代表性单个土体剖面

Ah：　0～9 cm，浊黄橙色（10YR 6/4，干），黑棕色（10YR 2/3，润）；壤土，弱度发育的小团粒状结构，疏松；大量细根，有很少量小砾石岩屑；向下不规则清晰过渡。

AB：　9～36 cm，淡黄橙色（10YR 8/3，干），浊黄棕色（10YR 5/4，润）；黏土，中度发育的小团粒、小团块状结构，疏松；中量细根，偶见大根系，有砾石岩屑；向下波状渐变过渡。

Bw：　36～52 cm，浊黄橙色（10YR 7/4，干），浊黄橙色（10YR 6/4，润）；黏土，中度发育的小块状、中块状结构，稍坚实；少量细根，偶见大砾石；向下平滑渐变过渡。

Btr1：52～76 cm，浊黄橙色（10YR 7/4，干），浊黄橙色（10YR 6/4，润）；黏土，中度发育的中棱块、大棱块结构，坚实；中量亮棕色（7.5YR 5/6，润）铁锰斑纹，结构体表面上有中量黏粒胶膜；向下平滑渐变过渡。

Btr2：76～110 cm，浊黄橙色（10YR 7/4，干），浊黄橙色（10YR 6/4，润）；黏土，强度发育的大棱块结构，坚实；大量亮棕色（7.5YR 5/6，润）铁锰斑纹，结构体表面上有大量黏粒胶膜；向下平滑渐变过渡。

Btr3：110～120 cm，浊黄橙色（10YR 7/4，干），浊黄橙色（10YR 6/4，润）；黏土，强发育的大棱块状结构，坚实；大量亮棕色（7.5YR 5/6，润）铁锰斑纹，结构体表面上有大量黏粒胶膜。

长春屯系代表性单个土体物理性质

土层	深度/cm	砾石（>2 mm，体积分数)/%	细土颗粒组成(粒径：mm)/(g/kg)			质地	容重/(g/cm³)
			砂粒 2～0.05	粉粒 0.05～0.002	黏粒 <0.002		
Ah	0～9	1	484	337	179	壤土	1.27
AB	9～36	5	172	356	471	黏土	1.36
Bw	36～52	10	97	353	550	黏土	1.40
Btr1	52～76	1	221	247	532	黏土	1.45
Btr2	76～110	1	210	287	503	黏土	1.48
Btr3	110～120	1	224	283	493	黏土	1.49

长春屯系代表性单个土体化学性质

深度 /cm	pH		有机质 /(g/kg)	全氮(N) /(g/kg)	全磷(P_2O_5) /(g/kg)	全钾(K_2O) /(g/kg)	阳离子交换量 /(cmol/kg)
	H_2O	KCl					
0～9	6.0	4.9	24.0	2.03	3.05	17.4	13.2
9～36	6.0	4.0	3.6	1.14	2.03	15.2	10.2
36～52	5.2	4.0	2.5	1.05	3.14	15.5	14.0
52～76	5.5	4.1	1.9	1.03	3.89	16.6	15.4
76～110	5.7	4.1	2.3	1.03	4.29	13.0	16.9
110～120	5.9	4.1	2.1	0.99	5.30	13.4	18.1

8.2.3　北口前系（Beikouqian Series）

土　　族：黏质伊利石混合型非酸性-斑纹简育冷凉淋溶土
拟定者：王秋兵，韩春兰，邢冬蕾

北口前系典型景观

分布与环境条件　本土系分布于辽宁省东部台地，二元母质，土体上部为黄土状物质，底层为混合岩，耕地。温带湿润大陆性季风气候，年均气温 3.9～5.4 ℃，年均降水量 700～850 mm，年均日照时数 2433 h，≥10 ℃的年活动积温 2498～2943 ℃，无霜期 120～139 d。

土系特征与变幅　诊断层包括淡薄表层、黏化层，诊断特性包括冷性土壤温度状况、湿润土壤水分状况、氧化还原特征。本土系发育在二元母质上，通体有砾石，向下逐渐增多，地表到基岩的厚度为 1～1.5 m；淡薄表层有机质含量 17.3 g/kg，以下各层有机质含量 2.3～8.6 g/kg；黏化层上界出现在土表至 50 cm 范围内，厚度 50～100 cm，弱度至中度发育的小块状至中棱块状结构，黏粒含量 350～383 g/kg；地表 20 cm 向下出现黑色（7.5YR 2/1）铁锰结核；土壤表层呈酸性，pH 为 5.2，以下各层微酸性，pH 5.7～6.0；盐基饱和度通体 74.0%～95.0%，阳离子交换量 11.9～16.2 cmol/kg。

对比土系　同土族的土系有长春屯系、八家沟系、样子系和大甸系。长春屯系在 52 cm 出现氧化还原特征，没有硅粉淀积。八家沟系在 50 cm 内出现氧化还原特征，有硅粉淀积。样子系在 50 cm 内出现氧化还原特征，有硅粉淀积。大甸系在 50 cm 内出现氧化还原特征，没有硅粉淀积。

利用性能综述　本土系所处位置气候冷凉，土体深厚，质地黏重，干时坚硬，透水性差。另外，土体中夹有少量小块砾石，影响土壤耕性。适宜种植玉米等耐贫瘠作物。在利用改良方面，应深松改土，加深耕作层厚度，改善土壤通透性。还要坚持用地养地，增施热性有机肥，实行秸秆还田，轮作倒茬，以提高土壤肥力。

参比土种　新城子板潮黄土（壤质浅淀黄土状潮棕壤）。

代表性单个土体　位于辽宁省抚顺市清原县北口前村，41°59′52.5″N，124°35′48.4″E，海拔 213 m，地形为台地，二元母质，土体上部覆盖了深厚的黄土状物质，底层为混合岩，耕地，种植玉米。野外调查时间为 2009 年 10 月 22 日，编号 21-011。

Ap: 0~20 cm，浊黄棕色（10YR 5/4，干），暗棕色（10YR 3/4，润）；黏壤土，弱度发育的小团块、片状结构，疏松；大量细根和中根，夹有小岩屑；向下平滑清晰过渡。

Btr1: 20~58 cm，亮黄棕色（10YR 6/6，干），棕色（7.5YR 4/6，润）；黏壤土，弱度发育的小块状结构，疏松；中量细根和中根，中量黏粒胶膜，中量黑色（7.5YR 2/1）铁锰结核，夹有少量小块砾石；向下平滑渐变过渡。

Btr2: 58~89 cm，浊黄橙色（10YR 7/4，干），亮棕色（7.5YR 5/6，润）；黏壤土，中度发育的中块状结构，疏松；少量根系，有中量黏粒胶膜，中量黑色（7.5YR 2/1）铁锰结核，夹有少量小块砾石；向下平滑渐变过渡。

2Btr: 89~109 cm，亮黄棕色（10YR 7/6，干），亮棕色（7.5YR 5/8，润）；黏壤土，中度发育的中棱块状结构，疏松；有少量黏粒胶膜，黑色（7.5YR 2/1）铁锰结核，夹有大量中和大块砾石；向下平滑渐变过渡。

21-011

北口前系代表性单个土体剖面

2C: 109~130 cm，亮黄棕色（10YR 6/6，干），亮棕色（7.5YR 5/8，润）；黏壤土；基本均为混合岩风化物，岩块体积很大。

北口前系代表性单个土体物理性质

土层	深度 /cm	砾石 (> 2 mm，体积分数)/%	细土颗粒组成(粒径：mm)/(g/kg)			质地	容重 /(g/cm³)
			砂粒 2~0.05	粉粒 0.05~0.002	黏粒 < 0.002		
Ap	0~20	5	227	484	290	黏壤土	1.29
Btr1	20~58	5	261	381	358	黏壤土	1.33
Btr2	58~89	5	258	359	383	黏壤土	1.36
2Btr	89~109	10	387	258	354	黏壤土	1.35
2C	109~130	25	359	289	352	黏壤土	—

北口前系代表性单个土体化学性质

深度 /cm	pH		有机质 /(g/kg)	全氮(N) /(g/kg)	全磷(P₂O₅) /(g/kg)	全钾(K₂O) /(g/kg)	阳离子交换量 /(cmol/kg)	盐基饱和度 (浓度分数)/%
	H₂O	KCl						
0~20	5.2	4.4	17.3	2.00	4.23	16.1	13.6	95.0
20~58	6.0	4.7	8.6	1.62	3.72	16.9	14.9	80.0
58~89	5.9	4.1	3.7	1.45	3.78	16.8	14.6	74.0
89~109	5.7	4.2	2.3	1.15	3.62	16.9	16.2	81.0
109~130	5.8	4.2	2.3	1.11	3.21	16	11.9	76.0

8.2.4　八家沟系（Bajiagou Series）

土　　族：黏质伊利石混合型非酸性-斑纹简育冷凉淋溶土
拟定者：王秋兵，王晓磊，崔　东，荣　雪

八家沟系典型景观

分布与环境条件　本土系分布于辽宁省北部的低山丘陵坡下部，成土母质为黄土状物质；灌木林地，植被有榛子树等。温带半湿润大陆性季风气候，年均气温 6.3 ℃，年均降水量 675 mm，年均日照时数 2600 h，无霜期 146 d。

土系特征与变幅　诊断层包括淡薄表层、黏化层；诊断特性包括冷性土壤温度状况、湿润土壤水分状况、氧化还原特征。本土系发育在黄土状物质上，土体厚度大于 150 cm；淡薄表层有机质含量 52.5 g/kg，以下各层有机质含量 3.3～12.5 g/kg；黏化层上界出现在土表至 50 cm 范围内，厚度 100 cm 以上，中度至强度发育的中团块状至中棱块状结构，黏粒含量 433～445 g/kg；地表以下 10 cm 开始出现铁锰结核；土壤表层中性，pH 7.3，以下各层微酸性，pH 5.7～6.7；通体阳离子交换量 11.8～21.5 cmol/kg。

对比土系　同土族的土系有长春屯系、北口前系、样子系和大甸系。长春屯系在 52 cm 出现氧化还原特征，没有硅粉淀积。北口前系在 50 cm 内开始出现氧化还原特征，也没有硅粉淀积。样子系在 50 cm 内出现氧化还原特征，有硅粉淀积。大甸系在 50 cm 内出现氧化还原特征，也没有硅粉淀积。

利用性能综述　本土系所处位置气候冷凉，土体深厚，质地黏重，干时坚硬，透水性差。另外，土体所处位置坡度大，水土流失严重。在利用改良方面，应加强水土保持。

参比土种　新城子板潮黄土（壤质浅淀黄土状潮棕壤）。

代表性单个土体　位于辽宁省铁岭市铁岭县李千户乡八家沟村，42°3′59.2″N，123°49′49.6″E，海拔 228 m，地形为丘陵，成土母质为黄土状物质，灌木林地，生长大量榛子等矮小灌木。野外调查时间为 2010 年 10 月 1 日，编号 21-108。

Oi: +1～0 cm，枯枝落叶层。

Ah: 0～10 cm，浊黄橙色（10YR 7/3，干），暗棕色（10YR 3/4，润）；壤土，强度发育的团粒结构，疏松；中量细根和极细根，很少量很小块岩石碎屑；向下平滑清晰过渡。

ABr: 10～30 cm，浊橙色（5YR 6/4，干），棕色（7.5YR 4/6，润）；黏壤土，中等发育的中团块结构，疏松；大量粗根和中量极细根，少量黏粒胶膜，很少量铁锰结核；很少量小块状岩石碎屑；向下平滑清晰过渡。

Btr1: 30～56 cm，浊橙色（7.5YR 7/4，干），棕色（7.5YR 4/6，润）；黏土，中等发育的小棱块结构，坚实；很少量极细根，少量黏粒胶膜和铁锰结核，很少量很小块状岩石碎屑；向下平滑清晰过渡。

八家沟系代表性单个土体剖面

Btrq: 56～103 cm，浊橙色（7.5YR 7/4，干），浊棕色（7.5YR 5/3，润）；黏土，中等发育的小棱块结构，坚实；少量中粗根，中量黏粒胶膜，少量铁锰结核，大量硅粉，少量小块状岩石碎屑；向下波状清晰过渡。

Btr2: 103～144 cm，浊橙色（7.5YR 7/4，干），亮棕色（7.5YR 5/6，润）；黏土，强度发育的中棱块结构，坚实；少量细根，大量黏粒胶膜，中量铁锰结核，少量小块状岩石碎屑，偶见大块岩石碎屑。

八家沟系代表性单个土体物理性质

土层	深度 /cm	砾石 (>2 mm，体积分数)/%	细土颗粒组成(粒径：mm)/(g/kg)			质地	容重 /(g/cm³)
			砂粒 2～0.05	粉粒 0.05～0.002	黏粒 <0.002		
Ah	0～10	1	296	470	234	壤土	0.94
ABr	10～30	1	412	189	399	黏壤土	1.31
Btr1	30～56	1	425	130	445	黏土	1.44
Btrq	56～103	1	373	195	433	黏土	1.61
Btr2	103～144	3	370	186	444	黏土	1.59

八家沟系代表性单个土体化学性质

深度 /cm	pH		有机质 /(g/kg)	全氮(N) /(g/kg)	全磷(P₂O₅) /(g/kg)	全钾(K₂O) /(g/kg)	阳离子交换量 /(cmol/kg)
	H₂O	KCl					
0～10	7.3	—	52.5	2.39	0.18	31.5	21.5
10～30	6.7	—	12.5	0.76	0.28	29.0	11.8
30～56	5.7	3.8	7.5	0.51	0.13	28.1	16.8
56～103	5.9	4.0	4.2	0.39	0.37	30.2	15.1
103～144	6.0	4.0	3.3	0.36	10.98	29.2	19.7

8.2.5　样子系（Yangzi Series）

土　　族：黏质伊利石混合型非酸性-斑纹简育冷凉淋溶土
拟定者：王秋兵，刘杨杨，张寅寅

样子系典型景观

分布与环境条件　本土系分布于辽宁省北部的丘陵坡中部，二元母质，上部为黄土状物质，下部为残积物，旱地。温带半湿润大陆性季风气候，年均气温 7.0 ℃，年均降水量 608 mm，年均日照时数 2776 h，作物生长期有效日照时数 1749 h，无霜期 148 d。

土系特征与变幅　诊断层包括淡薄表层、黏化层，诊断特性包括冷性土壤温度状况、湿润土壤水分状况、氧化还原特征。本土系发育在二元母质上，上部为黄土状物质，下部为红色砂岩残积物，土体中有少量岩石碎屑；淡薄表层有机质含量 16.8 g/kg，向下有机质含量逐渐减少；黏化层上界出现在土表至 50 cm 范围内，厚度大于 100 cm，中度至强度发育的中棱块状结构或大棱块结构，黏粒含量 475～490 g/kg，伴有少量铁锰结核和少量硅粉；土壤通体呈弱酸性，pH 5.6～6.3。

对比土系　同土族的土系有长春屯系、北口前系、八家沟系和大甸系。长春屯系在 52 cm 出现氧化还原特征，没有硅粉淀积。北口前系在 50 cm 内开始出现氧化还原特征，也没有硅粉淀积。八家沟系在 50 cm 内出现氧化还原特征，有硅粉淀积。大甸系在 50 cm 内出现氧化还原特征，也没有硅粉淀积。

利用性能综述　本土系所处位置气候冷凉，土体深厚，质地黏重，干时坚硬，透水性差。另外，土体中夹有少量小块砾石，也影响土壤耕性。适宜种植玉米等耐贫瘠作物。在利用改良方面，应深松改土，加深耕作层厚度，改善土壤通透性。还要坚持用地养地，增施热性有机肥，实行秸秆还田，轮作倒茬，以提高土壤肥力。

参比土种　新城子板潮黄土（壤质浅淀黄土状潮棕壤）。

代表性单个土体　位于辽宁省铁岭市昌图县庙沟镇样子村，42°57′18.4″N，124°13′53.5″E，海拔 192 m，地势略起伏，地形为丘陵坡中部，二元母质，上部为黄土状物质，下部为粉砂岩残积物，旱地，种植玉米。野外调查时间为 2011 年 10 月 13 日，编号 21-318。

Ap: 0～10 cm，棕色（7.5YR 4/3，干），暗棕色（10YR 3/4，润）；粉壤土，中度发育的中团块结构，湿时疏松，干时松散，稍黏着和稍塑；中量细根，有小块状岩石碎屑，有土壤动物蚂蚁；向下平滑渐变过渡。

Apr: 10～23 cm，棕色（7.5YR 4/4，干），暗棕色（7.5YR 3/4，润），黏壤土，中度发育的中棱块状结构，湿时很坚实，干时坚硬，稍黏着，中塑；有长 25 cm，宽 2 cm 的裂隙，裂隙间距 20 cm，有少量铁锰结核，有中块状岩石碎屑，有中量蚯蚓，粪便中量；向下不规则渐变过渡。

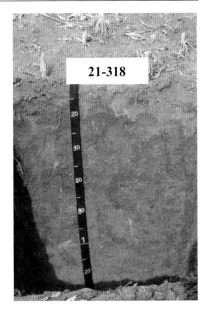

2Btrq1: 23～37 cm，棕色（7.5YR 4/4，干），棕色（7.5YR 4/6，润）；黏土，中度发育的团块状结构，湿时极坚实，干时极坚硬，稍黏着，中塑；少量细根和中根，结构体表面有多量黏粒胶膜，有少量铁锰结核，少量硅粉，有大块状岩石碎屑；向下平滑清晰过渡。

样子系代表性单个土体剖面

2Btrq2: 37～66 cm，浊红棕色（5YR 4/4，干），浊红棕色（5YR 5/4，润）；黏土，强度发育的中棱块状结构，湿时坚实，干时极坚硬，极黏着，强塑；很少量细根，结构体表面有多量黏粒胶膜，有少量铁锰结核，少量硅粉，有大块状岩石碎屑；向下平滑渐变过渡。

2Btrq3: 66～98 cm，棕色（5YR 4/4，干），红棕色（5YR 4/8，润）；粉质黏土，强度发育的大棱块状结构，湿时坚实，干时极坚硬，极无黏着，强塑；很少量很粗的树根，结构体表面有多量黏粒胶膜，有少量铁锰结核，少量硅粉，有少量大块状岩石碎屑；向下平滑渐变过渡。

2BCrq: 98～126 cm，红棕色（2.5YR 4/4，干），红棕色（2.5YR 4/6，润）；粉壤土，中度发育的大棱块状结构，湿时很坚实，干时极坚硬，黏着，强塑；很少量中根，结构体表面有多量黏粒胶膜，有少量铁锰结核，少量硅粉，有少量大块状岩石碎屑。

样子系代表性单个土体物理性质

土层	深度/cm	砾石（>2 mm，体积分数)/%	细土颗粒组成（粒径：mm)/(g/kg)			质地	容重/(g/cm³)
			砂粒 2～0.05	粉粒 0.05～0.002	黏粒 <0.002		
Ap	0～10	3	239	561	200	粉壤土	1.17
Apr	10～23	3	236	465	299	黏壤土	1.26
2Btrq1	23～37	10	204	309	487	黏土	1.44
2Btrq2	37～66	20	197	322	482	黏土	1.52
2Btrq3	66～98	10	114	411	475	粉质黏土	1.56
2BCrq	98～126	7	142	643	215	粉壤土	1.53

样子系代表性单个土体化学性质

深度 /cm	pH		有机质 /(g/kg)	全氮(N) /(g/kg)	全磷(P₂O₅) /(g/kg)	全钾(K₂O) /(g/kg)	阳离子交换量 /(cmol/kg)
	H₂O	KCl					
0～10	5.6	4.2	16.8	1.79	1.85	43.5	27.7
10～23	5.9	4.3	13.1	1.54	0.51	15.5	26.9
23～37	6.3	5.0	9.4	1.24	0.48	15.1	42.3
37～66	5.9	4.3	4.1	1.06	2.03	34.9	48.0
66～98	5.6	3.9	1.9	0.95	0.42	14.7	44.0
98～126	6.0	3.8	1.2	1.02	3.15	14.6	46.0

8.2.6 大甸系（Dadian Series）

土　族：黏质伊利石混合型非酸性-斑纹简育冷凉淋溶土
拟定者：韩春兰，崔　东，王晓磊，荣　雪

分布与环境条件　本土系分布于辽宁省北部的丘陵漫岗，成土母质为黄土状物质，林地，生长油松、矮小灌木。温带半湿润大陆性季风气候，年均气温 6.3 ℃，年均降水量 675 mm，年均日照时数 2600 h，无霜期 146 d。

土系特征与变幅　诊断层包括淡薄表层、黏化层，诊断特性包括冷性土壤温度状况、湿润土壤水分状况、氧化还原特征。本土

大甸系典型景观

系发育在黄土状物质上，土体厚度大于 150 cm；表层有机质含量 12.1 g/kg，以下各层有机质含量 2.2～5.3 g/kg；黏化层厚度大于 100 cm，中等发育的小棱块或小团块结构；黏化层的黏粒含量 440～520 g/kg。地表 50 cm 以内开始出现铁锰结核；土壤由上至下呈微酸性至酸性，pH 5.3～6.3；阳离子交换量 14.3～22.0 cmol/kg。

对比土系　同土族的土系有长春屯系、北口前系、八家沟系和样子系。长春屯系在 52 cm 出现氧化还原特征，没有硅粉淀积。北口前系在 50 cm 内开始出现氧化还原特征，也没有硅粉淀积。八家沟系在 50 cm 内出现氧化还原特征，有硅粉淀积。样子系在 50 cm 内出现氧化还原特征，有硅粉淀积。

利用性能综述　本土系所处位置气候冷凉，土体深厚，质地黏重，干时坚硬，透水性差。目前为林地，也适宜种植玉米等作物。在利用改良方面，应深松改土，加深耕作层厚度，改善土壤通透性。还要坚持用地养地，增施热性有机肥，实行秸秆还田，轮作倒茬，以提高土壤肥力。

参比土种　新城子板潮黄土（壤质浅淀黄土状潮棕壤）。

代表性单个土体　位于辽宁省铁岭市铁岭县大甸子镇三家子村高丽坎子，42°8′58.0″N，124°7′32.4″E，海拔 173 m，地形为黄土丘陵漫岗，成土母质为黄土状物质，现利用方式为林地。野外调查时间为 2010 年 10 月 5 日，编号 21-112。

大甸系代表性单个土体剖面

Ah：　0～12 cm，黄棕色（10YR 5/8，干），棕色（7.5YR 4/3，润）；黏土，强度发育的中团块结构，疏松；大量中根和少量细根，偶见蚯蚓，少量蚯蚓粪；向下平滑清晰过渡。

Bt：　12～28 cm，亮黄棕色（10YR 7/6，干），棕色（7.5YR 4/4，润）；黏土，中等发育的小团块结构，坚实；少量中根和大量细根，少量黏粒胶膜，偶见蚯蚓，少量蚯蚓粪；向下平滑渐变过渡。

Btr1：28～62 cm，浊黄橙色（10YR 7/4，干），棕色（7.5YR 4/3，润）；黏土，中等发育的小棱块结构，坚实；很少量中根，少量黏粒胶膜，很少量铁锰结核；向下平滑模糊过渡。

Btr2：62～95 cm，浊黄橙色（10YR 7/4，干），棕色（7.5YR 4/4，润）；黏土，中等发育的小棱块结构，坚实；很少量中根和细根，中量黏粒胶膜，很少量铁锰结核；向下平滑模糊过渡。

Btr3：95～120 cm，亮黄棕色（10YR 6/6，干），棕色（7.5YR 4/6，润）；黏土，弱度发育的小棱块结构，很坚实；很少量细根，很少量黏粒胶膜，中量铁锰结核。

大甸系代表性单个土体物理性质

土层	深度 /cm	砾石 (> 2 mm，体积分数)/%	细土颗粒组成(粒径：mm)/(g/kg)			质地	容重 /(g/cm³)
			砂粒 2～0.05	粉粒 0.05～0.002	黏粒 < 0.002		
Ah	0～12	0	315	294	391	黏土	1.26
Bt	12～28	0	246	268	486	黏土	1.33
Btr1	28～62	0	336	178	486	黏土	1.29
Btr2	62～95	0	326	191	483	黏土	1.52
Btr3	95～120	0	227	326	446	黏土	1.50

大甸系代表性单个土体化学性质

深度 /cm	pH		有机质 /(g/kg)	全氮(N) /(g/kg)	全磷(P_2O_5) /(g/kg)	全钾(K_2O) /(g/kg)	阳离子交换量 /(cmol/kg)
	H_2O	KCl					
0～12	6.1	4.4	12.1	0.77	1.56	22.0	14.3
12～28	6.3	4.3	5.3	0.47	0.06	23.5	20.9
28～62	6.2	4.3	2.6	0.63	0.36	24.7	22.0
62～95	5.7	4.1	2.2	0.59	0.38	24.2	20.4
95～120	5.3	4.0	2.3	0.54	0.54	24.4	21.7

8.2.7 东营坊系（**Dongyingfang Series**）

土　族：黏壤质混合型非酸性-斑纹简育冷凉淋溶土
拟定者：王秋兵，韩春兰，崔　东，王晓磊，荣　雪

分布与环境条件　本土系分布于辽宁省东部低山丘陵坡中部，坡洪积物母质，耕地，一年一熟。温带湿润大陆性季风气候，年均气温为 6.9 ℃，年均降水量为 778 mm。

土系特征与变幅　诊断层包括淡薄表层、黏化层，诊断特性包括冷性土壤温度状况、湿润土壤水分状况、氧化还原特征。本土系发育在坡洪积物上，土体中有 10%～15%风化程度不一、磨圆

东营坊系典型景观

度很高的砾石；淡薄表层有机质含量 13.7 g/kg，以下各层有机质含量 2.6～6.9 g/kg；黏化层上界出现在土表至 50 cm 范围内，厚度大于 100 cm，强度发育的小核状结构，黏粒含量 300～520 g/kg；地表向下 50 cm 以内开始出现铁锈斑纹和铁锰结核；土壤呈微酸性，pH 5.8～6.3。阳离子交换量 9.6～13.8 cmol/kg。

对比土系　同土族的土系有头道沟系。头道沟系土体中不含砾石，表层土壤质地为壤土类，有硅粉淀积。

利用性能综述　本土系土层深厚，通体质地较黏重，保水保肥，但通体含有较多量砾石，影响耕作，适宜种植玉米等作物。土体所处位置坡度较大，水土流失严重，在利用改良方面，应加强水土保持。

参比土种　砾石山根土（砾石坡洪积潮棕壤）。

代表性单个土体　位于辽宁省本溪市本溪满族自治县东营坊乡东营坊村四组，41°13′43.2″N，124°30′52.1″E，海拔 363 m，地形为丘陵，成土母质为坡洪积物，目前利用方式为耕地，种植玉米。野外调查时间为 2010 年 10 月 16 日，编号 21-138。

东营坊系代表性单个土体剖面

Ap: 0～17 cm，浊黄橙色（10YR 7/3，干），暗棕色（10YR 3/4，润）；黏壤土，强度发育的小团块结构，疏松；中量细根，少量小块风化程度不一、磨圆度很高的砾石；向下平滑清晰过渡。

Btr1: 17～35 cm，浊黄橙色（10YR 7/4，干），亮黄棕色（10YR 6/8，润）；粉质黏壤土，强度发育的小团块结构，疏松；少量细根，大量黏粒胶膜和少量铁锰结核，中量风化程度不一、磨圆度很高的砾石，并以中块居多；向下波状清晰过渡。

Btr2: 35～63 cm，浊黄橙色（10YR 7/4，干），亮黄棕色（10YR 6/8，润）；黏壤土，强度发育的小核状结构，坚实；很少量细根，少量铁锈斑纹，大量黏粒胶膜，少量铁锰结核，中量风化程度不一、磨圆度很高的砾石，并以中块居多；向下平滑清晰过渡。

Btr3: 63～94 cm，亮黄棕色（10YR 7/6，干），亮黄棕色（10YR 6/6，润）；粉质黏壤土，强度发育的小核状结构，坚实；很少量细根，中量铁锈斑纹，大量黏粒胶膜，少量铁锰结核，多量风化程度不一、磨圆度很高的砾石，并以中块小块居多；向下平滑清晰过渡。

Btr4: 94～120 cm，亮黄棕色（10YR 7/6，干），黄橙色（7.5YR 7/8，润）；黏土，发育中等的小团块状结构，疏松；很少量细根，中量铁锈斑纹，大量黏粒胶膜，少量铁锰结核，多量风化程度不一、磨圆度很高的砾石，并以中块小块居多，偶见大块。

东营坊系代表性单个土体物理性质

| 土层 | 深度/cm | 砾石(>2 mm, 体积分数)/% | 细土颗粒组成(粒径: mm)/(g/kg) | | | 质地 | 容重/(g/cm³) |
			砂粒 2～0.05	粉粒 0.05～0.002	黏粒 <0.002		
Ap	0～17	2	343	326	331	黏壤土	1.32
Btr1	17～35	6	191	466	343	粉质黏壤土	1.39
Btr2	35～63	9	201	457	342	黏壤土	—
Btr3	63～94	30	159	499	342	粉质黏壤土	—
Btr4	94～120	25	162	322	516	黏土	—

东营坊系代表性单个土体化学性质

| 深度/cm | pH | | 有机质/(g/kg) | 全氮(N)/(g/kg) | 全磷(P_2O_5)/(g/kg) | 全钾(K_2O)/(g/kg) | 阳离子交换量/(cmol/kg) |
	H_2O	KCl					
0～17	5.8	4.7	13.7	1.16	1.97	22.4	9.6
17～35	6.2	4.9	6.9	0.71	1.26	34.2	10.2
35～63	6.3	4.8	4.5	0.55	1.30	30.7	11.2
63～94	6.1	4.4	3.4	0.50	1.36	33.2	13.8
94～120	6.1	4.5	2.6	0.45	1.38	29.2	12.1

8.2.8 八宝系（Babao Series）

土　族：黏壤质硅质混合型非酸性-斑纹简育冷凉淋溶土
拟定者：王秋兵，韩春兰

分布与环境条件　本土系分布于辽宁省北部平原，冲积物母质，水田，种植水稻，一年一熟。温带湿润大陆性季风气候，年均气温 7.0 ℃，年均降水量 660 mm，年均日照时数 2585 h，无霜期 145 d。

土系特征与变幅　诊断层包括淡薄表层、黏化层，诊断现象包括水耕现象，诊断特性包括冷性土壤温度状况、湿润土壤水分状况、氧化还原特征。本土系发育在冲积物上，由于种植水稻，A

八宝系典型景观

层有多量锈纹锈斑（红棕色 2.5YR 4/6，润）；淡薄表层有机质含量 14.5 g/kg，以下各层有机质含量 8.3～15.5 g/kg，与上层相差不大；黏化层上界出现在土表至 50 cm 范围内，中度发育中团块状结构，通体黏粒含量 280～420 g/kg；土壤呈弱酸性至中性，pH 6.3～6.9。

对比土系　同土族的土系有头道沟系和东营坊系。东营坊系土体中有中量砾石，表层土壤质地为黏壤土，无硅粉淀积。头道沟系土体中不含砾石，表层土壤质地为粉壤土，有硅粉淀积。

利用性能综述　本土系所处地地势平坦，土层深厚，水热协调，土壤较黏重，保水性较好，土壤肥力较高，生产性能好，适种作物广，是辽宁省粮食的主产区。盛产玉米、高粱、谷子、大豆、花生和蔬菜等。在灌溉条件好的地方也适合种植水稻，产量较高。

参比土种　营口潮黄土（壤质深淀黄土状潮棕壤）。

代表性单个土体　位于辽宁省铁岭市开原市八宝镇八宝村，41°34′21.5″N，123°54′19.4″E，海拔 89 m，平原，地势平坦，成土母质为冲积物，土地利用类型为水田，种植水稻。野外调查时间为 2011 年 5 月 14 日，编号 21-224。

八宝系代表性单个土体剖面

Ap: 0～22 cm，灰黄棕色（10YR 6/2，干），浊黄棕色（10YR 4/3，润）；粉质黏土，中度发育大棱块状结构，干时稍坚硬，湿时坚实，稍黏着，中塑；多量粗和中、细水稻根，有中量潜育斑（黄灰色 2.5Y 5/1，润），结构体表面有多量直径为 5～10 mm 与周围土体对比度明显的锈纹锈斑（红棕色 2.5YR 4/6，润），清晰；向下平滑清晰过渡。

Br1: 22～44 cm，浊黄橙色（10YR 7/2，干），棕色（10Y 4/4，润）；粉质黏壤土，中度发育中团块状结构，湿时疏松；稍黏着，中塑；少量中和细水稻根，结构体表面有中量直径为 2～5 mm 与周围土体对比度明显的锈纹锈斑，清晰；向下平滑清晰过渡。

Br2: 44～74 cm，浊黄橙色（10YR 6/3，干），暗棕色（10YR 3/4，润）；黏壤土，中度发育中团块状结构，湿时疏松；黏着，中塑；极少细根；向下平滑模糊过渡。

BC: 74～110 cm，浊黄橙色（10YR 6/3，干），暗棕色（10YR 3/3，润）；黏壤土，弱度发育的中团块结构，湿时疏松；黏着，中塑。

八宝系代表性单个土体物理性质

土层	深度 /cm	砾石 (> 2 mm，体积分数)/%	细土颗粒组成(粒径：mm)/(g/kg)			质地	容重 /(g/cm³)
			砂粒 2～0.05	粉粒 0.05～0.002	黏粒 < 0.002		
Ap	0～22	0	20	561	419	粉质黏土	1.32
Br1	22～44	0	173	478	349	粉质黏壤土	1.36
Br2	44～74	0	219	450	331	黏壤土	1.35
BC	74～110	0	210	507	283	黏壤土	1.33

八宝系代表性单个土体化学性质

深度 /cm	pH		有机质 /(g/kg)	全氮(N) /(g/kg)	全磷(P₂O₅) /(g/kg)	全钾(K₂O) /(g/kg)	阳离子交换量 /(cmol/kg)
	H₂O	KCl					
0～22	6.3	5.0	14.5	1.19	0.57	14.9	19.5
22～44	6.7	—	8.3	0.90	7.76	14.1	14.3
44～74	6.8	—	11.2	1.00	0.51	19.3	27.8
74～110	6.9	—	15.5	1.21	0.78	15.0	29.7

8.2.9 头道沟系（Toudaogou Series）

土　　族：黏壤质混合型非酸性-斑纹简育冷凉淋溶土
拟定者：王秋兵，韩春兰，刘杨杨，顾欣燕

分布与环境条件　本土系分布于辽宁省北部的丘陵漫岗，成土母质为黄土状物质，耕地，种植玉米，一年一熟。温带半湿润大陆性季风气候，年均气温 7.0 ℃，年均降水量 607.5 mm，年均日照时数 2776 h，作物生长期有效日照时数 1749 h，无霜期 148 d。

土系特征与变幅　诊断层包括淡薄表层、黏化层，诊断特性包括冷性土壤温度状况、湿润

头道沟系典型景观

土壤水分状况、氧化还原特征。本土系发育在黄土状沉积物上；淡薄表层有机质含量 2.0～10.6 g/kg，以下各层有机质含量逐渐减少；黏化层上界出现在土表至 50 cm 范围内，厚度大于 100 cm，中度发育的中团块结构至强度发育的大团块结构，黏粒含量 190～270 g/kg；土体中有大量硅粉，土壤呈微酸性，pH 5.7～7.4。

对比土系　同土族的土系有东营坊。东营坊系土体中有中量砾石，表层土壤质地为黏壤土类，无硅粉淀积。

利用性能综述　本土系土层深厚，水热协调，质地偏黏，保水保肥，抗旱抗涝，土性热潮，肥劲长，土壤肥力较高，生产性能好，适种作物广，是辽宁省粮棉生产的主产区。适种玉米、高粱、谷子、大豆、棉花、花生和蔬菜等作物。

参比土种　新城子板潮黄土（壤质浅淀黄土状潮棕壤）。

代表性单个土体　位于辽宁省铁岭市昌图县头道沟镇八宝村，42°52′54″N，123°44′52″E，海拔 93 m，地形为漫岗，成土母质为黄土状物质，土地利用类型为耕地，种植玉米、花生。野外调查时间为 2011 年 10 月 12 日，编号 21-315。

21-315

头道沟系代表性单个土体剖面

Ap:　0～15 cm，浊黄橙色（10YR 6/3，干），棕色（10YR 4/6，润）；粉壤土，弱度发育的小团块结构，疏松，稍黏着，稍塑；少量小的铁锰结核；向下波状清晰过渡。

ABr：15～27 cm，浊黄橙色（10YR 6/4，干），棕色（10YR 4/4，润）；粉壤土，中度发育的中团块结构，疏松，稍黏着，稍塑；中量细根，很少铁锰结核；向下平滑清晰过渡。

Btq1：27～53 cm，浊黄橙色（10YR 7/4，干），亮黄棕色（10YR 6/6，润）；壤土，中度发育的中团块结构，坚实，稍黏着，稍塑；少量细根，中量黏粒胶膜，中量硅粉；向下平滑清晰过渡。

Btq2：53～74 cm，浊黄橙色（10YR 7/3，干），黄棕色（10YR 5/6，润）；壤土，强度发育的大团块结构，极坚实，稍黏着，中塑；很少极细根系，极多黏粒胶膜，极多硅粉；向下平滑模糊过渡。

Btq3：74～117 cm，淡黄橙色（10YR 8/3，干），棕色（10YR 4/4，润）；粉壤土，弱度发育的很大的棱块状结构，极坚实；黏着，中塑；极多黏粒胶膜，极多硅粉，少量铁锰胶膜。

头道沟系代表性单个土体物理性质

| 土层 | 深度/cm | 砾石（>2 mm，体积分数）/% | 细土颗粒组成(粒径：mm)/(g/kg) | | | 质地 | 容重/(g/cm³) |
			砂粒 2～0.05	粉粒 0.05～0.002	黏粒 <0.002		
Ap	0～15	0	239	561	200	粉壤土	1.27
ABr	15～27	0	270	528	202	粉壤土	1.32
Btq1	27～53	0	334	426	240	壤土	1.38
Btq2	53～74	0	235	499	266	壤土	1.42
Btq3	74～117	0	209	562	229	粉壤土	1.46

头道沟系代表性单个土体化学性质

| 深度/cm | pH | | 有机质/(g/kg) | 全氮(N)/(g/kg) | 全磷(P₂O₅)/(g/kg) | 全钾(K₂O)/(g/kg) | 阳离子交换量/(cmol/kg) |
	H₂O	KCl					
0～15	5.7	3.9	10.6	1.43	1.72	16.8	15.4
15～27	5.9	4.1	9.3	1.38	1.18	17.6	17.8
27～53	6.1	5.2	2.8	1.04	1.18	17.3	19.4
53～74	7.4	—	1.7	0.92	1.25	17.7	18.0
74～117	6.2	5.4	2.0	0.95	1.34	17.8	16.7

8.2.10 黏泥岭系（Nianniling Series）

土　族：黏质伊利石混合型酸性-斑纹简育冷凉淋溶土
拟定者：王秋兵，韩春兰，邢冬蕾

分布与环境条件　本土系分布于辽宁省东部丘陵漫岗中下部，成土母质为黄土状物质，松林。温带半湿润大陆性季风气候，年均气温 3.9～5.4 ℃，年均降水量 700～850 mm，≥10 ℃的年活动积温 2497.5～2943.0 ℃，年均日照时数 2433 h，无霜期 120～139 d。

土系特征与变幅　诊断层包括淡薄表层、黏化层，诊断特性包括冷性土壤温度状况、湿润土壤水分状况、氧化还原特征。本土

黏泥岭系典型景观

系发育在黄土状物质上，土体厚度大于 150 cm；淡薄表层有机质含量 22.1 g/kg，以下各层有机质含量 2.6～4.1 g/kg；黏化层上界出现在土表至 50 cm 范围内，厚度 100 cm 以上，中度发育的小块状至大块状结构，黏粒含量 470～605 g/kg；地表 50 cm 以内开始出现暗红棕色（5YR 3/4，润）或橙色（7.5YR 6/6，润）铁锰斑纹；土壤呈酸性，pH 5.2～5.8；盐基饱和度通体 80%～90%，阳离子交换量 12.41～21.44 cmol/kg。

对比土系　同土族的土系有横道河系。横道河系的氧化还原特征出现在土表至 50 cm 范围下，有硅粉淀积。

利用性能综述　本土系土层深厚，质地黏重，干时坚硬，透水性差。土性冷且偏酸。目前为林地，林分质量欠佳，为改变次生林面貌，应坚持人工更新和天然更新相结合，逐渐培育质量好、产量高的针阔混交林。

参比土种　营口潮黄土（壤质深淀黄土状潮棕壤）。

代表性单个土体　位于辽宁省抚顺市草市镇公路旁，42°14′15.6″N，125°10′3.5″E，海拔 400 m，地形为丘陵，成土母质为黄土状物质，主要植被为落叶松林。野外调查时间为 2010 年 5 月 28 日，编号 21-073。

21-073

黏泥岭系代表性单个土体剖面

Oi： +2～0 cm，枯枝落叶层。

A： 0～15 cm，浊黄橙色（10YR 6/3，干），棕色（10YR 4/4，润）；粉壤土，中度发育的中粒状结构，疏松；大量细根、少量中根；向下不规则清晰过渡。

AB： 15～40 cm，浊黄橙色（10YR 6/3，干），亮黄棕色（10YR 6/6，润）；粉质黏土，中度发育小团块状、小团粒状结构，疏松；中量细根；向下不规则渐变过渡。

Btr1： 40～71 cm，浊黄橙色（10YR 7/4，干），黄棕色（10YR 5/6，润）；黏土，中度发育小块状结构，稍坚实；少量细根，少量暗红棕色（5YR 3/4，润）铁锰斑纹，结构体表面上有较多的黏粒胶膜；向下不规则渐变过渡。

Btr2： 71～109 cm，浊黄橙色（10YR 7/2，干），浊黄棕色（10YR 5/3，润）；黏土，中度发育的中块、大块状结构，稍坚实；少量细根，中量橙色（7.5YR 6/6，润）铁锰斑纹，结构面上有大量黏粒胶膜；向下不规则渐变过渡。

Btr3： 109～132 cm，浊黄橙色（10YR 7/2，干），浊黄棕色（10YR 5/3，润）；黏土，中度发育的大块状结构，稍坚实；少量细根，大量铁锰斑纹，结构面上有大量黏粒胶膜。

黏泥岭系代表性单个土体物理性质

| 土层 | 深度/cm | 砾石（>2 mm，体积分数)/% | 细土颗粒组成(粒径：mm)/(g/kg) | | | 质地 | 容重/(g/cm³) |
			砂粒 2～0.05	粉粒 0.05～0.002	黏粒 <0.002		
A	0～15	0	143	664	192	粉壤土	1.09
AB	15～40	0	112	410	478	粉质黏土	1.31
Btr1	40～71	0	49	358	594	黏土	1.39
Btr2	71～109	0	129	281	590	黏土	1.47
Btr3	109～132	0	175	220	605	黏土	1.52

黏泥岭系代表性单个土体化学性质

| 深度/cm | pH | | 有机质/(g/kg) | 全氮(N)/(g/kg) | 全磷(P₂O₅)/(g/kg) | 全钾(K₂O)/(g/kg) | 阳离子交换量/(cmol/kg) |
	H₂O	KCl					
0～15	5.6	4.1	22.1	2.07	3.69	18.4	17.2
15～40	5.2	3.6	4.1	1.31	2.85	16.9	12.4
40～71	5.2	3.5	3.7	1.24	2.23	13.4	17.8
71～109	5.5	3.5	2.6	1.11	2.90	15.6	21.4
109～132	5.8	3.6	3.9	1.25	3.17	17.8	16.8

8.2.11 横道河系（Hengdaohe Series）

土　族：黏质伊利石混合型酸性-斑纹简育冷凉淋溶土
拟定者：王秋兵，荣　雪，王晓磊，崔　东

分布与环境条件　本土系分布于辽宁省北部低山丘陵坡中下部，成土母质为黄土状物质，灌木林地，生长榛子、油松等。温带半湿润大陆性季风气候，年均气温 6.3 ℃，年均降水量 675 mm，年均日照时数 2600 h，无霜期 146 d。

横道河系典型景观

土系特征与变幅　诊断层包括淡薄表层、黏化层，诊断特性包括冷性土壤温度状况、湿润土壤水分状况、氧化还原特征。本土系发育在黄土状物质上；淡薄表层有机质含量 18.2 g/kg，以下各层有机质含量 2.1～6.1 g/kg；黏化层上界出现在土表至 50 cm 范围内，厚度 50 cm 以上，中等至较强发育的小团块、小棱块、中棱块结构，黏化层黏粒含量 310～470 g/kg；地表 50 cm 以下有少量铁锈斑纹和少量硅粉；土壤呈酸性，pH 5.3～5.7；阳离子交换量 13.6～17.7 cmol/kg。

对比土系　同土族的土系有黏泥岭系。黏泥岭系的氧化还原特征出现在 0～50 cm，无硅粉淀积。

利用性能综述　本土系土层深厚，质地黏重，干时坚硬，透水性差。土性冷且偏酸。目前为林地，林分质量欠佳，为改变次生林面貌，应坚持人工更新和天然更新相结合，逐渐培育质量好、产量高的针阔混交林。

参比土种　营口潮黄土（壤质深淀黄土状潮棕壤）。

代表性单个土体　位于辽宁省铁岭市铁岭县横道河子乡石砟沟村，42°2′35.4″N，123°50′20.8″E，海拔 174 m，地形为丘陵坡中下部，成土母质为黄土状物质，灌木林地，生长榛子、油松等。野外调查时间为 2010 年 10 月 1 日，编号 21-110。

21-110

横道河系代表性单个土体剖面

Oi:　+2～0 cm，枯枝落叶层。

Ah:　0～20 cm，棕色（7.5YR 4/4，干），暗棕色（7.5YR 3/4，润）；粉壤土，弱度发育的小团块结构，疏松；很少量粗根和多量细根；向下平滑清晰过渡。

AB:　20～45 cm，橙色（7.5YR 6/3，干），亮棕色（7.5YR 5/6，润）；粉壤土，中等发育的小团块结构，疏松；少量细根和多量极细根，少量黏粒胶膜；向下平滑渐变过渡。

Btq:　45～80 cm，橙色（7.5YR 6/6，干），橙色（7.5YR 6/8，润）；黏土，中等发育的小团块结构，疏松；很少量极细根，中量黏粒胶膜，大量硅粉；向下平滑渐变过渡。

Btrq1：80～110 cm，橙色（7.5YR 6/6，干），橙色（7.5YR 6/8，润）；黏壤土，发育较强的小棱块结构，坚实；很少量极细根，中量黏粒胶膜，少量铁锈斑纹，少量硅粉，偶见蚯蚓；向下平滑渐变过渡。

Btrq2：110～127 cm，橙色（7.5YR 7/6，干），橙色（7.5YR 6/8，润）；黏壤土，中等发育的中棱块状结构，坚实；很少量极细根，少量黏粒胶膜，少量铁锈斑纹，少量铁锰结核，少量硅粉。

横道河系代表性单个土体物理性质

土层	深度 /cm	砾石 (> 2 mm，体积分数)/%	细土颗粒组成(粒径: mm)/(g/kg)			质地	容重 /(g/cm³)
			砂粒 2～0.05	粉粒 0.05～0.002	黏粒 < 0.002		
Ah	0～20	0	318	557	126	粉壤土	1.16
AB	20～45	0	171	599	230	粉壤土	1.36
Btq	45～80	0	231	300	469	黏土	1.47
Btrq1	80～110	0	257	430	313	黏壤土	1.55
Btrq2	110～127	0	247	354	399	黏壤土	1.54

横道河系代表性单个土体化学性质

深度 /cm	pH		有机质 /(g/kg)	全氮(N) /(g/kg)	全磷(P₂O₅) /(g/kg)	全钾(K₂O) /(g/kg)	阳离子交换量 /(cmol/kg)
	H₂O	KCl					
0～20	5.7	4.4	18.2	1.18	0.98	31.0	14.0
20～45	5.5	4.0	6.1	0.52	0.51	30.8	13.9
45～80	5.3	3.7	3.5	0.39	0.87	31.7	17.7
80～110	5.3	3.5	3.0	0.34	0.63	27.2	13.6
110～127	5.7	3.5	2.1	0.27	0.51	54.5	13.6

8.2.12 普乐堡系（Pulepu Series）

土　　族：粗骨黏质硅质混合型酸性-斑纹简育冷凉淋溶土
拟定者：王秋兵，韩春兰，崔　东，王晓磊，荣　雪

分布与环境条件　本土系分布于辽宁省东部低丘山地坡的中部，母质为第四纪冰水沉积物、洪积物；旱地，种植玉米，一年一熟。温带湿润大陆性季风气候，年均气温为 6.9 ℃，年均降水量为 814 mm。

普乐堡系典型景观

土系特征与变幅　诊断层包括淡薄表层、黏化层，诊断特性包括冷性土壤温度状况、湿润土壤水分状况、氧化还原特征。本土系发育在第四纪冰水沉积物、洪积物上，通体含较多大小不一的砾石；淡薄表层有机质含量 36.2 g/kg，以下各层有机质含量 3.3～11.0 g/kg；黏化层上界出现在土表至 50 cm 范围内，厚度 100 cm 以上，强度发育的小团块结构或小棱块结构，通体黏粒含量 320～460 g/kg；地表 50 cm 以内开始一直到土体底部出现铁锰结核；土壤呈酸性，pH 5.0～5.2；阳离子交换量 10.5～11.3 cmol/kg。

对比土系　目前在同土族内没有其他土系。相似的土系有大窝棚系、查家系和东营坊系。大窝棚系颗粒大小级别为壤质，酸性反应；查家系颗粒大小级别为黏壤质，酸性反应；东营坊系颗粒大小级别为黏壤质，非酸性反应。

利用性能综述　本土系土层深厚，通体质地较黏重，保水保肥，但通体含有较多量砾石，影响耕作，适宜种植玉米等作物。土体所处位置坡度较大，水土流失严重，在利用改良方面，应加强水土保持。

参比土种　坡黄土（壤质坡积棕壤）。

代表性单个土体　位于辽宁省本溪市桓仁满族自治县普乐堡镇大青沟村，41°9′55.5″N，125°6′3.3″E，海拔 367 m，地形为丘陵，成土母质为第四纪冰水沉积物，目前利用方式为耕地，种植玉米。野外调查时间为 2010 年 10 月 16 日，编号 21-137。

普乐堡系代表性单个土体剖面

Ap:　0～14 cm，浊橙色（7.5YR 7/3，干），暗棕色（10YR 3/4，润）；黏壤土，强度发育的中棱块结构，干时坚硬，润时疏松；中量细根，很少量小角状新鲜的岩石碎屑；向下平滑清晰过渡。

AB:　14～38 cm，亮黄棕色（10YR 6/6，干），亮棕色（7.5YR 5/6，润）；粉质黏壤土，强度发育的中棱块结构，干时坚硬，润时疏松；中量细根，多量角状和扁平状岩石碎屑，其中少量中块，大量大块；向下平滑渐变过渡。

Btr1:　38～62 cm，橙色（7.5YR 6/8，干），亮棕色（7.5YR 5/6，润）；粉质黏土，强度发育的小团块结构，干时极坚硬，润时疏松；少量细根，中量黏粒胶膜和少量铁锰结核，多量大小不一的岩石碎屑，其中大量中块，少量小块，偶见大块；向下平滑渐变过渡。

Btr2：62～96 cm，橙色（7.5YR 6/8，干），亮红棕色（5YR 5/8，润）；粉质黏土，强度发育的小团块结构，干时极坚硬，润时疏松；很少量细根，中量黏粒胶膜和铁锰结核，多量大小不一的岩石碎屑，其中大量小块和很小块，少量中块；向下平滑渐变过渡。

Btr3：96～120 cm，黄橙色（7.5YR 7/8，干），橙色（7.5YR 6/8，润）；粉质黏土，强度发育的小棱块结构，干时极坚硬，润时疏松；很少量细根，多量黏粒胶膜和中量铁锰结核，中量大小不一的岩石碎屑，其中大量中块。

普乐堡系代表性单个土体物理性质

土层	深度/cm	砾石（> 2 mm，体积分数)/%	细土颗粒组成(粒径：mm)/(g/kg)			质地	容重/(g/cm³)
			砂粒 2～0.05	粉粒 0.05～0.002	黏粒 < 0.002		
Ap	0～14	1	391	276	333	黏壤土	1.24
AB	14～38	30	95	539	366	粉质黏壤土	—
Btr1	38～62	45	75	485	441	粉质黏土	—
Btr2	62～96	50	71	471	458	粉质黏土	—
Btr3	96～120	70	70	485.27	440	粉质黏土	—

普乐堡系代表性单个土体化学性质

深度/cm	pH		有机质/(g/kg)	全氮(N)/(g/kg)	全磷(P₂O₅)/(g/kg)	全钾(K₂O)/(g/kg)	阳离子交换量/(cmol/kg)
	H₂O	KCl					
0～14	5.2	4.0	36.2	2.20	0.85	33.0	11.2
14～38	5.5	4.0	11.0	1.22	1.66	31.4	11.2
38～62	5.0	3.9	4.2	0.98	1.52	37.4	11.3
62～96	5.0	3.9	3.7	0.72	1.61	28.5	10.7
96～120	5.1	3.9	3.3	0.67	2.24	24.8	10.5

8.2.13 大窝棚系（Dawopeng Series）

土　族：壤质混合型酸性-斑纹简育冷凉淋溶土
拟定者：王秋兵，韩春兰，邢冬蕾

分布与环境条件　本土系分布于辽宁省东部丘陵漫岗坡下部，成土母质为黄土状物质，半荒地。温带半湿润大陆性季风气候，年均气温 3.9～5.4 ℃，年均降水量 700～850 mm，年均日照时数 2433 h，≥10 ℃的年活动积温 2497.5～2943.0 ℃，无霜期 120～139 d。

大窝棚系典型景观

土系特征与变幅　诊断层包括淡薄表层、黏化层；诊断特性包括冷性土壤温度状况、湿润土壤水分状况、氧化还原特征。本土系发育在黄土状物质上，由于冰川融水的搬运、分选作用，形成有一定层理和分选的沉积层次，土体中含较多砾石和小岩屑；淡薄表层有机质含量 13.3 g/kg，以下各层有机质含量 2.4～7.0 g/kg；黏化层上界出现在土表至 50 cm 范围内，厚度不足 50 cm，中度中块状结构，通体黏粒含量 200～440 g/kg，上砂下黏；地表 50 cm 以下有大量浊红棕色（2.5YR 5/4）斑纹、少量黑棕色（10YR 2/2）铁锰结核；土壤呈酸性，pH 4.8～5.7；阳离子交换量 8.9～19.7 cmol/kg。

对比土系　目前在同土族内没有其他土系。相似的土壤有普乐堡系和查家系。普乐堡系颗粒大小级别为粗骨黏质，在 50 cm 内出现氧化还原特征。查家系颗粒大小级别为黏壤质。

利用性能综述　本土系土层深厚，质地黏重，干时坚硬，透水性差。土性冷且偏酸。目前为林地，林分质量欠佳，为改变次生林面貌，应坚持人工更新和天然更新相结合，逐渐培育质量好、产量高的针阔混交林。

参比土种　大甸子黄土（中腐黄土状棕壤）。

代表性单个土体　位于辽宁省抚顺市清原满族自治县草市镇粘泥岭村大窝棚，42°13′42.3″N，125°10′18.8″E，海拔 411 m，地形为丘陵坡下部，成土母质为黄土状物质，植被为杂草，种有一些松树苗。野外调查时间为 2009 年 10 月 19 日，编号 21-003。

Oi：+2～0 cm，枯枝落叶层。

Ah：0～18 cm，浊黄橙色（10YR 7/4，干），浊黄棕色（10YR 5/4，润）；壤土，弱小团块结构，疏松；大量细根；向下平滑渐变过渡。

21-003

大窝棚系代表性单个土体剖面

AB：18～36 cm，浊黄橙色（10YR 7/4，干），浊黄橙色（10YR 6/4，润）；粉壤土，中度发育中团块状结构，疏松；中量根系，结构体表面有少量黏粒胶膜；向下平滑清晰过渡。

Bt：36～66 cm，浊黄橙色（10YR 6/4，干），棕色（7.5YR 5/4，润）；粉壤土，中度发育中块状结构，稍坚实；很少量根系，结构体表面有中量黏粒胶膜，含有少量岩屑；向下平滑清晰过渡。

Btr1：66～82 cm，浊橙色（10YR 6/4，干），棕色（7.5YR 4/4，润）；壤土，中度发育中块状结构；结构面有少量黏粒胶膜，有少量黑棕色（10YR 2/2）铁锰结核，含有少量岩屑；向下平滑清晰过渡。

Btr2：82～103 cm，浊黄橙色（10YR 7/4，干），浊棕色（7.5YR 5/4，润）；黏土，中度发育大块状结构；有大量浊红棕色（2.5YR 5/4）斑纹，有少量黑棕色（10YR 2/2）铁锰结核，岩屑较多；向下平滑清晰过渡。

Btr3：103～130 cm，浊黄橙色（10YR 7/2，干），浊棕色（7.5YR 7/4，润）；黏土，强发育大块状结构；大量浊红棕色（2.5YR 5/4）斑纹，有少量黑棕色（10YR 2/2）铁锰结核，岩屑较多。

大窝棚系代表性单个土体物理性质

土层	深度 /cm	砾石 (>2 mm，体积分数)/%	细土颗粒组成(粒径：mm)/(g/kg)			质地	容重 /(g/cm³)
			砂粒 2～0.05	粉粒 0.05～0.002	黏粒 <0.002		
Ah	0～18	0	432	428	140	壤土	1.13
AB	18～36	0	315	517	168	粉壤土	1.32
Bt	36～66	1	257	535	208	粉壤土	1.40
Btr1	66～82	6	374	415	211	壤土	1.47
Btr2	82～103	12	285	295	420	黏土	1.52
Btr3	103～130	20	232	328	440	黏土	1.53

大窝棚系代表性单个土体化学性质

深度 /cm	pH		有机质 /(g/kg)	全氮(N) /(g/kg)	全磷(P_2O_5) /(g/kg)	全钾(K_2O) /(g/kg)	阳离子交换量 /(cmol/kg)
	H_2O	KCl					
0～18	4.8	3.5	13.3	1.50	2.65	12.8	8.9
18～36	5.0	3.3	7.0	1.29	3.02	12.2	14.4
36～66	5.3	3.2	3.6	1.17	3.96	12.4	17.5
66～82	5.3	3.3	2.4	0.96	2.82	13.1	13.0
82～103	5.6	3.5	3.1	1.06	2.60	13.1	19.7
103～130	5.7	3.5	3.3	1.07	4.30	12.9	17.9

8.2.14 查家系（Zhajia Series）

土　族：黏壤质混合型酸性-斑纹简育冷凉淋溶土
拟定者：王秋兵，李　岩，邢冬蕾，白晨辉

分布与环境条件　本土系分布于辽宁省东部丘陵漫岗基部，二元母质，上部为黄土状物质，下部为古红土；针阔混交林。温带湿润大陆性季风气候，年均气温4.6 ℃，年均降水量 750～850 mm，年均日照时数 2230～2520 h，无霜期 150 d。

土系特征与变幅　诊断层包括淡薄表层、黏化层；诊断特性包括冷性土壤温度状况、湿润土壤水分状况、氧化还原特征。本土

查家系典型景观

系发育在二元母质上，上部为黄土状物质，100 cm 以下是古红土；淡薄表层有机质含量 17.0 g/kg，以下各层有机质含量 1.7～8.0 g/kg；地表向下 50 cm 以内出现黏化层，厚度大于 100 cm，中等发育至强度发育的小团块、中棱块或大棱块结构，黏粒含量 320～450 g/kg；通体有多量小铁锰斑纹；土壤呈酸性，pH 5.0～5.5；阳离子交换量 12.7～18.2 cmol/kg。

对比土系　目前在同土族内没有其他土系。相似的土壤有普乐堡系和大窝棚系。普乐堡系颗粒大小级别为粗骨黏质，在 50 cm 内出现氧化还原特征。大窝棚系颗粒大小级别为壤质。

利用性能综述　本土系所处位置气候冷凉，土体深厚，质地黏重，干时坚硬，透水性差。另外，土体所处位置坡度大，水土流失严重。在利用改良方面，应加强水土保持。

参比土种　大甸子黄土（中腐黄土状棕壤）。

代表性单个土体　位于辽宁省抚顺市新宾满族自治县红庙子乡查家村，41°31′54.3″N，125°3′49.9″E，海拔 497 m，丘陵漫岗基部，二元母质，上部为黄土状物质，下部为古红土，现利用方式为林地，植被为落叶松。野外调查时间为 2010 年 10 月 6 日，编号 21-121。

查家系代表性单个土体剖面

Ah：0～17 cm，浊黄橙色（10YR 6/3，干），黑棕色（10YR 3/4，润）；砂质黏壤土，弱发育的小团块结构，疏松；少量细根和极少量中根；向下平滑清晰过渡。

AB：17～42 cm，浊黄橙色（10YR 7/2，干），棕色（10YR 4/4，润）；黏壤土，发育较强的中小团块状结构，疏松；很少量中根和细根；向下平滑清晰过渡。

Bt：42～60 cm，浊黄橙色（10YR 7/3，干），浊棕色（7.5YR 5/4，润）；黏壤土，强度发育的小团块结构，坚实；很少量中根和细根，中量黏粒胶膜，少量岩石碎屑；向下平滑模糊过渡。

Btr：60～101 cm，浊橙色（7.5YR 7/3，干），浊棕色（7.5YR 5/3，润）；黏壤土，中等发育的中棱块结构，坚实；极少量细根，中量黏粒胶膜，少量铁锈斑纹；向下平滑清晰过渡。

2Bt1：101～118 cm，暗红棕色（5YR 3/4，干），浊红棕色（5YR 4/3，润）；黏壤土，中等发育的大棱块结构，坚实；中量黏粒胶膜；向下平滑模糊过渡。

2Bt2：118～140 cm，浊橙色（7.5YR 7/3，干），浊红棕色（5YR 5/3，润）；黏土，强度发育的大棱块结构，坚实；中量黏粒胶膜。

查家系代表性单个土体物理性质

土层	深度/cm	砾石(> 2 mm, 体积分数)/%	细土颗粒组成(粒径：mm)/(g/kg)			质地	容重/(g/cm³)
			砂粒 2~0.05	粉粒 0.05~0.002	黏粒 < 0.002		
Ah	0～17	0	520	220	261	砂质黏壤土	1.22
AB	17～42	0	350	366	284	黏壤土	1.37
Bt	42～60	3	445	335	320	黏壤土	1.33
Btr	60～101	0	258	405	338	黏壤土	1.46
2Bt1	101～118	0	372	240	388	黏壤土	1.49
2Bt2	118～140	0	332	223	445	黏土	1.48

查家系代表性单个土体化学性质

深度/cm	pH		有机质/(g/kg)	全氮(N)/(g/kg)	全磷(P₂O₅)/(g/kg)	全钾(K₂O)/(g/kg)	阳离子交换量/(cmol/kg)
	H₂O	KCl					
0～17	5.5	4.0	17.0	1.39	2.90	34.3	16.6
17～42	5.0	4.0	8.0	0.91	1.50	25.8	12.7
42～60	5.1	3.9	3.1	0.69	1.00	24.8	18.2
60～101	5.0	4.0	2.4	0.61	1.27	22.5	13.5
101～118	5.2	4.1	1.7	0.49	1.63	29.2	14.3
118～140	5.5	4.1	2.1	0.55	1.93	32.9	18.0

8.2.15　马架子系（Majiazi Series）

土　族：黏壤质硅质混合型非酸性-普通简育冷凉淋溶土
拟定者：王秋兵，李　岩，邢冬蕾，白晨辉

分布与环境条件　本土系分布于辽宁省东部丘陵漫岗中上部，成土母质为酸性火成岩或变质岩坡积物；常绿针阔混交林。温带湿润大陆性季风气候，年均气温 3.9～5.4 ℃，年均降水量 700～850 mm，年均日照时数 2433 h，≥10 ℃的年活动积温 2497.5～2943.0 ℃，无霜期 120～139 d。

马架子系典型景观

土系特征与变幅　诊断层包括淡薄表层、黏化层；诊断特性包括冷性土壤温度状况、湿润土壤水分状况。本土系发育在酸性火成岩或变质岩坡积物上，土体中有少量小块状新鲜的岩石碎屑；淡薄表层有机质含量 34.1 g/kg，其下有机质含量锐减为 2.1～7.5 g/kg；黏化层上界出现在土表至 50 cm 范围内，厚度大于 60 cm，强度发育的小棱块结构，黏粒含量 126～310 g/kg；土壤表层呈酸性，pH 5.4，向下呈微酸性，pH 5.6～5.9；阳离子交换量 7.1～10.2 cmol/kg。

对比土系　同土族无其他土系。相似的土系有苇子峪系。苇子峪系具混合型土壤矿物学类型，黏化层厚度 46 cm，表层土壤质地为黏壤土类，还具有铁质特性。

利用性能综述　该土系所处位置气候冷凉湿润，植被为乔木灌木林，郁闭度较大，土层深厚，土壤微酸，有机质积累较多，腐殖质也比较厚，养分含量较为丰富，自然植被长势良好，但易产生水蚀-片蚀，不宜开垦，适合发展林业。

参比土种　大甸子黄土（中腐黄土状棕壤）。

代表性单个土体　位于辽宁省抚顺市清原满族自治县湾甸子镇马架子村，41°56′40.6″N，125°4′7.1″E，海拔 498 m，地形为丘陵的中上部，成土母质为酸性火成岩或变质岩坡积物，林地，植被为针阔叶林。野外调查时间为 2010 年 10 月 7 日，编号 21-129。

21-129

马架子系代表性单个土体剖面

Oi：+3～0 cm，枯枝落叶层。

Ah：0～26 cm，浊黄棕色（10YR 5/4，干），暗棕色（10YR 3/4，润）；壤土，中等发育的小团粒状结构，疏松；很少量粗根、中量中根和大量细根，少量小块状岩石碎屑；向下平滑清晰过渡。

Bt1：26～42 cm，浊黄橙色（10YR 7/3，干），浊黄棕色（10YR 5/4，润）；黏壤土，强度发育的小棱块结构，疏松；很少量粗根、少量中根和细根，少量小块状岩石碎屑；向下平滑清晰过渡。

Bt2：42～59 cm，淡黄橙色（10YR 8/3，干），浊黄棕色（10YR 5/4，润）；壤土，中等发育的小棱块结构，疏松；很少量中根和少量细根，较多明显的黏粒胶膜；向下平滑清晰过渡。

Bt3：59～92 cm，淡黄橙色（10YR 8/3，干），黄棕色（10YR 5/6，润）；壤土，弱度发育的小棱块结构，疏松；很少量中根和少量细根，少量明显的黏粒胶膜，小块状岩石碎屑较多；向下平滑清晰过渡。

C：　92～130 cm，浊黄橙色（10YR 6/4，干），黄棕色（10YR 5/4，润）；壤土，疏松；少量中根和少量细根，少量小块状岩石碎屑。

马架子系代表性单个土体物理性质

| 土层 | 深度/cm | 砾石（>2 mm，体积分数)/% | 细土颗粒组成(粒径：mm)/(g/kg) | | | 质地 | 容重/(g/cm³) |
			砂粒 2～0.05	粉粒 0.05～0.002	黏粒 <0.002		
Ah	0～26	1	408	381	210	壤土	1.19
Bt1	26～42	2	322	370	309	黏壤土	1.33
Bt2	42～59	0	392	342	266	壤土	1.42
Bt3	59～92	10	445	300	255	壤土	1.42
C	92～130	2	474	339	187	壤土	1.49

马架子系代表性单个土体化学性质

| 深度/cm | pH | | 有机质/(g/kg) | 全氮(N)/(g/kg) | 全磷(P₂O₅)/(g/kg) | 全钾(K₂O)/(g/kg) | 阳离子交换量/(cmol/kg) |
	H₂O	KCl					
0～26	5.4	4.2	34.1	2.04	3.24	22.4	10.1
26～42	5.6	3.9	7.5	0.73	1.07	27.9	7.1
42～59	5.7	4.0	2.6	0.33	0.47	31.2	7.6
59～92	5.9	4.2	3.8	0.48	0.78	30.5	9.7
92～130	5.8	3.7	2.1	0.33	0.96	28.4	10.2

8.2.16　苇子峪系（Weiziyu Series）

土　　族：黏壤质混合型非酸性-普通简育冷凉淋溶土
拟定者：王秋兵，韩春兰，崔　东，王晓磊，荣　雪

分布与环境条件　本土系分布
于辽宁省东部丘陵山地坡中部，
成土母质为页岩残积物；林地，
生长落叶松，局部已开垦为耕
地。温带湿润大陆性季风气候，
年均气温为 5～7 ℃，年均降水
量 760～790 mm，年均日照时数
2230～2520 h，无霜期 130～
150 d。

苇子峪系典型景观

土系特征与变幅　诊断层包括
淡薄表层、黏化层，诊断特性包
括冷性土壤温度状况、湿润土壤
水分状况、铁质特性。本土系发育在页岩残积物上，土体中有多量岩屑；淡薄表层有机
质含量 36.1 g/kg，以下各层有机质含量锐减为 3.2～5.8 g/kg；黏化层上界出现在土表至
50 cm 范围内，厚度大于 60 cm，弱团粒状结构，黏粒含量 330～340 g/kg；土壤通体呈
微酸性，pH 5.8～5.9；阳离子交换量 12.7～18.2 cmol/kg。

对比土系　同土族无其他土系。相似的土系有马架子系。马架子系具硅质混合型土壤矿
物学类型，没有铁质特性，黏化层厚度小于 50 cm，表层质地为壤土类。

利用性能综述　该土系土壤土层较薄，质地较黏，砾石较多，保水保肥能力较差；坡度
较大，水土流失严重。宜种植耐旱耐瘠薄的作物，加强水土保持措施。

参比土种　坡黄土（壤质坡积棕壤）。

代表性单个土体　位于辽宁省抚顺市新宾满族自治县苇子峪乡偏砬河村，41°26′49.5″N，
124°35′32.6″E，海拔 363 m，地形为丘陵中部，成土母质为发育在页岩上的残积物，旱
地，种植玉米，间种辣椒。野外调查时间为 2010 年 10 月 14 日，编号 21-130。

苇子峪系代表性单个土体剖面

Ap: 0～14 cm，灰红色（2.5YR 5/2，干），暗棕色（7.5YR 3/4，润）；黏壤土，中等发育的团粒结构，疏松；中量细根；向下平滑清晰过渡。

Bt1: 14～37 cm，灰红色（2.5YR 6/2，干），浊红棕色（5YR 4/3，润）；黏壤土，弱度发育的团粒结构，疏松；少量细根，中量黏粒胶膜，中量岩石碎屑；向下平滑渐变过渡。

Bt2: 37～60 cm，灰红色（2.5YR 6/2，干），浊红棕色（5YR 4/3，润）；黏壤土，弱度发育的团粒结构，疏松；很少量细根，少量黏粒胶膜，大量角状风化的岩石碎屑；向下平滑清晰过渡。

C: 60～80 cm，浊红棕色（2.5YR 5/3，干），暗红棕色（5YR 3/4，润）；弱风化的页岩。

苇子峪系代表性单个土体物理性质

| 土层 | 深度/cm | 砾石（>2 mm，体积分数)/% | 细土颗粒组成(粒径: mm)/(g/kg) | | | 质地 | 容重/(g/cm³) |
			砂粒 2～0.05	粉粒 0.05～0.002	黏粒 <0.002		
Ap	0～14	1	243	466	292	黏壤土	1.20
Bt1	14～37	3	252	410	338	黏壤土	1.38
Bt2	37～60	30	334	334	332	黏壤土	—
C	60～80	60	—	—	—	—	—

苇子峪系代表性单个土体化学性质

| 深度/cm | pH | | 有机质/(g/kg) | 全氮(N)/(g/kg) | 全磷(P₂O₅)/(g/kg) | 全钾(K₂O)/(g/kg) | 阳离子交换量/(cmol/kg) |
	H₂O	KCl					
0～14	5.9	4.7	36.1	2.50	0.45	24.2	16.6
14～37	5.8	4.2	5.8	1.05	1.49	30.0	12.7
37～60	5.9	4.3	3.2	0.91	0.08	31.9	18.2
60～80	—	—	—	—	—	—	—

8.2.17 南四平系（Nansiping Series）

土　族：壤质硅质混合型非酸性-普通简育冷凉淋溶土
拟定者：王秋兵，李　岩，邢冬蕾，白晨辉

分布与环境条件　本土系分布于辽宁省东部丘陵山地坡下部，坡积物母质；针阔混交林。温带湿润大陆性季风气候，年均气温 4.6 ℃，年均降水量 750～850 mm，年均日照时数 2230～2520 h，无霜期 150 d。

土系特征与变幅　诊断层包括淡薄表层、黏化层，诊断特性包括冷性土壤温度状况、湿润土壤水分状况。本土系发育在花岗混合岩坡积物上，土体中含有少量

南四平系典型景观

岩屑；淡薄表层有机质含量 31.2 g/kg，以下各层有机质含量锐减为 1.0～4.8 g/kg；黏化层上界出现在土表至 50 cm 范围内，厚度小于 50 cm，强度发育的小团块结构，黏粒含量 149 g/kg；土壤呈微酸性至中性，pH 6.2～7.1；阳离子交换量 7.3～17.4 cmol/kg。

对比土系　目前在同土族内没有其他土系。相似土系有马架子系。马架子系具黏壤质土壤颗粒大小级别，黏化层厚度小于 50 cm。

利用性能综述　该土系所处位置气候冷凉湿润，土壤冷凉，中性微酸，土壤质地适中，土体中含有一定量的岩石碎屑。坡度较大，不宜开垦，宜发展林业。

参比土种　山黄土（壤质硅铝质棕壤）。

代表性单个土体　位于辽宁省抚顺市新宾满族自治县红庙子乡南四平村，41°37′49.1″N，125°8′56.3″E，海拔 541 m，丘陵山地下坡，成土母质为花岗混合岩坡积物，林地。野外调查时间为 2010 年 10 月 5 日，编号 21-117。

南四平系代表性单个土体剖面

Oi：　+2～0 cm，枯枝落叶层。

Ah：　0～21 cm，浊黄橙色（10YR 6/3，干），棕色（10YR 4/4，润）；壤土，强度发育的中团粒状结构，疏松，黏着，中塑；中量细根；向下平滑清晰过渡。

AB：　21～48 cm，浅淡黄色（2.5Y 8/3，干），浊黄橙色（10YR 6/4，润）；壤土，中等发育的团粒结构，疏松，黏着，中塑；少量中根和细根，其中有少量角状花岗岩岩石碎屑；向下平滑清晰过渡。

Bt：　48～69 cm，浅淡黄色（2.5Y 8/4，干），黄棕色（10YR 5/6，润）；粉壤土，强度发育的小棱块结构，坚实，黏着，稍塑；少量中根和细根，少量黏粒胶膜，中量角状花岗岩岩石碎屑；向下平滑清晰过渡。

BC：69～108 cm，黄色（2.5Y 8/6，干），亮棕色（7.5YR 5/8，润）；砂质壤土，中等发育的小棱块状结构，坚实；大量角状花岗岩岩石碎屑；向下平滑清晰过渡。

C：　108～128 cm，黄橙色（10YR 8/6，干），橙色（7.5YR 6/8，润）；壤质砂土，中等发育的粒状结构，坚实；中量角状花岗岩岩石碎屑。

南四平系代表性单个土体物理性质

土层	深度/cm	砾石(> 2 mm，体积分数)/%	细土颗粒组成(粒径: mm)/(g/kg)			质地	容重/(g/cm³)
			砂粒 2～0.05	粉粒 0.05～0.002	黏粒 < 0.002		
Ah	0～21	1	481	421	98	壤土	0.77
AB	21～48	3	420	475	105	壤土	1.35
Bt	48～69	10	339	513	149	粉壤土	1.44
BC	69～108	30	671	239	90	砂质壤土	—
C	108～128	10	766	153	81	壤质砂土	—

南四平系代表性单个土体化学性质

深度/cm	pH		有机质/(g/kg)	全氮(N)/(g/kg)	全磷(P₂O₅)/(g/kg)	全钾(K₂O)/(g/kg)	阳离子交换量/(cmol/kg)
	H₂O	KCl					
0～21	6.2	4.7	31.2	1.91	0.73	33.5	17.4
21～48	6.3	4.3	4.8	0.71	1.30	34.3	12.9
48～69	6.5	—	3.1	0.54	0.74	34.1	11.8
69～108	7.0	—	1.5	0.29	0.82	34.6	7.3
108～128	7.1	—	1.0	0.69	0.50	53.3	17.4

8.3 铁质干润淋溶土

8.3.1 八宝沟系（Babaogou Series）

土　族：黏壤质混合型石灰温性-表蚀铁质干润淋溶土
拟定者：王秋兵，韩春兰，王雪娇

分布与环境条件　本土系分布于辽宁省西部丘陵山地顶部，坡洪积物母质；林地，荆条等旱生矮小灌木及杏树等。温带半湿润、半干旱大陆性季风气候，年均气温 9 ℃，年均降水量 450～500 mm，年均日照时数 2850～2950 h，无霜期 120～155 d。

八宝沟系典型景观

土系特征与变幅　诊断层包括黏化层，诊断特性包括温性土壤温度状况、半干润土壤水分状况、铁质特性、氧化还原特征。本土系发育在坡洪积物上，土体中有少量半风化岩石碎屑，向下增多；40 cm 以上有机质含量 12.3～14.2 g/kg，以下各层有机质含量为 1.4～3.4 g/kg；黏化层直接出露地表，强度发育的中块和大块状结构，黏粒含量 236～337 g/kg，通体都有黏粒胶膜分布；40 cm 以下有很多较小的黑色球形锰结核，有微弱的石灰反应，土壤呈中性偏酸，pH 6.5～6.6。

对比土系　同土族中没有其他土系。相似的土系有老窝铺系、羊角沟系和宋杖子系。老窝铺系具黏质土壤颗粒大小级别，伊利石混合型土壤矿物学类型，有钙积现象，二元母质，上部为黄土状物质，下部为古红土，A 层未被侵蚀。羊角沟系具黏质土壤颗粒大小级别，伊利石混合型土壤矿物学类型，A 层未被侵蚀。宋杖子系为黏质土壤颗粒大小级别，伊利石混合型土壤矿物学类型，有钙积现象，A 层未被侵蚀。

利用性能综述　本土系土体深厚，质地黏重，通透性差。地表植被生长稀疏，应加强水土保持，退耕还林还草。树种以油松、刺槐、山杏、沙棘、锦鸡儿为主；草种有沙打旺、草木樨、苜蓿草、野古草和冰草等。坡度较小的坡地可以修筑梯田，适宜种植抗旱耐贫瘠作物，如谷子等杂粮、杂豆。

参比土种　辽阳红土（薄腐红黏土）。

代表性单个土体　位于辽宁省朝阳市双塔区凤凰山八宝沟南，41°33′3.1″N，120°30′15.7″E，海拔 345 m，坡顶部，坡洪积物母质，地表植被为荆条等旱生矮小灌木及杏树等。野外调查时间为 2010 年 5 月 3 日，编号 21-041。

八宝沟系代表性单个土体剖面

Bt1： 0～20 cm，红棕色（2.5YR 4/8，干），暗红棕色（2.5YR 3/6，润）；壤土，弱度发育的小块状和团粒状结构，疏松；多量细根，偶有粗根穿过，在管状孔隙中和结构面上有黏粒胶膜分布，有少量角状和次圆的小岩石碎块；向下平滑清晰过渡。

Bt2： 20～40 cm，亮红棕色（2.5YR 5/8，干），亮红棕色（2.5YR 5/8，润）；黏壤土，中等发育的小块状结构，较疏松；多量细根，有短的不连续裂隙分布，间距小于 10 cm，在管状孔隙中和结构面上有黏粒胶膜分布，有少量半风化的角状和次圆的小岩石碎块；向下平滑清晰过渡。

Btrk1： 40～81 cm，亮红棕色（2.5YR 5/8，干），红棕色（2.5YR 4/8，润）；砂质黏壤土，中等发育的块状结构，干时坚硬，湿时坚实；根系分布较上层少，有短的较连续裂隙分布，间距小于 10 cm，在管状孔隙中和结构面上有黏粒胶膜分布，有少量黑色较小的球形锰结核，易于破开，有少量半风化的角状和次圆的小岩石碎块；有微弱的石灰反应；向下平滑清晰过渡。

Btrk2： 81～135 cm，红棕色（2.5YR 4/8，干），红棕色（2.5YR 4/8，润）；黏壤土，强度发育的中等和大块状结构，干时坚硬，湿时坚实；少量根系，有较连续裂隙分布，长度较上层要长，间距小于 10 cm，在管状孔隙中和结构面上有黏粒胶膜分布，有中量较小的黑色球形锰结核，易于破开，有中量半风化的角状和次圆的小岩石碎块；有微弱的石灰反应；向下平滑清晰过渡。

C： 135～145 cm，红棕色（2.5YR 4/6，干），红棕色（2.5YR 4/8，润）；砂质黏壤土，强度发育的中等和大块状结构，干时坚硬，湿时坚实；很少量根系，有裂隙分布，长度较上层要长，较连续，间距小于 10 cm，在管状孔隙中和结构面上有黏粒胶膜分布，有很多较小的黑色球形锰结核，易于破开，有多量半风化的角状和次圆的小岩石碎块；有微弱的石灰反应。

八宝沟系代表性单个土体物理性质

| 土层 | 深度 /cm | 砾石 （>2 mm，体积分数）/% | 细土颗粒组成(粒径：mm)/(g/kg) | | | 质地 | 容重 /(g/cm³) |
			砂粒 2～0.05	粉粒 0.05～0.002	黏粒 <0.002		
Bt1	0～20	3	343	421	236	壤土	1.33
Bt2	20～40	3	423	258	319	黏壤土	1.34
Btrk1	40～81	3	530	161	308	砂质黏壤土	1.31
Btrk2	81～135	10	332	331	337	黏壤土	1.38
C	135～145	30	620	35	345	砂质黏壤土	1.36

八宝沟系代表性单个土体化学性质

深度 /cm	pH (H₂O)	有机质 /(g/kg)	全氮(N) /(g/kg)	全磷(P₂O₅) /(g/kg)	全钾(K₂O) /(g/kg)	阳离子交换量 /(cmol/kg)	碳酸钙 相当物 /(g/kg)	游离氧化铁 (Fe₂O₃)含量 /(g/kg)
0～20	6.6	14.2	1.31	2.37	19.8	26.1	20.00	16.5
20～40	6.6	12.3	1.17	1.39	23.3	24.8	16.15	16.7
40～81	6.6	3.4	1.04	1.93	21.5	25.5	1.23	17.5
81～135	6.5	2.4	1.07	1.71	33.9	27.4	0.42	17.3
135～145	6.6	1.4	1.05	0.88	24.8	26.8	5.08	15.9

8.3.2　波罗赤系（Boluochi Series）

土　　族：粗骨壤质硅质混合型非酸性温性-斑纹铁质干润淋溶土
拟定者：王秋兵，韩春兰，王雪娇

波罗赤系典型景观

分布与环境条件　本土系分布于辽宁省西部的低山丘陵坡中下部，坡洪积母质；灌木林地。温带半干旱大陆性季风气候，年均气温 8.5 ℃，年均降水量 486 mm，年均日照时数 2861.7 h，无霜期 120～155 d。

土系特征与变幅　诊断层包括淡薄表层、黏化层，诊断特性包括温性土壤温度状况、半干润土壤水分状况、氧化还原特征、铁质特性。本土系发育在坡洪积母质上，土体中有很多岩石碎屑；淡薄表层有机质含量 16.2 g/kg，以下各层有机质含量 1.9～3.9 g/kg；黏化层上界出现在土表至 50 cm 范围内，厚度大于 100 cm，块状结构，有黏粒胶膜和铁锰胶膜发育，并有铁锰结核发育，黏粒含量 280～315 g/kg；土壤呈微酸性至中性，pH 6.2～7.0。

对比土系　同土族中没有其他土系，相似的土系有南公营系和西官营系。南公营系具黏壤质土壤颗粒大小级别。西官营系具黏壤质土壤颗粒大小级别，表层土壤质地为壤土，氧化还原特征出现在土表下 50～100 cm 范围内，有硅粉。

利用性能综述　本土系土体深厚，腐殖质层较薄，质地黏重，土体中含多量岩石碎屑，不利于耕作。应逐步退耕还林还草。

参比土种　辽阳红土（薄腐红黏土）。

代表性单个土体　位于辽宁省朝阳市朝阳县波罗赤镇华家店村华东组，41°25′55.1″N，120°1′23.7″E，海拔 360 m，坡的中下部，坡洪积母质发育，土地利用类型为灌木林地，主要为荆条、酸枣等旱生矮小灌木。野外调查时间为 2010 年 5 月 4 日，编号 21-044。

Ah: 0～24 cm，亮红棕色（5YR 5/6，干），棕色（7.5YR 4/4，润）；壤土，团粒结构，干时松软，湿时疏松；很多极细根，偶有粗根穿过，多量小角状和次圆状岩石碎屑，多为半风化状态；向下波状清晰过渡。

Btr1: 24～36 cm，橙色（5YR 6/6，干），暗红棕色（5YR 3/6，润）；黏壤土，小块状结构，较疏松；少量细根和中根，结构面与管状孔隙中有少量黏粒胶膜和铁锰胶膜，也有少量铁锰结核，硬度较小，很多小角状和次圆状岩石碎屑，多为半风化状态；向下不规则渐变过渡。

Btr2: 36～66 cm，亮红棕色（2.5YR 5/8，干），暗红棕色（2.5YR 3/6，润）；黏壤土，小块状结构，较疏松；少量细根，结构面与管状孔隙中有黏粒胶膜和铁锰胶膜发育，也有铁锰结核发育，硬度较小，有很多大的角状和次圆状岩石碎屑分布，多为半风化状态；向下不规则渐变过渡。

波罗赤系代表性单个土体剖面

Btr3: 66～98 cm，亮红棕色（5YR 5/8，干），暗红棕色（2.5YR 3/6，润）；砂质黏壤土，大块状结构，较疏松；少量细根分布，结构面与管状孔隙中有黏粒胶膜和铁锰胶膜发育，也有铁锰结核发育，硬度较小，有少量小的半风化角状和次圆状岩石碎屑；向下不规则渐变过渡。

Btr4: 98～130 cm，亮棕色（7.5YR 5/8，干），浊红棕色（5YR 5/4，润）；砂质黏壤土，块状结构，较疏松；少量细根，结构面与管状孔隙中有黏粒胶膜和铁锰胶膜发育，也有铁锰结核发育，硬度较小，有少量小的角状和次圆状岩石碎屑分布，多为半风化状态。

波罗赤系代表性单个土体物理性质

土层	深度 /cm	砾石 (> 2 mm，体积分数)/%	细土颗粒组成(粒径：mm)/(g/kg)			质地	容重 /(g/cm³)
			砂粒 2～0.05	粉粒 0.05～0.002	黏粒 < 0.002		
Ah	0～24	30	488	327	185	壤土	1.28
Btr1	24～36	60	357	343	300	黏壤土	1.32
Btr2	36～66	70	420	286	294	黏壤土	1.42
Btr3	66～98	30	471	213	315	砂质黏壤土	1.47
Btr4	98～130	10	605	110	285	砂质黏壤土	1.51

波罗赤系代表性单个土体化学性质

深度 /cm	pH		有机质 /(g/kg)	全氮(N) /(g/kg)	全磷(P_2O_5) /(g/kg)	全钾(K_2O) /(g/kg)	阳离子交换量 /(cmol/kg)	游离氧化铁 (Fe_2O_3)含量 /(g/kg)
	H_2O	KCl						
0～24	6.6	—	16.2	1.58	0.64	17.2	26.3	15.5
24～36	7.0	—	3.9	1.17	0.66	16.1	25.7	16.2
36～66	6.8	—	3.5	1.08	0.90	16.4	29.5	16.0
66～98	6.7	—	1.9	0.98	1.16	17.3	30.6	18.4
98～130	6.2	4.7	1.9	1.00	1.02	21.7	29.9	18.4

8.3.3 老窝铺系（Laowopu Series）

土　　族：黏质伊利石混合型石灰温性-斑纹铁质干润淋溶土
拟定者：王秋兵，韩春兰

老窝铺系典型景观

分布与环境条件　本土系分布于辽宁省西部低山丘陵上部，二元母质，上部为黄土状物质，下部为古红土；果园，种植梨树。温带半干旱大陆性季风气候，年均气温 9 ℃，年均降水量 450～500 mm，年均日照时数 2850～2950 h，无霜期 120～155 d。

土系特征与变幅　诊断层包括淡薄表层、黏化层，诊断特性包括温性土壤温度状况、半干润土壤水分状况、氧化还原特征、铁质特性、钙积现象。本土系发育在二元母质上，50 cm 以上为黄土状物质，土壤基质颜色为 5YR，有机质含量 12.7～14.7 g/kg，强石灰反应，黏粒含量 320～470 g/kg；50 cm 以下为古红土，有机质含量为 1.5～2.6 g/kg，石灰反应减弱，100 cm 以下无石灰反应；黏化层上界出现在 50 cm 左右，厚度大于 100 cm，50 cm 以上出现铁锰结核，50 cm 以下的古红土层中有大量明显的铁锰胶膜和黏粒胶膜，块状结构，黏粒含量 400～460 g/kg；通体有少量小于 5 mm 的岩屑；土壤呈碱性，pH 8.2～8.4；阳离子交换量 18.9～27.0 cmol/kg；游离氧化铁 16.2～23.2 g/kg。

对比土系　同土族的土系有羊角沟系和宋杖子系。羊角沟系无钙积现象，成土母质为古红土。宋杖子系表层土壤质地为粉壤土。

利用性能综述　本土系土层较厚，质地上壤下黏，平缓地区可适度种植耐旱作物；本土系易遭受水土侵蚀，应保护天然植被，植树种草，减少水土流失。宜种油松、刺槐、山杏、沙棘、锦鸡儿等树种和沙打旺、草木樨、苜蓿草、野古草和冰草等草种。在坡度较小的地方适合种植果树。

参比土种　建平石灰红土（薄腐覆钙红黏土）。

代表性单个土体　位于辽宁省朝阳市龙城区西大营子镇老窝铺大队东井村，41°31′11.8″N，120°20′37.7″E，海拔 245 m，地貌为丘陵低丘坡顶部，母质类型为二元母质，上层为黄土状物质，下层为古红土，园地，种植果树。野外调查时间为 2005 年 5 月 8 日，编号 21-163。

Ahk： 0～13 cm，浊橙色（7.5YR 7/4，干），亮棕色（7.5YR 5/6，润）；粉质黏壤土，粒状结构，松散；有很多细植物根系，有少量小于 0.5 mm 的岩屑；石灰反应强；向下平滑清晰过渡。

Bwk： 13～22 cm，橙色（5YR 6/6，干），红棕色（5YR 4/6，润）；粉质黏壤土，块状结构，疏松；有很多细植物根系，有钙结核，成层，有较多 2～3 mm 的岩屑，次圆状，风化；石灰反应强；向下平滑清晰过渡。

Bwrk：22～49 cm，浊橙色（5YR 6/4，干），红棕色（5YR 4/6，润）；黏壤土，块状结构，坚硬；有中量很细植物根系，有方向不定的裂隙，宽度小于 1 mm，长度小于 1 cm，间距小于 1 cm，连续性好，有少量 2～3 mm 的铁锰结核，有少量 2～3 mm 的岩屑，次圆状，已风化；石灰反应强；向下平滑清晰过渡。

老窝铺系代表性单个土体剖面

2Btrk：49～106 cm，橙色（2.5YR 7/6，干），橙色（2.5YR 6/6，润）；粉质黏土，块状结构，坚硬；有少量很细植物根系，有方向不定的裂隙，宽度小于 1 mm，长度小于 1 cm，间距小于 1 cm，连续性好，在结构体表面有大量明显的铁锰胶膜和黏粒胶膜，有少量 2～3 mm 的铁锰结核，有少量 2～3 mm 的岩屑，次圆状，已风化；中等石灰反应；向下平滑渐变过渡。

2Btr： 106～140 cm，橙色（2.5YR 6/8，干），亮红棕色（2.5YR 5/8，润）；粉质黏土，块状结构，较坚硬；有方向不定的裂隙，宽度 1～2 mm，长度小于 1 cm，间距 1～2 cm，连续性好，在结构体表面有大量的铁锰胶膜和黏粒胶膜，对比度明显，有少量小于 0.1 mm 的铁锰结核，有少量小于 5 mm 的岩屑，次棱角状，已风化。

老窝铺系代表性单个土体物理性质

| 土层 | 深度/cm | 砾石（>2 mm，体积分数)/% | 细土颗粒组成(粒径：mm)/(g/kg) | | | 质地 | 容重/(g/cm³) |
			砂粒 2～0.05	粉粒 0.05～0.002	黏粒 <0.002		
Ahk	0～13	2	177	494	329	粉质黏壤土	1.27
Bwk	13～22	4	172	500	328	粉质黏壤土	1.31
Bwrk	22～49	3	207	443	350	黏壤土	1.39
2Btrk	49～106	1	107	466	427	粉质黏土	1.42
2Btr	106～140	2	67	469	464	粉质黏土	1.43

老窝铺系代表性单个土体化学性质

深度/cm	pH(H₂O)	有机质/(g/kg)	全氮(N)/(g/kg)	全磷(P₂O₅)/(g/kg)	全钾(K₂O)/(g/kg)	阳离子交换量/(cmol/kg)	碳酸钙相当物含量/(g/kg)	游离氧化铁(Fe₂O₃)含量/(g/kg)
0～13	8.3	12.7	1.41	1.23	17.1	21.3	53.2	16.2
13～22	8.3	12.9	1.19	1.31	18.8	18.9	63.2	17.0
22～49	8.2	14.7	1.13	0.85	11.3	19.7	41.5	18.8
49～106	8.2	2.6	1.06	1.03	19.8	26.5	66.6	21.9
106～140	8.4	1.5	1.01	1.16	28.0	27.0	32.3	23.2

8.3.4　羊角沟系（Yangjiaogou Series）

土　　族：黏质伊利石混合型石灰温性-斑纹铁质干润淋溶土
拟定者：王秋兵，韩春兰，顾欣燕，刘杨杨，张寅寅，孙仲秀

分布与环境条件　本土系分布于辽宁省西部丘陵岗地顶部，古红土母质；旱地，种植玉米，一年一熟。温带半干旱、半湿润大陆性季风气候，年均气温8.7 ℃，年均降水量 492 mm，年均日照时数 2808 h，无霜期144 d。

土系特征与变幅　诊断层包括淡薄表层、黏化层，诊断特性包括温性土壤温度状况、半干润土壤水分状况、氧化还原特征、铁

羊角沟系典型景观

质特性、石灰性。本土系发育在古红土母质上；淡薄表层有机质含量 6.9 g/kg，以下各层有机质含量 1.9～4.1 g/kg；黏化层上界出现在土表至 50 cm 范围内，厚度大于 100 cm，中度发育大棱块至强度发育小棱块结构，黏化层有中量铁锰胶膜，很多黏粒胶膜，黏粒含量 400～450 g/kg；土壤呈弱酸性至碱性，pH 6.0～8.1，20 cm 以下土层有轻度石灰反应。

对比土系　同土族的土系有老窝铺系和宋杖子系。老窝铺系有钙积现象，成土母质为二元母质，上部为黄土状物质，下部为古红土。宋杖子系表层土壤质地为粉壤土。

利用性能综述　本土系土体较薄，腐殖质层较薄，养分含量贫瘠，质地黏重，通透性差，不利于植物根系向下延伸。地表植被生长稀疏，应加强水土保持措施，退耕还林还草。树种以油松、刺槐、山杏、沙棘、锦鸡儿为主；草种有沙打旺、草木樨、苜蓿草、野古草和冰草等。坡度较小的坡地可以修筑梯田，适宜种植抗旱耐贫瘠作物，如谷子等杂粮、杂豆。

参比土种　北票石灰红土（壤质覆钙红黏土）。

代表性单个土体　位于辽宁省朝阳市喀左县羊角沟乡羊角沟村，41°11′2.5″N，119°58′43.1″E，海拔 407 m，丘陵岗地顶部，成土母质为古红土，耕地，种植玉米。野外调查时间为 2011 年 5 月 17 日，编号 21-197。

Ah： 0～21 cm，亮棕色（7.5Y 5/6，干），红棕色（5YR 4/8，润）；粉质黏壤土，发育弱的小团块结构，干时很坚硬，湿时疏松，黏着，中塑；少量极细根，多量蚂蚁；向下平滑清晰过渡。

21-197

Btrk1： 21～62 cm，亮红棕色（5YR 5/6，干），红棕色（5YR 4/8，润）；粉质黏土，中度发育的中棱块结构，坚实，黏着，中塑；少量极细根，很少量很粗根，中量铁锰胶膜，很多黏粒胶膜，与土体对比度明显；轻度石灰反应；向下平滑清晰过渡。

Btrk2： 62～81 cm，亮红棕色（2.5YR 5/6，干），红棕色（5YR 4/8，润）；黏土，中度发育大棱块结构，很坚实，极黏着，中塑；很少量极细根，中量铁锰胶膜，很多黏粒胶膜，与土体对比度明显；轻度石灰反应；向下平滑渐变过渡。

羊角沟系代表性单个土体剖面

Btrk3： 81～110 cm，红棕色（2.5YR 4/6，干），红棕色（5YR 4/6，润）；粉质黏土，强度发育小棱块结构，极坚实，极黏着，强塑；中量铁锰胶膜，很多黏粒胶膜，与土体对比度明显；轻度石灰反应。

羊角沟系代表性单个土体物理性质

土层	深度/cm	砾石（> 2 mm，体积分数)/%	细土颗粒组成(粒径：mm)/(g/kg)			质地	容重/(g/cm³)
			砂粒 2～0.05	粉粒 0.05～0.002	黏粒 < 0.002		
Ah	0～21	0	103	560	337	粉质黏壤土	1.24
Btrk1	21～62	0	109	442	449	粉质黏土	1.30
Btrk2	62～81	0	329	264	407	黏土	1.42
Btrk3	81～110	0	87	475	438	粉质黏土	1.45

羊角沟系代表性单个土体化学性质

深度/cm	pH		有机质/(g/kg)	全氮(N)/(g/kg)	全磷(P₂O₅)/(g/kg)	全钾(K₂O)/(g/kg)	阳离子交换量/(cmol/kg)	碳酸钙相当物/(g/kg)	游离氧化铁(Fe₂O₃)含量/(g/kg)
	H₂O	KCl							
0～21	6.0	5.9	6.9	0.84	2.69	17.0	24.1	3.5	17.3
21～62	6.3	6.4	4.1	0.51	3.02	15.7	26.7	10.2	17.7
62～81	6.6	—	2.1	0.42	3.03	15.7	27.0	11.2	19.9
81～110	8.1	—	1.9	0.41	4.34	17.8	28.3	12.0	21.2

8.3.5　宋杖子系（Songzhangzi Series）

土　族：黏质伊利石混合型石灰温性-斑纹铁质干润淋溶土
拟定者：王秋兵，韩春兰，王雪娇

分布与环境条件　本土系分布于辽宁省西部低丘坡地的下部，坡积古红土母质；旱地，一年一熟。温带半干旱、半湿润大陆性季风气候，年均气温 8 ℃，年均降水量 478 mm，年均日照时数 2844.8 h，≥10 ℃的活动积温为 3413.3 ℃，无霜期 145～155 d。

宋杖子系典型景观

土系特征与变幅　诊断层包括淡薄表层、黏化层，诊断特性包括温性土壤温度状况、半干润土壤水分状况、氧化还原特征、铁质特性、钙积现象。本土系发育在坡积物上；淡薄表层有机质含量 22.8 g/kg，以下各层有机质含量 2.3～8.6 g/kg；黏化层上界出现在土表至 50 cm 范围内，厚度大于 100 cm，小块至大块状结构，有明显的黏粒胶膜和铁锰胶膜，黏粒含量 320～461 g/kg，结构体内部的基质是红色的，黏化层土壤基质色调为 5YR；土壤 pH 7.8～8.2，通体强石灰反应；阳离子交换量 22.3～35.0 cmol/kg。

对比土系　同土族的土系有老窝铺系和羊角沟系。老窝铺系成土母质为二元母质，上部为黄土状物质，下部为古红土。羊角沟系表层土壤质地为黏壤土。

利用性能综述　本土系土体深厚，质地黏重，通透性差，不利于植物根系向下伸展。应加强水土保持措施，保墒耕作，节水灌溉。适宜种植抗旱耐贫瘠作物，如谷子等杂粮、杂豆。

参比土种　北票石灰红土（壤质覆钙红黏土）。

代表性单个土体　位于辽宁省凌源市宋杖子镇一家村，41°11′12.0″N，119°13′17.9″E，海拔 471 m，低丘坡下部，母质为坡积古红土，耕地，植被种类主要为玉米、枣树等，还有野生的灌木。野外调查时间为 2010 年 5 月 15 日，编号 21-048。

Ahk: 0～19 cm，亮棕色（7.5YR 5/6，干），棕色（7.5YR 4/6，润）；粉壤土，小块状和团粒状结构，很疏松，稍黏着，稍塑；多量细根；很强烈的石灰反应；向下平滑突变过渡。

Btrk1：19～58 cm，亮红棕色（5YR 5/8，干），红棕色（5YR 4/6，润）；粉质黏土，小块状结构，坚实，稍黏着，中塑；少量细根，有裂隙，在孔隙中和结构体表面上分布有比较明显的黏粒胶膜和铁锰胶膜；很强烈的石灰反应；向下平滑渐变过渡。

Btrk2：58～110 cm，橙色（5YR 6/6，干），红棕色（5YR 4/8，润）；粉质黏壤土，中块状结构，坚实，稍黏着，中塑；很少量细根，有裂隙，在孔隙中和结构体表面上分布有比较明显的黏粒胶膜和铁锰胶膜，有碳酸钙结核存在，并有孔洞的填充物；很强烈的石灰反应；向下平滑渐变过渡。

宋杖子系代表性单个土体剖面

Btrk3：110～157 cm，橙色（5YR 6/6，干），红棕色（5YR 4/8，润）；黏壤土，大块状棱块状结构，坚实，稍黏着，中塑；很少量细根，有裂隙，在孔隙中和结构体表面上分布有比较明显的黏粒胶膜和铁锰胶膜；很强烈的石灰反应。

宋杖子系代表性单个土体物理性质

土层	深度 /cm	砾石 (> 2 mm, 体积分数)/%	细土颗粒组成(粒径：mm)/(g/kg)			质地	容重 /(g/cm³)
			砂粒 2～0.05	粉粒 0.05～0.002	黏粒 < 0.002		
Ahk	0～19	0	45	716	240	粉壤土	1.21
Btrk1	19～58	0	41	498	461	粉质黏土	1.32
Btrk2	58～110	0	30	582	388	粉质黏壤土	1.34
Btrk3	110～157	0	252	427	321	黏壤土	1.37

宋杖子系代表性单个土体化学性质

深度 /cm	pH (H₂O)	有机质 /(g/kg)	全氮(N) /(g/kg)	全磷(P₂O₅) /(g/kg)	全钾(K₂O) /(g/kg)	阳离子交换量 /(cmol/kg)	碳酸钙相当物含量 /(g/kg)	游离氧化铁 (Fe₂O₃)含量 /(g/kg)
0～19	8.1	22.8	1.17	3.56	13.7	22.3	22.32	13.0
19～58	8.2	3.6	0.60	3.61	14.0	29.4	15.03	15.6
58～110	8.1	2.3	0.35	3.42	17.7	27.7	17.16	15.4
110～157	7.8	8.6	0.97	3.05	14.1	35.0	16.07	15.1

8.3.6　乌兰白系（Wulanbai Series）

土　　族：黏质伊利石混合型非酸性温性-斑纹铁质干润淋溶土
拟定者：王秋兵，韩春兰

乌兰白系典型景观

分布与环境条件　本土系分布于辽宁省西部低丘坡地的中上部，古红土母质；旱地，一年一熟。温带半干旱、半湿润大陆性季风气候，年均气温 9 ℃，年均降水量 450～500 mm，年均日照时数 2850～2950 h，≥10 ℃ 的活动积温为 3413.3 ℃，无霜期 120～155 d。

土系特征与变幅　诊断层包括淡薄表层、黏化层，诊断特性包括温性土壤温度状况、半干润土壤水分状况、氧化还原特征、铁质特性。本土系发育在坡积古红土上；淡薄表层有机质含量 9.0 g/kg，以下各层有机质含量在 1.0～1.6 g/kg；黏化层上界出现在土表至 50 cm 范围内，厚度大于 100 cm，块状结构，大量铁锰和黏粒胶膜，黏粒含量 480～500 g/kg，黏化层色调为 2.5YR，游离氧化铁（Fe_2O_3）含量 20.7～24.7 g/kg；土壤呈酸性，pH 6.2～7.5；阳离子交换量 21.7～25.1 cmol/kg。

对比土系　同土族无其他土系。相似的土系有联合系。联合系具有混合型土壤矿物学类型。

利用性能综述　本土系腐殖质层较薄，养分含量贫瘠，质地黏重，通透性差，不利于植物根系向下延伸。地表植被生长稀疏，应加强水土保持措施，退耕还林还草。树种以油松、刺槐、山杏、沙棘、锦鸡儿为主；草种有沙打旺、草木樨、苜蓿草、野古草和冰草等。坡度较小的坡地可以修筑梯田，适宜种植抗旱耐贫瘠作物，如谷子等杂粮、杂豆。

参比土种　红黏土（黏质红黏土）。

代表性单个土体　位于辽宁省朝阳市凌源市乌兰白镇哈叭气村，41°8′43.1″N，119°29′41.0″E，海拔 399 m，低丘坡中上部，古红土母质，旱地，种植有玉米、大扁杏、谷子。野外调查时间为 2005 年 5 月 6 日，编号 21-160。

Ah: 0～7 cm，亮红棕色（2.5YR 5/6，干），红棕色（2.5YR 4/6，润）；粉质黏壤土，粒状结构，松软；多量细根系，有蚂蚁；向下平滑清晰过渡。

Btr1: 7～45 cm，橙色（2.5YR 7/8，干），亮红棕色（2.5YR 5/8，润）；黏土，块状结构，很坚实；多量极细根系，大量铁锰和黏粒胶膜，对比度明显；向下平滑渐变过渡。

Btr2: 45～120 cm，橙色（2.5YR 7/8，干），浊红棕色（2.5YR 4/4，润）；黏土，块状结构，极坚实；少量极细根系，有大量铁锰和黏粒胶膜，对比度明显；向下平滑渐变过渡。

乌兰白系代表性单个土体剖面

乌兰白系代表性单个土体物理性质

土层	深度 /cm	砾石 (> 2 mm，体积分数)/%	细土颗粒组成(粒径：mm)/(g/kg)			质地	容重 /(g/cm³)
			砂粒 2～0.05	粉粒 0.05～0.002	黏粒 < 0.002		
Ah	0～7	0	75	642	284	粉质黏壤土	1.19
Btr1	7～45	0	191	336	492	黏土	1.43
Btr2	45～120	0	182	355	483	黏土	1.49

乌兰白系代表性单个土体化学性质

深度 /cm	pH		有机质 /(g/kg)	全氮(N) /(g/kg)	全磷(P₂O₅) /(g/kg)	全钾(K₂O) /(g/kg)	阳离子交换量 /(cmol/kg)	游离氧化铁 (Fe₂O₃)含量 /(g/kg)
	H₂O	KCl						
0～7	7.5	—	9.0	1.46	1.69	27.8	21.7	23.7
7～45	6.2	4.6	1.6	1.11	1.25	20.4	25.0	24.7
45～120	6.4	4.7	1.0	1.05	0.77	23.4	25.1	20.7

8.3.7　联合系（Lianhe Series）

土　　族：黏质混合型非酸性温性-斑纹铁质干润淋溶土
拟定者：王秋兵，韩春兰

分布与环境条件　该土系分布于辽宁省西部低丘坡脚地带，坡洪积母质，果园或耕地，一年一熟。属于温带半干旱、半湿润大陆性季风气候区，年均气温8.5 ℃，年均降水量486 mm，年均日照时数2862 h，无霜期120～155 d。

土系特征与变幅　诊断层包括淡薄表层、黏化层，诊断特性包括温性土壤温度状况、半干润土壤水分状况、氧化还原特征、铁

联合系典型景观

质特性。本土系发育在坡洪积母质上，土体中有中量石砾；淡薄表层有机质含量21.2 g/kg，向下有机质含量为1.8～2.3 g/kg；黏化层上界出现在土表至50 cm范围内，厚度大于100 cm，强度发育块状结构，多量明显的铁锰和黏粒胶膜，黏粒含量370～385 g/kg，黏化层色调为2.5YR，游离氧化铁含量16.6～21.2 g/kg；土壤呈碱性，pH 8.1～8.3；阳离子交换量23.3～29.8 cmol/kg。

对比土系　同土族的土系有乌兰白系。乌兰白系具有伊利石混合型矿物学类型。

利用性能综述　本土系腐殖质层较薄，质地黏重，土体中含中量砾石，不利于耕作。应加强水土保持措施，保墒耕作，种植耐旱耐贫瘠作物。

参比土种　北票红土（壤质红黏土）。

代表性单个土体　位于辽宁省朝阳市朝阳县联合乡曹杖子村，41°31′42.0″N，120°16′27.6″E，海拔345 m。丘陵低丘坡脚，成土母质为坡洪积物，果园、旱地，种植杏树和玉米。野外调查时间为2005年5月5日，编号21-159。

Ah：　0～15 cm，浊橙色（5YR 6/4，干），暗红棕色（5YR 3/6，
　　　润）；粉壤土，粒状结构；多量细根系，偶有 1 cm 粗根
　　　穿过，中量小至中等大小次圆石砾，风化程度较弱，土
　　　壤动物有蚂蚁；弱石灰反应；向下平滑清晰过渡。

Btr1：　15～50 cm，浅淡红橙色（2.5YR 7/6，干），红棕色（2.5YR
　　　4/6，润）；粉质黏壤土，强度发育块状结构；多量极细
　　　根系，偶有 1 cm 粗根穿过，有很细的中等长度的不连续
　　　垂直裂隙，多量明显的铁锰和黏粒胶膜，中量小至中等
　　　大小的石砾，形状次圆到圆，风化程度较弱；向下平滑
　　　渐变过渡。

Btr2：50～110 cm，亮红棕色（2.5YR 5/6，干），红棕色（2.5YR
　　　4/6，润）；粉质黏壤土；中量极细根系，很多明显的铁
　　　锰和黏粒胶膜，中量小至中等大小的石砾，形状次圆到
　　　圆，风化程度较弱。

21-159

联合系代表性单个土体剖面

联合系代表性单个土体物理性质

土层	深度/cm	砾石(> 2 mm, 体积分数)/%	细土颗粒组成(粒径：mm)/(g/kg)			质地	容重/(g/cm³)
			砂粒2～0.05	粉粒0.05～0.002	黏粒< 0.002		
Ah	0～15	7	196	593	211	粉壤土	1.18
Btr1	15～50	3	124	493	383	粉质黏壤土	1.31
Btr2	50～110	5	123	501	375	粉质黏壤土	1.36

联合系代表性单个土体化学性质

深度/cm	pH(H₂O)	有机质/(g/kg)	全氮(N)/(g/kg)	全磷(P₂O₅)/(g/kg)	全钾(K₂O)/(g/kg)	阳离子交换量/(cmol/kg)	游离氧化铁(Fe₂O₃)含量/(g/kg)
0～15	8.1	21.2	1.83	1.06	19.9	23.3	16.6
15～50	8.2	2.3	1.03	0.63	19.4	26.2	20.2
50～110	8.3	1.8	0.97	0.28	18.4	29.8	21.2

8.3.8　南公营系（Nangongying Series）

土　　族：黏壤质硅质混合型非酸性温性-斑纹铁质干润淋溶土
拟定者：王秋兵，韩春兰

分布与环境条件　本土系分布于辽宁省西部丘陵山地坡中部，坡积物母质；耕地，种植玉米，一年一熟；温带半干旱、半湿润大陆性季风气候，年均气温 8.7 ℃，年均降水量 492 mm，年均日照时数 2808 h，无霜期 144 d。

土系特征与变幅　诊断层包括淡薄表层、黏化层，诊断特性包括温性土壤温度状况、半干润土壤水分状况、氧化还原特征、铁质特性。本土系发育在坡积物

南公营系典型景观

上，土体中有少量岩屑；淡薄表层有机质含量 14.5 g/kg，以下各层有机质含量 2.0～3.4 g/kg；黏化层上界出现在土表至 50 cm 范围内，厚度大于 100 cm，块状结构，其黏粒含量 200～260 g/kg；土壤呈微酸性，pH 6.3～6.8；阳离子交换量介于 22.6～25.8 cmol/kg。

对比土系　同土族土系有西官营系。西官营系表层质地为壤土，且氧化还原特征出现在土表下 50～100 cm 范围内。

利用性能综述　本土系土层较薄，质地较黏重，通体含有较少量砾石，影响耕作，通透性差，不利于植物根系向下延伸。地表植被生长稀疏，应加强水土保持措施，退耕还林还草。树种以油松、刺槐、山杏、沙棘、锦鸡儿为主；草种有沙打旺、草木樨、苜蓿草、野古草和冰草等。坡度较小的坡地可以修筑梯田，适宜种植抗旱耐贫瘠作物，如谷子等杂粮、杂豆。

参比土种　北票红土（壤质红黏土）。

代表性单个土体　位于辽宁省朝阳市喀左蒙古族自治县南公营子镇金条沟，40°51′48.7″N，119°43′49.2″E，海拔 376 m，丘陵低丘坡中下部，成土母质为坡积物，土地利用方式为旱地，种植玉米。野外调查时间为 2005 年 5 月 9 日，编号 21-164。

Ah: 0～8 cm，橙色（7.5YR 6/6，干），亮棕色（7.5YR 5/6，润）；粉质黏壤土，粒状结构，松散；有很多中等植物根系，有小于 1 cm 的岩屑，丰度小于 10%，次棱角状，风化，土壤动物有蚂蚁；向下平滑清晰过渡。

21-164

Btr1: 8～18 cm，浊橙色（7.5YR 7/4，干），浊棕色（7.5YR 5/4，润）；粉壤土，块状结构，疏松；有多量细植物根系，结构体表面有大量明显的黏粒胶膜，有铁锰结核；有 5 mm 左右的岩屑，丰度小于 10%，次棱角状，风化；向下平滑渐变过渡。

Btr2: 18～60 cm，橙色（5YR 6/6，干），红棕色（5YR 4/6，润）；粉壤土，块状结构，坚硬；有很多极细植物根系，有垂直裂隙，宽度 2～3 mm，长度 5～10 cm，间距 2 cm

南公营系代表性单个土体剖面

左右，连续性好，结构体表面有大量明显的黏粒胶膜，有铁锰结核，丰度小于 5%，大小为 3～4 mm；有 1 cm 左右的岩屑，丰度小于 5%，次棱角状，已风化；向下平滑渐变过渡。

Bt: 60～92 cm，橙色（5YR 6/6，干），亮红棕色（5YR 5/6，润）；粉壤土，块状结构，坚硬；有多量很细植物根，在结构体表面有大量的铁锰胶膜和黏粒胶膜，对比度明显，有 1 cm 左右的岩屑，丰度 5%～10%，次棱角到次圆状，已风化。

南公营系代表性单个土体物理性质

土层	深度 /cm	砾石 (> 2 mm, 体积分数)/%	细土颗粒组成(粒径：mm)/(g/kg)			质地	容重 /(g/cm³)
			砂粒 2～0.05	粉粒 0.05～0.002	黏粒 < 0.002		
Ah	0～8	3	333	522	145	粉壤土	1.15
Btr1	8～18	1	88	713	200	粉壤土	1.23
Btr2	18～60	1	54	691	255	粉壤土	1.27
Bt	60～92	2	45	736	219	粉壤土	1.30

南公营系代表性单个土体化学性质

深度 /cm	pH (H₂O)	有机质 /(g/kg)	全氮(N) /(g/kg)	全磷(P₂O₅) /(g/kg)	全钾(K₂O) /(g/kg)	阳离子交换量 /(cmol/kg)	游离氧化铁 (Fe₂O₃)含量 /(g/kg)
0～8	6.7	14.5	1.86	1.36	29.1	24.5	34.6
8～18	6.8	3.4	1.22	1.16	28.4	22.6	35.3
18～60	6.3	2.0	0.96	1.01	28.7	23.5	38.7
60～92	6.6	2.2	1.03	0.97	28.7	25.8	39.2

8.3.9　西官营系（Xiguanying Series）

土　　族：黏壤质硅质混合型非酸性温性-斑纹铁质干润淋溶土
拟定者：王秋兵，韩春兰，顾欣燕，刘杨杨，张寅寅，孙仲秀

西官营系典型景观

分布与环境条件　本土系分布于辽宁省西部低丘坡中部，坡积古红土母质；土地利用类型为林地，生长荆条、杏树等；温带半干旱、半湿润大陆性季风气候，年均气温 8.6 ℃，年均降水量 509 mm，年均日照时数 3000 h 左右，无霜期 153 d。

土系特征与变幅　诊断层包括淡薄表层、黏化层，诊断特性包括温性土壤温度状况、半干润土壤水分状况、氧化还原特征、铁质特性。本土系发育在不同时期的坡积古红土上；淡薄表层有机质含量 7.9 g/kg，以下各层有机质含量 1.5～4.3 g/kg；黏化层上界出现在土表至 50 cm 范围内，厚度大于 100 cm，弱度发育中团块结构至强度发育的棱块结构，黏粒含量 200～270 g/kg；地表 80 cm 以下土层有多量硅粉，有少量铁锰斑纹；土壤呈中性至碱性，pH 7.3～8.0。

对比土系　同土族土系有南公营系。南公营系表层质地为粉壤土，且氧化还原特征出现在土表至 50 cm 范围内。

利用性能综述　本土系土体较薄，养分含量贫瘠，质地黏重，通透性差，不利于植物根系向下延伸。地表植被生长稀疏，应加强水土保持措施，退耕还林还草。树种以油松、刺槐、山杏、沙棘、锦鸡儿为主；草种有沙打旺、草木樨、苜蓿草、野古草和冰草等。坡度较小的坡地可以修筑梯田，适宜种植抗旱耐贫瘠作物，如谷子等杂粮、杂豆。

参比土种　北票红土（壤质红黏土）。

代表性单个土体　位于辽宁省朝阳市北票市西官营镇平房村，42°1′38″N，119°49′45.9″E，海拔 423 m，低丘坡中部，成土母质为不同时期的坡积古红土，土地利用类型为耕地，种植高粱。野外调查时间为 2011 年 5 月 29 日，编号 21-207。

Ah: 0~12 cm，黄棕色（10YR 5/6，干），红棕色（5YR 4/6，润）；壤土，中度发育小团块结构，干时稍坚硬，湿时坚实，稍黏着，中塑；很少极细草根，多量蚂蚁，少量蚯蚓；向下平滑清晰过渡。

Bt1: 12~39 cm，亮红棕色（5YR 5/6，干），红棕色（5YR 4/6，润）；壤土，强度发育小团块结构，疏松，稍黏着，强塑；很少极细根，有少量黏粒胶膜；向下平滑渐变过渡。

Bt2: 39~59 cm，亮红棕色（5YR 5/6，干），红棕色（5YR 4/8，润）；壤土，强度发育中团块结构，坚实，稍黏着，强塑；很少量极细根，中量黏粒胶膜；向下平滑渐变过渡。

Bt3: 59~84 cm，亮红棕色（5YR 5/6，干），红棕色（5YR 4/8，润）；壤土，弱度发育中团块结构，疏松，黏着，强塑；多量黏粒胶膜；向下平滑渐变过渡。

西官营系代表性单个土体剖面

Btqr1: 84~116 cm，亮红棕色（5YR 5/8，干），红棕色（5YR 4/6，润）；壤土，中度发育的中棱块状结构，坚实，稍黏着，中塑；少量铁锰斑纹，中量黏粒胶膜，多量硅粉；向下平滑渐变过渡。

Btqr2: 116~140 cm，亮红棕色（5YR 5/8，干），红棕色（5YR 4/8，润）；壤土，强度发育的小棱块结构，坚实；黏着，中塑；少量铁锰斑纹，中量黏粒胶膜，多量硅粉。

西官营系代表性单个土体物理性质

土层	深度/cm	砾石（>2 mm，体积分数）/%	细土颗粒组成（粒径：mm）/(g/kg)			质地	容重/(g/cm³)
			砂粒 2~0.05	粉粒 0.05~0.002	黏粒 <0.002		
Ah	0~12	0	428	412	160	壤土	1.23
Bt1	12~39	0	409	375	216	壤土	1.32
Bt2	39~59	0	317	455	228	壤土	1.35
Bt3	59~84	0	367	363	270	壤土	1.41
Btqr1	84~116	0	344	407	248	壤土	1.45
Btqr2	116~140	0	423	335	242	壤土	1.44

西官营系代表性单个土体化学性质

深度/cm	pH(H₂O)	有机质/(g/kg)	全氮(N)/(g/kg)	全磷(P₂O₅)/(g/kg)	全钾(K₂O)/(g/kg)	阳离子交换量/(cmol/kg)	游离氧化铁(Fe₂O₃)含量/(g/kg)
0~12	7.3	7.9	0.84	0.46	19.2	18.2	15.4
12~39	7.8	3.2	0.39	0.17	13.8	19.9	16.1
39~59	8.0	4.3	0.48	0.6	19.6	20.7	16.0
59~84	7.9	2.2	0.38	0.58	19.1	20.3	15.4
84~116	7.6	2.0	0.39	0.45	19.5	21.0	15.5
116~140	7.4	1.5	0.35	0.41	19.8	19.9	16.1

8.3.10　高家梁系（Gaojialiang Series）

土　族：　黏壤质混合型非酸性温性-斑纹铁质干润淋溶土
拟定者：　王秋兵，韩春兰，顾欣燕，刘杨杨，张寅寅，孙仲秀

高家梁系典型景观

分布与环境条件　本土系分布于辽宁省西部低丘坡中上部，古红土母质；果园，一年一熟、温带半干旱、半湿润大陆性季风气候，年均气温 8 ℃，年均降水量 550 mm，无霜期 150 d。

土系特征与变幅　诊断层包括淡薄表层、黏化层，诊断特性包括北方红土岩性特征、温性土壤温度状况、半干润土壤水分状况、氧化还原特征、铁质特性。本土系发育在红土母质上；淡薄表层有机质含量 11.8 g/kg，以下各层有机质含量 1.0～2.6 g/kg；黏化层上界出现在土表至 50 cm 范围内，厚度大于 100 cm，中度发育小棱块结构至强度发育中棱块结构，有铁锰和黏粒胶膜，黏粒含量 240～340 g/kg，黏化层色调为 5YR；土壤呈微酸性，pH 6.1～7.8。

对比土系　同土族内没有其他土系。相似的土系有南公营系和西官营系。南公营系具硅质混合型土壤矿物学类型，表层质地为粉质黏壤土。西官营系具硅质混合型土壤矿物学类型，表层质地为壤土，且氧化还原特征出现在土表下 50～100 cm 范围内。

利用性能综述　本土系土体深厚，腐殖质层较薄，质地黏重，通透性差，不利于植物根系向下伸展。应加强水土保持措施，保护天然植被，植树种草，减少水土流失。宜种油松、刺槐、山杏、沙棘、锦鸡儿等树种和沙打旺、草木樨、苜蓿草、野古草和冰草等草种。

参比土种　北票红土（壤质红黏土）。

代表性单个土体　位于辽宁省朝阳市凌源市乌兰白镇哈叭气村二组，41°9′00.0″N，119°29′19.9″E，海拔 399 m，地形为低丘坡中上部，成土母质为古红土，果园，种植杏树。野外调查时间为 2011 年 5 月 16 日，编号 21-195。

Ah: 0～12 cm，亮红棕色（5YR 5/6，干），红棕色（5YR 4/6，润）；粉壤土，中度发育大团块结构，干时很坚硬，湿时稍坚实，黏着，中塑；少量细根，中量极细根，夹杂很少煤渣；向下平滑渐变过渡。

Btr1: 12～47 cm，橙色（5YR 6/6，干），红棕色（5YR 4/8，润）；壤土，中度发育小棱块结构，稍坚实，稍黏着，中塑；少量极细根，结构体表面有少量铁锰胶膜，中量黏粒胶膜；向下平滑渐变过渡。

Btr2: 47～79 cm，橙色（5YR 6/6，干），红棕色（5YR 4/8，润）；黏壤土，中度发育中团块结构，坚实，黏着，强塑；很少量极细根，多量黏粒胶膜，中量铁锰胶膜；向下平滑模糊过渡。

21-195

高家梁系代表性单个土体剖面

Btr3: 79～112 cm，橙色（5YR 6/6，干），亮红棕色（5YR 5/8，润）；黏壤土，强度发育中棱块结构，干时极坚硬，湿时坚实，极黏着，强塑；很少极细根，多量黏粒、铁锰胶膜；向下平滑模糊过渡。

Btr4: 112～142 cm，橙色（5YR 6/6，干），亮红棕色（5YR 5/8，润）；黏壤土，弱度发育的中棱块结构，很坚实，稍黏着，稍塑；很少的极细根，中量铁锰胶膜，多量黏粒胶膜；向下平滑模糊过渡。

BCr: 142～179 cm，橙色（7.5YR 6/6，干），亮棕色（7.5YR 5/8，润）；粉壤土，弱度发育的大棱块结构，干时极坚硬，湿时坚实，极黏着，稍塑；少量很小的铁锰斑纹。

高家梁系代表性单个土体物理性质

| 土层 | 深度 /cm | 砾石（>2 mm，体积分数)/% | 细土颗粒组成(粒径: mm)/(g/kg) | | | 质地 | 容重 /(g/cm³) |
			砂粒 2～0.05	粉粒 0.05～0.002	黏粒 <0.002		
Ah	0～12	0	174	688	138	粉壤土	1.26
Btr1	12～47	0	293	466	240	壤土	1.27
Btr2	47～79	0	257	407	335	黏壤土	1.33
Btr3	79～112	0	338	336	326	黏壤土	1.36
Btr4	112～142	0	374	345	282	黏壤土	1.34
BCr	142～179	0	63	792	145	粉壤土	1.37

高家梁系代表性单个土体化学性质

| 深度 /cm | pH | | 有机质 /(g/kg) | 全氮(N) /(g/kg) | 全磷(P_2O_5) /(g/kg) | 全钾(K_2O) /(g/kg) | 阳离子交换量 /(cmol/kg) | 游离氧化铁(Fe_2O_3)含量 /(g/kg) |
	H_2O	KCl						
0～12	6.4	6.3	11.8	1.03	1.90	77.3	18.9	16.0
12～47	6.1	6.0	2.6	0.70	2.51	31.1	22.9	17.2
47～79	7.8	—	1.5	0.89	1.88	32.4	23.2	16.9
79～112	7.6	—	1.2	0.84	2.30	31.5	24.2	17.3
112～142	6.3	5.8	1.6	0.58	1.68	29.7	23.8	17.6
142～179	6.4	5.7	1.0	0.52	3.25	17.0	22.9	17.0

8.3.11　郝杖子系（Haozhangzi Series）

土　族：黏壤质混合型非酸性温性-普通铁质干润淋溶土
拟定者：王秋兵，韩春兰

郝杖子系典型景观

分布与环境条件　本土系分布于辽宁省西部地区低丘坡地，二元母质，上部为黄土状物质，下部为古红土。温带半干旱、半湿润大陆性季风气候，年均气温8.4 ℃，年均降水量450 mm，年均日照时数2800 h 左右，无霜期120～155 d。

土系特征与变幅　诊断层包括淡薄表层、黏化层，诊断特性包括温性土壤温度状况、半干润土壤水分状况、铁质特性。本土系发育在坡洪积物上，土体中有少量岩屑；淡薄表层有机质含量18.5 g/kg，以下各层有机质含量1.8～11.7 g/kg；通体块状结构，黏粒含量表层188 g/kg，向下增多为260～340 g/kg，黏化层出现在80 cm 以下，游离氧化铁（Fe_2O_3）含量31.0～35.7 g/kg，土壤中下部色调呈5YR；土壤呈碱性，pH 7.5～8.6；阳离子交换量14.6～19.3 cmol/kg，盐基饱和度表层高达94%；125 cm 以上有假菌丝体出现，125 cm 以下有大量石灰结核。

对比土系　同土族内没有其他土系。相似的土系有四道梁系。四道梁系具壤质土壤颗粒大小级别，硅质混合型土壤矿物学类型。

利用性能综述　本土系腐殖质层较薄，养分含量贫瘠，质地黏重，通透性差，土体中含有少量岩屑，不利于耕作。应加强水土保持措施，保墒耕作，节水灌溉。适宜种植抗旱耐贫瘠作物，如谷子等杂粮、杂豆。

参比土种　北票红土（壤质红黏土）。

代表性单个土体　位于辽宁省朝阳市建平县郝杖子村北，41°39′30.7″N，119°54′22.3″E，海拔527 m，低丘坡地，二元母质、上部为黄土状物质，下部为古红土，旱地，种植玉米。野外调查时间为2005 年5 月7 日，编号21-162。

Ap: 0～14 cm，橙色（7.5YR 6/6，干），棕色（7.5YR 4/6，润）；壤土，粒状结构，稍黏着，稍塑；有很多细植物根系，有 3 mm 左右大小的石英岩屑；向下波状清晰过渡。

郝杖子系代表性单个土体剖面

Bt1: 14～33 cm，橙色（7.5YR 6/6，干），棕色（7.5YR 4/6，润）；黏壤土，块状结构，坚硬；有多量细根，有中量黏粒胶膜，有小于 5 mm 的岩屑，丰度小于 5%；向下波状渐变过渡。

Bt2: 33～60 cm，橙色（5YR 6/8，干），亮红棕色（5YR 5/8，润）；黏壤土，块状结构，坚硬；有中量细根，有垂直裂隙，宽度 2～3 mm，长度大于 20 cm，间距小于 10 cm，连续性好，有中量黏粒胶膜，有小于 2 cm 的岩屑，丰度小于 10%，半棱角状，已风化；向下波状模糊过渡。

Btk1: 60～88 cm，橙色（5YR 6/6，干），亮红棕色（5YR 5/6，润）；黏壤土，块状结构，很坚硬；有少量极细植物根系，有垂直裂隙，宽度 2～3 mm，长度大于 20 cm，间距小于 10 cm，连续性好，有中量黏粒胶膜，有假菌丝体出现，有小于 2 cm 的岩屑，丰度小于 10%，半棱角状，已风化；向下平滑模糊过渡。

Btk2: 88～133 cm，橙色（5YR 7/8，干），亮红棕色（5YR 5/8，润）；黏壤土，块状结构，很坚硬；有很少极细植物根系，结构体表面有黏粒胶膜，有假菌丝体出现，有小于 5 mm 的岩屑，丰度小于 5%；向下波状清晰过渡。

Bk: 133～145 cm，橙色（5YR 7/6，干），亮红棕色（5YR 5/8，润）；壤土，块状结构，坚硬；有大量石灰结核，有小于 2 cm 的岩屑，丰度 10%；石灰反应强烈。

郝杖子系代表性单个土体物理性质

土层	深度/cm	砾石（>2 mm，体积分数)/%	细土颗粒组成(粒径：mm)/(g/kg)			质地	容重/(g/cm³)
------	---------	---------	砂粒 2～0.05	粉粒 0.05～0.002	黏粒 <0.002	------	------
Ap	0～14	4	352	459	188	壤土	1.16
Bt1	14～33	3	333	369	298	黏壤土	1.25
Bt2	33～60	4	401	299	300	黏壤土	1.35
Btk1	60～88	3	348	370	282	黏壤土	1.34
Btk2	88～133	1	236	429	334	黏壤土	1.39
Bk	133～145	1	386	352	261	壤土	1.37

郝杖子系代表性单个土体化学性质

深度/cm	pH(H₂O)	有机质/(g/kg)	全氮(N)/(g/kg)	全磷(P₂O₅)/(g/kg)	全钾(K₂O)/(g/kg)	阳离子交换量/(cmol/kg)	游离氧化铁(Fe₂O₃)含量/(g/kg)
0～14	7.5	18.5	2.18	1.86	24.3	15.9	25.7
14～33	8.2	5.6	1.39	1.75	19.8	19.3	34.6
33～60	8.3	2.9	1.22	1.09	23.4	19.0	32.2
60～88	8.6	2.6	1.12	0.66	14.5	18.7	30.6
88～133	8.1	1.8	1.10	1.48	18.3	18.3	35.7
133～145	8.5	11.7	1.16	1.50	18.2	14.6	31.7

8.3.12　四道梁系（Sidaoliang Series）

土　族：壤质混合型非酸性温性-普通铁质干润淋溶土
拟定者：王秋兵，韩春兰，王雪娇

分布与环境条件　本土系分布于辽宁省西部地区的低丘坡脚，坡积物母质；林地，种植松树和旱生矮小灌木。温带半干旱、半湿润大陆性季风气候，年均气温 8 ℃，年均降水量 478 mm，年均日照时数 2845 h，≥10 ℃的活动积温为 3413.3 ℃，无霜期 145～155 d。

四道梁系典型景观

土系特征与变幅　诊断层包括淡薄表层、黏化层，诊断特性包括温性土壤温度状况、半干润土壤水分状况、铁质特性。本土系发育在坡积物母质上；淡薄表层有机质含量 10.7 g/kg，以下各层有机质含量为 1 g/kg 左右；黏化层上界出现在土表至 50 cm 范围内，厚度大于 100 cm，块状结构，黏粒含量 26.96～93.17 g/kg，土壤基质色调为 5YR；土壤呈中性，pH 6.6～7.7。

对比土系　同土族内没有其他土系。相似的土系有郝杖子系。郝杖子系具黏壤质颗粒大小级别，混合型土壤矿物学类型。

利用性能综述　本土系土体深厚，腐殖质层较薄，土壤养分含量较低。应适当增施有机肥，加强水土保持措施，在地势较为平坦的缓坡、坡脚，可以种植抗旱耐贫瘠作物。

参比土种　北票红土（壤质红黏土）。

代表性单个土体　位于辽宁省朝阳市凌源市三十家子镇四道沟村，41°5′39.8″N，119°7′8.3″E，海拔 621 m，低丘坡脚，成土母质为坡积物，主要为林地，植被种类主要为松树和旱生矮小灌木。野外调查时间为 2010 年 5 月 15 日，编号 21-051。

21-051

四道梁系代表性单个土体剖面

Ah： 0～14 cm，棕色（7.5YR 4/6，干），浊红棕色（5YR 4/4，润）；粉土，粒状和团粒状结构，很疏松，稍黏着，稍塑；很多细根，很多虫洞和蚯蚓粪；向下不规则清晰过渡。

AB： 14～49 cm，暗红棕色（5YR 3/4，干），棕色（7.5YR 4/6，润）；粉土，粒状和小块状结构，很疏松，稍黏着，稍塑；多量细根，偶有粗根穿过，土壤有蚯蚓粪；向下平滑清晰过渡。

Bt1： 49～102 cm，亮红棕色（5YR 5/6，干），棕色（7.5YR 4/6，润）；粉土，小块状结构，稍坚实，黏着，强塑；很少细根，黏粒胶膜占该层结构面和孔隙壁的5%以上；向下平滑清晰过渡。

Bt2： 102～132 cm，红棕色（5YR 4/8，干），暗棕色（7.5YR 3/4，润）；粉壤土，中、大块状棱块状结构；很少细根，黏粒胶膜占该层结构面和孔隙壁的5%以上。

四道梁系代表性单个土体物理性质

土层	深度/cm	砾石(> 2 mm, 体积分数)/%	细土颗粒组成(粒径：mm)/(g/kg)			质地	容重/(g/cm³)
			砂粒 2～0.05	粉粒 0.05～0.002	黏粒 <0.002		
Ah	0～14	1	121	831	48	粉土	1.18
AB	14～49	1	140	833	27	粉土	1.23
Bt1	49～102	1	124	840	36	粉土	1.44
Bt2	102～132	1	115	792	93	粉壤土	1.42

四道梁系代表性单个土体化学性质

深度/cm	pH(H₂O)	有机质/(g/kg)	全氮(N)/(g/kg)	全磷(P₂O₅)/(g/kg)	全钾(K₂O)/(g/kg)	阳离子交换量/(cmol/kg)	游离氧化铁(Fe₂O₃)含量/(g/kg)
0～14	7.7	10.7	1.28	1.58	22.3	24.6	15.2
14～49	7.0	2.0	1.13	1.12	20.4	22.0	15.1
49～102	6.9	1.5	1.10	1.59	22.2	20.5	14.8
102～132	6.6	1.5	1.11	1.28	17.8	19.7	14.8

8.4 简育干润淋溶土

8.4.1 闾阳系（Lüyang Series）

土　族：黏质伊利石混合型非酸性温性-斑纹简育干润淋溶土
拟定者：王秋兵，崔　东，王晓磊

分布与环境条件　本土系分布于辽宁省西部丘陵岗地，成土母质上部为黄土状物质，中部为洪积物，底部为残积母质；旱地，种植玉米，一年一熟。温带半湿润大陆性季风气候，年均气温 8 ℃，年均降水量 540 mm。

土系特征与变幅　诊断层包括淡薄表层、黏化层，诊断特性包括温性土壤温度状况、半干润土壤水分状况、氧化还原特征。本土系成土母质上部为黄土状物

闾阳系典型景观

质，中部为洪积物，底部为残积母质，土体中有少量岩石碎屑；淡薄表层有机质含量 11.8 g/kg，以下各层有机质含量为 2.1~6.2 g/kg；黏化层上界出现在土表下 50~100 cm 范围内，厚度 50~100 cm，中等发育的中团块结构至强度发育的中棱块结构，黏化层有少量至多量铁锰结核和黏粒胶膜发育，黏粒含量 470~485 g/kg；土壤呈微酸性至酸性，pH 5.1~6.5；阳离子交换量 6.2~14.1 cmol/kg。

对比土系　同土族中没有其他土系，相似的土系有黄土坎系。黄土坎系的颗粒大小级别为壤质，矿物学类型为混合型。。

利用性能综述　土体深厚，养分含量贫瘠，质地黏重，通透性差，不利于植物根系向下伸展。地表植被生长稀疏，应加强水土保持措施，退耕还林还草。树种以油松、刺槐、山杏、沙棘、锦鸡儿为主；草种有沙打旺、草木樨、苜蓿草、野古草和冰草等。坡度较小的坡地可以修筑梯田，适宜种植抗旱耐贫瘠作物，如谷子等杂粮、杂豆。

参比土种　坡黄土（壤质坡积棕壤）。

代表性单个土体　位于辽宁省锦州市北镇市闾阳镇魏屯村，41°24′36.1″N，121°40′55.4″E，海拔 21 m，丘陵岗地，成土母质上部为黄土状物质，中部为洪积物，底部为残积母质，旱地，种植玉米，一年一熟。野外调查时间为 2010 年 10 月 16 日，编号 21-153。

闾阳系代表性单个土体剖面

Ap:　0～10 cm，浊橙色（7.5YR 6/4，干），棕色（7.5YR 4/3，润）；壤土，强度发育的小团块结构，疏松；中量细根，少量风化的小块岩石碎屑；向下平滑清晰过渡。

AB:　10～27 cm，浊棕色（7.5YR 5/4，干），棕色（7.5YR 4/3，润）；粉壤土，强度发育的小棱块结构，疏松；中量细根，少量风化的小块岩石碎屑；向下平滑清晰过渡。

2Ah:　27～60 cm，棕色（7.5YR 4/4，干），暗棕色（7.5YR 3/3，润）；粉质黏壤土，中等发育的中棱块结构，坚实；很少量细根，少量铁锰结核，很少量风化的小块岩石碎屑；向下不规则清晰过渡。

2Btr1:　60～97 cm，棕色（7.5YR 4/6，干），红棕色（5YR 4/6，润）；粉质黏土，中等发育的中团块结构，坚实；很少量细根，少量铁锰结核和黏粒胶膜，很少量风化的小块岩石碎屑；向下不规则清晰过渡。

2Btr2:　97～132 cm，浊橙色（7.5YR 4/6，干），浊棕色（7.5YR 5/4，润）；粉质黏土，强度发育的中棱块结构，坚实；很少量细根，多量铁锰结核和黏粒胶膜，中量风化的岩石碎屑；向下不规则清晰过渡。

3C:　132～149 cm，亮红棕色（2.5YR 5/6，干），红棕色（2.5YR 4/8，润）；粉壤土；红色风化壳。

闾阳系代表性单个土体物理性质

| 土层 | 深度/cm | 砾石（>2 mm，体积分数）/% | 细土颗粒组成(粒径：mm)/(g/kg) | | | 质地 | 容重/(g/cm³) |
			砂粒 2～0.05	粉粒 0.05～0.002	黏粒 <0.002		
Ap	0～10	3	312	473	215	壤土	1.39
AB	10～27	3	208	536	255	粉壤土	1.49
2Ah	27～60	1	180	493	327	粉质黏壤土	1.36
2Btr1	60～97	1	197	420	483	粉质黏土	1.47
2Btr2	97～132	10	195	423	482	粉质黏土	1.68
3C	132～149	30	139	739	122	粉壤土	—

闾阳系代表性单个土体化学性质

| 深度/cm | pH | | 有机质/(g/kg) | 全氮(N)/(g/kg) | 全磷(P_2O_5)/(g/kg) | 全钾(K_2O)/(g/kg) | 阳离子交换量/(cmol/kg) |
	H_2O	KCl					
0～10	5.1	3.8	11.8	1.06	0.21	26.6	7.9
10～27	5.3	3.9	5.0	0.66	0.25	22.7	6.2
27～60	5.9	5.0	6.2	0.61	0.75	23.6	13.2
60～97	6.3	5.4	2.2	0.27	0.48	23.5	12.1
97～132	6.5	5.5	3.6	0.48	0.00	21.9	13.0
132～149	6.5	—	2.1	0.31	0.00	24.5	14.1

8.4.2 黄土坎系（Huangtukan Series）

土　族：壤质混合型非酸性温性-斑纹简育干润淋溶土

拟定者：王秋兵，崔　东，王晓磊

分布与环境条件　本土系分布于辽宁省西南部丘陵漫岗，成土母质为黄土状物质；旱地，种植玉米，一年一熟。温带半湿润大陆性季风气候，年均气温 8.5～9.5 ℃，年均降水量 500 mm，年均日照时数 2600～2800 h，无霜期 175 d。

黄土坎系典型景观

土系特征与变幅　诊断层包括淡薄表层、黏化层；诊断特性包括温性土壤温度状况、半干润土壤水分状况、氧化还原特征。本土系发育在黄土状物质上；淡薄表层有机质含量为 8.2 g/kg，以下各层有机质含量为 1.5～3.2 g/kg；黏化层上界出现在土表至 50 cm 范围内，厚度大于 100 cm，强度发育的小棱块结构，黏化层有少量至中量铁锰锈斑和硅粉，黏粒含量 120～215 g/kg；土壤呈中性，pH 6.2～7.2；阳离子交换量 13.6～23.8 cmol/kg。

对比土系　同土族中没有其他土系，相似的土系有闾阳系。闾阳系的颗粒大小级别为黏质，矿物学类型为伊利石混合型。

利用性能综述　本土系土体深厚，地表植被生长稀疏，加之土壤中粉粒含量较高，土壤干燥时较坚硬，被流水浸湿后，通常容易剥落和遭受侵蚀，易产生水土流失。表层有机质含量少，养分贫瘠。但春季地温迅速回升，养分转化快，适宜早播。适宜的抗旱耐贫瘠作物有谷子、高粱、玉米、花生等杂粮、杂豆及大葱、芝麻等作物。

参比土种　宋杖子黄土（壤质黄土质淋溶褐土）。

代表性单个土体　位于辽宁省葫芦岛市南票区黄土坎乡，41°4′6.0″N，120°49′6.6″E，海拔 69 m，地形为丘陵，成土母质为黄土状物质，旱地，种植玉米，一年一熟。野外调查时间为 2010 年 10 月 23 日，编号 21-148。

黄土坎系代表性单个土体剖面

Ah: 0～11 cm，黄棕色（10YR 5/6，干），棕色（10YR 4/6，润）；粉壤土，中等发育的小棱块结构，松散；中量细根和极细根；向下平滑清晰过渡。

Bt: 11～60 cm，橙色（7.5YR 6/6，干），亮棕色（7.5YR 5/6，润）；粉壤土，强度发育的小棱块结构，疏松；中量极细根，黏粒胶膜占该层结构面和孔隙壁的5%以上，大量硅粉；向下平滑清晰过渡。

Btr1：60～88 cm，橙色（7.5YR 6/6，干），棕色（7.5YR 4/6，润）；粉壤土，强度发育的小棱块结构，疏松；少量极细根，少量铁锰斑纹，黏粒胶膜占该层结构面和孔隙壁的5%以上；向下平滑渐变过渡。

Btr2：88～128 cm，亮黄棕色（10YR 7/6，干），亮棕色（7.5YR 5/6，润）；粉壤土，强度发育的小棱块结构，坚实；少量极细根，中量铁锰斑纹，黏粒胶膜占该层结构面和孔隙壁的5%以上；向下平滑渐变过渡。

Cr：128～174 cm，亮黄棕色（10YR 6/6，干），亮棕色（7.5YR 5/6，润）；粉壤土，强度发育的小棱块结构，坚实；少量极细根，少量铁锰斑纹，少量黑色铁锰结核。

黄土坎系代表性单个土体物理性质

土层	深度/cm	砾石（> 2 mm，体积分数）/%	细土颗粒组成(粒径：mm)/(g/kg)			质地	容重/(g/cm³)
------	---------	------	砂粒 2～0.05	粉粒 0.05～0.002	黏粒 < 0.002	------	------
Ah	0～11	0	106	703	190	粉壤土	1.37
Bt	11～60	0	64	724	213	粉壤土	1.45
Btr1	60～88	0	115	719	169	粉壤土	1.46
Btr2	88～128	0	87	790	125	粉壤土	1.50
Cr	128～174	0	53	703	245	粉壤土	1.51

黄土坎系代表性单个土体化学性质

深度/cm	pH		有机质/(g/kg)	全氮(N)/(g/kg)	全磷(P₂O₅)/(g/kg)	全钾(K₂O)/(g/kg)	阳离子交换量/(cmol/kg)
	H₂O	KCl					
0～11	6.5	—	8.2	0.80	1.61	20.5	13.6
11～60	7.2	—	3.2	0.38	1.16	26.3	23.8
60～88	6.3	5.2	2.6	0.39	0.57	30.1	19.5
88～128	6.2	4.8	2.0	0.37	1.24	27.5	19.0
128～174	6.2	5.2	1.5	0.36	0.84	29.4	18.3

8.4.3　他拉皋系（Talagao Series）

土　族：黏壤质混合型石灰温性-普通简育干润淋溶土
拟定者：王秋兵，韩春兰，王雪娇

分布与环境条件　本土系分布
于辽宁省西部地区低丘坡下部，
母质为黄土状物质；灌木林地，
生长枣树、灌木等。温带半干旱、
半湿润大陆性季风气候，年均气
温 8.5 ℃，年均降水量 486 mm，
年均日照时数 2862 h，无霜期
120～155 d。

土系特征与变幅　诊断层包括
淡薄表层、黏化层，诊断特性包
括温性土壤温度状况、半干润土

他拉皋系典型景观

壤水分状况、石灰性。本土系发育在黄土状物质上；通体有机质含量 1.4～2.8 g/kg；黏
化层上界出现在土表至 50 cm 范围内，厚度大于 100 cm，块状和棱块状结构，有黏粒胶
膜和假菌丝体，黏化层黏粒含量 230～260 g/kg，粉粒含量 610～670 g/kg；土壤基质色
调为 7.5YR～10YR；土壤呈碱性，pH 7.7～8.2，通体有强烈的石灰性反应；阳离子交换
量 15.1～20.7 cmol/kg。

对比土系　同土族的土系有桃花吐系。桃花吐系黏化层上界出现在土表下 50～100 cm 范
围内。

利用性能综述　本土系土体深厚，地表植被生长稀疏，加之土壤中粉粒含量较高，土壤
干燥时较坚硬，被流水浸湿后，通常容易剥落和遭受侵蚀，易产生水土流失。表层有机
质含量少，养分贫瘠。应退耕还林还草，保护天然植被，减少水土流失。树种以油松、
刺槐、山杏、沙棘、锦鸡儿为主；草种有沙打旺、草木樨、苜蓿草、野古草和冰草等。
在坡度较小的地方适合种植果树。在地势较为平坦的缓坡、坡脚，可以种植抗旱耐贫瘠
作物，如谷子、高粱、玉米、花生等。

参比土种　北票坡黄土（壤质坡积褐土）。

代表性单个土体　位于辽宁省朝阳市双塔区他拉皋镇，41°39′2.1″N，120°28′11.6″E，海
拔 272 m，低丘坡下部，成土母质为黄土状物质，灌木林地，生长枣树、灌木等。野外
调查时间为 2010 年 5 月 14 日，编号 21-047。

他拉皋系代表性单个土体剖面

Ahk：0～20 cm，浊棕色（7.5YR 5/4，干），棕色（7.5YR 4/4，润）；粉壤土，弱度发育的团粒状和粒状结构，很疏松，稍黏着，稍塑；很多细根，很少中、粗根，有蚯蚓和蚯蚓粪便分布；强烈的石灰反应；向下平滑模糊过渡。

ABk：20～39 cm，浊橙色（7.5YR 6/4，干），棕色（7.5YR 4/6，润）；壤土，强度发育的团粒状和小块状结构，很疏松，稍黏着，稍塑；多量细根，很少中、粗根，结构面上有少量的黏粒胶膜，有蚯蚓和蚯蚓粪便分布；有强烈的石灰反应；向下平滑清晰过渡。

Btk1：39～64 cm，浊橙色（7.5YR 6/4，干），棕色（7.5YR 4/4，润）；粉壤土，中、小块状和棱块状结构，很疏松，黏着，中塑；多量细根，极少中、粗根，结构面上有少量的黏粒胶膜，有假菌丝体；石灰反应强烈；向下平滑渐变过渡。

Btk2：64～102 cm，浊橙色（7.5YR 6/4，干），棕色（10YR 4/6，润）；粉壤土，中、小块状和棱块状结构，很疏松，黏着，中塑；很少量细根，结构面上有少量的黏粒胶膜，多量假菌丝体；有强烈的石灰反应；向下平滑渐变过渡。

Btk3：102～125 cm，浊橙色（7.5YR 6/4，干），棕色（10YR 4/6，润）；粉壤土，中、大块状和棱块状结构，很疏松，黏着，中塑；很少细根，结构面上有少量的黏粒胶膜，中量假菌丝体；强烈的石灰反应。

他拉皋系代表性单个土体物理性质

土层	深度/cm	砾石（>2 mm，体积分数)/%	细土颗粒组成(粒径：mm)/(g/kg)			质地	容重/(g/cm³)
			砂粒 2～0.05	粉粒 0.05～0.002	黏粒 <0.002		
Ahk	0～20	0	309	503	188	粉壤土	1.31
ABk	20～39	0	306	488	206	壤土	1.33
Btk1	39～64	1	77	665	258	粉壤土	1.37
Btk2	64～102	1	99	661	240	粉壤土	1.41
Btk3	102～125	1	150	614	236	粉壤土	1.42

他拉皋系代表性单个土体化学性质

深度/cm	pH(H₂O)	有机质/(g/kg)	全氮(N)/(g/kg)	全磷(P₂O₅)/(g/kg)	全钾(K₂O)/(g/kg)	阳离子交换量/(cmol/kg)	游离氧化铁(Fe₂O₃)含量/(g/kg)	碳酸钙相当物/(g/kg)
0～20	7.7	2.8	1.08	2.13	21.0	20.7	24.7	59.5
20～39	8.2	1.9	0.69	2.28	26.4	17.2	49.8	60.1
39～64	8.2	1.4	0.69	1.40	31.2	15.7	49.2	59.5
64～102	8.1	1.6	0.66	0.48	26.0	15.6	39.4	74.9
102～125	8.2	1.7	0.68	0.68	31.7	15.1	42.7	79.1

8.4.4 桃花吐系（Taohuatu Series）

土　　族：黏壤质混合型石灰温性-普通简育干润淋溶土
拟定者：王秋兵，韩春兰，王雪娇

分布与环境条件　本土系分布于辽宁省西部地区低山丘陵坡中下部，二元母质，上部为黄土状物质，下部为古红土；旱地，种植玉米，一年一熟、温带半干旱、半湿润大陆性季风气候，年均气温 9 ℃，年均降水量 450～500 mm，年均日照时数 2850～2950 h，无霜期 120～155 d。

土系特征与变幅　诊断层包括淡薄表层、黏化层，诊断特性包括温性土壤温度状况、半干润土壤水分状况、石灰性。本土系发

桃花吐系典型景观

育在二元母质上，通体有强烈的石灰反应；淡薄表层，粉壤土，粒状、团粒状和小块状结构，向下以粉壤土为主，土壤结构体为小、中的块状棱块状结构；黏化层出现在 100 cm 以下，黏粒含量为 290 g/kg；土壤呈碱性，pH 7.7～8.2；有机质含量为 8.9～21.6 g/kg，全氮含量为 1.06～1.15 g/kg，全磷含量为 0.95～4.10 g/kg，有效磷含量为 10.14～17.18 mg/kg，全钾含量为 17.4～22.6 g/kg。

对比土系　同土族的土系有他拉皋系。他拉皋系黏化层上界出现在土表至 50 cm 范围内。

利用性能综述　本土系土体深厚，质地较砂，保水保肥力差，是辽宁低产土壤之一。又由于所处气候较干旱多风，地表植被稀疏，且地形部位较高，易发生水土流失。在坡度较大的地方应注意水土保持，保护天然植被，减少水土流失。

参比土种　北票坡黄土（壤质坡积褐土）。

代表性单个土体　位于辽宁省朝阳市北票市桃花吐镇小西山村，41°42′52.2″N，120°34′17.1″E，海拔 246 m，低山丘陵坡中下部，二元母质，上部为黄土状物质，下部为古红土，土地利用类型为耕地，主要作物为玉米。野外调查时间为 2010 年 6 月 2 日，编号 21-082。

21-082

桃花吐系代表性单个土体剖面

Ahk：0～28 cm，浊橙色（7.5YR 6/4，干），亮棕色（7.5YR 5/6，润）；粉壤土，粒状、团粒状和小块状结构，干时较松软，湿时较疏松，稍黏着，稍塑；细根很多；石灰反应较强烈；向下平滑清晰过渡。

Bk1：28～76 cm，浊橙色（7.5YR 7/4，干），亮棕色（7.5YR 5/6，润）；粉壤土，小、中的块状棱块状结构，干时很坚硬，湿时疏松，稍黏着，稍塑；细根很少，在结构体内部和表面有多量碳酸钙粉末；石灰反应剧烈；向下平滑模糊过渡。

Bk2：76～114 cm，橙色（7.5YR 6/6，干），棕色（7.5YR 4/6，润）；粉壤土，大、中的块状棱块状结构，干时很坚硬，湿时稍坚实，稍黏着，稍塑；细根很少，在结构体内部和表面有多量碳酸钙粉末；石灰反应剧烈；向下平滑模糊过渡。

2Btk：114～145 cm，红棕色（5YR 4/6，干），红棕色（5YR 4/8，润）；粉质黏壤土，大、中的块状棱块状结构，干时很坚硬，湿时稍坚实，稍黏着，中塑；细根很少，有黏粒胶膜；石灰反应剧烈。

桃花吐系代表性单个土体物理性质

| 土层 | 深度/cm | 砾石(> 2 mm，体积分数)/% | 细土颗粒组成(粒径：mm)/(g/kg) | | | 质地 | 容重/(g/cm³) |
			砂粒2～0.05	粉粒0.05～0.002	黏粒< 0.002		
Ahk	0～28	0	201	558	240	粉壤土	1.24
Bk1	28～76	0	262	538	200	粉壤土	1.30
Bk2	76～114	0	281	511	208	粉壤土	1.31
2Btk	114～145	0	136	575	290	粉质黏壤土	1.36

桃花吐系代表性单个土体化学性质

深度/cm	pH(H₂O)	有机质/(g/kg)	全氮(N)/(g/kg)	全磷(P₂O₅)/(g/kg)	全钾(K₂O)/(g/kg)	阳离子交换量/(cmol/kg)	游离氧化铁(Fe₂O₃)含量/(g/kg)	碳酸钙相当物/(g/kg)
0～28	7.7	14.3	1.15	4.10	17.4	19.9	45.7	16.7
28～76	8.0	21.6	1.09	1.37	19.2	12.9	70.8	17.4
76～114	8.2	15.6	1.06	0.95	20.6	19.6	38.7	14.3
114～145	8.2	8.9	1.08	0.96	22.6	22.9	19.5	19.9

8.4.5 三宝系（Sanbao Series）

土　族：壤质混合型非酸性温性-普通简育干润淋溶土
拟定者：王秋兵，韩春兰

分布与环境条件　本土系分布于辽宁省西部地区丘陵岗地，成土母质为黄土状物质；旱地，种植玉米，一年一熟。温带半湿润区大陆性季风气候，年均气温 8.6 ℃，年均降水量 509 mm，年均日照时数 2983 h，无霜期 153 d。

土系特征与变幅　诊断层包括淡薄表层、黏化层，诊断特性包括温性土壤温度状况、半干润土壤水分状况。本土系发育在黄土

三宝系典型景观

状坡积母质上，土体中含 3%～20%的岩石碎屑；通体有机质含量 1.3～14.1 g/kg；黏化层上界出现在土表至 50 cm 范围内，厚度大于 100 cm，中度至强度发育团块结构，土体中有少量黏粒胶膜；通体黏粒含量 142～186 g/kg，粉粒含量 605～787 g/kg；土壤基质色调为 7.5YR；土壤呈中性至弱碱性，pH 7.3～7.9。

对比土系　同土族的土系有富山系。富山系黏化层上界出现在 100 cm 以下，且有假菌丝体。

利用性能综述　本土系土体深厚，地表植被生长稀疏，加之土壤中粉粒含量较高，土壤干燥时较坚硬，被流水浸湿后，通常容易剥落和遭受侵蚀，易产生水土流失。表层有机质含量少，养分贫瘠。土体中通体有岩石碎屑，影响植物根系生长。其利用改良：在坡度较大的地方，应该以水土保持为中心，退耕还林还草，保护天然植被，减少水土流失。本土系地表多粗碎块，影响耕作。

参比土种　灵龙塔坡黄土（壤质坡积淋溶褐土）。

代表性单个土体　位于辽宁省朝阳市北票市黑城子镇，42°1′43.1″N，120°57′2.1″E，海拔334 m，地形为丘陵岗地，成土母质为黄土状物质，旱地，种植玉米，一年一熟。野外调查时间为 2011 年 5 月 29 日，编号 21-208。

21-208

三宝系代表性单个土体剖面

Ah: 0～15 cm，浊黄橙色（10YR 6/4，干），暗棕色（10YR 3/4，润）；粉壤土，发育弱的中团块结构，干时稍坚硬，湿时疏松，稍黏着，稍塑；少量极细根，少量很小的强风化的次圆碎屑，很少小的角状碎屑，少量蚯蚓，中量粪便；向下平滑清晰过渡。

Bw: 15～31 cm，浊橙色（7.5YR 6/4，干），棕色（7.5YR 4/3，润）；粉壤土，强度发育的小团块状结构，坚实，黏着，强塑；少量细根，少量（5%）强风化小角状岩石碎屑；向下平滑渐变过渡。

Bt1: 31～72 cm，橙色（7.5YR 7/6，干），棕色（7.5YR 4/6，润）；粉壤土，强度发育大核块状结构，坚实，黏着，强塑；少量细根，少量黏粒胶膜，中量（10%）很小强风化角状岩石碎屑；向下平滑渐变过渡。

Bt2: 72～115 cm，橙色（7.5YR 6/6，干），棕色（7.5YR 4/6，润）；粉壤土，中度发育小团块结构，疏松，黏着，强塑；少量黏粒胶膜，多量（16%）很小中度风化的角状碎屑；向下平滑渐变过渡。

Bt3: 115～167 cm，浊橙色（7.5YR 7/4，干），棕色（7.5YR 4/4，润）；粉壤土，强度发育小团块结构，疏松，稍黏着，中塑；很少黏粒胶膜，多量（20%）弱度风化的大岩屑。

三宝系代表性单个土体物理性质

土层	深度/cm	砾石(>2 mm，体积分数)/%	细土颗粒组成(粒径：mm)/(g/kg)			质地	容重/(g/cm³)
			砂粒 2～0.05	粉粒 0.05～0.002	黏粒 <0.002		
Ah	0～15	3	202	650	147	粉壤土	1.28
Bw	15～31	5	71	787	142	粉壤土	1.34
Bt1	31～72	10	205	613	182	粉壤土	1.40
Bt2	72～115	16	212	605	182	粉壤土	1.39
Bt3	115～167	20	151	664	186	粉壤土	1.43

三宝系代表性单个土体化学性质

深度/cm	pH(H₂O)	有机质/(g/kg)	全氮(N)/(g/kg)	全磷(P₂O₅)/(g/kg)	全钾(K₂O)/(g/kg)	阳离子交换量/(cmol/kg)
0～15	7.3	5.7	0.78	0.51	20.2	33.9
15～31	7.6	14.1	1.06	0.61	19.5	22.9
31～72	7.7	3.7	0.41	0.61	20.3	24.9
72～115	7.9	1.8	0.27	0.45	20.9	21.9
115～167	7.5	1.3	0.24	0.36	21.0	20.9

8.4.6 富山系（**Fushan Series**）

土　族：壤质混合型非酸性温性-普通简育干润淋溶土
拟定者：王秋兵，韩春兰，王雪娇

分布与环境条件　本土系分布于辽宁省西部地区低丘坡中部，二元母质，上部为黄土状坡积物，下部为古红土坡积物；林地、果园或耕地。温带半干旱、半湿润大陆性季风气候，年均气温 8.4 ℃，年均降水量 450 mm，无霜期 120～155 d。

土系特征与变幅　诊断层包括淡薄表层、黏化层、雏形层，诊断特性包括温性土壤温度状况、半干润土壤水分状况。本土系发

富山系典型景观

育在二元母质上；通体有机质含量 11.1～21.8 g/kg，以块状结构为主；粉粒 543～695 g/kg，黏粒含量 108～364 g/kg；土壤基质颜色 10YR；土壤呈碱性，pH 7.6～8.4；1 m 以下是红土坡积物，有很多次圆状和角状的岩石和矿物碎屑，处于半风化状态，有剧烈的石灰反应，很多假菌丝体。

对比土系　同土族的土系有三宝系。三宝系黏化层上界出现在土表至 50 cm 范围内，无假菌丝体。

利用性能综述　本土系土体深厚，结构疏松，土体下部有岩石碎屑，不宜作为农业用地。因为所处气候较干旱，地表植被稀疏，且地形部位较高，坡度较陡，易产生沟蚀、面蚀。应采取封山育林育草，保护天然植被，减少水土流失。自然植被多为山枣、荆条灌丛和油松及刺槐人工林。

参比土种　宋杖子黄土（壤质黄土质淋溶褐土）。

代表性单个土体　位于辽宁省朝阳市建平县富山街道马家沟村，41°19′15.5″N，119°30′58.6″E，海拔 627 m，低山丘陵坡中部，二元母质，上部为黄土状坡积物质，下部为古红土坡积物，林地和旱地，植被种类主要为松树、玉米。野外调查时间为 2010 年 5 月 16 日，编号 21-056。

富山系代表性单个土体剖面

Ah： 0～10 cm，亮黄棕色（10YR 6/6，干），棕色（10YR 4/6，润）；粉壤土，粒状和团粒状结构，土壤很疏松，稍黏着，稍塑；很多细根，有蚯蚓和蚯蚓粪、蚂蚁；向下平滑渐变过渡。

AB： 10～42 cm，浊黄棕色（10YR 6/4，干），浊棕色（7.5YR 5/4，润）；粉壤土，粒状和团粒状结构，土壤很疏松，稍黏着，稍塑；细根较多；向下平滑清晰过渡。

Bw1：42～69 cm，浊黄橙色（10YR 7/3，干），亮黄棕色（10YR 6/6，润）；粉壤土，小块状、片状结构，发育程度较低，土壤很疏松，黏着，中塑；细根较少；向下平滑渐变过渡。

Bw2：69～105 cm，浊黄橙色（10YR 6/4，干），棕色（10YR 4/6，润）；粉壤土，小、中块状结构，土壤很疏松，黏着，中塑；细根很少；向下平滑清晰过渡。

2Btk：105～113 cm，橙色（7.5YR 6/6，干），亮棕色（7.5YR 5/6，润）；粉质黏壤土，大、中块状结构，结构体外面有一层浅黄色黄土包被，颜色为黄棕（10YR 5/6），疏松，黏着，中塑；在孔隙中和结构面上分布有比较清晰的黏粒胶膜，有很多假菌丝体，有很多次圆状和角状的岩石碎屑，处于半风化状态，在孔隙中有黑色的填充物；石灰反应很强烈。

富山系代表性单个土体物理性质

| 土层 | 深度 /cm | 砾石 (>2 mm，体积分数)/% | 细土颗粒组成(粒径：mm)/(g/kg) | | | 质地 | 容重 /(g/cm³) |
			砂粒 2～0.05	粉粒 0.05～0.002	黏粒 <0.002		
Ah	0～10	0	202	658	140	粉壤土	1.26
AB	10～42	0	136	695	170	粉壤土	1.28
Bw1	42～69	0	274	618	108	粉壤土	1.34
Bw2	69～105	0	235	602	163	粉壤土	1.33
2Btk	105～113	10	93	543	364	粉质黏壤土	1.40

富山系代表性单个土体化学性质

深度 /cm	pH (H₂O)	有机质 /(g/kg)	全氮(N) /(g/kg)	全磷(P₂O₅) /(g/kg)	全钾(K₂O) /(g/kg)	阳离子交换量 /(cmol/kg)
0～10	7.6	11.1	1.19	5.74	15.3	20.0
10～42	7.7	12.4	1.11	5.82	14.6	16.9
42～69	8.3	21.8	1.12	5.91	14.0	15.6
69～105	8.3	20.9	1.01	6.03	13.6	16.0
105～113	8.4	13.2	1.15	6.10	13.0	13.8

8.4.7 哈叭气系（Habaqi Series）

土　族：黏质伊利石混合型非酸性温性-普通简育干润淋溶土
拟定者：王秋兵，韩春兰

分布与环境条件　本土系分布
于辽宁省西部地区低丘坡中下
部，成土母质为黄土状物质；果
园，种植杏树，一年一熟。温带
半湿润大陆性季风气候，年均气
温 8.0 ℃，年均降水量 550 mm，
无霜期 150 d。

哈叭气系典型景观

土系特征与变幅　诊断层包括
淡薄表层、黏化层，诊断特性包
括温性土壤温度状况、半干润土
壤水分状况。本土系发育在黄土
状物质上；淡薄表层有机质含量
为 6.9 g/kg，向下有机质含量为 0.9～3.0 g/kg；黏化层上界出现在土表至 50 cm 范围内，
厚度大于 100 cm，强度发育的棱块结构，有中量黏粒胶膜和二氧化硅粉末，黏化层黏粒
含量 340～390 g/kg，粉粒含量 400～450 g/kg；土壤基质色调为 7.5YR；土壤呈微酸性至
中性，pH 6.1～7.4。

对比土系　同土族内没有其他土系，相似的土系有三宝系和富山系。三宝系在壤质土族，
黏化层上界出现在土表至 50 cm 范围内，无假菌丝体。富山系在壤质土族，黏化层上界
出现在 100 cm 以下，且有假菌丝体。

利用性能综述　本土系土体深厚，地表植被生长稀疏。质地黏重，通透性差，不利于植
物根系向下延伸，耕性不良。表层有机质含量少，养分贫瘠，是辽宁省低产土壤之一，
具"瘦、黏、板、蚀"等低产性状。其利用改良：在坡度较大的地方，应该以水土保持
为中心，退耕还林还草，保护天然植被，减少水土流失。树种以油松、刺槐、山杏、沙
棘、锦鸡儿为主；草种有沙打旺、草木樨、苜蓿草、野古草和冰草等。在坡度较小的地
方适合种植果树。在地势较为平坦的缓坡、坡脚，可种植抗旱耐贫瘠作物，如谷子、高
粱、玉米、花生等。

参比土种　宋杖子黄土（壤质黄土质淋溶褐土）。

代表性单个土体　位于辽宁省朝阳市凌源市乌兰白镇哈叭气村一组，41°9′3.2″N，
119°9′3.2″E，海拔 397 m，低丘坡中下部，成土母质为黄土状物质，果园，种植杏树，
一年一熟。野外调查时间为 2011 年 5 月 16 日，编号 21-196。

哈叭气系代表性单个土体剖面

Ap: 0～19 cm，亮棕色（7.5YR 5/6，干），棕色（7.5YR 4/6，润）；壤土，中度发育中团块结构，干时极坚硬，湿时坚实，稍黏着，中塑；中量细草根；向下平滑清晰过渡。

AB: 19～43 cm，浊橙色（7.5YR 6/4，干），棕色（7.5YR 4/4，润）；黏壤土，强度发育中块块结构，湿时坚实，稍黏着，稍塑；少量细草根，少量黏粒胶膜，与土体对比度明显；向下平滑清晰过渡。

Btq1: 43～67 cm，浊橙色（7.5YR 7/4，干），亮棕色（7.5YR 5/6，润）；黏壤土，强度发育中棱块结构，湿时坚实，稍黏着，中塑；很少量细草根，结构体表面有中量黏粒胶膜，中量硅粉，与土体对比度明显，土壤动物有蚯蚓；向下平滑渐变过渡。

Btq2：67～112 cm，橙色（7.5YR 7/6，干），浊红棕色（7.5YR 4/6，润）；黏壤土，强度发育小棱块结构，湿时坚实，黏着，中塑；很少量细草根，结构体表面有中量黏粒胶膜，多量硅粉，与土体对比度明显；向下平滑渐变过渡。

Btq3：112～142 cm，浊橙色（7.5YR 7/4，干），棕色（7.5YR 4/6，润）；黏壤土，强度发育的小棱块状结构，极坚实，黏着，中塑；很少的极细根，结构体表面有中量硅粉，少量黏粒胶膜，与土体对比度明显；向下平滑渐变过渡。

BCq：142～189 cm，浊橙色（7.5YR 7/4，干），棕色（7.5YR 4/6，润）；壤土，强度发育的中棱块结构，湿时极坚实，黏着，中塑；结构体表面有少量硅粉，有蚯蚓。

哈叭气系代表性单个土体物理性质

土层	深度/cm	砾石(>2 mm，体积分数)/%	细土颗粒组成(粒径: mm)/(g/kg)			质地	容重/(g/cm³)
			砂粒 2～0.05	粉粒 0.05～0.002	黏粒 <0.002		
Ap	0～19	0	305	449	247	壤土	1.31
AB	19～43	0	228	493	281	黏壤土	1.36
Btq1	43～67	0	213	410	377	黏壤土	1.40
Btq2	67～112	0	210	402	389	黏壤土	1.41
Btq3	112～142	0	212	447	341	黏壤土	1.44
BCq	142～189	0	305	449	247	壤土	1.43

哈叭气系代表性单个土体化学性质

深度	pH		有机质	全氮(N)	全磷(P$_2$O$_5$)	全钾(K$_2$O)	阳离子交换量
/cm	H$_2$O	KCl	/(g/kg)	/(g/kg)	/(g/kg)	/(g/kg)	/(cmol/kg)
0～19	6.3	5.3	6.9	0.77	2.57	17.4	21.8
19～43	6.1	5.3	3.0	0.44	3.23	18.9	11.0
43～67	6.1	5.2	1.9	0.33	3.16	15.5	21.8
67～112	7.0	—	2.6	0.43	2.37	15.5	20.6
112～142	6.2	4.5	0.9	0.39	3.53	15.7	23.1
142～189	7.4	—	2.3	0.84	5.59	13.3	23.6

8.4.8 大五家系（Dawujia Series）

土　　族：砂质硅质混合型非酸性温性-普通简育干润淋溶土

拟定者：王秋兵，韩春兰，顾欣燕，刘杨杨，张寅寅，孙仲秀

分布与环境条件　本土系分布于辽宁省西部地区丘陵岗地，二元母质，上部为黄土状物质，下部为残积物；旱地，一年一熟。温带半干旱大陆性季风气候，年均气温 8.1 ℃，年均降水量 500 mm，年均日照时数 2866 h，≥10 ℃活动积温 3298 ℃，无霜期 150 d。

土系特征与变幅　诊断层包括淡薄表层、黏化层，诊断特性包括温性土壤温度状况、半干润土

大五家系典型景观

壤水分状况。本土系发育在二元母质上，上部为黄土状物质，下部为残积物，土体中有少量岩石碎屑，底层稍多可达 30% 左右；通体有机质含量 0.8～6.3 g/kg；黏化层上界出现在土表至 50 cm 范围内，厚度大于 100 cm，中度发育的团块结构，有多量黏粒胶膜；50 cm 以上土壤基质色调为 5YR，底土层色调 10YR；通体黏粒含量 42～69 g/kg；土壤表层呈酸性，pH 5.6～7.0，向下呈中性，pH 7.1～7.3。

对比土系　同土族内没有其他土系，相似的土系有三宝系和富山系。三宝系在壤质土族，黏化层上界出现在土表至 50 cm 范围内，无假菌丝体。富山系在壤质土族，黏化层上界出现在 100 cm 以下，且有假菌丝体。

利用性能综述　本土系土体深厚，所在地气候较干旱，地表植被生长稀疏，易产生水土流失。土壤表层有机质含量少，养分贫瘠。土体中有少量岩石碎屑，但土壤质地不黏不砂，适宜耕作。其利用改良：在坡度较大的地方，应该加强水土保持，减少水土流失。树种以油松、刺槐、山杏、沙棘、锦鸡儿为主；草种有沙打旺、草木樨、苜蓿草、野古草和冰草等。在坡度较小的地方适合种植果树。在地势较为平坦的缓坡、坡脚，可以种植抗旱耐贫瘠作物，如谷子、高粱、玉米、花生等。

参比土种　砂山黄土（砂质硅铝质棕壤）。

代表性单个土体　位于辽宁省阜新市阜新蒙古族自治县大五家子镇大五家子村，42°10′58.0″N，121°20′56.6″E，海拔 329 m，丘陵岗地，二元母质，上部为黄土状物质，下部为残积物，耕地，种植玉米。野外调查时间为 2011 年 5 月 31 日，编号 21-211。

Ap: 0～12 cm，浊棕色（10YR 5/6，干），棕色（7.5YR 4/6，润）；砂质壤土，弱度发育的小团粒结构，极疏松，稍黏着，稍塑；中量细根、极细根，中量粪便；向下平滑清晰过渡。

Ah: 12～25 cm，浊棕色（7.5YR 5/4，干），浊红棕色（5YR 4/4，润）；砂质壤土，中度发育的中团块结构，坚实，稍黏着，稍塑；少量细根；向下平滑清晰过渡。

2Bt: 25～53 cm，亮棕色（7.5YR 5/6，干），红棕色（5YR 4/6，润）；砂质壤土，中度发育的中团块结构，疏松，稍黏着，稍塑；黏粒胶膜占该层结构面和孔隙壁的5%以上，少量小岩石碎屑；向下平滑渐变过渡。

2BC: 53～74 cm，浊黄橙色（10YR 7/4，干），亮棕色（7.5YR 5/6，润）；砂质壤土，中度发育的大团块结构，疏松；少量小岩石碎屑；向下平滑清晰过渡。

2C: 74～140 cm，亮黄棕色（10YR 6/6，干），亮黄棕色（10YR 7/6，润）；壤质砂土，无结构，疏松；多量很小角状碎屑。

大五家系代表性单个土体剖面

大五家系代表性单个土体物理性质

土层	深度 /cm	砾石 (>2 mm，体积分数)/%	细土颗粒组成(粒径：mm)/(g/kg)			质地	容重 /(g/cm³)
			砂粒 2～0.05	粉粒 0.05～0.002	黏粒 <0.002		
Ap	0～12	0	721	233	46	砂质壤土	1.28
Ah	12～25	0	720	239	42	砂质壤土	1.32
2Bt	25～53	5	733	214	53	砂质壤土	1.37
2BC	53～74	5	722	210	69	砂质壤土	1.35
2C	74～140	30	748	208	44	壤质砂土	—

大五家系代表性单个土体化学性质

深度 /cm	pH		有机质 /(g/kg)	全氮(N) /(g/kg)	全磷(P₂O₅) /(g/kg)	全钾(K₂O) /(g/kg)	阳离子交换量 /(cmol/kg)
	H₂O	KCl					
0～12	5.6	4.5	6.3	0.77	18.83	10.7	12.8
12～25	7.0	—	4.9	0.58	20.90	9.9	12.0
25～53	7.3	—	2.4	0.37	19.72	11.2	16.5
53～74	7.1	—	1.6	0.15	22.79	12.8	23.9
74～140	7.2	—	0.8	0.14	15.44	14.4	21.0

8.5　钙质湿润淋溶土

8.5.1　牌楼系（Pailou Series）

土　族：黏质伊利石混合型非酸性温性-普通钙质湿润淋溶土
拟定者：王秋兵，韩春兰

牌楼系典型景观

分布与环境条件　本土系分布于辽宁省中南部丘陵山地坡下部，坡残积物母质；林地，槐树和荒草。温带半湿润大陆性季风气候，年均气温 10 ℃，年均降水量 691 mm。

土系特征与变幅　诊断层包括淡薄表层、黏化层，诊断特性包括准石质接触面、碳酸盐岩岩性特征、温性土壤温度状况、湿润土壤水分状况。本土系发育在残坡积物上，土体 30 cm 以上完全风化；30 cm 以下有大量岩屑，半风化；淡薄表层有机质含量为 67.6 g/kg，以下各层有机质含量为 3.5～3.9 g/kg；黏化层上界出现在土表至 50 cm 范围内，厚度为 25 cm，弱块状结构，黏粒含量 495 g/kg，土壤色调为 5YR 或 2.5YR；B 层游离氧化铁含量 53 g/kg；土壤碱性，pH 8.1～9.1；阳离子交换量表层为 19.8～29.6 cmol/kg。

对比土系　同土族的土系有龙山系。龙山系在 80 cm 下出现准石质接触面。

利用性能综述　本土系土层浅薄，土体下部有较多岩屑，不宜农业利用。应作为林业用地加以利用，可封山育林育草，保护天然植被，减少水土流失。为改变次生林面貌，提高林分质量，增加单位面积木材产量，应坚持人工更新和天然更新相结合，引进原有的珍贵针叶林树种和速生针叶林树种，逐渐诱导和培育质量好、产量高的针阔混交林。也可以人工植树造林、种草，因地制宜发展板栗、油栗等木本油粮植物；种植苹果、山里红等果树以增加经济收入。

参比土种　三家子石灰土（薄层钙镁质褐土性土）。

代表性单个土体　位于辽宁省鞍山市海城市牌楼，40°43′34.5″N，122°51′17.1″E，海拔 95 m，丘陵山地坡下部，坡残积物母质（菱镁矿），荒草地。野外调查时间为 2005 年 7 月 1 日，编号 21-165。

Ahk：0～5 cm，红棕色（5YR 4/6，干），暗红棕色（5YR 3/4，
　　润）；黏壤土，粒状结构，松散；有中量 1～2 mm 的植
　　物根系，有含量 10%左右直径小于 2 mm 的棱角状岩屑
　　（菱镁矿）；强石灰反应；向下平滑清晰过渡。

Btk：5～30 cm，红棕色（2.5YR 4/6，干），红棕色（2.5YR 4/6，
　　润）；黏土，层状或弱块状结构；有多量 1～2 mm 粗的
　　植物根系，少量 3 mm 粗的根系，有黏粒淀积，有完全风
　　化的母岩风化物；弱石灰反应；向下平滑渐变过渡。

C：　30～50 cm，红色（10R 4/6，干），红色（10R 4/8，润）；
　　壤土；半风化的母岩风化物。

牌楼系代表性单个土体剖面

牌楼系代表性单个土体物理性质

| 土层 | 深度 /cm | 砾石 (> 2 mm，体积分数)/% | 细土颗粒组成(粒径：mm)/(g/kg) | | | 质地 | 容重 /(g/cm³) |
			砂粒 2～0.05	粉粒 0.05～0.002	黏粒 < 0.002		
Ahk	0～5	10	432	268	300	黏壤土	1.34
Btk	5～30	7	412	93	495	黏土	1.41
C	30～50	20	511	364	125	壤土	—

牌楼系代表性单个土体化学性质

深度 /cm	pH (H₂O)	有机质 /(g/kg)	全氮(N) /(g/kg)	全磷(P₂O₅) /(g/kg)	全钾(K₂O) /(g/kg)	阳离子交换量 /(cmol/kg)	碳酸钙相当物 /(g/kg)
0～5	9.1	67.6	1.61	2.06	25.1	19.8	3.8
5～30	8.1	3.5	1.21	4.36	59.9	29.6	0.8
30～50	8.7	3.9	0.80	7.99	94.2	2.6	2.3

8.5.2　龙山系（Longshan Series）

土　族：黏质伊利石混合型非酸性温性-普通钙质湿润淋溶土
拟定者：王秋兵，韩春兰

分布与环境条件　本土系分布于辽宁省南部岗地坡的中部，残坡积物母质；果园或旱地，一年一熟。温带半湿润大陆性季风气候，年均气温 9.6 ℃，年均降水量 600 mm，无霜期 165～185 d。

土系特征与变幅　诊断层包括淡薄表层、黏化层，诊断特性包括准石质接触面、碳酸盐岩岩性特征、温性土壤温度状况、湿润土壤水分状况、铁质特性。本土系发育在页岩和石灰岩互层的残坡积物上，A 层由石灰岩发育

龙山系典型景观

而来，有 1%的岩屑，土壤色调 5YR，黏粒含量 260～395 g/kg，强度发育的粒状结构，游离氧化铁含量 39～50 g/kg；B 层由页岩发育而来，形成极多量黏粒胶膜，黏粒含量高达 718 g/kg，强度发育的块状结构，色调为 2.5YR，游离氧化铁含量为 89.3 g/kg，B 层厚度为 50 cm 左右；C 层是石灰岩基岩，表面上有上层淋溶下来的大量黏粒胶膜，色调 5Y。通体土壤呈微酸性至中性，pH 6.1～7.6，阳离子交换量 16.4～22.5 cmol/kg。

对比土系　同土族的土系有牌楼系。牌楼系在 30 cm 下出现准石质接触面。

利用性能综述　本土系土层深厚，但质地黏重，耕性不良，干时坚硬，板结，通透性差，不利于植物根系向下延伸，具有明显的"厚、黏、板"的特点。适宜种植玉米等耐贫瘠作物。在利用改良方面，应深松改土，打破犁底层或淀积层，逐年加深耕作层，改善土壤通透性。此外还要坚持用地养地，增施有机肥，实行秸秆还田，轮作倒茬，粮草间作，以提高土壤肥力。

参比土种　红黏土（黏质红黏土）。

代表性单个土体　位于辽宁省大连市瓦房店市龙山村，39°41′3.5″N，122°00′52.38″E，海拔 89 m，岗地坡的中部，成土母质为残坡积物，园地、耕地，植被类型为桃树、玉米。野外调查时间为 2005 年 7 月 6 日，编号 21-172。

Ah：0～8 cm，亮红棕色（5YR 5/6，干），暗红棕色（5YR 3/6，
　　润）；壤土，强度发育的粒状结构，松散；很多细根系；
　　向下平滑渐变过渡。

AB：8～22 cm，红棕色（5YR 4/6，干），暗红棕色（5YR 3/6，
　　润）；黏壤土，强度发育的粒状结构，较坚实；很多细根
　　系，多量小的棱角状新鲜岩屑；向下平滑清晰过渡。

Bt：22～81 cm，亮红棕色（2.5YR 5/8，干），红棕色（2.5YR
　　4/8，润）；黏土，强度发育的块状结构，坚实；极少量
　　极细根系，结构体表面和孔隙内有极多量黏粒胶膜；向下
　　波状逐渐过渡。

C：81～100 cm，浅淡黄色（5Y 8/4，干），黄色（5Y 8/6，
　　润）；壤土，石灰岩基岩，岩石表面有黏粒淀积。

龙山系代表性单个土体剖面

龙山系代表性单个土体物理性质

| 土层 | 深度 /cm | 砾石 (>2 mm，体积分数)/% | 细土颗粒组成(粒径：mm)/(g/kg) | | | 质地 | 容重 /(g/cm³) |
			砂粒 2～0.05	粉粒 0.05～0.002	黏粒 <0.002		
Ah	0～8	0	258	474	268	壤土	1.26
AB	8～22	1	230	375	395	黏壤土	1.33
Bt	22～81	0	86	196	718	黏土	1.43
C	81～100	30	486	333	181	壤土	—

龙山系代表性单个土体化学性质

| 深度 /cm | pH | | 有机质 /(g/kg) | 全氮(N) /(g/kg) | 全磷(P₂O₅) /(g/kg) | 全钾(K₂O) /(g/kg) | 阳离子交换量 /(cmol/kg) | 游离氧化铁 (Fe₂O₃)含量 /(g/kg) |
	H₂O	KCl						
0～8	7.6	—	25.9	3.28	11.07	16.7	17.5	39.4
8～22	6.6	—	14.4	2.27	3.11	14.2	20.3	49.9
22～81	6.1	5.3	5.1	1.47	2.97	12.4	22.5	89.3
81～100	6.6	—	5.8	1.49	3.13	11.9	16.4	21.9

8.6 酸性湿润淋溶土

8.6.1 十字街系（Shizijie Series）

土　族：粗骨壤质硅质混合型温性-红色酸性湿润淋溶土
拟定者：王秋兵，韩春兰

十字街系典型景观

分布与环境条件　本土系分布于辽宁省东部丘陵山地坡中上部，残积物母质；针阔叶林，生长柞树（辽东栎）、百合、刺槐、板栗、松树。温带半湿润大陆性季风气候，年均气温 8.4 ℃，年均降水量 888 mm，年均日照时数 2484 h，无霜期 182 d。

土系特征与变幅　诊断层包括淡薄表层、黏化层，诊断特性包括温性土壤温度状况、湿润土壤水分状况、铁质特性、盐基饱和度。本土系发育在残积物上，有大量岩屑；淡薄表层有机质含量 46.9 g/kg，向下有机质含量为 1.1～3.4 g/kg；黏化层出现在土表至 50 cm 范围内，厚度为 15～40 cm，粒状结构，黏粒含量 200～350 g/kg；土壤基质色调为 5YR；B 层游离氧化铁含量为 13～16 g/kg，阳离子交换量为 7.0～9.5 cmol/kg；B 层 pH 5.1，呈酸性，土壤表层 pH 6.3，微酸性。

对比土系　同土族中没有其他土系。相似的土系有亮子沟系。亮子沟系的颗粒大小级别为黏壤质。

利用性能综述　本土系土层浅薄，土体中有较多岩屑，不宜农业利用。应作为林业用地加以利用，可封山育林育草，保护天然植被，减少水土流失。为改变次生林面貌，提高林分质量，增加单位面积木材产量，应坚持人工更新和天然更新相结合，引进原有的珍贵针叶林树种和速生针叶林树种，逐渐诱导和培育质量好、产量高的针阔混交林。也可以人工植树造林、种草，因地制宜发展板栗、油栗等木本油粮植物；种植苹果、山里红等果树。

参比土种　塔峪山砂土（中层硅铝质棕壤性土）。

代表性单个土体　位于辽宁省丹东市东港市十字街镇瓦房村，40°2′28.1″N，124°3′57.2″E，海拔 87 m，丘陵坡中上部，成土母质为残积物，母岩为黑云斜长片麻岩，林地，植被类型为柞树（辽东栎）、百合、刺槐、板栗、松树、青杠子树。野外调查时间为 2005 年 7 月 3 日，编号 21-176。

Ah：0～10 cm，棕色（7.5YR 4/4，干），暗棕色（7.5YR 3/4，润）；壤土，粒状结构，稍黏着，稍塑；有很多 1～2 mm 的植物根系，有 10%左右直径 2～3 cm 的棱角状岩屑，有蚯蚓和蚂蚁；向下平滑清晰过渡。

Bt：10～39 cm，橙色（5YR 7/6，干），红棕色（5YR 4/8，润）；砂质黏壤土，粒状结构，松散；有多量 1～2 mm 的植物根系，有一条 5 mm 粗的根系，结构体表面有明显的黏粒胶膜，有 13%左右直径 2～3 cm 的棱角状岩屑，半风化状态；向下平滑渐变过渡。

C：39～70 cm，橙色（5YR 7/6，干），橙色（5YR 6/8，润）；砂质壤土，松散；黑云斜长片麻岩风化物。

十字街系代表性单个土体剖面

十字街系代表性单个土体物理性质

土层	深度 /cm	砾石 （> 2 mm，体积分数)/%	细土颗粒组成(粒径：mm)/(g/kg)			质地	容重 /(g/cm³)
			砂粒 2～0.05	粉粒 0.05～0.002	黏粒 < 0.002		
Ah	0～10	10	459	335	207	壤土	1.21
Bt	10～39	13	532	208	260	砂质黏壤土	1.38
C	39～70	10	629	214	158	砂质壤土	—

十字街系代表性单个土体化学性质

深度 /cm	pH		有机质 /(g/kg)	全氮(N) /(g/kg)	全磷(P₂O₅) /(g/kg)	全钾(K₂O) /(g/kg)	阳离子交换量 /(cmol/kg)
	H₂O	KCl					
0～10	6.3	5.3	46.9	2.71	3.58	23.2	12.6
10～39	5.1	4.2	3.4	1.07	4.69	31.8	9.2
39～70	5.1	4.3	1.1	0.89	3.11	24.5	8.0

8.6.2　亮子沟系（Liangzigou Series）

土　　族：黏壤质混合型非酸性温性-红色酸性湿润淋溶土
拟定者：王秋兵，韩春兰，李　岩

亮子沟系典型景观

分布与环境条件　本土系分布于辽宁省东部台地，玄武岩残积物母质；耕地。温带湿润大陆性季风气候，年均气温 7.1 ℃，年均降水量 1100 mm，≥10 ℃积温为 3000 ℃，无霜期 140 d。

土系特征与变幅　诊断层包括淡薄表层、黏化层，诊断特性包括温性土壤温度状况、湿润土壤水分状况、铁质特性、盐基饱和度。本土系发育在玄武岩残积物上；淡薄表层有机质含量为 27.4 g/kg，以下各层有机质含量为 2.4～5.6 g/kg；黏化层上界出现在土表至 50 cm 范围内，厚度大于 100 cm，强度发育的中块状和大块状结构，黏粒含量 310～410 g/kg，土壤基质色调为 2.5YR；土壤呈酸性，pH 5.2～5.5。

对比土系　同土族中没有其他土系。相似的土系有十字街系。十字街系的颗粒大小级别为粗骨壤质。

利用性能综述　本土系土层较厚，土壤呈酸性，养分贫瘠。质地黏重，耕性不良，干时坚硬，通透性差，不利于植物根系向下延伸，具有明显的"厚、黏、板、酸"的特点，适宜种植玉米等耐贫瘠作物。在利用改良方面，应合理施用石灰，中和土壤酸性，还要坚持用地养地，增施热性有机肥，实行秸秆还田，轮作倒茬，粮草间作，以提高土壤肥力。

参比土种　振安暗黄土（壤质铁镁质棕壤）。

代表性单个土体　位于辽宁省丹东市宽甸满族自治县石湖沟乡亮子沟村耕地上，40°43′23.3″N，124°41′51.5″E，海拔 319 m，玄武岩台地，成土母质为玄武岩残积物。野外调查时间为 2009 年 11 月 8 日，编号 21-034。

Ap：0～13 cm，亮红棕色（5YR 5/6，干），暗红棕色（2.5YR 3/6，润）；砂质黏壤土，弱度发育的小团粒结构，疏松；多量细根；向下平滑清晰过渡。

Bt1：13～31 cm，红棕色（2.5YR 4/6，干），红棕色（2.5YR 4/8，润）；砂质黏壤土，中度发育的小块状结构，疏松；少量细根，中量黏粒胶膜；向下平滑渐变过渡。

Bt2：31～81 cm，浊红棕色（2.5YR 4/4，干），红棕色（2.5YR 4/8，润）；黏壤土，强度发育的中块状结构，疏松；少量细根，中量黏粒胶膜；向下平滑渐变过渡。

Bt3：81～130 cm，亮红棕色（2.5YR 5/6，干），红棕色（2.5YR 5/8，润）；黏土，强度发育的中块状和大块状结构，疏松；中量黏粒胶膜，多量岩石碎屑。

亮子沟系代表性单个土体剖面

亮子沟系代表性单个土体物理性质

土层	深度/cm	砾石（>2 mm，体积分数)/%	细土颗粒组成(粒径：mm)/(g/kg)			质地	容重/(g/cm³)
			砂粒 2～0.05	粉粒 0.05～0.002	黏粒 <0.002		
Ap	0～13	0	541	217	242	砂质黏壤土	1.07
Bt1	13～31	0	452	206	343	砂质黏壤土	0.84
Bt2	31～81	1	396	287	317	黏壤土	0.95
Bt3	81～130	50	233	365	402	黏土	0.63

亮子沟系代表性单个土体化学性质

深度/cm	pH		有机质/(g/kg)	全氮(N)/(g/kg)	全磷(P_2O_5)/(g/kg)	全钾(K_2O)/(g/kg)	阳离子交换量/(cmol/kg)	碳酸钙相当物/(g/kg)
	H_2O	KCl						
0～13	5.4	4.3	27.4	2.27	5.59	10.7	21.2	0.18
13～31	5.2	4.0	5.6	1.25	5.19	6.7	22.5	0.23
31～81	5.4	4.0	3.7	1.16	4.77	4.8	23.1	0.67
81～130	5.5	4.0	2.4	1.07	4.83	6.3	20.3	0.30

8.7 铁质湿润淋溶土

8.7.1 孤山子系（Gushanzi Series）

土　族：黏质伊利石混合型酸性温性-红色铁质湿润淋溶土
拟定者：王秋兵，韩春兰

分布与环境条件　本土系分布于辽宁省南部漫岗中上部，冰水沉积物母质；旱地，种植玉米，一年一熟。温带湿润大陆性季风气候，年均气温 8.4 ℃，年均降水量 888 mm，年均日照时数 2484 h，无霜期 182 d，结冻期 147 d。

土系特征与变幅　诊断层包括淡薄表层、黏化层，诊断特性包括温性土壤温度状况、湿润土壤水分状况、铁质特性。本土系发育在冰水沉积物上，土体中有少量

孤山子系典型景观

很大的圆状岩屑；淡薄表层有机质含量 17.6 g/kg，以下各层有机质含量 1.5～3.2 g/kg；黏化层上界出现在土表至 50 cm 范围内，厚度大于 100 cm，粒状结构或块状结构，黏粒含量 320～410 g/kg；土壤基质色调为 5YR；B 层游离氧化铁含量为 32.7～35.6 g/kg；土壤呈酸性，pH 5.1～5.6；阳离子交换量 9.4～19.5 cmol/kg。

对比土系　同土族内无其他土系。相似的土系有十三里堡系、泉水系、石棚峪系和朱家洼系。十三里堡系土壤反应级别为非酸性，表层质地为壤土，土表至 50 cm 范围内出现氧化还原特征。泉水系土壤反应级别为非酸性，无氧化还原特征。石棚峪系土壤反应级别为非酸性，表层质地为粉壤土，土表至 50 cm 范围内出现氧化还原特征。朱家洼系土壤反应级别为非酸性，表层质地为粉质黏壤土，土表下 50～100 cm 范围出现氧化还原特征。

利用性能综述　本土系土层较厚，土壤呈酸性，养分贫瘠。质地黏重，板结，耕性不良，干时坚硬，通透性差，不利于植物根系向下延伸，具有明显的"厚、黏、板、酸"的特点。适宜种植玉米等耐贫瘠作物。

参比土种　北票红土（壤质红黏土）。

代表性单个土体　位于辽宁省丹东市东港市孤山镇宫家屯村，39°55′33.3″N，123°35′14.6″E，海拔 43 m，漫岗中上部，成土母质为冰水沉积物，旱地，种植玉米。野外调查时间为 2005 年 7 月 3 日，编号 21-173。

Ap:　0～15 cm，浊橙色（7.5YR 6/4，干），棕色（7.5YR 4/4，
　　　润）；粉质黏壤土，粒状结构，松散；很多细根系，中
　　　量很大的次圆到圆状岩屑，土壤动物有蚂蚁；向下平滑
　　　清晰过渡。

Bt:　15～57 cm，橙色（5YR 6/8，干），红棕色（2.5YR 4/8，
　　　润）；粉质黏土，粒状结构和块状结构，坚实；多量细
　　　根系，结构体表面有明显的黏粒胶膜，少量小的次圆状
　　　岩屑，少量大的磨圆较好的砾石；向下波状渐变过渡。

Btr1:　57～89 cm，橙色（5YR 6/8，干），亮红棕色（2.5YR 4/8，
　　　润）；粉质黏壤土，粒状结构和块状结构，稍坚实；中
　　　量细根系，结构体表面有大量黏粒胶膜，少量铁锰胶膜，
　　　少量大圆状的岩屑；向下平滑渐变过渡。

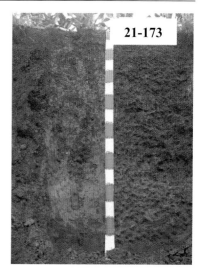

孤山子系代表性单个土体剖面

Btr2:　89～115 cm，橙色（5YR 6/8，干），亮红棕色（5YR 5/8，润）；粉质黏壤土，粒状结构，松软；少
　　　量细根系，结构体表面有大量黏粒胶膜，少量铁锰胶膜，少量很大的圆状岩屑；向下平滑明显过渡。

Btr3:　115～131 cm，橙色（5YR 6/8，干），亮红棕色（5YR 5/8，润）；粉质黏壤土，块状结构，稍
　　　坚实；结构体表面有大量黏粒胶膜，少量铁锰胶膜，少量大的圆状岩屑；向下波状渐变过渡。

BCr:　131～160 cm，橙色（5YR 7/6，干），亮红棕色（5YR 5/8，润）；黏壤土，块状结构，稍坚实；
　　　结构体表面有大量黏粒胶膜，中量铁锰胶膜，少量大的次圆状岩屑。

孤山子系代表性单个土体物理性质

土层	深度 /cm	砾石 （>2 mm，体 积分数)/%	砂粒 2～0.05	粉粒 0.05～0.002	黏粒 <0.002	质地	容重 /(g/cm³)
			细土颗粒组成(粒径：mm)/(g/kg)				
Ap	0～15	3	158	535	307	粉质黏壤土	1.26
Bt	15～57	2	140	450	409	粉质黏土	1.34
Btr1	57～89	1	176	456	368	粉质黏壤土	1.42
Btr2	89～115	2	115	538	347	粉质黏壤土	1.47
Btr3	115～131	2	85	572	344	粉质黏壤土	1.48
BCr	131～160	1	214	466	320	黏壤土	1.52

孤山子系代表性单个土体化学性质

深度 /cm	pH H₂O	pH KCl	有机质 /(g/kg)	全氮(N) /(g/kg)	全磷(P₂O₅) /(g/kg)	全钾(K₂O) /(g/kg)	阳离子交换量 /(cmol/kg)	游离氧化铁 (Fe₂O₃)含量 /(g/kg)
0～15	5.1	3.7	17.6	1.87	3.23	14.0	18.2	27.3
15～57	5.2	4.1	3.2	1.12	3.23	11.1	14.5	34.4
57～89	5.3	4.1	1.8	1.63	4.06	11.3	13.2	35.4
89～115	5.4	4.1	1.8	1.00	2.65	11.2	10.9	32.7
115～131	5.5	4.2	1.7	1.04	3.58	11.3	9.4	34.8
131～160	5.6	4.2	1.5	1.10	3.32	12.5	19.5	35.6

8.7.2　十三里堡系（Shisanlipu Series）

土　族：黏质伊利石混合型非酸性温性-红色铁质湿润淋溶土
拟定者：王秋兵，韩春兰

十三里堡系典型景观

分布与环境条件　本土系分布于辽宁省南部岗地坡地的中上部，冰水沉积物母质；旱地，种植玉米，一年一熟。温带半湿润大陆性季风气候，年均气温 10 ℃，年均降水量 550～950 mm，年均日照时数 2500～2800 h，无霜期 180～200 d。

土系特征与变幅　诊断层包括淡薄表层、黏化层；诊断特性包括温性土壤温度状况、湿润土壤水分状况、铁质特性。本土系发育在冰水沉积物母质上，土体中有少量岩屑；淡薄表层有机质含量 17.3 g/kg，以下各层有机质含量 1.2～4.6 g/kg；黏化层上界出现在土表至 50 cm 范围内，厚度大于 100 cm，强度发育块状和粒状结构，黏粒含量 501～591 g/kg，土壤基质色调为 2.5YR～10R；B 层游离氧化铁含量为 55.8～62.4 g/kg，pH 5.7～7.7，阳离子交换量 18.9～21.2 cmol/kg。

对比土系　同土族的土系有泉水系、石棚峪系和朱家洼系。泉水系土壤反应级别为非酸性，无氧化还原特征。石棚峪系土壤反应级别为非酸性，表层质地为粉壤土，土表至 50 cm 范围内出现氧化还原特征。朱家洼系土壤反应级别为非酸性，表层质地为粉质黏壤土，土表下 50～100 cm 范围内出现氧化还原特征。

利用性能综述　本土系土层较厚，通体含有岩屑，且质地黏重，耕性不良，干时坚硬，板结，通透性差，不利于植物根系向下延伸。适宜种植玉米等耐贫瘠作物。在利用改良方面，应坚持用地养地，增施有机肥，实行秸秆还田，轮作倒茬，粮草间作，以提高土壤肥力。

参比土种　红黏土（黏质红黏土）。

代表性单个土体　位于辽宁省大连市金州区十三里堡街道，39°9′36.2″N，121°46′21.5″E，海拔 114 m，岗坡地的中上部，成土母质为冰水沉积物，耕地，种植玉米。野外调查时间为 2005 年 7 月 6 日，编号 21-169。

Ap： 0～15 cm，暗红棕色（5YR 4/8，干），红棕色（5YR 3/6，润）；壤土，粒状结构，松散；有很多细根系，少量小的棱角状新鲜岩屑；向下平滑清晰过渡。

Bt： 15～40 cm，红棕色（2.5YR 4/6，干），红棕色（2.5YR 4/8，润）；黏土，粒状结构，松散；少量细根系，结构体表面和孔隙内有极多量黏粒胶膜，少量小的棱角状风化态岩屑，相对上层少；向下平滑渐变过渡。

Btr1： 40～78 cm，红棕色（2.5YR 4/8，干），红色（10R 4/6，润）；黏土，强度发育块状和粒状结构，坚实；在结构体表面有大量黏粒胶膜和铁锰胶膜，少量小的棱角状岩屑，风化态和新鲜态均有，相对上层多，少量中度大小的石块；向下平滑渐变过渡。

十三里堡系代表性单个土体剖面

Btr2： 78～120 cm，红色（10R 4/6，干），红色（10R 4/8，润）；黏土，强度发育的块状和粒状结构，较坚实；结构体表面有极多量黏粒胶膜和铁锰胶膜，少量小的棱角状已风化的岩屑。

十三里堡系代表性单个土体物理性质

土层	深度 /cm	砾石（> 2 mm，体积分数)/%	细土颗粒组成(粒径： mm)/(g/kg)			质地	容重 /(g/cm³)
			砂粒 2～0.05	粉粒 0.05～0.002	黏粒 < 0.002		
Ap	0～15	4	505	307	188	壤土	1.28
Bt	15～40	3	190	309	501	黏土	1.44
Btr1	40～78	2	144	265	591	黏土	1.53
Btr2	78～120	2	138	325	537	黏土	1.51

十三里堡系代表性单个土体化学性质

深度 /cm	pH		有机质 /(g/kg)	全氮(N) /(g/kg)	全磷(P_2O_5) /(g/kg)	全钾(K_2O) /(g/kg)	阳离子交换量 /(cmol/kg)	游离氧化铁（Fe_2O_3)含量 /(g/kg)
	H_2O	KCl						
0～15	8.3	—	17.3	1.67	0.75	20.8	12.2	28.1
15～40	7.7	—	4.6	1.37	1.18	22.4	19.4	55.8
40～78	7.4	—	2.0	1.16	0.74	19.1	18.9	62.4
78～120	5.7	4.3	1.2	1.17	1.46	19.4	21.2	61.7

8.7.3　泉水系（Quanshui Series）

土　　族：黏质伊利石混合型非酸性温性-红色铁质湿润淋溶土
拟定者：王秋兵，韩春兰

泉水系典型景观

分布与环境条件　本土系分布于辽宁省南部岗地顶部，坡洪积物母质；草地，主要植被类型为麻类。温带半湿润大陆性季风气候，年均气温 10.9 ℃，年均降水量 550～670 mm，年均日照时数 2500～2800 h，无霜期 180～200 d。

土系特征与变幅　诊断层包括淡薄表层、黏化层，诊断特性包括温性土壤温度状况、湿润土壤水分状况、铁质特性。本土系发育在坡洪积母质上，土体中有岩屑；淡薄表层有机质含量 27.5～111.0 g/kg，以下各层有机质含量 2.3～3.9 g/kg；黏化层上界出现在土表至 50 cm 范围内，厚度小于 50 cm，块状结构，黏粒含量 370～390 g/kg；B 层基质色调为 2.5YR，游离氧化铁含量为 41.3～43.6 g/kg；土壤呈碱性，pH 7.4～8.3，阳离子交换量 16.3～22.5 cmol/kg。

对比土系　同土族的土系有十三里堡系、石棚峪系和朱家洼系。十三里堡系土壤反应级别为非酸性，表层质地为壤土，土表至 50 cm 范围内出现氧化还原特征。石棚峪系土壤反应级别为非酸性，表层质地为粉壤土，土表至 50 cm 范围内出现氧化还原特征。朱家洼系土壤反应级别为非酸性，表层质地为粉质黏壤土，土表下 50～100 cm 范围内出现氧化还原特征。

利用性能综述　本土系土层较厚，但质地黏重，干时坚硬，板结，通透性差，不利于植物根系向下延伸。具有明显的"厚、黏、板"的特点。不宜耕作，农业利用价值不大。应作为林业用地加以利用，封山育林育草，保护天然植被，减少水土流失。

参比土种　北票红土（壤质红黏土）。

代表性单个土体　位于辽宁省大连市甘井子区下沟（富士庄园附近），38°59′33.1″N，121°36′24.8″E，海拔 41 m，岗地顶部，成土母质为坡洪积物，荒草地，植被类型为麻类。野外调查时间为 2005 年 7 月 5 日，编号 21-167。

Ah：　0～9 cm，亮红棕色（5YR 5/6，干），暗红棕色（5YR 3/4，
　　　润）；壤土，粒状结构，松散；很少量中根，少量小的
　　　棱角状和片状岩屑，已风化；向下平滑清晰过渡。

AB：　9～40 cm，亮红棕色（5YR 5/6，干），红棕色（5YR 4/6，
　　　润）；黏壤土，粒状结构，松散；少量细根，中量很小
　　　的棱角状岩屑，少量很大的块状石灰岩；向下波状渐变
　　　过渡。

Bt1：40～67 cm，红棕色（2.5YR 4/8，干），红棕色（2.5YR 4/6，
　　　润）；黏壤土，块状结构，稍坚实；结构体的表面有大
　　　量明显的黏粒胶膜，少量小的棱角状岩屑，少量很大的
　　　块状石灰岩；向下波状渐变过渡。

Bt2：67～85 cm，橙色（2.5YR 6/6，干），红棕色（2.5YR 4/8，
　　　润）；黏壤土，块状结构，稍坚实；结构体的表面有大
　　　量明显的黏粒胶膜，少量小的棱角状岩屑，少量很大的块状石灰岩。

泉水系代表性单个土体剖面

泉水系代表性单个土体物理性质

土层	深度 /cm	砾石 （> 2 mm，体 积分数)/%	细土颗粒组成(粒径：mm)/(g/kg)			质地	容重 /(g/cm³)
			砂粒 2～0.05	粉粒 0.05～0.002	黏粒 < 0.002		
Ah	0～9	2	399	364	237	壤土	1.16
AB	9～40	1	337	349	313	黏壤土	1.24
Bt1	40～67	1	245	380	375	黏壤土	1.30
Bt2	67～85	3	238	375	387	黏壤土	1.29

泉水系代表性单个土体化学性质

深度 /cm	pH (H₂O)	有机质 /(g/kg)	全氮(N) /(g/kg)	全磷(P₂O₅) /(g/kg)	全钾(K₂O) /(g/kg)	阳离子交换量 /(cmol/kg)	游离氧化铁 (Fe₂O₃)含量 /(g/kg)	碳酸钙 相当物 /(g/kg)
0～9	7.8	111.0	5.69	10.71	24.5	22.5	38.6	0.0
9～40	8.3	27.5	1.75	1.28	16.9	16.3	41.3	9.40
40～67	8.0	3.9	1.21	1.94	28.9	18.9	43.5	40.67
67～85	7.4	2.3	1.23	0.03	21.0	19.2	43.6	67.85

8.7.4　石棚峪系（Shipengyu Series）

土　族：黏质伊利石混合型非酸性温性-红色铁质湿润淋溶土
拟定者：王秋兵，韩春兰

石棚峪系典型景观

分布与环境条件　本土系分布于辽宁省南部丘陵坡中上部，坡洪积物母质；林地，植被类型为山枣树、杂草。温带半湿润大陆性季风气候，年均气温 8～9 ℃，年均降水量 640～750 mm，年均日照时数 2500～2800 h，≥10 ℃积温为 3353 ℃，无霜期为 151～168 d。

土系特征与变幅　诊断层包括淡薄表层、黏化层，诊断特性包括温性土壤温度状况、湿润土壤水分状况、铁质特性。本土系发育在坡洪积物上，土体中有少量岩屑；淡薄表层有机质含量 32.7 g/kg，以下各层有机质含量 2.2～5.3 g/kg；黏化层上界出现在土表至 50 cm 范围内，厚度大于 100 cm，块状结构，黏粒含量 370～520 g/kg；土壤下部色调为 5YR，上部色调为 7.5YR；B 层游离氧化铁含量 23.1～24.4 g/kg；土壤由上至下呈碱性至微酸性，pH 6.2～8.1；阳离子交换量表层为 32.7 cmol/kg，向下为 2.2～5.3 cmol/kg。

对比土系　同土族的土系有十三里堡系、泉水系和朱家洼系。十三里堡系土壤反应级别为非酸性，表层质地为壤土，土表至 50 cm 范围内出现氧化还原特征。泉水系土壤反应级别为非酸性，无氧化还原特征。朱家洼系土壤反应级别为非酸性，表层质地为粉质黏壤土，土表下 50～100 cm 范围内出现氧化还原特征。

利用性能综述　本土系土层较厚，土体中有少量岩屑。质地黏重，耕性不良，干时坚硬，板结，通透性差，不利于植物根系向下延伸。由于所处的位置有一定的坡度，故不宜开垦耕作，以免造成水土流失。

参比土种　辽阳红土（薄腐红黏土）。

代表性单个土体　位于辽宁省营口市大石桥市官屯镇石棚峪村，40°39′54.1″N，122°35′10.3″E，海拔 115 m，丘陵坡中上部，成土母质为坡洪积物，荒草地，植被类型为酸枣、杂草。野外调查时间为 2005 年 7 月 7 日，编号 21-182。

Ah:　0～8 cm，棕色（7.5YR 4/3，干），暗棕色（7.5YR 3/4，润）；粉壤土，粒状结构，松散；多量细根系，少量中度大小次圆到次棱角状岩屑，土壤动物有蚂蚁；向下平滑明显过渡。

21-182

Btr1：8～23 cm，亮棕色（7.5YR 5/6，干），棕色（7.5YR 4/6，润）；粉质黏壤土，粒状结构，稍坚实；多量细根系，结构体表面和孔隙中有少量黏粒胶膜，有铁锰结核，直径 2 mm，圆形，丰度小于 5%，有少量较大的棱角状岩屑；向下平滑渐变过渡。

Btr2：23～47 cm，亮棕色（7.5YR 5/6，干），棕色（7.5YR 4/6，润）；黏壤土，块状结构，稍坚实；多量细根系，结构体表面和孔隙中有少量黏粒胶膜，少量铁锰结核，少量较大的棱角状岩屑；向下平滑渐变过渡。

石棚峪系代表性单个土体剖面

Bt:　47～67 cm，亮棕色（7.5YR 5/8，干），亮红棕色（5YR 5/8，润）；粉质黏土，块状结构，稍坚实；中量细根系，在结构体表面和孔隙中有大量黏粒胶膜，对比度明显，少量大的棱块状岩屑；向下平滑渐变过渡。

Btr3：67～100 cm，橙色（5YR 6/6，干），红棕色（5YR 4/6，润）；黏土，块状结构，稍坚实；少量细根系，结构体表面和孔隙内有大量黏粒胶膜和少量铁锰胶膜，对比度明显，少量大的棱块状岩屑。

石棚峪系代表性单个土体物理性质

| 土层 | 深度 /cm | 砾石 (>2 mm，体积分数)/% | 细土颗粒组成(粒径：mm)/(g/kg) | | | 质地 | 容重 /(g/cm³) |
			砂粒 2～0.05	粉粒 0.05～0.002	黏粒 <0.002		
Ah	0～8	2	254	516	230	粉壤土	1.19
Btr1	8～23	1	154	473	373	粉质黏壤土	1.27
Btr2	23～47	0	249	372	379	黏壤土	1.35
Bt	47～67	0	92	502	406	粉质黏土	1.33
Btr3	67～100	0	148	338	514	黏土	1.44

石棚峪系代表性单个土体化学性质

| 深度 /cm | pH | | 有机质 /(g/kg) | 全氮(N) /(g/kg) | 全磷(P₂O₅) /(g/kg) | 全钾(K₂O) /(g/kg) | 阳离子交换量 /(cmol/kg) | 游离氧化铁 (Fe₂O₃)含量 /(g/kg) |
	H₂O	KCl						
0～8	8.1	—	32.7	2.33	2.58	13.4	32.7	22.0
8～23	7.9	—	5.3	1.26	2.56	14.5	5.3	23.2
23～47	7.5	—	2.8	1.11	2.92	10.7	2.8	23.1
47～67	6.8	—	2.4	1.06	2.67	10.6	2.4	24.4
67～100	6.2	4.4	2.2	1.05	2.65	11.4	2.2	24.2

8.7.5　朱家洼系（**Zhujiawa Series**）

土　族：黏质伊利石混合型非酸性温性-红色铁质湿润淋溶土
拟定者：王秋兵，崔　东，王晓磊

朱家洼系典型景观

分布与环境条件　本土系分布于辽宁省南部地区丘陵岗地，坡洪积物母质；林地，主要植被为榆树等。温带半湿润大陆性季风气候，年均气温 8.5～9.5 ℃，年均降水量 550～650 mm，年均日照时数 2600～2800 h，无霜期 175 d。

土系特征与变幅　诊断层包括淡薄表层、黏化层；诊断特性包括温性土壤温度状况、湿润土壤水分状况、铁质特性。本土系发育在坡洪积物母质上，土体中有少量岩屑；淡薄表层有机质含量 11.7 g/kg，以下各层有机质含量 2.5～4.3 g/kg；黏化层上界出现在 57 cm，中等或强度发育的小棱块结构，有明显的黏粒胶膜和铁锰结核，黏粒含量 507～657 g/kg；土壤基质色调为 2.5YR；土壤呈酸性，pH 6.0～6.6；阳离子交换量为 25.2～37.7 cmol/kg。

对比土系　十三里堡系土壤反应级别为非酸性，表层质地为壤土，土表至 50 cm 范围内出现氧化还原特征。泉水系土壤反应级别为非酸性，无氧化还原特征。石棚峪系土壤反应级别为非酸性，表层质地为粉壤土，土表至 50 cm 范围内出现氧化还原特征。

利用性能综述　本土系土层较浅薄，土壤微酸，质地黏重，耕性不良，干时坚硬，板结，通透性差，不利于植物根系向下延伸，具有明显的"厚、黏、板、酸"的特点。不适宜耕种，可引进原有的珍贵针叶林树种和速生针叶林树种，逐渐诱导和培育质量好、产量高的针阔混交林。

参比土种　辽阳红土（薄腐红黏土）。

代表性单个土体　位于辽宁省葫芦岛市连山区高桥镇，40°52′38.8″N，120°58′18.3″E，丘陵岗地，海拔 26 m，成土母质为坡洪积物，林地，主要植被为榆树等。野外调查时间为 2010 年 10 月 23 日，编号 21-146。

Ah: 0～10 cm, 暗红色（10YR 3/4, 干），极暗红棕色（2.5YR 3/4, 润）；粉质黏壤土，强度发育的小团块结构，松散；中量细根，很少量的小角状风化碎石；向下平滑清晰过渡。

AB: 10～57 cm, 暗红色（10YR 3/4, 干），红棕色（2.5YR 4/8, 润）；粉质黏土，强度发育的小团块结构，疏松；中量中细根，少量的小角状风化碎石；向下平滑渐变过渡。

Btr1: 57～87 cm, 暗红棕色（2.5YR 3/6, 干），红棕色（2.5YR 4/8, 润）；粉质黏土，强度发育的小棱块结构，疏松；少量细根，中量明显的黏粒胶膜和中量黑色的小铁锰结核，少量的中小角状风化碎石；向下平滑渐变过渡。

Btr2: 87～105 cm, 红棕色（2.5YR 4/6, 干），红棕色（2.5YR 4/8, 润）；黏土，强度发育的小棱块结构，疏松；少量细根，很少量明显的黏粒胶膜和很少量黑色的小铁锰结核，少量的小角状风化碎石；向下平滑渐变过渡。

朱家洼系代表性单个土体剖面

Btr3: 105～120 cm, 红棕色（2.5YR 4/6, 干），暗红棕色（2.5YR 3/6, 润）；黏土，发育中等的小棱块状结构，坚实；很少量极细根，结构体表面有中量铁锰斑纹、很多明显的黏粒胶膜和很多黑色的小铁锰结核，中量的中小角状风化碎石。

朱家洼系代表性单个土体物理性质

| 土层 | 深度 /cm | 砾石 (> 2 mm, 体积分数)/% | 细土颗粒组成(粒径: mm)/(g/kg) | | | 质地 | 容重 /(g/cm³) |
			砂粒 2～0.05	粉粒 0.05～0.002	黏粒 < 0.002		
Ah	0～10	1	151	453	396	粉质黏壤土	1.29
AB	10～57	3	100	489	411	粉质黏土	1.33
Btr1	57～87	3	19	474	507	粉质黏土	1.31
Btr2	87～105	3	218	125	657	黏土	1.40
Btr3	105～120	1	45	371	584	黏土	1.44

朱家洼系代表性单个土体化学性质

| 深度 /cm | pH | | 有机质 /(g/kg) | 全氮(N) /(g/kg) | 全磷(P_2O_5) /(g/kg) | 全钾(K_2O) /(g/kg) | 阳离子交换量 /(cmol/kg) | 游离氧化铁 (Fe_2O_3)含量 /(g/kg) |
	H_2O	KCl						
0～10	6.6	5.5	11.7	0.93	0.42	18.9	25.2	18.9
10～57	6.1	4.7	4.3	0.61	0.86	20.4	29.1	21.0
57～87	6.0	4.6	3.9	0.67	0.73	23.8	37.7	21.7
87～105	6.0	4.7	2.5	0.42	0.81	25.4	28.5	19.5
105～120	6.1	4.9	3.0	0.61	0.32	24.6	37.7	21.1

8.7.6 石灰窑系（Shihuiyao Series）

土　　族：黏壤质混合型非酸性温性-红色铁质湿润淋溶土
拟定者：王秋兵，韩春兰

石灰窑系典型景观

分布与环境条件　本土系分布于辽宁省南部丘陵坡下部，残坡积物母质；旱地，种植玉米，一年一熟。温带半湿润大陆性季风气候，年均气温 8.4 ℃，年均降水量 888 mm，年均日照时数 2484 h，无霜期 182 d，结冻期 147 d。

土系特征与变幅　诊断层包括淡薄表层、黏化层，诊断特性包括温性土壤温度状况、湿润土壤水分状况、铁质特性。本土系发育在残坡积物上，土体中有多量岩屑；淡薄表层有机质含量为 22.2 g/kg，以下各层有机质含量为 2.0～3.8 g/kg；黏化层上界出现在土表至 50 cm 范围内，厚度大于 100 cm，块状结构，黏粒含量 288～439 g/kg，土壤基质色调为 5YR；B 层游离氧化铁含量为 35.0～41.6 g/kg；土壤 pH 6.3～8.5，阳离子交换量 14.9～19.7 cmol/kg。

对比土系　同土族中没有其他土系。相似的土系有孤山子系、十三里堡系、朱家洼系、石棚峪系和泉水系。孤山子系在黏质土族，且土壤反应级别为酸性。十三里堡系土壤反应级别为非酸性，表层质地为壤土，土表至 50 cm 范围内出现氧化还原特征。泉水系土壤反应级别为非酸性，无氧化还原特征。石棚峪系土壤反应级别为非酸性，表层质地为粉壤土，土表至 50 cm 范围内出现氧化还原特征。朱家洼系土壤反应级别为非酸性，表层质地为粉质黏壤土，土表下 50～100 cm 范围内出现氧化还原特征。

利用性能综述　此土系土体较厚，土体中有多量岩屑。但质地较黏重，干时坚硬，板结，通透性差，不利于植物根系向下延伸。坡耕地易出现水土流失，可种植玉米等耐贫瘠作物。

参比土种　北票红土（壤质红黏土）。

代表性单个土体　位于辽宁省丹东市东港市黄土坎镇石灰窑村，39°53′52.8″N，123°41′42.3″E，海拔 25 m，丘陵坡下部，成土母质为千枚岩残坡积物，旱地，种植玉米。野外调查时间为 2005 年 7 月 3 日，编号 21-174。

Ap: 0～7 cm，橙色（7.5YR 6/6，干），棕色（7.5YR 4/6，润）；黏壤土，粒状结构，松散；多量细根，多量小的棱角状岩屑，少量煤块和白灰块；向下平滑清晰过渡。

Btr1：7～82 cm，亮红棕色（5YR 5/8，干），红棕色（5YR 4/8，润）；黏壤土，块状结构，坚实；少量细根，在结构体表面有大量黏粒胶膜，少量铁锰胶膜，多量大的棱角状岩屑；向下波状渐变过渡。

Btr2：82～116 cm，亮红棕色（5YR 5/8，干），红棕色（5YR 4/8，润）；粉质黏土，块状结构，稍坚实；在结构体表面和孔隙内有黏粒胶膜，也有少量铁锰胶膜，中量大棱角状岩屑；向下平滑清晰过渡。

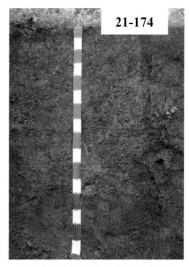

21-174

石灰窑系代表性单个土体剖面

BC：116～160 cm，橙色（7.5YR 6/8，干），红棕色（5YR 4/8，润）；壤土，块状结构，稍坚实；在结构体表面和孔隙内有大量黏粒胶膜，其中少量铁锰胶膜，中量很小的次棱角状岩屑。

石灰窑系代表性单个土体物理性质

| 土层 | 深度 /cm | 砾石 (> 2 mm，体积分数)/% | 细土颗粒组成(粒径：mm)/(g/kg) | | | 质地 | 容重 /(g/cm³) |
			砂粒 2～0.05	粉粒 0.05～0.002	黏粒 < 0.002		
Ap	0～7	4	283	444	273	黏壤土	1.26
Btr1	7～82	15	325	387	288	黏壤土	1.35
Btr2	82～116	7	118	443	439	粉质黏土	1.42
BC	116～160	5	336	418	247	壤土	—

石灰窑系代表性单个土体化学性质

| 深度 /cm | pH | | 有机质 /(g/kg) | 全氮(N) /(g/kg) | 全磷(P_2O_5) /(g/kg) | 全钾(K_2O) /(g/kg) | 阳离子交换量 /(cmol/kg) | 游离氧化铁 (Fe_2O_3)含量 /(g/kg) |
	H_2O	KCl						
0～7	8.5	—	22.2	1.53	4.51	15.5	14.9	29.8
7～82	7.8	—	3.8	1.11	3.56	16.8	18.4	41.6
82～116	6.7	—	2.2	1.12	2.61	15.9	19.7	37.3
116～160	6.3	4.7	2.0	1.03	2.41	15.6	16.9	35.0

8.7.7　菩萨庙系（Pusamiao Series）

土　族：粗骨壤质混合型酸性温性-普通铁质湿润淋溶土
拟定者：王秋兵，韩春兰

菩萨庙系典型景观

分布与环境条件　本土系分布于辽宁省东部丘陵漫岗，残坡积物母质；旱地，种植玉米、豆角，一年一熟。温带半湿润大陆性季风气候，年均气温 8.4 ℃，年均降水量 888 mm，年均日照时数 2484 h，无霜期 182 d，结冻期 147 d。

土系特征与变幅　诊断层包括淡薄表层、黏化层，诊断特性包括温性土壤温度状况、湿润土壤水分状况、铁质特性。本土系发育在残坡积物上，土体中有大量岩屑，土体厚度大于 50 cm；淡薄表层有机质含量为 20.3 g/kg，以下各层有机质含量为 4.6～7.9 g/kg；黏化层上界出现在土表至 50 cm 范围内，块状结构，黏粒含量 220～270 g/kg，土壤下层色调为 5YR 或 7.5YR；B 层游离氧化铁含量 43.3～48.4 g/kg；土壤 pH 5.4～5.6，阳离子交换量 11.9～14.7 cmol/kg。

对比土系　同土族中没有其他土系。相似的土系有北九里系，北九里系的颗粒大小级别为黏壤质，土壤反应级别为非酸性。

利用性能综述　本土系土层稍厚，通体含有岩屑，土壤质地适中，上松下紧，保水保肥能力好。但土壤呈酸性，养分贫瘠，适宜种植玉米等耐贫瘠作物。在利用改良方面，应深松改土，打破犁底层或淀积层，逐年加深耕作层，改善土壤通透性。

参比土种　盖县片黄土（壤质硅钾质棕壤）。

代表性单个土体　位于辽宁省丹东市东港市菩萨庙镇上川村申家沟，39°49′12.3″N，123°32′10.1″E，海拔 48 m，丘陵坡中下部，成土母质为残坡积物，旱地，种植玉米、大豆。野外调查时间为 2005 年 7 月 4 日，编号 21-177。

Ap：　0～20 cm，黄棕色（10YR 5/6，干），暗棕色（10YR 3/4，
　　　润）；壤土，粒状结构；有中量 1 mm 左右的植物根系，
　　　有较多棱角状岩屑；向下平滑清晰过渡。

Bt1：　20～46 cm，橙色（5YR 6/6，干），黄棕色（10YR 5/6，
　　　润）；壤土，粒状结构和块状结构，稍坚实；有少量小于
　　　1 mm 的植物根系，在结构体表面有明显的黏粒胶膜；有
　　　少量棱角状岩屑；向下平滑渐变过渡。

Bt2：46～58 cm，亮棕色（7.5YR 5/8，干），棕色（7.5YR 4/6，
　　　润）；粉质黏壤土，块状结构，坚实；有少量小于 1 mm
　　　的植物根系，在结构体表面有黏粒胶膜，有多量直径 1～
　　　2 cm 的岩屑，棱角状，风化和半风化状态；向下平滑渐
　　　变过渡。

菩萨庙系代表性单个土体剖面

BC：　58～80 cm，浅淡黄色（5Y 8/4，干），橄榄色（5Y 5/4，润）；壤土；千枚岩风化壳，多为全风
　　　化，少数为半风化，块状。

菩萨庙系代表性单个土体物理性质

土层	深度/cm	砾石（>2 mm，体积分数)/%	细土颗粒组成(粒径：mm)/(g/kg)			质地	容重/(g/cm³)
			砂粒 2～0.05	粉粒 0.05～0.002	黏粒 <0.002		
Ap	0～20	15	340	477	183	壤土	1.17
Bt1	20～46	8	330	443	227	壤土	1.22
Bt2	46～58	65	116	610	274	粉质黏壤土	—
BC	58～80	70	467	401	131	壤土	—

菩萨庙系代表性单个土体化学性质

深度/cm	pH		有机质/(g/kg)	全氮(N)/(g/kg)	全磷(P_2O_5)/(g/kg)	全钾(K_2O)/(g/kg)	阳离子交换量/(cmol/kg)	游离氧化铁(Fe_2O_3)含量/(g/kg)
	H_2O	KCl						
0～20	5.5	4.1	20.3	1.90	3.47	15.8	12.7	35.6
20～46	5.5	4.2	7.9	1.31	3.70	19.5	14.7	48.4
46～58	5.5	4.1	4.6	1.08	3.66	20.4	13.2	43.3
58～80	5.5	4.1	5.2	0.92	4.08	22.7	11.9	47.9

8.7.8　北九里系（Beijiuli Series）

土　族：黏壤质混合型非酸性温性-普通铁质湿润淋溶土
拟定者：王秋兵，韩春兰

分布与环境条件　本土系分布于辽宁省南部丘间平地，冲洪积物母质；果园，种植桃树、苹果树。温带半湿润大陆性季风气候，年均气温 10.9 ℃，年均降水量 550～950 mm，年均日照时数 2500～2800 h，无霜期 180～200 d。

土系特征与变幅　诊断层包括淡薄表层、黏化层，诊断特性包括温性土壤温度状况、湿润土壤水分状况、铁质特性。本土系发育在冲洪积物上，土体中有少量石砾，磨圆度较好；淡薄表层有机质含量 25.3 g/kg，以下各层有机质含量 1.5～7.4 g/kg；黏化层上界出现在土表至 50 cm 范围内，厚度大于 100 cm，中度至强度发育的块状结构，黏粒含量 306～342 g/kg；土壤 60 cm 以上色调 7.5YR，60 cm 以下色调 2.5YR；B 层游离氧化铁含量为 23.6～26.9 g/kg；土壤呈碱性，pH 8.0～8.6，阳离子交换量 10.7～17.3 cmol/kg。

北九里系典型景观

对比土系　同土族中没有其他土系。相似的土系有菩萨庙系，菩萨庙系的颗粒大小级别为粗骨壤质，土壤反应级别为酸性。

利用性能综述　本土系土层较厚，但质地黏重，干时坚硬，板结，通透性差，不利于植物根系向下延伸。具有明显的"厚、黏、板"的特点，只能种植玉米等耐贫瘠作物。在利用改良方面，要坚持用地养地，增施有机肥，实行秸秆还田，轮作倒茬，粮草间作，以提高土壤肥力。

参比土种　大沟坡黄土（中腐坡积棕壤）。

代表性单个土体　位于辽宁省大连市金州区拥政街道北九里村金华兴加油站西南，39°9′7.9″N，121°44′50.8″E，海拔 90 m，丘陵坡地的中下部，母质为冲洪积物，园地，种植桃树、苹果树。野外调查时间为 2005 年 7 月 6 日，编号 21-168。

Ap: 0~14 cm，浊棕色（7.5YR 5/4，干），暗棕色（7.5YR 3/4，润）；砂质黏壤土，强发育粒状结构，松散；中量根系，少量次圆到棱角状岩屑，土壤动物有蚂蚁；向下平滑渐变过渡。

AB: 14~33 cm，亮棕色（7.5YR 5/6，干），棕色（7.5YR 4/6，润）；黏壤土，中等发育粒状结构，稍坚实；在结构体表面有黏粒淀积，少量次圆状岩屑；向下平滑渐变过渡。

Bt1: 33~62 cm，橙色（7.5YR 6/6，干），亮棕色（7.5YR 5/6，润）；黏壤土，块状结构，较坚实；在结构体表面有黏粒淀积，少量次圆状岩屑；向下平滑渐变过渡。

Bt2: 62~84 cm，橙色（5YR 6/6，干），亮红棕色（2.5YR 5/6，润）；黏壤土，中等发育的块状结构，坚实；在结构体表面有大量黏粒胶膜，少量次圆岩屑。

北九里系代表性单个土体剖面

北九里系代表性单个土体物理性质

土层	深度 /cm	砾石 (>2 mm，体积分数)/%	细土颗粒组成(粒径：mm)/(g/kg)			质地	容重 /(g/cm³)
			砂粒 2~0.05	粉粒 0.05~0.002	黏粒 <0.002		
Ap	0~14	4	459	237	305	砂质黏壤土	1.20
AB	14~33	3	442	239	320	黏壤土	1.23
Bt1	33~62	2	365	329	306	黏壤土	1.28
Bt2	62~84	3	345	313	342	黏壤土	1.29

北九里系代表性单个土体化学性质

深度 /cm	pH (H₂O)	有机质 /(g/kg)	全氮(N) /(g/kg)	全磷(P₂O₅) /(g/kg)	全钾(K₂O) /(g/kg)	阳离子交换量 /(cmol/kg)	游离氧化铁 (Fe₂O₃)含量 /(g/kg)
0~14	8.6	25.3	1.84	1.53	17.6	10.7	21.8
14~33	8.5	7.4	1.18	1.98	18.4	12.0	24.0
33~62	8.0	1.8	1.02	0.58	16.7	17.1	23.6
62~84	8.0	1.5	1.02	0.79	17.2	17.3	26.9

8.8　简育湿润淋溶土

8.8.1　道义系（Daoyi Series）

土　族：黏质伊利石混合型非酸性温性-斑纹简育湿润淋溶土
拟定者：王秋兵，韩春兰，顾欣燕，刘杨杨，张寅寅，孙仲秀

道义系典型景观

分布与环境条件　本土系分布于辽宁省中部山前冲积平原，成土母质为黄土状物质；耕地。温带半湿润大陆性季风气候，年均气温 8.4 ℃，年均降水量 690 mm，无霜期 183 d。

土系特征与变幅　诊断层包括淡薄表层、黏化层，诊断特性包括温性土壤温度状况、湿润土壤水分状况、氧化还原特征。本土系发育在黄土状物质上；淡薄表层有机质含量 15.5 g/kg，以下各层有机质含量 1.9～4.3 g/kg；黏化层上界出现在土表至 50 cm 范围内，厚度大于 100 cm，中度至强度发育棱块结构；B 层黏粒含量为 200～412 g/kg，有多量黏粒胶膜，中量的铁锰结核和硅粉，20～50 cm 处有少量锈纹锈斑；土壤基质色调为 10YR；土壤微酸性，pH 6.1～6.5。

对比土系　同土族的桃仙系。桃仙系表层土壤质地为粉质黏壤土，无硅粉。

利用性能综述　本土系土层较厚，但质地黏重，土壤呈酸性，干时坚硬，板结，通透性差，不利于植物根系向下延伸。只能种植玉米等耐贫瘠作物。在利用改良方面，应深松改土，打破犁底层或淀积层，逐年加深耕作层，改善土壤通透性。也可以人工植树造林、种草，因地制宜栽种果树。

参比土种　营口潮黄土（壤质深淀黄土状潮棕壤）。

代表性单个土体　位于辽宁省沈阳市沈北新区道义，41°58′11.3″N，123°23′17.0″E，山前冲积平原，海拔 61 m，成土母质为黄土状物质，旱地。野外调查时间为 2011 年 5 月 22 日，编号 21-200。

Ap: 0～21 cm，浊黄橙色（10YR 6/3，干），暗棕色（10YR 3/3，润）；粉壤土，中度发育小团块结构，坚实，稍黏着，中塑；夹杂少量煤渣；向下波状清晰过渡。

Btrq1：21～56 cm，浊黄橙色（10YR 6/3，干），棕色（10YR 4/4，润）；粉壤土，强度发育小团块结构，坚实，稍黏着，中塑；少量锈纹锈斑，中量黏粒胶膜，少量小的球形黑棕色（5YR 2/1）铁锰结核，中量硅粉；向下平滑渐变过渡。

Btrq2：56～94 cm，浊黄橙色（10YR 7/4，干），棕色（10YR 4/4，润），粉质黏土，强度发育小棱块结构，稍坚实，稍黏着，强塑；多量黏粒胶膜，中量球形黑棕色（5YR 2/1）铁锰结核，很多硅粉；向下平滑渐变过渡。

道义系代表性单个土体剖面

Btrq3：94～118 cm，亮黄棕色（10YR 6/6，干），棕色（10YR 4/4，润）；粉质黏土，中度发育小棱块结构，稍坚实，稍黏着，强塑；多量黏粒胶膜，中量黑棕色（5YR 2/1）铁锰结核，中量硅粉；向下平滑清晰过渡。

Btrq4：118～130 cm，浊黄橙色（10YR 6/4，干），棕色（10YR 4/6，润）；粉质黏壤土，强度发育的中棱块状结构，坚实，稍黏着，中塑；多量黏粒胶膜，中量黑棕色（5YR 2/1）铁锰结核，少量硅粉。

道义系代表性单个土体物理性质

土层	深度 /cm	砾石 (>2 mm，体积分数)/%	细土颗粒组成(粒径：mm)/(g/kg)			质地	容重 /(g/cm³)
			砂粒 2～0.05	粉粒 0.05～0.002	黏粒 <0.002		
Ap	0～21	0	200	609	191	粉壤土	1.22
Btrq1	21～56	0	91	702	207	粉壤土	1.24
Btrq2	56～94	0	91	507	402	粉质黏土	1.30
Btrq3	94～118	0	31	557	412	粉质黏土	1.32
Btrq4	118～130	0	19	596	386	粉质黏壤土	1.27

道义系代表性单个土体化学性质

深度 /cm	pH		有机质 /(g/kg)	全氮(N) /(g/kg)	全磷(P₂O₅) /(g/kg)	全钾(K₂O) /(g/kg)	阳离子交换量 /(cmol/kg)	游离氧化铁 (Fe₂O₃)含量 /(g/kg)
	H₂O	KCl						
0～21	6.5	4.7	15.5	1.24	3.79	13.6	19.4	12.6
21～56	6.1	4.4	4.3	0.86	3.32	13.7	21.5	15.2
56～94	6.1	4.6	2.5	0.65	2.77	13.8	23.2	14.8
94～118	6.1	4.6	2.2	0.62	3.06	13.7	24.0	14.8
118～130	—	—	1.9	0.65	3.45	11.4	26.4	14.2

8.8.2 桃仙系（Taoxian Series）

土　族：黏质伊利石混合型非酸性温性-斑纹简育湿润淋溶土
拟定者：王秋兵，韩春兰，崔　东，王晓磊，荣　雪，姚振都

分布与环境条件　本土系分布于辽宁省中部丘陵漫岗，成土母质为黄土状物质；耕地，种植玉米、大豆，一年一熟。温带半湿润大陆性季风气候，年均气温 8.4 ℃，年均降水量 690 mm，无霜期 183 d。

土系特征与变幅　诊断层包括淡薄表层、黏化层，诊断特性包括温性土壤温度状况、湿润土壤水分状况、氧化还原特征。本土系发育在黄土状物质上；淡薄表

桃仙系典型景观

层有机质含量为 16.7 g/kg，以下各层有机质含量为 5.2～8.7 g/kg；黏化层上界出现在土表至 50 cm 范围内，厚度大于 100 cm，中度至强度发育的团块结构或棱块结构，黏粒含量 410～445 g/kg，有中量黏粒胶膜，同时伴有铁锈斑纹和铁锰结核；土壤基质色调 10YR，土壤呈酸性，pH 5.3～6.0，阳离子交换量 6.9～11.8 cmol/kg，容重 1.25～1.52 g/cm³。

对比土系　同土族的土系有道义系。道义系表层质地为粉壤土，有硅粉。

利用性能综述　本土系土体深厚，所处气候温暖湿润，地势平坦，地下水位浅，土壤水分充足。土壤质地偏黏，保水保肥。土壤水、肥、气、热协调，土壤肥力较高，生产性能好，适种作物广，各种粮食作物、经济作物和蔬菜、瓜果均较适宜。

参比土种　新城子板潮黄土（壤质浅淀黄土状潮棕壤）。

代表性单个土体　位于沈阳市浑南区桃仙镇刘后地村，41°35′36.4″N，123°33′11.1″E，海拔 96 m，丘陵漫岗，成土母质为黄土状物质，耕地，种植玉米、大豆，一年一熟。野外调查时间为 2010 年 9 月 24 日，编号 21-096。

Ap:　0～13 cm，浊黄橙色（10YR 6/4，干），棕色（10YR 4/6，润）；粉质黏壤土，中等发育的中棱块结构，疏松，稍黏着；大量细根，少量中粗根，少量煤渣；向下平滑清晰过渡。

ABr:　13～29 cm，浊黄橙色（10YR 7/4，干），棕色（10YR 4/6，润）；粉质黏土，中等发育的小团块结构，疏松，稍黏着；很少量极细根，少量铁锈斑纹，少量铁锰结核；向下平滑渐变过渡。

Btr1：29～55 cm，浊黄橙色（10YR 7/4，干），棕色（10YR 4/6，润）；粉质黏土，中等发育的小团块结构，疏松，稍黏着；少量极细根，少量铁锈斑纹，中量黏粒胶膜和铁锰结核；向下平滑清晰过渡。

Btr2：55～73 cm，浊黄橙色（10YR 7/3，干），暗棕色（10YR 3/4，润）；粉质黏土，中等发育的小团块结构，疏松，稍黏着；少量极细根，中量黏粒胶膜和铁锰结核；向下平滑清晰过渡。

2Ah：73～102 cm，浊黄橙色（10YR 7/3，干），暗棕色（10YR 3/4，润）；粉质黏土，强度发育的中棱块结构，疏松，黏着；少量细根，中量黏粒胶膜和铁锰结核；向下平滑清晰过渡。

2Btr：102～120 cm，浊黄橙色（10YR 7/4，干），棕色（10YR 4/4，润）；粉质黏土，强度发育的小棱块结构，疏松，黏着；少量细根，中量黏粒胶膜和大量铁锰结核。

21-096

桃仙系代表性单个土体剖面

桃仙系代表性单个土体物理性质

土层	深度/cm	砾石（>2 mm，体积分数)/%	细土颗粒组成(粒径：mm)/(g/kg)			质地	容重/(g/cm³)
			砂粒 2～0.05	粉粒 0.05～0.002	黏粒 <0.002		
Ap	0～13	0	100	560	339	粉质黏壤土	1.25
ABr	13～29	0	109	445	446	粉质黏土	1.35
Btr1	29～55	0	125	434	441	粉质黏土	1.52
Btr2	55～73	0	105	454	440	粉质黏土	1.51
2Ah	73～102	0	103	479	418	粉质黏土	1.40
2Btr	102～120	0	109	469	422	粉质黏土	1.44

桃仙系代表性单个土体化学性质

深度/cm	pH		有机质/(g/kg)	全氮(N)/(g/kg)	全磷(P₂O₅)/(g/kg)	全钾(K₂O)/(g/kg)	阳离子交换量/(cmol/kg)	游离氧化铁(Fe₂O₃)含量/(g/kg)
	H₂O	KCl						
0～13	5.3	3.8	16.7	1.31	0.86	22.7	11.6	13.9
13～29	5.6	5.0	6.5	0.92	0.97	28.4	11.8	14.9
29～55	5.5	5.2	6.3	0.86	1.04	29.9	6.9	14.9
55～73	6.0	5.1	6.6	0.85	0.59	27.9	8.5	14.8
73～102	5.7	5.0	8.7	0.93	0.71	28.9	9.0	16.7
102～120	5.6	4.8	5.2	0.82	0.47	29.4	11.2	15.4

8.8.3　李相系（Lixiang Series）

土　　族：粗骨壤质伊利石混合型非酸性温性-斑纹简育湿润淋溶土
拟定者：王秋兵，韩春兰，崔　东，王晓磊，荣　雪，姚振都

分布与环境条件　本土系分布于辽宁省中部的山前波状平原，残积物母质；耕地，种植玉米、大豆，一年一熟。温带半湿润大陆性季风气候，年均气温 8.4 ℃，年均降水量 690 mm，无霜期 183 d。

土系特征与变幅　诊断层包括淡薄表层、黏化层，诊断特性包括温性土壤温度状况、湿润土壤水分状况、氧化还原特征。本土系发育在残积物上；通体有机质

李相系典型景观

含量 0.9～2.9 g/kg；黏化层上界出现在土表至 50 cm 范围内，厚度小于 50 cm，弱度至强度发育的团块结构，黏粒含量 400～420 g/kg，有大量黏粒胶膜，同时伴有中量至大量的铁锰结核和少量铁锰斑纹；土壤基质色调 7.5YR，土壤呈弱酸性至中性，pH 6.2～6.8，阳离子交换量 8.5～16.8 cmol/kg。

对比土系　同土族无其他土系，相似的土系有道义系和桃仙系。道义系的颗粒大小级别为黏质，表层质地为粉壤土，有硅粉，1.5 m 以内未见基岩。桃仙系的颗粒大小级别为黏质，表层土壤质地为粉质黏壤土，无硅粉，1.5 m 以内未见基岩。

利用性能综述　该土系土体较浅，由于所处气候温暖湿润，土壤水分、热条件好。质地上壤下黏，保水保肥，但土层较薄，养分贫乏。适宜种植玉米等耐贫瘠作物，或退耕还林还草，保护天然植被，减少水土流失。

参比土种　振安暗黄土（壤质铁镁质棕壤）。

代表性单个土体　位于辽宁省沈阳市浑南区李相街道堂玉村，41°38′12.7″N，123°38′57.6″E，海拔 111 m，山前波状平原，成土母质为残积物，耕地，种植玉米、大豆，一年一熟。野外调查时间为 2010 年 9 月 24 日，编号 21-095。

Ap: 0~11 cm，浊黄橙色（10YR 7/3，干），棕色（7.5YR 4/4，润）；壤土，发育微弱的中团块状结构，疏松，稍黏着；有少量砖瓦块；向下平滑清晰过渡。

Btr1: 11~28 cm，亮棕色（7.5YR 5/6，干），亮棕色（7.5YR 5/6，润）；黏土，发育很强的中团块状结构，疏松，黏着；有少量铁锰斑纹、大量黏粒胶膜和中量铁锰结核，中量中块状岩石碎屑；向下平滑清晰过渡。

Btr2: 28~42 cm，亮棕色（7.5YR 5/8，干），亮棕色（7.5YR 5/6，润）；黏土，发育中等的小团块状结构，疏松，黏着；少量铁锰斑纹，中量黏粒胶膜和大量铁锰结核，中量中块岩石碎屑；向下平滑清晰过渡。

C: 42~71 cm，亮棕色（10YR 7/6，干），黄棕色（10YR 5/6，润）；砂质壤土；半风化的沉积岩。

李相系代表性单个土体剖面

李相系代表性单个土体物理性质

土层	深度 /cm	砾石 (>2 mm, 体积分数)/%	细土颗粒组成(粒径：mm)/(g/kg)			质地	容重 /(g/cm³)
			砂粒 2~0.05	粉粒 0.05~0.002	黏粒 <0.002		
Ap	0~11	0	391	352	258	壤土	1.26
Btr1	11~28	10	365	223	413	黏土	1.38
Btr2	28~42	10	331	264	405	黏土	1.48
C	42~71	40	661	194	145	砂质壤土	—

李相系代表性单个土体化学性质

深度 /cm	pH		有机质 /(g/kg)	全氮(N) /(g/kg)	全磷(P₂O₅) /(g/kg)	全钾(K₂O) /(g/kg)	阳离子交换量 /(cmol/kg)
	H₂O	KCl					
0~11	6.2	3.7	2.3	0.44	0.46	25.7	13.9
11~28	6.5	4.8	2.9	0.57	0.06	23.3	8.5
28~42	6.7	—	2.0	0.45	0.07	28.5	16.8
42~71	6.8	—	0.9	0.23	0.65	20.0	10.7

8.8.4　深井系（Shenjing Series）

土　族：黏质伊利石混合型石灰温性-斑纹简育湿润淋溶土
拟定者：王秋兵，韩春兰，崔　东，王晓磊，荣　雪，姚振都

深井系典型景观

分布与环境条件　本土系分布于辽宁省中部地区丘陵坡中部，黄土状沉积物母质；耕地，种植玉米、大豆，一年一熟。温带半湿润大陆性季风气候，年均气温 8.4 ℃，年均降水量 690 mm，无霜期 183 d。

土系特征与变幅　诊断层包括淡薄表层、黏化层，诊断特性包括温性土壤温度状况、湿润土壤水分状况、氧化还原特征。本土系发育在黄土状沉积物母质上，通体有微弱石灰反应；淡薄表层有机质含量 21.5 g/kg，以下各层有机质含量 5.3～9.8 g/kg；黏化层上界出现在土表至 50 cm 范围内，厚度大于 100 cm，弱度至强度发育的团块结构，黏粒含量 400～490 g/kg，有大量黏粒胶膜，有铁锈斑纹和铁锰结核；土壤基质色调 7.5YR，土壤呈弱酸性，pH 6.3～6.6，阳离子交换量 10.0～15.7 cmol/kg。

对比土系　同土族中没有其他土系，相似的土系有道义系、桃仙系，土壤反应级别为非酸性。

利用性能综述　本土系土体较浅，所处地区气候温暖湿润，土壤水、热条件好。但土壤质地黏重，通透性差，不利于植物根系向下延伸。地表植被生长稀疏，有轻度的水土侵蚀。平缓地区较适宜耕作，坡地应退耕还林还草，保护天然植被，减少水土流失。

参比土种　柏山黏黄土（黏质黄土质淋溶褐土）。

代表性单个土体　位于辽宁省沈阳市浑南区深井子镇于胜村，41°44′26.5″N，123°40′00.5″E，海拔 123 m，丘陵坡中部，成土母质为黄土状沉积物，耕地，种植玉米、大豆，一年一熟。野外调查时间为 2010 年 9 月 24 日，编号 21-094。

Apk：0～15 cm，浊黄橙色（10YR 6/4，干），棕色（7.5YR 4/4，润）；黏土，弱度发育的大团块结构，疏松，稍黏；中量中粗根，少量细根；石灰反应微弱；向下平滑清晰过渡。

Btk：15～30 cm，浊黄橙色（10YR 7/4，干），棕色（7.5YR 4/6，润）；黏土，强度发育的中棱块结构，疏松，稍黏；有少量细根，少量铁锈斑纹、少量黏粒胶膜和铁锰结核；石灰反应微弱；向下平滑渐变过渡。

Btrk1：30～50 cm，浊黄橙色（10YR 6/4，干），棕色（7.5YR 4/4，润）；黏土，弱度发育的小团块结构，疏松，黏着；少量细根，少量铁锈斑纹、少量黏粒胶膜和铁锰结核膜；石灰反应微弱；向下平滑渐变过渡。

Btrk2：50～74 cm，浊黄橙色（10YR 6/4，干），棕色（7.5YR 4/4，润）；黏土，发育较弱的小团块结构，疏松，黏着；少量细根，少量铁锈斑纹、大量黏粒胶膜和中量铁锰结核；石灰反应微弱；向下平滑渐变过渡。

Btrk3：74～95 cm，浊黄橙色（10YR 6/3，干），棕色（7.5YR 4/4，润）；黏土，强度发育的中团块结构，疏松，稍黏着；很少量中粗根，少量铁锈斑纹、中量黏粒胶膜和铁锰结核；石灰反应微弱；向下平滑渐变过渡。

Btrk4：95～116 cm，浊黄橙色（10YR 6/3，干），棕色（7.5YR 3/4，润）；粉质黏土，强度发育的大团块结构，疏松，黏着；很少量细根，少量铁锈斑纹、中量黏粒胶膜和铁锰结核；石灰反应微弱。

深井系代表性单个土体剖面

深井系代表性单个土体物理性质

| 土层 | 深度/cm | 砾石（> 2 mm，体积分数)/% | 细土颗粒组成（粒径：mm)/(g/kg) | | | 质地 | 容重/(g/cm³) |
			砂粒 2～0.05	粉粒 0.05～0.002	黏粒 < 0.002		
Apk	0～15	0	301	289	410	黏土	1.27
Btk	15～30	0	253	260	488	黏土	1.31
Btrk1	30～50	0	225	285	490	黏土	1.36
Btrk2	50～74	0	229	284	487	黏土	1.40
Btrk3	74～95	0	194	365	441	黏土	1.38
Btrk4	95～116	0	185	405	409	粉质黏土	1.28

深井系代表性单个土体化学性质

| 深度/cm | pH | | 有机质/(g/kg) | 全氮(N)/(g/kg) | 全磷(P₂O₅)/(g/kg) | 全钾(K₂O)/(g/kg) | 阳离子交换量/(cmol/kg) | 碳酸钙相当物/(g/kg) |
	H₂O	KCl						
0～15	6.3	5.0	21.5	1.55	1.12	24.0	15.7	0.17
15～30	6.4	4.6	5.3	0.78	1.13	19.6	13.1	0.02
30～50	6.5	4.8	9.3	1.01	1.32	28.8	12.1	0.02
50～74	6.6	—	9.0	0.97	1.20	25.9	10.0	0.16
74～95	6.6	—	8.9	1.05	1.02	25.9	13.5	0.24
95～116	6.6	—	9.8	1.03	1.00	26.0	11.2	0.26

8.8.5　天柱系（Tianzhu Series）

土　　族：黏壤质混合型非酸性温性-斑纹简育湿润淋溶土
拟定者：王秋兵，韩春兰，孙福军，孙仲秀

天柱系典型景观

分布与环境条件　本土系分布于辽宁省暖温带地区丘陵坡中上部，成土母质为黄土状物质；旱耕地，少数林地。温带半湿润大陆性季风气候，年均气温 6.2～9.7 ℃，年均降水量 600～800 mm。

土系特征与变幅　诊断层包括淡薄表层、黏化层，诊断特性包括温性土壤温度状况、湿润土壤水分状况、氧化还原特征。除表层外，全土体较紧实，有明显块状结构，黏化率在 1.68～1.84，微酸性，土体阳离子交换量为 22 cmol/kg 左右，盐基饱和度为 65%～80%；表层有机质达 22.1 g/kg，以下各层有机质含量 4.8～7.9 g/kg；剖面碳氮比为 9.4～11.8，土壤全钾（K_2O）为 22.3～26.2 g/kg，土壤全磷（P_2O_5）为 0.94～1.18 g/kg。

对比土系　同土族内无其他土系。相似的土系有李相系、道义系和桃仙系。李相系的颗粒大小级别为粗骨壤质，表层土壤质地为壤土，无硅粉，1 m 以内出现基岩。道义系的颗粒大小级别为黏质，表层质地为粉壤土，有硅粉，1.5 m 以内未见基岩。桃仙系的颗粒大小级别为黏质，表层土壤质地为粉质黏壤土，无硅粉，1.5 m 以内未见基岩。

利用性能综述　本土系土层深厚，无砾石，生产潜力大；钾与微量元素等含量丰富，有机质与氮、磷等养分含量中等，土壤呈酸性；有些坡度，易造成片蚀或水蚀。今后的利用应仍以种植旱田为主，在改良方面重点是做好水土保持和培肥地力。

参比土种　营口潮黄土（壤质深淀黄土状潮棕壤）。

代表性单个土体　位于辽宁省沈阳农业大学后山（天柱山）长期定位试验地，41°50′2″N，123°34′00″E，海拔 72 m，丘陵坡中上部，成土母质为黄土状物质，旱地，种植玉米，一年一熟。野外调查时间为 2000 年 11 月 10 日，编号 21-001。

Ap: 0～17 cm，浊棕色（7.5YR 5/3，干），棕色（7.5YR 4/4，润）；壤土，粒状结构；很多根系，向下平滑清晰过渡。

ABr: 17～71 cm，浊棕色（7.5YR 6/4，干），亮棕色（7.5YR 5/6，润）；粉质黏壤土，粒状结构，疏松；中量根系，有少量铁锰胶膜；向下平滑清晰过渡。

Btrq1: 71～102 cm，浊橙色（5YR 6/4，干），浊红棕色（5YR 5/4，润）；黏壤土，粒状、块状结构，稍坚实；少量根系，有铁锰胶膜和二氧化硅粉末；向下平滑渐变过渡。

Btrq2: 102～125 cm，浊橙色（5YR 6/3，干），浊红棕色（5YR 4/3，润）；粉质黏壤土，块状结构，稍坚实；有大量铁锰胶膜和二氧化硅粉末；向下平滑渐变过渡。

Btr: 125～154 cm，浊橙色（5YR 6/4，干），浊红棕色（5YR 4/4，润）；粉质黏壤土，块状结构，坚实；有铁锰胶膜和结核；向下平滑清晰过渡。

天柱系代表性单个土体剖面

BC: 154～175 cm，亮红棕色（5YR 5/6，干），浊红棕色（5YR 4/5，润）；粉质黏壤土，块状结构，坚实。

天柱系代表性单个土体物理性质

| 土层 | 深度/cm | 砾石（>2 mm，体积分数)/% | 细土颗粒组成(粒径：mm)/(g/kg) | | | 质地 | 容重/(g/cm³) |
			砂粒 2～0.05	粉粒 0.05～0.002	黏粒 <0.002		
Ap	0～17	0	314	499	187	壤土	1.22
ABr	17～71	0	106	570	324	粉质黏壤土	1.27
Btrq1	71～102	0	218	467	315	黏壤土	1.26
Btrq2	102～125	0	91	572	337	粉质黏壤土	1.30
Btr	125～154	0	153	503	344	粉质黏壤土	1.34
BC	154～175	0	117	534	349	粉质黏壤土	1.33

天柱系代表性单个土体化学性质

| 深度/cm | pH | | 有机质/(g/kg) | 全氮(N)/(g/kg) | 全磷(P_2O_5)/(g/kg) | 全钾(K_2O)/(g/kg) | 阳离子交换量/(cmol/kg) |
	H_2O	KCl					
0～17	6.0	4.4	22.1	0.85	1.12	22.3	19.4
17～71	6.0	4.3	7.9	0.44	0.95	22.6	23.5
71～102	5.7	4.1	4.8	0.32	0.94	23.3	24.0
102～125	6.2	4.3	6.9	0.34	1.11	24.7	23.6
125～154	5.7	4.5	7.6	0.42	1.09	23.8	23.9
154～175	6.0	4.2	6.2	0.35	1.18	26.2	24.0

8.8.6　大房身系（Dafangshen Series）

土　族：粗骨壤质混合型非酸性温性-普通简育湿润淋溶土
拟定者：顾欣燕，刘杨杨，张寅寅，孙仲秀，邵　帅

大房身系典型景观

分布与环境条件　本土系分布于辽宁省东部丘陵山地坡中部，片麻岩坡积物母质；旱地，种植玉米，一年一熟。温带半湿润大陆性季风气候，年均气温7.9 ℃，年均降水量800 mm左右。

土系特征与变幅　诊断层包括淡薄表层、黏化层，诊断特性包括温性土壤温度状况、湿润土壤水分状况。本土系发育在片麻岩坡积物上，土体中夹有10%～60%的大石砾；淡薄表层有机质含量16.5 g/kg，向下有机质含量2.5～4.4 g/kg；黏化层上界出现在土表至50 cm范围内，厚度大于100 cm，以强度发育的棱块结构为主，有中量至多量黏粒胶膜和少量硅粉，黏化层黏粒含量220～330 g/kg，粉粒含量400～490 g/kg；土壤基质色调为7.5YR，土壤呈微酸性，pH 5.9～6.3。

对比土系　同土族内无其他土系。相似的土系有碱厂沟系和边门系。碱厂沟系的颗粒大小级别为黏壤质，黏化层上界出现在土表下50～100 cm范围内，无砾石。边门系的颗粒大小级别为黏质，黏化层上界出现在土表至50 cm范围内，无硅粉，在60 cm出现准石质接触面，有少量砾石。

利用性能综述　本土系所在位置地势起伏，水分分布不均匀，土壤呈酸性，地表有多量粗碎块，影响耕作，下部质地偏黏，保水保肥。适宜种植玉米等耐贫瘠作物。

参比土种　坡黄土（壤质坡积棕壤）。

代表性单个土体　位于辽宁省鞍山市岫岩县大房身乡太阳村，40°33′29.2″N，123°14′0.8″E，海拔259.7 m，丘陵山地坡中部，成土母质为片麻岩坡积物，旱地，种植玉米，一年一熟。野外调查时间为2011年9月28日，编号21-229。

Ap: 0～16 cm, 浊黄橙色（10YR 6/4, 干）, 浊黄棕色（5YR 4/3, 润）; 壤土, 弱度发育的小团块结构, 疏松, 稍黏着, 稍塑; 多量细根, 有中量中等大小砾石; 向下平滑清晰过渡。

Bt1: 16～37 cm, 浊橙色（7.5YR 6/4, 干）, 棕色（7.5YR 4/4, 润）; 壤土, 强度发育的小棱块结构, 疏松, 稍黏着, 稍塑; 少量极细根, 少量黏粒胶膜, 有中量中等大小砾石; 向下平滑模糊过渡。

Bt2: 37～64 cm, 浊橙色（7.5YR 6/4, 干）, 亮棕色（7.5YR 5/6, 润）; 黏壤土, 中度发育的小棱块结构, 坚实, 黏着, 中塑; 极少极细根, 中量黏粒胶膜, 夹有多量大砾石, 极少量很大砾石; 向下平滑模糊过渡。

Btq: 64～83 cm, 浊橙色（7.5YR 7/4, 干）, 棕色（7.5YR 4/6, 润）; 黏壤土, 强度发育的中片状结构, 坚实, 黏着,

大房身系代表性单个土体剖面

稍塑; 多量黏粒胶膜, 少量硅粉, 有中量中等大小砾石, 极少量很大砾石; 向下平滑模糊过渡。

BC: 83～125 cm, 红棕色（5YR 4/6, 干）, 浊棕色（7.5YR 6/4, 润）; 黏壤土, 强度发育的中棱块结构, 坚实, 黏着, 中塑; 中量黏粒胶膜, 有多量大砾石, 极少量很大砾石。

大房身系代表性单个土体物理性质

| 土层 | 深度 /cm | 砾石 (>2 mm, 体积分数)/% | 细土颗粒组成(粒径: mm)/(g/kg) | | | 质地 | 容重 /(g/cm³) |
			砂粒 2～0.05	粉粒 0.05～0.002	黏粒 <0.002		
Ap	0～16	10	375	439	186	壤土	1.26
Bt1	16～37	10	297	482	220	壤土	1.34
Bt2	37～64	30	247	447	305	黏壤土	1.37
Btq	64～83	50	221	449	330	黏壤土	1.46
BC	83～125	60	249	418	333	黏壤土	1.44

大房身系代表性单个土体化学性质

| 深度 /cm | pH | | 有机质 /(g/kg) | 全氮(N) /(g/kg) | 全磷(P₂O₅) /(g/kg) | 全钾(K₂O) /(g/kg) | 阳离子交换量 /(cmol/kg) |
	H₂O	KCl					
0～16	5.9	4.7	16.5	1.29	0.58	18.5	15.9
16～37	6.3	4.7	4.4	0.79	2.86	16.8	20.7
37～64	6.3	4.6	3.3	0.76	0.57	17.5	20.9
64～83	6.2	4.5	2.5	0.66	0.32	17.0	16.9
83～125	6.2	4.5	2.6	0.64	0.36	17.9	17.2

8.8.7 碱厂沟系（Jianchanggou Series）

土 族：黏壤质混合型非酸性温性-普通简育湿润淋溶土
拟定者：王秋兵，韩春兰，李 岩

碱厂沟系典型景观

分布与环境条件 本土系分布于辽宁省东部丘陵坡中下部，黄土状沉积物母质；灌木林地，或开垦为耕地，一年一熟。温带湿润大陆性季风气候，年均气温7.1 ℃，年均降水量1100 mm，≥10 ℃积温为 3000 ℃，无霜期 140 d。

土系特征与变幅 诊断层包括淡薄表层、黏化层、雏形层，诊断特性包括温性土壤温度状况、湿润土壤水分状况。本土系发育在黄土状沉积物上；淡薄表层有机质含量 6.5 g/kg，以下各层有机质含量 3.0～4.8 g/kg；黏化层上界出现在 50～100 cm，厚度大于 100 cm，强度发育的大块状结构，黏粒含量250～460 g/kg，结构体表面有中量黏粒胶膜和明显的硅粉；土壤呈微酸性，pH 5.8～6.6。

对比土系 同土族内无其他土系，相似的土系有大房身系和边门系。大房身系黏化层上界出现在土表至 50 cm 范围内，有中量砾石。边门系的颗粒大小级别为黏质，黏化层上界出现在土表至 50 cm 范围内，无硅粉，在 60 cm 出现准石质接触面，有少量砾石。

利用性能综述 本土系土体深厚，由于所处地区气候温暖湿润，土壤水、热条件好。但土壤结构坚实，通透性差，不利于植物根系向下延伸。今后的利用应仍以种植旱田为主，在改良方面注重水土保持。

参比土种 营口潮黄土（壤质深淀黄土状潮棕壤）。

代表性单个土体 位于辽宁省丹东市宽甸满族自治县青椅山镇碱厂沟村林地上，40°40′9.9″N，124°43′53″E，丘陵坡中下部，成土母质为黄土状沉积物，灌木林地或耕地。野外调查时间为 2009 年 11 月 5 日，编号 21-020。

Ah： 0～28 cm，亮黄棕色（10YR 6/6，干），亮棕色（7.5YR 5/6，润）；壤土，中度发育的小核状结构，疏松；中量细根；向下平滑清晰过渡。

Bw： 28～67 cm，浊黄橙色（10YR 7/4，干），棕色（10YR 4/6，润）；粉壤土，中度发育的小核块状及中块状结构，疏松；少量细根；向下平滑清晰过渡。

Btq1： 67～102 cm，亮黄棕色（10YR 6/6，干），亮棕色（7.5YR 5/6，润）；粉壤土，强度发育的大块状结构，坚实；微量细根，中量黏粒胶膜，有硅粉；向下不规则清晰过渡。

Btq2：102～160 cm，浊黄橙色（10YR 7/4，干），橙色（7.5YR 6/6，润）；黏土，强度发育的大块状结构，坚实；中量黏粒胶膜，裂隙中有硅粉。

碱厂沟系代表性单个土体剖面

碱厂沟系代表性单个土体物理性质

土层	深度 /cm	砾石 （>2 mm，体积分数)/%	细土颗粒组成（粒径：mm)/(g/kg)			质地	容重 /(g/cm³)
			砂粒 2～0.05	粉粒 0.05～0.002	黏粒 <0.002		
Ah	0～28	0	437	408	155	壤土	1.24
Bw	28～67	0	212	605	183	粉壤土	1.33
Btq1	67～102	0	230	517	253	粉壤土	1.31
Btq2	102～160	0	240	300	460	黏土	1.44

碱厂沟系代表性单个土体化学性质

深度 /cm	pH		有机质 /(g/kg)	全氮(N) /(g/kg)	全磷(P₂O₅) /(g/kg)	全钾(K₂O) /(g/kg)	阳离子交换量 /(cmol/kg)
	H₂O	KCl					
0～28	6.2	3.8	6.5	1.36	3.60	18.6	17.3
28～67	6.6	—	4.8	1.26	4.33	17.2	18.3
67～102	5.9	3.8	3.3	1.15	2.46	14.7	21.9
102～160	5.8	3.6	3.0	1.24	4.55	20.1	22.0

8.8.8　边门系（Bianmen Series）

土　　族：黏质伊利石混合型非酸性温性-普通简育湿润淋溶土
拟定者：王秋兵，韩春兰

分布与环境条件　本土系分布于辽宁省东部和南部丘陵山地坡下部，坡残积物母质；旱地，种植玉米，一年一熟。温带湿润大陆性季风气候，年均气温 7.3～7.5 ℃，年均降水量 1010 mm，无霜期 145～160 d。

土系特征与变幅　诊断层包括淡薄表层、黏化层，诊断特性包括准石质接触面、温性土壤温度状况、湿润土壤水分状况。本土系发育在坡残积物上，土体中含有少量至中量的岩屑，土体厚度

边门系典型景观

50～100 cm；淡薄表层有机质含量 18.1 g/kg，以下各层有机质含量 2.8～6.2 g/kg；黏化层上界出现在土表至 50 cm 范围内，厚度小于 50 cm，中度发育的中棱块状结构，黏粒含量 420～466 g/kg，有明显的多量黏粒胶膜；土壤基质色调 7.5YR，土壤呈酸性，pH 5.1～6.0。

对比土系　同土族内没有其他土系，相似的土系有大房身系和碱厂沟系。大房身系黏化层上界出现在土表至 50 cm 范围内，有中量砾石。碱厂沟系的颗粒大小级别为黏壤质，黏化层上界出现在土表下 50～100 cm 范围内，无砾石。

利用性能综述　本土系土体较浅薄，土壤呈酸性。所处地区气候温暖湿润，土壤水、热条件好，但土壤质地黏重，砾石含量高，影响植物根系生长，可以作为农业用地，种植玉米等。

参比土种　振安暗黄土（壤质铁镁质棕壤）。

代表性单个土体　位于辽宁省丹东市凤城市边门镇，40°20′1.1″N，124°6′38.2″E，海拔 39 m，丘陵山地坡下部，成土母质为坡残积物，旱地，种植玉米，一年一熟。野外调查时间为 2011 年 9 月 28 日，编号 21-214。

Ap: 0～22 cm，浊黄橙色（10YR 7/3，干），棕色（10YR 4/6，润）；黏壤土，中度发育的小团粒结构，湿时疏松，稍黏着和中塑；少量根系，土壤结构体表面有少量与周围土体对比度明显的黏粒胶膜，少量中度风化的小块状岩石碎屑；向下平滑渐变过渡。

Bt1: 22～43 cm，浊黄橙色（10YR 7/4，干），棕色（7.5YR 5/6，润）；粉质黏土，中度发育的小棱块状结构，湿时坚实，黏着，中塑；少量根系，土壤结构体表面有中量黏粒胶膜，少量中度风化的小块状岩石碎屑；向下平滑渐变过渡。

Bt2: 43～58 cm，浊黄橙色（10YR 7/4，干），棕色（7.5YR 6/4，润）；粉质黏土，中度发育的中棱块状结构，湿时坚实，稍黏着，中塑；结构体表面有多量黏粒胶膜，中量中度风化的小块状岩石碎屑；向下平滑清晰过渡。

边门系代表性单个土体剖面

BC: 58～74 cm，浊橙色（7.5YR 7/4，干），棕色（7.5YR 4/6，润）；黏土，弱度发育的棱块状结构，湿时坚实，黏着，强塑；有多量中度风化的小块状岩石碎屑。

边门系代表性单个土体物理性质

土层	深度 /cm	砾石 (> 2 mm，体积分数)/%	细土颗粒组成（粒径：mm）/(g/kg)			质地	容重 /(g/cm³)
			砂粒 2～0.05	粉粒 0.05～0.002	黏粒 < 0.002		
Ap	0～22	3	235	416	349	黏壤土	1.31
Bt1	22～43	3	98	477	426	粉质黏土	1.44
Bt2	43～58	10	82	451	466	粉质黏土	1.47
BC	58～74	30	188	378	433	黏土	—

边门系代表性单个土体化学性质

深度 /cm	pH		有机质 /(g/kg)	全氮(N) /(g/kg)	全磷(P_2O_5) /(g/kg)	全钾(K_2O) /(g/kg)	阳离子交换量 /(cmol/kg)
	H_2O	KCl					
0～22	5.1	3.8	18.1	1.49	0.66	21.0	18.3
22～43	5.8	4.3	6.2	0.90	0.64	20.6	17.7
43～58	6.0	4.3	3.7	0.73	0.86	21.1	16.0
58～74	6.0	4.4	2.8	0.58	0.68	21.8	13.8

第9章 雏 形 土

9.1 淡色潮湿雏形土

9.1.1 阿及系（Aji Series）

土　族：壤质盖黏质硅质混合型非酸性-普通暗色潮湿雏形土雏形土
拟定者：王秋兵，韩春兰，崔　东，王晓磊，荣　雪，姚振都

分布与环境条件　本土系分布
于辽宁省东部，集中分布在抚顺
市新宾、清原满族自治县等的沟
谷谷底和谷坡上，成土母质为冲
积物，由于排水不畅，土体下部
处于长期积水的状态，并有大量
的铁锈斑纹；现已开垦利用为耕
地，种植玉米，一年一熟。温带
湿润大陆性季风气候，雨热同
季，四季分明，年均气温 6.8 ℃，
年均降水量 823 mm，多集中在
7、8、9 月，无霜期 145 d 左右。

阿及系典型景观

土系特征与变幅　诊断层包括暗沃表层、雏形层，诊断特性包括潮湿土壤水分状况、潜
育特征、冷性土壤温度状况、氧化还原特征。暗沃表层为发育较强的团粒状结构，50 cm
以下为潜育层，颜色灰白，夹有层状铁锈斑纹；通体黏粒含量 83～434 g/kg；土壤呈弱
酸性，pH 5.9～7.0；容重在 1.31～1.48 g/cm³；有机质含量为 2.1～15.2 g/kg，全氮含量
为 0.5～1.2 g/kg，碱解氮含量为 0.5～3 mg/kg，有效磷含量为 2～18 mg/kg。

对比土系　同土族没有其他土系，相似的土系有草市系，为不同土纲。草市系具有淡薄
表层，育层出现在土表至 50 cm 范围内，而本土系具有暗沃表层，潜育层出现在土表下
50～100 cm 范围内。

利用性能综述　本土系土体浅薄，所处地区气候冷凉湿润，地势较低，土壤下部处于长
期积水的状态，土壤上部质地疏松，下部黏重，保水保肥。但土壤适耕期短，好气性微
生物活动弱，有机质分解缓慢，有效养分含量低，不易被作物吸收，因此影响作物产量。

参比土种　岫岩洼甸土（深潜草甸土）。

代表性单个土体 位于辽宁省抚顺市抚顺县哈达镇阿及村沟谷谷底，41°56′36.1″N，124°6′41.8″E，海拔 140 m，地形为丘陵，成土母质为冲积物，土体下部处于长期积水的状态，有潜育特征。野外调查时间为 2010 年 9 月 23 日，编号 21-092。

阿及系代表性单个土体剖面

Ap: 0～10 cm，灰黄棕色（10YR 5/2，干），暗棕色（7.5YR 3/3，润）；粉质黏土，发育较强的团粒状结构，松散；少量细根，有多量小块状岩石碎屑；向下平滑渐变过渡。

AB: 10～33 cm，灰黄棕色（10YR 5/2，干），棕色（7.5YR 4/3，润）；粉壤土，发育较强的团粒状结构，疏松；很少量细根，有中量小块状岩石碎屑；向下平滑渐变过渡。

Bw: 33～57 cm，浊黄橙色（10YR 6/3，干），棕色（7.5YR 4/4，润）；粉壤土，发育较强的中团块状结构，疏松；很少量极细根，有少量小块状岩石碎屑；可见少量铁锰斑纹；向下平滑清晰过渡。

Cgr1: 57～89 cm，灰白色（2.5YR 8/1，干），灰棕色（7.5YR 6/2，润）；黏壤土，发育中等的大团块状结构，疏松；很少量极细根，潜育条带和铁锈斑纹条带互层；向下平滑清晰过渡。

Cgr2：89～120 cm，灰白色（2.5YR 8/1，干），淡棕灰色（7.5YR 7/1，润）；黏壤土，发育较强的大块状结构，疏松；很少量极细根，有铁锈斑纹，潜育特征。

阿及系代表性单个土体物理性质

土层	深度 /cm	砾石 (>2 mm，体积分数)/%	细土颗粒组成(粒径：mm)/(g/kg)			质地	容重 /(g/cm³)
			砂粒 2～0.05	粉粒 0.05～0.002	黏粒 <0.002		
Ap	0～10	10	102	464	434	粉质黏土	1.31
AB	10～33	5	287	630	83	粉壤土	1.43
Bw	33～57	2	300	602	98	粉壤土	1.39
Cgr1	57～89	3	281	331	389	黏壤土	1.48
Cgr2	89～120	4	413	290	296	黏壤土	1.38

阿及系代表性单个土体化学性质

深度 /cm	pH		有机质 /(g/kg)	全氮(N) /(g/kg)	全磷(P₂O₅) /(g/kg)	全钾(K₂O) /(g/kg)	阳离子交换量 /(cmol/kg)
	H₂O	KCl					
0～10	5.9	4.5	15.2	1.17	1.42	29.6	7.8
10～33	6.7	—	13.0	1.04	1.53	29.0	8.1
33～57	7.0	—	8.2	0.83	0.56	27.2	8.3
57～89	6.9	—	2.1	0.47	0.15	26.7	9.0
89～120	6.6	—	2.2	0.53	0.10	30.7	9.3

9.1.2　大五喇嘛系（Dawulama Series）

土　族：黏质伊利石混合型石灰性冷性-弱盐淡色潮湿雏形土
拟定者：王秋兵，韩春兰，崔　东，王晓磊，荣　雪，姚振都

大五喇嘛系典型景观

分布与环境条件　本土系分布于辽宁省北部河流冲积平原和丘间平地上，母质为冲积物，排水中等，多数年内短期饱和。土地利用类型为旱田，主要种植玉米、高粱、向日葵等旱地作物。温带半干旱大陆性季风气候，四季分明，雨热同季，昼夜温差大，光照充足，春季多风，全年主导风向为西南风，年均气温约7.5 ℃，年均降水量约 510 mm，降水多集中在 7~8 月，平均相对湿度61%，最大相对湿度78%，最小相对湿度48%，平均冻土深度 1.11 m，最大冻土深度 1.48 m，最小冻土深度 0.68 m，平均无霜期 156 d。

土系特征与变幅　诊断层包括淡薄表层和雏形层，诊断特性包括冷性土壤温度状况、潮湿土壤水分状况、氧化还原特征、盐积现象、碱积现象。地表有盐斑，通体石灰反应剧烈，强碱性，pH 在 9 以上。黏粒含量在 400 g/kg 以上，土体紧实，具有黏、板、僵等不良性状。Ap 层容重在 1.30 g/cm^3，其他层次容量 1.31~1.52 g/cm^3。

对比土系　目前在同土族内没有其他土系。相似的土系有张家系和四合城系。张家系所属亚类是石灰淡色潮湿雏形土，有石灰性，土表下 50~100 cm 范围内有氧化还原特征。四合城系所属亚类是普通淡色潮湿雏形土，无石灰反应，通体有氧化还原特征。

利用性能综述　本土系所处地区气候较干旱，地表有盐分积累，pH 高，碱性强，仅能生长稀疏的碱蓬、碱蒿及虎尾草等耐盐碱植被。土壤黏重、坚实，结构不良，通透性差，不利于植物根系向下延伸。利用上要因地制宜种植耐盐作物，如高粱、向日葵、蓖麻子等，或用作牧草地和林地等。

参比土种　尿碱土（浅位碱化盐土）。

代表性单个土体　位于辽宁省阜新市彰武县五峰镇大五喇嘛村，42°18′35.6″N，122°24′27.2″E，地形为丘间平地，成土母质为冲积物，土地利用类型为旱田，种植玉米、高粱、向日葵等旱地作物。野外调查时间为 2010 年 9 月 25 日，编号 21-098。

Ap: 0～14 cm，灰黄棕色（10YR 6/2，干），浊橙色（7.5YR 6/4，润）；润，黏土，发育微弱的中团块状结构，坚实；很少量细根、极细根，石灰反应剧烈；向下平滑清晰过渡。

Bwn: 14～23 cm，灰黄棕色（10YR 5/2，干），黑棕色（7.5YR 3/2，润）；润，黏土，发育中等的中柱状结构，坚实；少量细根、极细根，石灰反应剧烈；向下平滑清晰过渡。

Brs1：23～36 cm，灰黄色（2.5YR 7/2，干），浊黄橙色（10YR 7/3，润）；润，黏土，发育中等的中团块状结构，坚实；很少量细根、极细根，少量铁锈斑纹和铁锰结核，石灰反应剧烈；向下平滑清晰过渡。

Brs2：36～58 cm，灰黄橙色（10YR 8/3，干），浊黄橙色（10YR 7/3，润）；润，黏土，发育中等的中团块状结构，坚实；很少量细根、极细根，少量铁锈斑纹和中量铁锰结核，石灰反应剧烈；向下平滑清晰过渡。

大五喇嘛系代表性单个土体剖面

Brs3：58～92 cm，橙白色（10YR 8/2，干），浊黄橙色（10YR 7/4，润）；润，黏土，发育中等的中棱块状结构，坚实；中量铁锈斑纹和铁锰结核，石灰反应剧烈；向下平滑清晰过渡。

Brsq：92～123 cm，淡黄橙色（10YR 8/3，干），浊橙色（7.5YR 6/4，润）；润，黏土，发育较强的中棱块状结构，坚实；少量铁锈斑纹和多量铁锰结核，结构体表面有大量白色粉末，石灰反应剧烈。

大五喇嘛系代表性单个土体物理性质

土层	深度/cm	砾石（>2 mm，体积分数)/%	细土颗粒组成(粒径：mm)/(g/kg)			质地	容重/(g/cm³)
			砂粒 2～0.05	粉粒 0.05～0.002	黏粒 <0.002		
Ap	0～14	0	433	156	411	黏土	1.30
Bwn	14～23	0	407	185	408	黏土	1.31
Brs1	23～36	0	382	213	405	黏土	1.51
Brs2	36～58	0	351	250	400	黏土	1.48
Brs3	58～92	0	370	225	406	黏土	1.51
Brsq	92～123	0	334	201	464	黏土	1.52

大五喇嘛系代表性单个土体化学性质

深度 /cm	pH (H₂O)	有机质 /(g/kg)	全氮(N) /(g/kg)	全磷(P₂O₅) /(g/kg)	全钾(K₂O) /(g/kg)	阳离子交换量 /(cmol/kg)	含盐量 /(g/kg)	交换性钠 饱和度/%
0～14	9.2	18.2	1.07	0.61	33.2	23.5	0.0	9.4
14～23	10.1	29.4	0.55	0.69	25.3	22.1	0.0	11.3
23～36	10.1	43.8	0.36	0.66	27.3	20.5	0.0	13.2
36～58	10.2	33.6	0.29	0.88	27.9	19.4	0.0	17.1
58～92	10.1	10.9	0.22	0.46	21.8	18.7	1.2	18.7
92～123	9.7	0.9	0.24	0.10	24.3	20.6	1.6	9.7

9.1.3 张家系（**Zhangjia Series**）

土　族：砂质硅质混合型冷性-石灰淡色潮湿雏形土

拟定者：王秋兵，韩春兰，崔　东，王晓磊，荣　雪，姚振都

分布与环境条件　本土系分布于辽宁省西北部的河流冲积平原、丘间平地上，成土母质为冲积物。土地利用类型为旱地，种植玉米，一年一熟。温带半干旱大陆性季风气候，年均气温7.2 ℃，≥10 ℃积温为3283 ℃，年均降水量540 mm 左右，年均日照时数 2868 h，无霜期在150 d 左右。

张家系典型景观

土系特征与变幅　诊断层包括淡薄表层、雏形层，诊断特性包括冷性土壤温度状况、潮湿土壤水分状况、氧化还原特征、石灰性。本土系发育在冲积物母质上，100 cm 以上有机质含量 19～33 g/kg，100 cm 以下有机质含量为 2 g/kg 左右。100 cm 以上有发育中等的团块或棱块结构，石灰反应剧烈。60 cm 以下有大量铁锰锈斑，少量铁锰结核；60 cm 以上土壤呈强碱性，pH 8.8～9.3，60 cm 以下土壤呈碱性，pH 7.9～8.1，容重 1.58～1.66 g/cm³。

对比土系　目前在同土族内没有其他土系。相似的土系有大五喇嘛系和四合城系。大五喇嘛系所属亚类是弱盐淡色潮湿雏形土，土表至 50 cm 范围内出现氧化还原特征、盐积现象、碱积现象，有硅粉。四合城系所属亚类是普通淡色潮湿雏形土，无石灰反应，通体有氧化还原特征。

利用性能综述　本土系所处地区气候较干旱，但地下水位较高，加之以前多年种稻的影响，表层有盐分聚集。土壤通体坚实黏着，虽然有机质含量较高，但透水透气性差。在利用上，应发展水田灌溉或旱田灌溉，治理土壤盐碱化。对于存在盐渍危害而又低洼易涝的局部闭流地区，应采取涝、盐兼治，修筑不同宽度的台田、条田。适宜种植耐盐作物，如甜菜、向日葵、蓖麻子、高粱、麦类等。

参比土种　腰砂石灰河淤土（夹砂壤质石灰性草甸土）。

代表性单个土体　位于辽宁省沈阳市康平县胜利乡张家村，42°47′27.7″N，123°18′29.9″E，海拔 90 m，地形为平原，成土母质为冲积物，十多年前种植水稻。野外调查时间为2010年 9 月 27 日，编号 21-103。

张家系代表性单个土体剖面

Apk: 0～17 cm, 棕灰色（10YR 5/1, 干）, 黑棕色（10YR 3/2, 润）; 稍润, 壤土, 发育中等的小团块状结构, 坚实; 少量细根; 石灰反应剧烈; 向下平滑清晰过渡。

ABk: 17～43 cm, 棕灰色（10YR 4/1, 干）, 灰黄棕色（10YR 4/2, 润）; 润, 砂质壤土, 发育中等的中团块状结构, 坚实; 很少量细根和极细根; 石灰反应剧烈; 向下平滑渐变过渡。

Bwk: 43～59 cm, 淡灰色（10YR 7/1, 干）, 灰黄棕色（5YR 6/2, 润）; 湿, 砂质壤土, 发育中等的中团块状结构, 坚实; 很少量细根和极细根; 石灰反应剧烈; 向下平滑清晰过渡。

Bwkr: 59～95 cm, 淡黄橙色（10YR 8/3, 干）, 暗棕色（7.5YR 2/3, 润）; 湿, 壤质砂土, 发育中等的棱块状结构, 坚实; 石灰反应剧烈, 大量铁锰锈斑; 向下平滑清晰过渡。

BCr: 95～120 cm, 灰白色（2.5YR 8/1, 干）, 灰黄棕色（10YR 5/2, 润）; 湿, 壤土, 发育较强的棱块状结构, 坚实; 大量铁锰锈斑, 少量铁锰结核。

张家系代表性单个土体物理性质

土层	深度/cm	砾石（> 2 mm, 体积分数）/%	细土颗粒组成(粒径: mm)/(g/kg)			质地	容重/(g/cm³)
			砂粒 2～0.05	粉粒 0.05～0.002	黏粒 < 0.002		
Apk	0～17	0	311	492	198	壤土	1.58
ABk	17～43	0	543	448	9	砂质壤土	1.63
Bwk	43～59	0	521	358	121	砂质壤土	1.64
Bwkr	59～95	0	857	139	4	壤质砂土	1.66
BCr	95～120	0	468	451	82	壤土	—

张家系代表性单个土体化学性质

深度/cm	pH (H₂O)	有机质/(g/kg)	全氮(N)/(g/kg)	全磷(P₂O₅)/(g/kg)	全钾(K₂O)/(g/kg)	阳离子交换量/(cmol/kg)	碳酸钙相当物/(g/kg)
0～17	8.8	19.4	0.87	0.00	36.1	12.0	50.3
17～43	9.3	33.1	0.71	0.31	34.7	13.0	66.9
43～59	9.1	30.0	0.40	0.14	31.0	10.2	59.4
59～95	8.1	23.3	0.19	0.12	30.2	2.8	54.3
95～120	7.9	2.1	0.20	1.59	31.0	20.9	0.0

9.1.4 哨子河系（Shaozihe Series）

土　族：砂质盖粗骨质硅质混合型非酸性温性-普通淡色潮湿雏形土
拟定者：王秋兵，韩春兰

分布与环境条件　本土系分布于辽宁省东南部冲积平原，成土母质为河流冲积物；土地利用类型为旱地，种植玉米，一年一熟。温带半湿润大陆性季风气候，年均气温 7.9 ℃，年均降水量 800 mm，蒸发量 1300 mm，年均日照时数 2300 h，年均无霜期 165 d。

土系特征与变幅　诊断层包括淡薄表层、雏形层，诊断特性包括温性土壤温度状况、潮湿土壤

哨子河系典型景观

水分状况、氧化还原特征。本土系发育在河流冲积物上，淡薄表层有机质含量 18.7 g/kg，土体有机质含量 5.43～18.7 g/kg，全氮含量 0.58～1.31 g/kg，黏粒含量 55～119 g/kg；土壤呈酸性，pH 5.2～6.6，阳离子交换量 5～10 cmol/kg，剖面 13 cm 处开始出现铁锰斑纹，通体有岩石碎屑。

对比土系　同土族中没有其他土系，相似的土系有四合城系，为同一亚类不同土族。四合城系颗粒大小级别为砂质，而本土系为砂质盖粗骨质。

利用性能综述　本土系土体较深厚，所处地区气候温暖湿润，地势平坦，地下水位浅，土壤水、热条件好。土壤表层疏松，通水透气性好，下部黏重，保水保肥。土壤水、肥、气、热协调，土壤肥力较高，生产性能较好，可种植玉米等作物。

参比土种　底砂河淤潮土（砂底壤质潮土）。

代表性单个土体　位于辽宁省鞍山市岫岩县哨子河乡牤牛河东的河流阶地上，40°17′46.8″N，123°23′40.0″E，海拔 61.30 m，成土母质为河流冲积物，土地利用类型为旱地，种植玉米。野外调查时间为 2011 年 5 月 16 日，编号 21-230。

哨子河系代表性单个土体剖面

Ap:　0～13 cm，浊黄橙色（10YR 7/3，干），棕色（10YR 4/6，润）；粉壤土，发育中等的中团块结构，干时稍坚硬，湿时松散，稍黏着；中量中根，少量岩石碎屑；向下平滑清晰过渡。

ABr:　13～35 cm，浊黄橙色（10YR 7/3，干），棕色（10YR 4/6，润）；粉壤土，发育中等的小团块结构，湿时坚实，稍黏着；少量中根，多量小铁锰斑纹；向下平滑渐变过渡。

Bwrk:　35～72 cm，淡黄橙色（10YR 6/3，干），暗棕色（10YR 3/4，润）；粉壤土，发育中等的中团块结构，湿时坚实；黏着；少量中根，多量小铁锰斑纹，少量岩石碎屑；弱石灰反应；向下平滑渐变过渡。

BCr:　72～91 cm，淡黄橙色（10YR 6/3，干），暗棕色（10YR 3/4，润）；砂质壤土，发育中等的小团块结构，湿时疏松，稍黏着；极少量中根，多量小铁锰斑纹，有少量岩石碎屑；向下平滑渐变过渡。

Cr:　91～120 cm，浊黄橙色（10YR 7/3，干），浊黄橙色（10YR 7/4，润）；砂质壤土，无结构，湿时松散，稍黏着；多量小铁锰斑纹，有多量岩石碎屑。

哨子河系代表性单个土体物理性质

| 土层 | 深度 /cm | 砾石 (> 2 mm，体积分数)/% | 细土颗粒组成(粒径：mm)/(g/kg) | | | 质地 | 容重 /(g/cm³) |
			砂粒 2～0.05	粉粒 0.05～0.002	黏粒 < 0.002		
Ap	0～13	1	388	521	90	粉壤土	1.29
ABr	13～35	5	296	585	119	粉壤土	1.36
Bwrk	35～72	5	436	510	55	粉壤土	1.46
BCr	72～91	5	651	291	58	砂质壤土	1.43
Cr	91～120	90	718	212	69	砂质壤土	—

哨子河系代表性单个土体化学性质

| 深度 /cm | pH | | 有机质 /(g/kg) | 全氮(N) /(g/kg) | 全磷(P₂O₅) /(g/kg) | 全钾(K₂O) /(g/kg) | 阳离子交换量 /(cmol/kg) |
	H₂O	KCl					
0～13	5.2	4.0	18.7	1.31	3.74	15.8	9.2
13～35	6.0	4.6	9.1	0.88	0.79	21.4	5.3
35～72	6.5	5.3	7.3	0.74	0.80	22.2	9.9
72～91	6.6	5.3	6.1	0.66	0.90	22.3	7.0
91～120	6.5	5.4	5.4	0.58	0.68	28.2	6.4

9.1.5　四合城系（Sihecheng Series）

土　　族：砂质硅质混合型非酸性冷性-普通淡色潮湿雏形土
拟定者：王秋兵，韩春兰，崔　东，王晓磊，荣　雪，姚振都

分布与环境条件　本土系位于辽宁省西部的朝阳市、阜新市和锦州市等地的丘间平地，风积沙母质。土地利用方式为旱地，种植玉米，一年一熟。温带半干旱大陆性季风气候，四季分明，雨热同季，昼夜温差大，光照充足，春季多风，年均气温 7.5 ℃，年均降水量 510 mm，年均日照时数 2850～2950 h，平均无霜期 156 d。

四合城系典型景观

土系特征与变幅　诊断层包括淡薄表层、雏形层，诊断特性包括冷性土壤温度状况、潮湿土壤水分状况、氧化还原特征。本土系发育在风积沙母质上，淡薄表层有机质含量 3.1～10.2 g/kg，微弱的中棱块状结构，粉粒含量 120～180 g/kg，黏粒含量 46～74 g/kg；雏形层出现在 50 cm 左右，发育中等的中棱块状结构，黏粒含量 3～27 g/kg，粉粒含量 8～72 g/kg；土壤通体呈中性，pH 6.8～7.3，阳离子交换量 1～4 cmol/kg，Apr 层容重为 1.45 g/cm^3，以下各层 1.51～1.59 g/cm^3。

对比土系　相似的土系有哨子河系，为同一亚类不同土族。哨子河系颗粒大小级别为砂质盖粗骨质，而本土系为砂质。

利用性能综述　本土系地处气候干旱多风区，土体通体为砂质，结构疏松，养分贫瘠，通水透气性能强，各种养分含量低，供肥、保水保肥性能差。由于所处地区气候较干旱，地表植被稀疏，植被覆盖率低，只能稀疏生长耐旱、耐瘠薄的沙生植物，植物长势弱，易受风蚀，生产水平较低，宜农性差。在利用上应以退耕还林还牧为主，防止土壤沙化。

参比土种　河砂潮土（砂质潮土）。

代表性单个土体　位于辽宁省阜新市彰武县四合城镇马连侵村，42°40′38.7″N，122°42′26.7″E，海拔 204 m，地形为丘间平地。野外调查时间为 2010 年 9 月 26 日，编号 21-101。

四合城系代表性单个土体剖面

Apr: 0～18 cm，浊黄橙色（10YR 7/2，干），浊黄棕色（10YR 4/3，润）；砂质壤土，发育微弱的中棱块状结构，疏松；少量细根和极细根，很少量铁锰斑纹；向下平滑清晰过渡。

ABr: 18～46 cm，淡黄橙色（10YR 8/3，干），浊黄棕色（10YR 5/3，润）；壤质砂土，发育微弱的中棱块状结构，疏松；少量极细根，很少量铁锰斑纹；向下平滑清晰过渡。

Bwr1：46～70 cm，橙白色（10YR 8/2，干），浊黄橙色（10YR 6/4，润）；砂土，发育中等的中棱块状结构，疏松；很少量极细根，少量铁锰斑纹；向下平滑清晰过渡。

Bwr2：70～110 cm，浅淡黄色（2.5YR 8/3，干），浅淡黄色（2.5YR 8/4，润）；砂土，发育中等的中棱块状结构，疏松；少量铁锰斑纹；向下平滑清晰过渡。

Cr: 110～138 cm，浅淡黄色（2.5YR 8/4，干），灰黄棕色（10YR 6/2，润）；砂土，发育中等的中棱块状结构，疏松；很少量铁锰斑纹。

四合城系代表性单个土体物理性质

土层	深度/cm	砾石（> 2 mm，体积分数)/%	砂粒 2～0.05	粉粒 0.05～0.002	黏粒 < 0.002	质地	容重/(g/cm³)
			细土颗粒组成(粒径：mm)/(g/kg)				
Apr	0～18	0	705	220	75	砂质壤土	1.45
ABr	18～46	0	823	130	47	壤质砂土	1.51
Bwr1	46～70	0	902	72	27	砂土	1.51
Bwr2	70～110	0	985	12	3	砂土	1.55
Cr	110～138	0	987	8	5	砂土	1.59

四合城系代表性单个土体化学性质

深度/cm	pH H₂O	pH KCl	有机质/(g/kg)	全氮(N)/(g/kg)	全磷(P₂O₅)/(g/kg)	全钾(K₂O)/(g/kg)	阳离子交换量/(cmol/kg)
0～18	6.8	4.2	10.2	1.05	0.45	30.2	3.8
18～46	7.3	—	3.1	0.43	0.00	28.0	2.8
46～70	7.2	—	1.0	0.26	0.09	29.7	1.4
70～110	7.2	—	0.6	0.20	0.00	14.2	1.0
110～138	7.1	—	0.8	0.29	0.00	18.3	3.4

9.1.6　造化系（Zaohua Series）

土　族：壤质硅质混合型非酸性温性–普通淡色潮湿雏形土
拟定者：王秋兵，韩春兰

分布与环境条件　本土系分布
于辽宁省中部冲积平原，2°～5°
中微坡，成土母质为冲积物；土
地利用类型为耕地，种植水稻，
一年一熟。温带半湿润大陆性季
风气候，冬冷夏暖，寒冷期长，
春秋短而多风，雨量集中，日照
充足，四季分明，夏季炎热多雨，
年均气温 8.4 ℃，年均降水量
690 mm，全年无霜期 183 d。

造化系典型景观

土系特征与变幅　诊断层包括
淡薄表层、雏形层，诊断现象包
括水耕现象，诊断特性包括温性土壤温度状况、潮湿土壤水分状况、氧化还原特征。本
土系发育在冲积物母质上，淡薄表层土壤有机质含量 40 g/kg；土体黏粒含量 106～
304 g/kg；土壤呈中性，pH 6.5～7.9，阳离子交换量 14～39 cmol/kg，土壤全氮为 0.91～
1.39 g/kg。

对比土系　同土族的土系有马官桥系。马官桥系表土质地为粉壤土，土表下 50～100 cm
范围内出现氧化还原特征。

利用性能综述　本土系土体较深厚，所处地形为平原，地势平坦，气候湿润，水分条件
较好。土层较厚，表层土壤疏松多孔，通水通气性好，表层土壤养分充足，适宜耕作。
下层土壤质地较黏重，保水保肥，水热协调，土壤肥力较高，生产性能好，适种作物广，
适宜种植玉米，也可以种植水稻等作物。

参比土种　荒甸土（中腐壤质草甸土）。

代表性单个土体　位于辽宁省沈阳市于洪区造化街道，41°54′11″N，123°19′5.3″E，海拔
53 m，地形为冲积平原，成土母质为河流冲积物，土地利用类型为耕地，种植水稻。野
外调查时间为 2011 年 5 月 22 日，编号 21-199。

Ap: 0～23 cm，浊黄色（2.5YR 6/3，干），橄榄棕色（2.5YR 4/3，润）；粉土，发育中等的中团块结构，干时极坚硬，湿时坚实，稍黏着，中塑；中量细草根，少量铁锈斑纹；向下波状清晰过渡。

Bwr: 23～41 cm，浅淡黄色（2.5YR 8/3，干），黄棕色（2.5YR 5/4，润）；粉土，发育弱的中团粒结构，坚实，稍黏着，中塑；少量细草根，极少量铁锈斑纹；向下波状清晰过渡。

Arb: 41～61 cm，浊黄橙色（10YR 7/3，干），棕色（10YR 4/4，润）；粉壤土，发育弱的中棱块结构，稍坚实，稍黏着，中塑；极少量细草根，中量铁锈斑纹；向下波状清晰过渡。

ACr1: 61～98 cm，浊黄橙色（10YR 7/3，干），棕色（10YR 4/4，润）；粉壤土，发育中等的中团粒结构；稍黏着，强塑；中量铁锈斑纹；向下波状清晰过渡。

造化系代表性单个土体剖面

ACr2: 98～139 cm，浊黄棕色（10YR 5/3，干），暗棕色（10YR 3/3，润）；粉质黏壤土，发育强的中团粒结构，疏松，稍黏着，中塑；中量铁锈斑纹；向下波状清晰过渡。

ACr3: 139～153 cm，灰棕色（10YR 4/1，干），黑棕色（10YR 2/2，润）；粉质黏壤土，发育强的中棱块状结构，疏松，稍黏着，中塑；中量铁锈斑纹。

造化系代表性单个土体物理性质

| 土层 | 深度 /cm | 砾石 (>2 mm，体积分数)/% | 细土颗粒组成(粒径：mm)/(g/kg) | | | 质地 | 容重 /(g/cm³) |
			砂粒 2～0.05	粉粒 0.05～0.002	黏粒 <0.002		
Ap	0～23	0	51	831	118	粉土	1.26
Bwr	23～41	0	43	851	106	粉土	1.53
Arb	41～61	0	56	796	148	粉壤土	1.34
ACr1	61～98	0	14	749	237	粉壤土	1.40
ACr2	98～139	0	54	647	299	粉质黏壤土	1.26
ACr3	139～153	0	50	646	304	粉质黏壤土	—

造化系代表性单个土体化学性质

深度 /cm	pH (H₂O)	有机质 /(g/kg)	全氮(N) /(g/kg)	全磷(P₂O₅) /(g/kg)	全钾(K₂O) /(g/kg)	阳离子交换量/(cmol/kg)	游离氧化铁(Fe₂O₃)含量 /(g/kg)
0～23	7.1	40.0	1.39	3.87	15.7	23.3	5.0
23～41	6.9	35.1	1.26	3.97	15.7	14.3	3.5
41～61	7.1	23.9	1.16	4.64	20.3	18.1	4.2
61～98	6.5	26.1	1.09	3.47	17.4	14.9	4.0
98～139	7.4	13.4	0.91	3.97	17.4	33.3	7.0
139～153	7.9	20.2	1.21	3.07	13.8	38.9	6.9

9.1.7　马官桥系（**Maguanqiao Series**）

土　　族：壤质硅质混合型非酸性温性-普通淡色潮湿雏形土
拟定者：王秋兵，崔　东，王晓磊，荣　雪

分布与环境条件　本土系主要
分布于辽宁省阜新市彰武县、朝
阳市建平县、葫芦岛市建昌县及
沈阳市辽中区、于洪区和新民市
等地的河漫滩和古河道上，成土
母质为近代河流冲积物。温带半
湿润大陆性季风气候，冬冷夏
暖，寒冷期长，春秋短而多风，
雨量集中，日照充足，四季分明，
夏季炎热多雨，空气湿润，占全
年总降水量的 60%左右，雨水主
要集中在 7、8 月，常以暴雨形
式出现，年均气温 8.4 ℃，年均
降水量 690 mm，全年无霜期 183 d。

马官桥系典型景观

土系特征与变幅　诊断层包括淡薄表层、雏形层，诊断特性包括温性土壤温度状况、湿
润土壤水分状况、氧化还原特征。本土系发育在近代河流冲积物母质上，淡薄表层有机
质含量 16.98 g/kg；土壤全氮含量 0.77～1.38 g/kg，黏粒含量 56～83 g/kg；土壤呈酸性，
pH 6.3～6.5，阳离子交换量 11～13 cmol/kg。

对比土系　同土族的土系有造化系。造化系表土质地为粉土，在土表至 50 cm 范围内出
现氧化还原特征。

利用性能综述　本土系土体较深厚，所处地形为平原，地势平坦，气候湿润，水热条件
较好，土层较厚。本土系土壤质地通体较疏松，孔隙较大，通水透气性强，适宜树木生
长，目前利用方式为林地。

参比土种　荒甸土（中腐壤质草甸土）。

代表性单个土体　位于沈阳市沈河区沈阳农业大学植物园内，41°49′25.1″N，
123°33′15.3″E，海拔 65 m，地形为平原，成土母质为冲积物，目前利用方式为林地，生
长松树、核桃楸和杨树等。野外调查时间为 2010 年 10 月 3 日，编号 21-126。

马官桥系代表性单个土体剖面

Oi:　+1～0 cm，枯枝落叶层。

Ah:　0～23 cm，浊黄棕色（10YR 6/4，干），暗棕色（10YR 3/4，润）；粉壤土，发育中等的团块状结构，疏松；中量细中根，多量蚯蚓粪；向下波状清晰过渡。

AB:　23～45 cm，浊黄棕色（10YR 6/4，干），棕色（10YR 4/4，润）；壤土，发育中等的片状结构，疏松；少量细中根；向下波状清晰过渡。

Bw:　45～81 cm，浊黄棕色（10YR 7/3，干），棕色（10YR 4/4，润）；粉壤土，发育中等的小棱块状结构，疏松；少量细根；少量铁锈斑纹；向下波状清晰过渡。

BCr:　81～110 cm，浊黄棕色（10YR 6/4，干），棕色（10YR 4/6，润）；粉壤土，发育中等的小团块状结构，疏松；中量细根，少量蚯蚓粪，少量铁锈斑纹。

马官桥系代表性单个土体物理性质

| 土层 | 深度 /cm | 砾石 (> 2 mm，体积分数)/% | 细土颗粒组成(粒径: mm)/(g/kg) | | | 质地 | 容重 /(g/cm³) |
			砂粒 2～0.05	粉粒 0.05～0.002	黏粒 < 0.002		
Ah	0～23	0	382	562	56	粉壤土	1.24
AB	23～45	0	425	493	83	壤土	1.33
Bw	45～81	0	349	570	81	粉壤土	1.34
BCr	81～110	0	428	510	62	粉壤土	1.39

马官桥系代表性单个土体化学性质

| 深度 /cm | pH | | 有机质 /(g/kg) | 全氮(N) /(g/kg) | 全磷(P_2O_5) /(g/kg) | 全钾(K_2O) /(g/kg) | 阳离子交换量 /(cmol/kg) |
	H_2O	KCl					
0～23	6.4	4.9	17.0	1.38	3.09	30.1	11.2
23～45	6.5	5.2	7.5	0.77	0.76	32.0	11.5
45～81	6.3	5.2	6.7	0.79	0.43	32.1	12.8
81～110	6.3	5.2	8.4	0.89	0.15	31.3	13.0

9.1.8　塔山系（Tashan Series）

土　族：黏壤质硅质混合型非酸性温性-普通淡色潮湿雏形土
拟定者：王秋兵，崔　东，王晓磊

分布与环境条件　本土系分布于辽宁省西南部平原，成土母质为冲洪积物，排水良好，轻度水蚀；土地利用方式为旱地，种植玉米，一年一熟。温带半湿润大陆性季风气候，年均气温 8.5～9.5 ℃，年均降水量 550～650 mm，日照时数为 2600～2800 h，年均无霜期175 d。

塔山系典型景观

土系特征与变幅　诊断层包括淡薄表层、雏形层，诊断特性包括温性土壤温度状况、潮湿土壤水分状况。本土系发育在冲洪积物母质上；有机质含量 4.4～11.1 g/kg，团块状结构，黏粒含量 283～367 g/kg，土壤呈酸性，pH 6.4～6.9，阳离子交换量 11～16 cmol/kg，土壤全氮含量 0.66～0.98 g/kg。

对比土系　同土族的土系有西佛系，西佛系表土质地为粉壤土。

利用性能综述　本土系土体较深厚，所处地区气候温暖湿润，土壤水、热条件好。土壤通体质地偏黏，土壤孔隙少，保水保肥性能较好，但通水透气性差，不利于根系向下伸展，是中低产土壤之一。可以果粮间种，不能过度耕作，以减少水土流失。

参比土种　荒砂潮土（薄腐砂质潮土）。

代表性单个土体　位于辽宁省葫芦岛市连山区塔山乡红旗村，40°51′30.0″N，120°57′9.6″E，海拔 14 m，地形为平原，成土母质为冲洪积物，目前利用方式为耕地，间有果园。野外调查时间为 2010 年 10 月 23 日，编号 21-144。

Ap: 0~11 cm, 亮棕色（7.5YR 5/6, 干），棕色（7.5YR 4/6, 润）；粉质黏壤土，发育强的小团块结构，松散；中量细根；向下平滑清晰过渡。

AB: 11~37 cm, 橙色（7.5YR 6/6, 干），棕色（7.5YR 4/6, 润）；黏壤土，发育强的小团块结构，疏松；少量细根；向下平滑清晰过渡。

Bw: 37~72 cm, 亮红棕色（5YR 5/6, 干），暗红棕色（5YR 3/6, 润）；黏壤土，发育强的小团块结构，疏松；少量细根；少量铁锰斑纹；向下平滑渐变过渡。

Br: 72~90 cm, 亮棕色（7.5YR 5/6, 干），棕色（7.5YR 4/6, 润）；黏壤土，发育中等的小团块结构，疏松；很少量细根；少量铁锰斑纹；向下平滑清晰过渡。

BCr: 90~120 cm, 浊棕色（7.5YR 5/4, 干），暗棕色（7.5YR 3/4, 润）；粉质黏壤土，发育中等的小团块结构，疏松；少量铁锰斑纹；很少量极细根。

塔山系代表性单个土体剖面

塔山系代表性单个土体物理性质

土层	深度 /cm	砾石 (>2 mm, 体积分数)/%	细土颗粒组成(粒径: mm)/(g/kg)			质地	容重 /(g/cm³)
			砂粒 2~0.05	粉粒 0.05~0.002	黏粒 <0.002		
Ap	0~11	0	62	654	284	粉质黏壤土	1.35
AB	11~37	0	253	463	283	黏壤土	1.56
Bw	37~72	0	290	395	314	黏壤土	1.63
Br	72~90	0	300	342	358	黏壤土	1.54
BCr	90~120	0	32	602	367	粉质黏壤土	1.42

塔山系代表性单个土体化学性质

深度 /cm	pH		有机质 /(g/kg)	全氮(N) /(g/kg)	全磷(P_2O_5) /(g/kg)	全钾(K_2O) /(g/kg)	阳离子交换量 /(cmol/kg)
	H_2O	KCl					
0~11	6.4	5.0	11.1	0.98	0.95	27.7	16.8
11~37	6.8	—	9.6	0.86	1.45	27.8	11.3
37~72	6.9	—	5.0	0.82	1.69	25.2	12.3
72~90	6.9	—	4.4	0.73	1.46	26.2	13.2
90~120	6.8	—	7.7	0.66	0.98	27.6	13.0

9.1.9　西佛系（Xifo Series）

土　族：黏壤质硅质混合型非酸性温性-普通淡色潮湿雏形土
拟定者：顾欣燕，刘杨杨，张寅寅，崔　东

分布与环境条件　本土系位于辽宁省中南部的河流冲积平原上，成土母质为河流冲积物，排水中等，多数年内短期饱和，轻度水蚀；土地利用方式为旱地，种植玉米，一年一熟。温带半湿润大陆性季风气候，四季分明，雨热同期，日照充足，春季风大，冬季寒冷，年均气温 8.8 ℃，年均降水量 650 mm 左右。

西佛系典型景观

土系特征与变幅　诊断层包括淡薄表层、雏形层，诊断特性包括温性土壤温度状况、潮湿土壤水分状况、氧化还原特征。本土系发育在河流冲积物上，淡薄表层有机质含量 11 g/kg；下层有机质含量 5～7 g/kg，中度发育小团块状或强度发育的小棱块状结构，黏粒含量 330～380 g/kg，有多量锈纹锈斑；土壤基质色调 10YR，土壤表层呈弱酸性，pH 5.7～7.6。

对比土系　同土族的土系有塔山系，塔山系表土质地为粉质黏壤土。

利用性能综述　本土系土体深厚，所处地区气候温暖湿润，地势平坦，地下水位浅，土壤水分充足。土壤表层疏松，通水透气性好，下部黏重，保水保肥。土壤水、肥、气、热协调，土壤肥力较高，生产性能好，适种作物广，各种粮食作物、经济作物和蔬菜、瓜果均较适宜。

参比土种　河淤土（壤质草甸土）。

代表性单个土体　位于辽宁省鞍山市台安县西佛镇西佛村，41°25′10.6″N，122°32′12.0″E，海拔 19.1 m，地形为冲积平原，成土母质为河流冲积物，土地利用类型为耕地，种植玉米。野外调查时间为 2011 年 10 月 31 日，编号 21-225。

西佛系代表性单个土体剖面

Ap: 0～12 cm，灰黄棕色（10YR 5/2，干），黑棕色（10YR 3/2，润），粉壤土，发育弱的小团块结构，疏松，中量细根，多量极细根；向下平滑模糊过渡。

AB: 12～31 cm，浊黄橙色（10YR 5/3，干），黑棕色（10YR 3/2，润）；壤土，发育中等的中棱块状结构，稍坚实，稍黏着，稍塑；少量细根；向下平滑清晰过渡。

Bw1: 31～54 cm，浊黄橙色（10YR 5/3，干），暗棕色（10YR 3/4，润）；壤土，发育中等的中团块状结构，疏松，稍黏着，稍塑；少量锈纹锈斑；向下平滑清晰过渡。

Bw2: 54～92 cm，浊黄橙色（10YR 6/3，干），浊黄橙色（10YR 5/3，润）；黏壤土，发育中等的小团块状结构，疏松，稍黏着，中塑；中量蚯蚓；向下平滑清晰过渡。

BCr: 92～125 cm，黄灰色（2.5Y 6/1，干），黑棕色（10YR 2/2，润）；黏壤土，发育强的很小棱块状结构，疏松，黏着，稍塑；多量小的锈纹锈斑，多量蚯蚓。

西佛系代表性单个土体物理性质

土层	深度/cm	砾石（> 2 mm，体积分数)/%	细土颗粒组成(粒径：mm)/(g/kg)			质地	容重/(g/cm³)
			砂粒 2～0.05	粉粒 0.05～0.002	黏粒 < 0.002		
Ap	0～12	0	123	641	237	粉壤土	1.31
AB	12～31	0	357	472	170	壤土	1.40
Bw1	31～54	0	318	430	252	壤土	1.35
Bw2	54～92	0	196	470	335	黏壤土	1.38
BCr	92～125	0	137	487	377	黏壤土	1.42

西佛系代表性单个土体化学性质

深度/cm	pH		有机质/(g/kg)	全氮(N)/(g/kg)	全磷(P_2O_5)/(g/kg)	全钾(K_2O)/(g/kg)	阳离子交换量/(cmol/kg)
	H_2O	KCl					
0～12	5.7	4.4	11.0	1.09	0.75	22.4	26.3
12～31	7.2	—	7.6	0.85	0.61	21.6	22.2
31～54	7.5	—	6.9	0.80	0.93	20.6	23.7
54～92	7.5	—	5.1	0.72	0.81	20.7	28.8
92～125	7.6	—	5.4	0.71	0.71	21.5	35.1

9.1.10 小谢系（Xiaoxie Series）

土　族：黏质伊利石混合型非酸性温性-普通淡色潮湿雏形土
拟定者：王秋兵，崔　东，王晓磊

分布与环境条件　本土系分布于辽宁省中部的河流冲积平原上，母质为冲积物；土地利用类型为旱地，种植玉米，一年一熟。温带半湿润大陆性季风气候，四季分明，年均气温 8.3 ℃，年均降水量 570 mm 左右，无霜期 160 d。

土系特征与变幅　诊断层包括淡薄表层、雏形层，诊断特性包括温性土壤温度状况、潮湿土壤水分状况。本土系发育在冲积物

小谢系典型景观

上，通体有机质含量 5.7～16.0 g/kg，弱度至强度发育的团块结构，黏粒含量 327～498 g/kg；土壤基质颜色 10YR，100 cm 以上颜色较暗，明度 2～3，彩度 2～4；pH 5.6～7.8，阳离子交换量 16.5～36.7 cmol/kg，容重 1.38～1.56 g/cm^3；75 cm 以下有剧烈的石灰反应，碳酸钙含量 20～22 g/kg。

对比土系　同土族无其他土系，相似的土系有造化系、西佛系和塔山系，属于同一亚类不同土族。造化系具壤质土壤颗粒大小级别，硅质混合型土壤矿物学类型。塔山系、西佛系具黏壤质土壤颗粒大小级别，硅质混合型土壤矿物学类型。

利用性能综述　本土系土体较深厚，所处地区气候温暖湿润，土壤水、热条件好。土层深厚，通体有机质含量较高，土壤水、肥、气、热协调，土壤肥力较高，但土壤质地较黏重，土壤通透性差。适宜种植玉米、高粱、水稻、大豆、小麦等作物。

参比土种　三宝黄白土（壤质深钙黄土质石灰性褐土）。

代表性单个土体　位于辽宁省锦州市黑山县胡家镇小谢村，41°46′31.3.0″N，122°11′52.5″E，海拔 27 m，地形为平原，成土母质为冲积物，土地利用类型为旱地，种植玉米。野外调查时间为 2010 年 10 月 22 日，编号 21-143。

Ap:　0～12 cm, 浊黄棕色（10YR 5/4, 干）, 暗棕色（10YR 3/4, 润）; 粉质黏壤土, 发育弱的中团块结构, 松散; 中量细根; 向下平滑清晰过渡。

Bw:　12～39 cm, 浊黄棕色（10YR 5/3, 干）, 暗棕色（10YR 3/3, 润）; 黏壤土, 发育中等的中团块结构, 疏松; 少量极细根, 偶见地蚕; 有少量铁锈斑纹; 向下平滑清晰过渡。

2Ah1:　39～56 cm, 暗棕色（10YR 3/3, 干）, 黑棕色（10YR 2/3, 润）; 黏土, 发育强的中团块结构, 疏松; 很少量极细根; 向下平滑渐变过渡。

2Ah2:　56～75 cm, 黑棕色（10YR 2/2, 干）, 黑棕色（10YR 2/2, 润）; 粉质黏土, 发育中等的中团块结构, 疏松; 很少量极细根; 向下平滑渐变过渡。

小谢系代表性单个土体剖面

2ABk:　75～109 cm, 灰黄棕色（10YR 4/2, 干）, 黑棕色（10YR 3/2, 润）; 粉质黏壤土, 发育中等的小团块结构, 疏松; 很少量极细根; 剧烈的石灰反应; 向下平滑渐变过渡。

2BCk:　109～125 cm, 浊黄橙色（10YR 6/4, 干）, 浊黄橙色（10YR 5/4, 润）; 黏土, 发育弱的小棱块结构, 坚实; 很少量极细根; 剧烈的石灰反应。

小谢系代表性单个土体物理性质

土层	深度/cm	砾石(>2 mm, 体积分数)/%	细土颗粒组成(粒径: mm)/(g/kg)			质地	容重/(g/cm³)
			砂粒 2～0.05	粉粒 0.05～0.002	黏粒 <0.002		
Ap	0～12	0	54	588	358	粉质黏壤土	1.38
Bw	12～39	0	253	356	390	黏壤土	1.38
2Ah1	39～56	0	149	396	455	黏土	1.33
2Ah2	56～75	0	64	438	498	粉质黏土	1.32
2ABk	75～109	0	123	550	327	粉质黏壤土	1.56
2BCk	109～125	0	159	374	466	黏土	1.56

小谢系代表性单个土体化学性质

深度/cm	pH		有机质/(g/kg)	全氮(N)/(g/kg)	全磷(P₂O₅)/(g/kg)	全钾(K₂O)/(g/kg)	阳离子交换量/(cmol/kg)	碳酸钙相当物/(g/kg)
	H₂O	KCl						
0～12	5.6	4.1	15.4	1.16	0.62	29.6	36.7	16.90
12～39	6.7	—	12.2	0.91	0.96	25.8	28.0	19.62
39～56	6.9	—	14.0	0.98	1.25	29.5	31.2	23.24
56～75	7.5	—	16.0	1.13	1.38	27.4	29.4	24.73
75～109	7.7	—	14.5	1.75	0.72	29.1	27.9	26.56
109～125	7.8	—	5.7	0.35	0.62	29.6	16.5	28.80

9.2 铁质干润雏形土

9.2.1 药王庙系（**Yaowangmiao Series**）

土　族：粗骨黏质碳酸盐型温性–石质铁质干润雏形土
拟定者：王秋兵，韩春兰

分布与环境条件　本土系分布于辽宁省朝阳市、阜新市和锦州市低山丘陵中部地带，母质为石灰岩坡残积物，土地利用方式为有林地，种植侧柏等。温带半干旱大陆性季风气候，光照充足，四季分明，年平均气温 8.2 ℃，年平均降水量 550 mm，多集中在 7、8 月份，春季雨水少，增温迅速，多大风，易春旱，无霜期 158 d 左右。

药王庙系典型景观

土系特征与变幅　诊断层包括淡薄表层、雏形层，诊断特性包括碳酸盐岩岩性特征、石质接触面、温性土壤温度状况、半干润土壤水分状况、铁质特性。本土系发育在石灰岩坡残积物上，土体中有大量岩屑，淡薄表层有机质含量 39.5 g/kg，以下各层有机质含量 8.8～17.3 g/kg。通体质地黏重，粒状结构，表层黏粒含量 200～350 g/kg，向下黏粒含量 350～470 g/kg。土壤基质色调为 10R，全剖面游离氧化铁含量为 25～53 g/kg；土壤呈中性，pH 7.5～7.6，阳离子交换量 19～33 cmol/kg。

对比土系　同土族没有其他土系。相似的土系有五峰系。五峰系的颗粒大小级别为粗骨壤质，冷性土壤温度状况，土表至 50 cm 范围内出现准石质接触面。

利用性能综述　本土系土层较薄，且土体及地表中含有多量岩屑和砾石，土壤适耕性差；土壤孔隙度大，通水透气性能好，保肥能力差；土壤贫瘠，肥力很低，农业利用价值不高；地表植被覆盖较差，有轻度的水土侵蚀，应该进行封山育林育草，保护天然植被，减少水土流失。

参比土种　沟门子石灰土（中层钙镁质褐土性土）。

代表性单个土体　位于辽宁省葫芦岛市建昌县药王庙镇，40°47′31.2″N，120°11′41.1″E，海拔 192 m，种植侧柏。野外调查时间为 2005 年 5 月 8 日，编号 21-178。

Ah：　0～11 cm，浊橙色（7.5YR 6/4，干），棕色（7.5YR 4/4，润）；粉壤土，土体结构为粒状，干，松散；根系很多，多量块状岩屑，含量为 70%～80%；有蚂蚁分布；向下波状渐变过渡。

AB：　11～22 cm，亮棕色（7.5YR 5/6，干），红棕色（2.5YR 4/6，润）；粉质黏壤土，土体结构为粒状，干，坚实；根系很多，多量块状岩屑；向下波状渐变过渡。

Bw：　22～42 cm，红色（10R 4/6，干），红色（10R 4/8，润）；粉质黏土，土体结构为粒状，干，坚实，根系很多，多量中等大小块状岩屑；向下波状渐变过渡。

C：　42～78 cm，红棕色（10R 4/4，干），红色（10R 4/6，润）；黏土，土体结构为粒状，干，极坚实，根系很多，多量较大块状岩屑；向下波状渐变过渡。

药王庙系代表性单个土体剖面

R：78～100 cm，浅淡黄色（2.5Y 8/3，干），淡黄色（2.5Y 7/3，润）；有裂隙，方向不固定。

药王庙系代表性单个土体物理性质

土层	深度/cm	砾石(>2 mm，体积分数)/%	细土颗粒组成(粒径：mm)/(g/kg)			质地	容重/(g/cm³)
			砂粒 2～0.05	粉粒 0.05～0.002	黏粒 <0.002		
Ah	0～11	20	236	561	203	粉壤土	—
AB	11～22	20	139	503	358	粉质黏壤土	—
Bw	22～42	30	94	459	446	粉质黏土	—
C	42～78	50	135	390	475	黏土	—

药王庙系代表性单个土体化学性质

深度/cm	pH(H₂O)	有机质/(g/kg)	全氮(N)/(g/kg)	全磷(P₂O₅)/(g/kg)	全钾(K₂O)/(g/kg)	阳离子交换量/(cmol/kg)	游离氧化铁(Fe₂O₃)含量/(g/kg)
0～11	7.6	39.5	3.00	2.05	29.8	20.3	25.5
11～22	7.6	17.3	1.42	1.75	29.2	24.2	36.8
22～42	7.6	10.5	1.22	1.73	28.4	33.5	49.3
42～78	7.5	8.8	1.56	1.49	12.4	19.7	53.5

9.2.2　五峰系（Wufeng Series）

土　族：粗骨壤质混合型非酸性冷性-石质铁质干润雏形土
拟定者：王秋兵，韩春兰，崔　东，王晓磊，荣　雪，姚振都

分布与环境条件　本土系分布于辽宁省西部的朝阳市、阜新市和锦州市等地的石质低山丘陵地区，地形为 2°～5° 的复合型微坡，成土母质为残积物，现多为野生杂草或种植高粱、花生、玉米等作物，一年一熟。温带半干旱大陆性季风气候，年均气温 7.5 ℃，年均降水量 510 mm，四季分明，雨热同季，昼夜温差大，光照充足，春季多风，全年主导风向为西南风，最大相对湿

五峰系典型景观

度 78%，最小相对湿度 48%，年均日照时数 2850～2950 h，年均无霜期 156 d。

土系特征与变幅　诊断层包括淡薄表层、雏形层，诊断特性包括准石质接触面、冷性土壤温度状况、半干润土壤水分状况、铁质特性。本土系发育在玄武岩残积物上，土体中有大量岩屑，淡薄表层有机质含量 18.2 g/kg，以下各层有机质含量 8～10 g/kg。发育微弱的中团块状结构或粒状结构；土壤基质色调为 5YR；土壤呈中性，pH 6.4～7.2，阳离子交换量 9～23 cmol/kg。

对比土系　同土族没有其他土系。相似的土系有药王庙系。药王庙系的颗粒大小级别为粗骨黏质，温性土壤温度状况，70 cm 以下出现石质接触面。

利用性能综述　本土系土层较薄，且土体中含有多量岩屑和砾石，表层土壤黏重坚实，适耕性差，土壤空隙少，不透水，不透肥，不利于植物根系向下延伸。且所处地区气候较干旱多风，地表植被稀疏，易产生水土流失。应从抗旱和水土保持等方面着手进行改良和治理。坡度较小的坡地可以修筑梯田，适宜的抗旱耐贫瘠作物有谷子、高粱、玉米、花生等杂粮杂豆以及大葱、芝麻等。应推广旱作农业技术。在坡度较大的地方应该以水土保持为中心，退耕还林还草，保护天然植被，减少水土流失。

参比土种　土城子糟石土（中层铁镁质褐土性土）。

代表性单个土体　位于辽宁省阜新市彰武县五峰镇大五喇嘛村，42°19′08.4″N，122°23′50.7″E，海拔 102 m，地形为低山丘陵的顶部，成土母质为玄武岩残积物。野外调查时间为 2010 年 9 月 25 日，编号 21-097。

五峰系代表性单个土体剖面

Ap: 0~9 cm，暗红棕色（5YR 3/3，干），暗棕色（7.5YR 3/4，润）；壤土，发育微弱的中团块状结构，坚实；中量细根、极细根，很少量小块岩石碎屑；向下平滑渐变过渡。

AB: 9~34 cm，浊红棕色（2.5YR 4/3，干），暗红棕色（5YR 3/6，润）；砂质壤土，发育微弱的粒状结构，疏松；中量细根、极细根，大量中小块角状岩石碎屑；向下波状渐变过渡。

Bw: 34~49 cm，浊红棕色（2.5YR 5/3，干），暗红棕色（5YR 3/4，润）；壤土，发育微弱的中团块状结构，坚实；中量细根、极细根，大量中块角状岩石碎屑；向下平滑渐变过渡。

R: 49~60 cm，红棕色（10R 5/3，干），红棕色（10R 5/3，润）；基岩。

五峰系代表性单个土体物理性质

土层	深度/cm	砾石(> 2 mm，体积分数)/%	细土颗粒组成(粒径: mm)/(g/kg)			质地	容重/(g/cm³)
			砂粒 2~0.05	粉粒 0.05~0.002	黏粒 <0.002		
Ap	0~9	1	443	394	163	壤土	1.16
AB	9~34	7	529	367	104	砂质壤土	1.21
Bw	34~49	7	461	390	149	壤土	—

五峰系代表性单个土体化学性质

深度/cm	pH		有机质/(g/kg)	全氮(N)/(g/kg)	全磷(P₂O₅)/(g/kg)	全钾(K₂O)/(g/kg)	阳离子交换量/(cmol/kg)	游离氧化铁(Fe₂O₃)含量/(g/kg)
	H₂O	KCl						
0~9	6.4	5.5	18.2	1.47	1.05	17.5	9.3	11.6
9~34	7.0	—	10.4	1.01	0.79	20.1	14.7	14.5
34~49	7.2	—	8.4	0.88	0.73	21.4	23.1	16.3

9.2.3 巴图营系（Batuying Series）

土 族：黏壤质混合型非酸性温性-普通铁质干润雏形土
拟定者：王秋兵，韩春兰

分布与环境条件 本土系分布于辽宁省朝阳市、阜新市和锦州市等地的低丘坡中下部，地形为 5°～8°缓坡，坡洪积物母质；地表自然植被有榆树、羊草、委陵菜、荆条、蒿类等，利用方式为果园或耕地；温带半干旱大陆性季风气候，年均气温 8.5 ℃，年均降水量 486 mm，雨热同期，日照充足，昼夜温差较大，春秋两季多风易旱，冬季盛行西北风，风力较强，年平均日照时数达 2861.7 h，无霜期 120～155 d。

巴图营系典型景观

土系特征与变幅 诊断层包括淡薄表层、雏形层，诊断特性包括温性土壤温度状况、半干润土壤水分状况、铁质特性。本土系发育在坡洪积物母质上，土体中有少量岩屑，淡薄表层有机质含量 10 g/kg 左右，以下各层有机质含量 2.3～2.6 g/kg。表层黏粒含量 370 g/kg，向下黏粒含量 210～230 g/kg，通体粉粒含量较高，为 450～590 g/kg。土壤基质色调为 2.5YR 或 5YR，全剖面游离氧化铁含量为 21 g/kg 左右；土壤呈中性，pH 7.3，阳离子交换量表层为 23～26 cmol/kg。

对比土系 同土族没有其他土系，相似的土系有雷家店系。雷家店系具粗骨黏质颗粒大小级别和伊利石混合型矿物类型。

利用性能综述 本土系土体中有少量岩屑，土壤质地黏重，结构紧实，通透性差，不利于植物根系向下延伸。且所处地区气候较干旱多风，地表植被稀疏，易发生水土流失。应从抗旱和水土保持等方面着手进行改良和治理。坡度较小的坡地可以修筑梯田，适宜的抗旱耐贫瘠作物有谷子、高粱、玉米、花生等杂粮杂豆以及大葱、芝麻等。应推广旱作农业技术。在坡度较大的地方应该以水土保持为中心，退耕还林还草，保护天然植被，减少水土流失。也可以人工植树造林、种草，或开发为果园。

参比土种 坡黄土（壤质坡积棕壤）。

代表性单个土体 位于辽宁省朝阳市北票市巴图营乡铁吉营村，41°28′6.8″N，

120°44′40.9″E，海拔 248 m，丘陵地貌，采样点位于丘陵坡地中下部，坡度为 7°，成土母质为坡洪积物，地表自然植被有榆树、羊草、萎陵菜、荆条、蒿类等，主要种植向日葵、玉米、苹果树。野外调查时间为 2005 年 5 月 4 日，编号 21-198。

21-198

Ap: 0～22 cm，浊红棕色（5YR 5/4，干），暗红棕色（5YR 3/4，润）；粉质黏壤土，粒状结构，松软；多量细植物根系，土体内有少量小的岩屑，有蜘蛛和蚂蚁等土壤动物；向下平滑渐变过渡。

Bw: 22～40 cm，浊红棕色（2.5YR 4/4，干），红棕色（2.5YR 4/6，润）；粉壤土，结构松软，发育弱的粒状、块状结构，有少量小风化岩屑；可见多量细根，土壤动物有蜘蛛和蚂蚁；向下平滑渐变过渡。

BC: 40～110 cm，橙色（2.5YR 6/6，干），浊红棕色（2.5YR 5/4，润）；粉壤土，发育强的块状结构，稍坚硬，有少量小岩屑，风化程度较弱；有中量极细根系，有间距很小的细小垂直裂隙，连续性好。

巴图营系代表性单个土体剖面

巴图营系代表性单个土体物理性质

土层	深度/cm	砾石（> 2 mm，体积分数）/%	细土颗粒组成(粒径：mm)/(g/kg)			质地	容重/(g/cm³)
			砂粒 2～0.05	粉粒 0.05～0.002	黏粒 < 0.002		
Ap	0～22	1	182	446	372	粉质黏壤土	1.27
Bw	22～40	2	209	581	211	粉壤土	1.32
BC	40～110	3	177	589	234	粉壤土	1.38

巴图营系代表性单个土体化学性质

深度/cm	pH(H₂O)	有机质/(g/kg)	全氮(N)/(g/kg)	全磷(P₂O₅)/(g/kg)	全钾(K₂O)/(g/kg)	阳离子交换量/(cmol/kg)	游离氧化铁(Fe₂O₃)含量/(g/kg)
0～22	7.3	9.9	2.00	3.35	16.5	23.4	21.1
22～40	7.3	2.6	1.45	2.78	21.0	23.7	21.0
40～110	7.3	2.3	1.41	3.19	23.1	26.8	21.7

9.2.4 雷家店系（Leijiadian Series）

土　族：粗骨黏质伊利石混合型非酸性温性-普通铁质干润雏形土
拟定者：王秋兵，韩春兰

分布与环境条件　本土系位于
辽宁省西南部，地形为低山丘陵
中部，成土母质为石灰岩坡积
物，排水良好，轻度水蚀-切沟
侵蚀；自然植被为槐树、栎树和
1 m 以上的灌木及蒿类，地表覆
盖度大于 80%，利用方式为果园
或旱地，种植梨树、杏树或玉米，
一年一熟。温带半湿润大陆性季
风气候，年均气温 8.5～9.5 ℃，
年均降水量 550～650 mm，年均
日照时数为 2600～2800 h，年均
无霜期 175 d。

雷家店系典型景观

土系特征与变幅　诊断层包括淡薄表层、雏形层，诊断特性包括碳酸盐岩岩性特征、石
质接触面、温性土壤温度状况、半干润土壤水分状况、铁质特性。本土系发育在石灰岩
坡积物上，土体中有大量岩屑，淡薄表层有机质含量 55 g/kg，以下各层有机质含量 12～
18 g/kg。雏形层上界出现在地表 50 cm 以内，粒状结构。A 层色调 7.5YR，下层色调为
2.5YR～5YR，通体黏粒含量 320～387 g/kg，游离氧化铁含量为 24～32 g/kg；土壤呈中
性，pH 7.4～7.5，阳离子交换量表层为 27～30 cmol/kg。

对比土系　同土族中没有其他土系，相似的土系有巴图营系。巴图营系的颗粒大小级别
为黏壤质矿物学类型为混合型。

利用性能综述　本土系土质层较薄，土体中有多量的岩屑，地表植被生长稀疏，易遭受
水土侵蚀。其利用改良方面：在坡度较大的地方，应该以水土保持为中心，退耕还林还
草，保护天然植被，减少水土流失。树种以油松、刺槐、山杏、沙棘、锦鸡儿为主；草
种有沙打旺、草木樨、苜蓿草、野古草和冰草等。在坡度较小的地方适合种植果树。

参比土种　沟门子石灰土（中层钙镁质褐土性土）。

代表性单个土体　位于辽宁省葫芦岛市建昌县雷家店乡树木沟村天主堂屯西山坡上，
40°39′52.1″N，119°55′44.5″E，海拔 286 m，修有梯田，主要种植玉米，并有梨树、杏树。
野外调查时间为 2005 年 5 月 9 日，编号 21-179。

21-179

Ah: 0~15 cm，棕色（7.5YR 4/6，干），棕色（7.5YR 4/6，润）；粉质黏壤土，粒状结构，润，松散；多量根系，中量较小半棱角岩屑，含量为 17%左右；向下平滑渐变过渡。

AB: 15~31 cm，红棕色（2.5YR 4/6，干），暗红棕色（2.5YR 3/6，润）；粉质黏壤土，粒状结构，润，坚实；多量根系，多量较小半棱角岩屑；向下平滑渐变过渡。

Bw: 31~52 cm，橙色（5YR 6/6，干），亮红棕色（5YR 5/6，润）；粉质黏壤土，粒状结构，润，松散；中量根系，多量中等大小半棱角岩屑。

C: 52~70 cm，石灰岩碎石。

雷家店系代表性单个土体剖面

雷家店系代表性单个土体物理性质

土层	深度 /cm	砾石 (>2 mm, 体积分数)/%	细土颗粒组成(粒径：mm)/(g/kg)			质地	容重 /(g/cm³)
			砂粒 2~0.05	粉粒 0.05~0.002	黏粒 <0.002		
Ah	0~15	17	124	556	320	粉质黏壤土	1.14
AB	15~31	25	110	503	387	粉质黏壤土	1.22
Bw	31~52	32	138	533	329	粉质黏壤土	1.36

雷家店系代表性单个土体化学性质

深度 /cm	pH (H₂O)	有机质 /(g/kg)	全氮(N) /(g/kg)	全磷(P₂O₅) /(g/kg)	全钾(K₂O) /(g/kg)	阳离子交换量 /(cmol/kg)	游离氧化铁 (Fe₂O₃)含量 /(g/kg)
0~15	7.4	55.3	3.57	1.08	28.0	29.1	24.2
15~31	7.5	17.6	1.72	0.79	25.8	30.2	32.2
31~52	7.5	12.5	1.56	1.11	28.4	27.3	27.7

9.3　底锈干润雏形土

9.3.1　务欢池系（**Wuhuanchi Series**）

土　　族：壤质硅质混合型温性-石灰底锈干润雏形土
拟定者：王秋兵，韩春兰

分布与环境条件　本土系位于
辽宁省西部的朝阳市、阜新市
和锦州市等地的低山丘陵，地
形较平坦，成土母质为冲积物；
土地利用类型为旱地，种植玉
米、大豆等作物，无侵蚀现象。
温带半干旱大陆性季风气候，
年均气温 8.1 ℃，年均降水量
500 mm 左右，5～9 月份降水量
为 425 mm，占全年的 85%。雨
热同季，四季分明，太阳总辐射
量 138.5 kcal/cm^2，年均日照时
数为 2865.5 h，≥10 ℃活动积
温 3298 ℃，无霜期 150 d 左右。

务欢池系典型景观

土系特征与变幅　诊断层包括淡薄表层、雏形层，诊断特性包括温性土壤温度状况、半
干润土壤水分状况、氧化还原特征、石灰性。本土系发育在冲积物母质上，通体有石灰
反应，向下逐渐增强；黏粒含量在 51～339 g/kg。土壤呈碱性，pH 7.42～8.36，有机质
含量为 7.6～19.3 g/kg，全氮含量为 0.58～1.00 g/kg，有效磷含量为 0.25～1.22 mg/kg。

对比土系　同土族内没有其他土系，相似的土系有双羊系。双羊系土壤不具有石灰性。

利用性能综述　本土系土层较厚，土壤质地较砂，通气透水性好，土壤自然肥力不高，
且所处地区气候较干旱多风，地表植被稀疏，易发生水土流失。应从抗旱和水土保持等
方面着手进行改良和治理。适宜的抗旱耐贫瘠作物有谷子、高粱、玉米、花生等杂粮、
杂豆。

参比土种　坡淤土（壤质坡洪积潮褐土）。

代表性单个土体　位于辽宁省阜新市阜新蒙古族自治县务欢池镇大营子村，
42°19′31.6″N，121°52′49.9″E，海拔 209 m，地势较平坦，地形为低丘，成土母质为冲积
物，土地利用类型为耕地，种植玉米、大豆。野外调查时间为 2011 年 5 月 31 日，编号
21-213。

务欢池系代表性单个土体剖面

Ap: 0～12 cm，浊黄橙色（10YR 6/3，干），棕色（7.5YR 4/4，润）；砂质壤土，发育弱的中团块结构，极疏松；稍黏着；中量细根；轻度石灰反应；向下平滑清晰过渡。

ABk: 12～41 cm，浊黄棕色（10YR 5/4，干），棕色（7.5YR 4/3，润）；壤土，发育较强的大团块结构，很坚实；少量极细根；强石灰反应；向下平滑清晰过渡。

Bwk: 41～75 cm，浊黄棕色（10YR 5/3，干），黑棕色（10YR 2/3，润）；壤土，发育较强的中团块结构，疏松；黏着；强石灰反应；向下平滑清晰过渡。

2Akr: 75～89 cm，灰黄棕色（10YR 5/2，干），黑棕色（10YR 3/2，润）；砂质壤土，发育较强的中团块结构，坚实；黏着；少量铁锰斑纹，中量假菌丝体；强石灰反应；向下平滑清晰过渡。

2Bkr: 89～142 cm，浊黄橙色（10YR 6/3，干），暗棕色（10YR 3/4，润）；粉质黏壤土，发育较弱的大团块结构，疏松；黏着；少量小铁锰斑纹，强石灰反应。

务欢池系代表性单个土体物理性质

土层	深度/cm	砾石（>2 mm，体积分数)/%	细土颗粒组成(粒径：mm)/(g/kg)			质地	容重/(g/cm³)
			砂粒 2～0.05	粉粒 0.05～0.002	黏粒 <0.002		
Ap	0～12	0	557	392	51	砂质壤土	1.28
ABk	12～41	0	489	375	135	壤土	1.33
Bwk	41～75	0	512	325	162	壤土	1.45
2Akr	75～89	0	615	307	78	砂质壤土	1.43
2Bkr	89～142	0	86	575	339	粉质黏壤土	1.51

务欢池系代表性单个土体化学性质

深度/cm	pH(H₂O)	有机质/(g/kg)	全氮(N)/(g/kg)	全磷(P₂O₅)/(g/kg)	全钾(K₂O)/(g/kg)	阳离子交换量/(cmol/kg)	碳酸钙相当物/(g/kg)
0～12	7.4	7.6	0.58	0.49	19.0	14.0	48.12
12～41	7.7	9.8	0.87	0.42	21.4	13.3	49.63
41～75	8.1	10.7	0.70	0.54	19.6	14.9	55.68
75～89	8.4	17.9	0.79	0.55	20.1	18.6	59.76
89～142	8.2	19.3	1.00	0.55	19.1	16.5	56.88

9.3.2 双羊系（**Shuangyang Series**）

土　族：壤质混合型非酸性温性-普通底锈干润雏形土
拟定者：王秋兵，崔　东，王晓磊

分布与环境条件　本土系位于辽宁省西部地区丘陵坡下部，二元母质，上层土壤母质为坡积物，下层为残积物。土地利用方式为旱地，种植玉米，一年一熟。温带半湿润大陆性季风气候，四季分明，雨热同季，日照充足，年均气温 8.7 ℃，年均降水量 610 mm，年均日照时数＞2700 h，无霜期 160～180 d。

双羊系典型景观

土系特征与变幅　诊断层包括淡薄表层、雏形层，诊断特性包括准石质接触面、温性土壤温度状况、半干润土壤水分状况、氧化还原特征。本土系发育在二元母质上，土体中有少量岩屑，淡薄表层有机质含量 8.1～10.2 g/kg，以下层次有机质含量 1.5～4.1 g/kg；粉粒含量 446～664 g/kg，黏粒含量 80～172 g/kg；土壤基质颜色 7.5YR，120 cm 以下出现基岩；土壤呈中性，pH 6.4～7.3，阳离子交换量 12.6～17.6 cmol/kg，容重 1.30～1.58 g/cm³。

对比土系　同土族没有其他土系，相似的土系有务欢池系。务欢池系土壤具有石灰性。

利用性能综述　本土系表土层薄，有机质含量低，土体中有少量岩屑，生产性能相对较差。由于所处地区气候较干旱，地表植被稀疏，且地形部位较高，坡度较陡，易产生沟蚀、面蚀。主要问题是干旱、水土流失和养分贫瘠，应从这三个方面着手进行改良和治理。

参比土种　坡淤土（壤质坡洪积潮褐土）。

代表性单个土体　位于辽宁省锦州市凌海市双羊镇，41°7′4.7″N，121°16′34.7″E，海拔 –10 m，地形为丘陵坡下部，土壤为二元母质，上层土壤母质为坡积物，下层为残积物。野外调查时间为 2010 年 10 月 24 日，编号 21-151。

双羊系代表性单个土体剖面

Ap: 0~11 cm,浊棕色（7.5YR 5/3,干）,黑棕色（7.5YR 3/2,润）；粉壤土,疏松,发育弱的中团块结构；中量细根、极细根,少量小块风化的角状岩石碎屑；向下平滑清晰过渡。

ABr: 11~34 cm,浊棕色（7.5YR 5/4,干）,棕色（7.5YR 4/3,润）；粉壤土,疏松,发育强的小团块结构；中量细根、极细根,少量小块风化的角状岩石碎屑,少量铁锰结核；向下平滑清晰过渡。

Br1: 34~69 cm,浊棕色（7.5YR 5/4,干）,棕色（7.5YR 4/4,润）；粉壤土,发育强的小团块结构,坚实；少量细根、极细根,少量小块风化的角状岩石碎屑,中量铁锰结核；向下平滑渐变过渡。

Br2: 69~84 cm,橙色（7.5YR 6/6,干）,亮棕色（7.5YR 5/6,润）；粉壤土,强度发育的小团块结构,坚实；少量细根、极细根,少量小块风化的角状岩石碎屑,多量铁锰结核；向下不规则清晰过渡。

BC: 84~122 cm,橙色（7.5YR 6/6,干）,亮棕色（7.5YR 5/6,润）；壤土,发育强的小团块结构,坚实；很少量细根、极细根,多量风化的小块角状岩石碎屑；向下平滑清晰过渡。

2R: 122~141 cm,橙色（7.5YR 7/6,干）,橙色（7.5YR 6/8,润）；弱风化的基岩。

双羊系代表性单个土体物理性质

土层	深度 /cm	砾石 (>2 mm,体积分数)/%	细土颗粒组成(粒径: mm)/(g/kg)			质地	容重 /(g/cm³)
			砂粒 2~0.05	粉粒 0.05~0.002	黏粒 <0.002		
Ap	0~11	1	174	654	172	粉壤土	1.30
ABr	11~34	1	251	579	170	粉壤土	1.39
Br1	34~69	2	226	605	169	粉壤土	1.45
Br2	69~84	2	368	508	125	粉壤土	1.58
2Bw	84~122	5	472	446	82	壤土	1.54

双羊系代表性单个土体化学性质

深度 /cm	pH		有机质 /(g/kg)	全氮(N) /(g/kg)	全磷(P₂O₅) /(g/kg)	全钾(K₂O) /(g/kg)	阳离子交换量/(cmol/kg)
	H₂O	KCl					
0~11	6.4	4.6	10.2	0.80	0.96	32.0	13.5
11~34	6.8	—	8.1	0.68	0.60	33.4	15.4
34~69	6.8	—	4.1	0.42	0.75	30.4	16.3
69~84	7.1	—	2.5	0.49	0.25	28.8	17.6
84~122	7.3	—	1.5	0.37	0.12	29.1	12.6

9.4 简育干润雏形土

9.4.1 双庙系（Shuangmiao Series）

土　族：壤质硅质混合型非酸性温性-普通简育干润雏形土

拟定者：王秋兵，韩春兰，刘杨杨，顾欣燕，张寅寅，孙仲秀

分布与环境条件　本土系分布于辽宁省朝阳市、阜新市和锦州市等地区低山丘陵的底部地带，地形平坦，成土母质为冲洪积物，排水良好，从不饱和，强度水蚀-切沟侵蚀；土地利用类型为旱地，种植玉米，一年一熟。温带半湿润大陆性季风气候，雨热同期，日照充足，昼夜温差较大，年均气温为 8.7 ℃，年均降水量为 490 mm 左右，年均日照时数为 2808 h，平均无霜期144 d。

双庙系典型景观

土系特征与变幅　诊断层包括淡薄表层、雏形层，诊断特性包括温性土壤温度状况、半干润土壤水分状况、氧化还原特征、石灰性。本土系发育在冲洪积物母质上，土体中含有少量岩石碎屑；黏粒含量在 57.55～162.88 g/kg；土壤有弱石灰反应，呈碱性，pH 7.80～8.21；有机质含量为 3.2～8.6 g/kg，全氮含量为 0.36～0.88 g/kg，全磷含量为 3.24～4.62 mg/kg。

对比土系　同土族没有其他土系，相似的土系有大红旗系和端正沟梁系。大红旗系具砂质颗粒大小级别。端正沟梁系具石灰性土壤反应级别。

利用性能综述　本土系土层较厚，地表有少量粗砾石，土体内有少量岩石碎屑，对耕作有一定影响。表土层薄，有机质含量低。适宜的抗旱耐贫瘠作物有谷子、高粱、玉米、花生等杂粮、杂豆。应推广旱作农业技术。

参比土种　坡黄土（壤质坡积棕壤）。

代表性单个土体　位于辽宁省朝阳市喀左蒙古族自治县大城子镇双庙村，41°6′29.2″N，119°40′53.5″E，海拔 335 m，地势平坦，地形为谷间平地，成土母质为冲洪积物，土地利用方式为耕地，种植玉米。野外调查时间为 2011 年 5 月 16 日，编号 21-194。

Ap:　0～12 cm，浊黄橙色（10YR 6/4，干），棕色（10YR 4/4，润）；粉壤土，发育较强的小团块结构，松散；稍黏着，中塑；少量极细草根，弱石灰反应；向下平滑渐变过渡。

Bw1：12～34 cm，黄棕色（10Y 5/6，干），棕色（10YR 4/6，润）；粉壤土，发育较强的小团块结构，坚实；黏着，稍塑；向下平滑渐变过渡。

Bw2：34～61 cm，黄棕色（10Y 5/8，干），棕色（10YR 4/4，润）；粉壤土，发育较强的小团块结构，稍坚实；稍黏着，中塑；少量小棱块状弱风化的岩石碎屑；弱石灰反应；向下平滑清晰过渡。

2C1：61～113 cm，浊黄橙色（10Y 7/4，干），亮黄棕色（10YR 6/6，润）；砂质壤土，松散；中量小棱块状弱风化的岩石碎屑；向下平滑清晰过渡。

双庙系代表性单个土体剖面

2C2：113～152 cm，浊黄橙色（10Y 7/4，干），亮黄棕色（10YR 6/6，润）；壤质砂土，松散；稍黏着；中量中棱块状弱风化的岩石碎屑；向下平滑清晰过渡。

双庙系代表性单个土体物理性质

土层	深度 /cm	石砾 (> 2 mm，体积分数)/%	细土颗粒组成(粒径: mm)/(g/kg)			质地	容重 /(g/cm³)
			砂粒 2～0.05	粉粒 0.05～0.002	黏粒 < 0.002		
Ap	0～12	0	173	712	115	粉壤土	1.26
Bw1	12～34	0	177	661	163	粉壤土	1.34
Bw2	34～61	2	382	513	105	粉壤土	1.35
2C1	61～113	5	718	185	97	砂质壤土	—
2C2	113～152	8	794	149	58	壤质砂土	—

双庙系代表性单个土体化学性质

深度 /cm	pH (H₂O)	有机质 /(g/kg)	全氮(N) /(g/kg)	全磷(P₂O₅) /(g/kg)	全钾(K₂O) /(g/kg)	阳离子交换量 /(cmol/kg)	碳酸钙相当物 /(g/kg)
0～12	7.8	8.6	0.88	3.24	14.2	18.9	7.6
12～34	8.1	7.0	0.62	3.85	13.1	18.7	0.0
34～61	8.0	7.0	0.65	4.62	18.2	19.9	35.0
61～113	8.2	5.3	0.49	3.39	22.6	17.0	0.0
113～152	8.2	3.2	0.36	4.07	24.2	16.5	0.0

9.4.2 海洲窝堡系（**Haizhouwopu Series**）

土　族：砂质硅质混合型非酸性冷性–普通简育干润雏形土
拟定者：王秋兵，韩春兰，崔　东，王晓磊，荣　雪，姚振都

分布与环境条件　本土系分布于辽宁省西部的低丘沙地上，成土母质为风积沙；土地利用类型为旱地，种植玉米、高粱等，一年一熟。温带半干旱大陆性季风气候，年均气温 7.2 ℃，年均降水量 540 mm 左右，年均日照时数 2868 h，≥10 ℃积温为 3283 ℃，无霜期在 150 d 左右。

海洲窝堡系典型景观

土系特征与变幅　诊断层包括淡薄表层、雏形层，诊断特性包括冷性土壤温度状况、半干润土壤水分状况。本土系发育在风积沙母质上，土体厚度大于 100 cm。淡薄表层大于 50 cm，发育较弱的小团块状结构；容重为 1.47～1.73 g/cm³，黏粒含量在 25～93 g/kg；土壤呈酸性，pH 5.52～6.92；有机质含量为 1.4～7.0 g/kg，全氮含量为 0.08～0.63 g/kg，有效磷含量为 0.07～0.69 mg/kg。

对比土系　同土族没有其他土系，相似的土系有大红旗系。大红旗系具温性土壤温度状况。

利用性能综述　本土系土层较厚，通体砂质，吸附性差。表层各种养分贫瘠，很难满足作物的正常生理需求。表土层薄，有机质含量低，是辽宁低产土壤之一。另外，由于所处地区气候较干旱，地表植被稀疏，且地形部位较高，坡度较陡，易产生沟蚀、面蚀。应该从干旱、水土流失和养分贫瘠这三个方面着手进行改良和治理。

参比土种　灰砂土（中熟固定草甸风沙土）。

代表性单个土体　位于辽宁省沈阳市康平县海洲窝堡乡孙家店村，42°58′21.1″N，123°17′39.6″E，海拔 165 m，地形为平原，成土母质为风积沙，旱地。野外调查时间为 2010 年 9 月 27 日，编号 21-102。

海洲窝堡系代表性单个土体剖面

Ap: 0～18 cm，浊黄橙色（10YR 6/4，干），棕色（10YR 4/4，润）；壤质砂土，发育较弱的细小粒状结构，松散；少量中根和粗根；向下波状渐变过渡。

2Ah: 18～35 cm，灰黄棕色（10YR 4/2，干），暗棕色（10YR 3/3，润）；壤质砂土，发育较弱的小团块状结构，坚实；稍黏着；很少量的细根和中根；向下波状渐变过渡。

2ABw1: 35～62 cm，灰黄棕色（10YR 4/2，干），暗棕色（10YR 3/4，润）；砂质壤土，发育较弱的小团块状结构，坚实；稍黏着；很少量细根和中根；向下波状渐变过渡。

2ABw2: 62～79 cm，灰黄棕色（10YR 5/2，干），暗棕色（10YR 3/4，润）；砂质壤土，发育较弱的中团块状结构，坚实；稍黏着；很少量细根和中根；向下波状渐变过渡。

2ABw3: 79～116 cm，浊黄橙色（10YR 6/3，干），棕色（10YR 4/6，润）；壤质砂土，发育较弱的中团块状结构，疏松；稍黏着；很少量细根和极细根；向下波状渐变过渡。

2C: 116～130 cm，浊黄橙色（10YR 7/4，干），亮黄棕色（10YR 7/6，润）；砂土，无结构，疏松；稍黏着。

海洲窝堡系代表性单个土体物理性质

土层	深度/cm	砾石（>2 mm，体积分数）/%	细土颗粒组成(粒径：mm)/(g/kg)			质地	容重/(g/cm³)
			砂粒 2～0.05	粉粒 0.05～0.002	黏粒 <0.002		
Ap	0～18	0	772	159	70	壤质砂土	1.47
2Ah	18～35	0	785	179	36	壤质砂土	1.55
2ABw1	35～62	0	699	208	93	砂质壤土	1.57
2ABw2	62～79	0	720	194	86	砂质壤土	1.63
2ABw3	79～116	0	789	170	40	壤质砂土	1.66
2C	116～130	0	908	66	25	砂土	1.73

海洲窝堡系代表性单个土体化学性质

深度/cm	pH		有机质/(g/kg)	全氮(N)/(g/kg)	全磷(P₂O₅)/(g/kg)	全钾(K₂O)/(g/kg)	阳离子交换量/(cmol/kg)
	H₂O	KCl					
0～18	5.5	4.1	2.4	0.32	0.85	21.2	3.0
18～35	6.4	5.3	6.5	0.63	0.00	29.1	10.4
35～62	6.8	—	7.0	0.57	0.00	21.1	8.2
62～79	6.9	—	5.5	0.45	0.07	24.3	6.0
79～116	6.9	—	2.6	0.22	0.00	27.1	6.1
116～130	6.9	—	1.4	0.08	0.03	26.4	3.0

9.4.3　大红旗系（Dahongqi Series）

土　族：砂质硅质混合型非酸性温性–普通简育干润雏形土
拟定者：王秋兵，崔　东，王晓磊

分布与环境条件　本土系位于
辽河沿岸，成土母质为风积沙；
土地利用类型为旱地，种植玉
米，一年一熟。温带半湿润大
陆性季风气候，冬季气候干燥、
寒冷，多北风和西北风，夏季
气候湿润多雨，多南风和西南
风。年均气温 8.6 ℃，年均降水
量 600 mm 左右，年均日照时数
为 2753 h，≥10 ℃活动积温
3348 ℃，无霜期 160 d。

大红旗系典型景观

土系特征与变幅　诊断层包括
淡薄表层、雏形层，诊断特性包括温性土壤温度状况、半干润土壤水分状况。本土系发
育在风积沙母质上，有机质含量 1.6～5.7 g/kg，微弱的小团块或中等的小棱块状结构。
母质层有机质含量 1～2 g/kg，发育中等的中棱块状结构；黏粒含量 100～143 g/kg，粉
粒含量 170～340 g/kg，砂粒含量 520～690 g/kg；pH 5.5～7.0，阳离子交换量 2.7～
7.0 cmol/kg，容重 1.42～1.59 g/cm³；土壤全氮含量 0.14～0.55 g/kg，速效磷含量为 2.92～
17.95 mg/kg，速效钾含量为 34.27～61.68 mg/kg。

对比土系　同土族没有其他土系，相似的土系有海洲窝堡系。海洲窝堡系具冷性土壤温
度状况。

利用性能综述　本土系土层较厚，通体砂质，吸附性差，非毛管孔隙多，严重漏水漏肥。
表层各种养分贫瘠，很难满足作物的正常生理需求。表土层薄，有机质含量低。另外，
由于所处地区气候较干旱，地表植被稀疏，且地形部位较高，坡度较陡，易产生沟蚀、
面蚀。应该从干旱、水土流失和养分贫瘠这三个方面着手进行改良和治理。适宜的抗旱
耐贫瘠作物有谷子、高粱、玉米、花生等杂粮、杂豆。应推广旱作节水农业技术。

参比土种　灰砂土（中熟固定草甸风沙土）。

代表性单个土体　位于辽宁省沈阳市新民市大红旗镇营坊村二组，41°53′20.0″N，
122°36′56.6″E，海拔 53 m，地形为平原，成土母质为风积沙。野外调查时间为 2010 年
10 月 22 日，编号 21-142。

大红旗系代表性单个土体剖面

Ap: 0～15 cm，浊黄橙色（10YR 6/3，干），暗棕色（10YR 3/4，润）；砂质壤土，发育微弱的小团块状结构，松散；中量极细根；向下平滑清晰过渡。

Bw: 15～50 cm，浊黄橙色（10YR 6/3，干），暗棕色（10YR 3/3，润）；砂质壤土，发育中等的小块状结构，疏松；少量极细根，偶见地蚕；向下平滑清晰过渡。

2Ah: 50～85 cm，灰棕色（7.5YR 4/2，干），黑棕色（10YR 2/3，润）；砂质壤土，发育中等的小块状结构，疏松；很少量极细根；向下平滑渐变过渡。

2AC: 85～137 cm，浊黄橙色（10YR 6/3，干），暗棕色（10YR 3/4，润）；砂质壤土，发育较弱的小块状结构，疏松；很少量极细根；向下平滑渐变过渡。

2Cr: 137～154 cm，浊黄橙色（10YR 7/3，干）；砂质壤土，疏松；很少量极细根。

大红旗系代表性单个土体物理性质

| 土层 | 深度/cm | 砾石（>2 mm，体积分数)/% | 细土颗粒组成(粒径：mm)/(g/kg) | | | 质地 | 容重/(g/cm³) |
			砂粒 2～0.05	粉粒 0.05～0.002	黏粒 <0.002		
Ap	0～15	0	692	176	132	砂质壤土	1.52
Bw	15～50	0	527	330	143	砂质壤土	1.42
2Ah	50～85	0	660	240	100	砂质壤土	1.54
2AC	85～137	0	561	332	107	砂质壤土	1.54
2Cr	137～154	0	617	270	113	砂质壤土	1.59

大红旗系代表性单个土体化学性质

| 深度/cm | pH | | 有机质/(g/kg) | 全氮(N)/(g/kg) | 全磷(P₂O₅)/(g/kg) | 全钾(K₂O)/(g/kg) | 阳离子交换量/(cmol/kg) |
	H₂O	KCl					
0～15	5.5	4	5.1	0.54	1.27	27.8	5.2
15～50	6.4	5.6	4.7	0.48	0.80	34.7	6.1
50～85	6.7	—	5.7	0.55	0.43	29.0	7.0
85～137	6.9	—	2.5	0.24	0.29	30.7	5.9
137～154	7.0	—	1.6	0.14	0.34	28.4	2.8

9.4.4　慈恩寺系（Ciensi Series）

土　族：粗骨壤质硅质混合型非酸性冷性-普通简育干润雏形土
拟定者：王秋兵，韩春兰，崔　东，王晓磊，荣　雪，姚振都

分布与环境条件　本土系分布于辽宁省西北部丘陵山地的坡上部，5°～15° 的中缓坡，成土母质为坡积物；现土地利用类型为旱地，种植谷子、玉米。温带半湿润大陆性季风气候，雨热同季，日照充足，气候温和，年均气温为 7.3 ℃，年均降水量 600 mm 左右，全年无霜期在 155 d 左右。

慈恩寺系典型景观

土系特征与变幅　诊断层包括淡薄表层、雏形层，诊断特性包括准石质接触面、冷性土壤温度状况、半干润土壤水分状况。本土系发育在坡积物母质上，土体中含有较多岩石碎屑，容重 1.35～1.48 g/cm³，黏粒含量在 36.60～96.95 g/kg，土壤呈酸性，pH 5.50～6.80；有机质含量为 1.7～13.6 g/kg，全氮含量为 0.15～0.96 g/kg，有效磷含量为 3.50～43.73 mg/kg。

对比土系　同土族没有其他土系，相似的土系有衣杖子系，为同一个亚类不同土族。衣杖子系的矿物学类型为混合型，土壤反应为石灰性，土壤温度状况为温性。

利用性能综述　本土系土体中含有大量岩石风化碎屑物，易耕性较差。所处地区气候较干旱多风，地表植被稀疏，且地形部位较高，坡度较陡，易发生水土流失。在坡度较大的地方应该以水土保持为中心，退耕封山，还林还草，保护天然植被，减少水土流失。也可以人工植树造林、种草，因地制宜种植松林或开发为果园。坡度较小的坡地可以修筑梯田，适宜的抗旱耐贫瘠作物有谷子、高粱、玉米、花生等杂粮、杂豆。应推广旱作农业技术。

参比土种　法库片砂土（厚层硅钾质棕壤性土）。

代表性单个土体　位于辽宁省沈阳市法库县慈恩寺乡一统沟村的低丘的中上部，42°32′57.4″N，123°15′34.8″E，海拔 206 m，地势为丘陵，成土母质为云母片岩、千枚岩等硅钾质岩类坡积物，目前多为林地、草地，少部分垦为耕地。野外调查时间为 2010 年 9 月 28 日，编号 21-105。

慈恩寺系代表性单个土体剖面

Ap: 0～8 cm, 浊黄橙色（10YR 7/4, 干）, 黄棕色（10YR 5/8, 润）; 砂质壤土, 发育较弱的小团块状结构, 疏松; 多量细根和中根, 土体内有大量风化的小块状岩石碎屑; 向下平滑清晰过渡。

AB: 8～35 cm, 浊黄橙色（10YR 7/4, 干）, 亮黄棕色（10YR 6/6, 润）; 壤土, 发育较弱的粒状结构; 少量细根和极细根, 土体内有大量风化的中块状岩石碎屑; 向下波状清晰过渡。

Bw: 35～62 cm, 黄橙色（10YR 7/8, 干）, 黄橙色（10YR 7/8, 润）; 壤土, 发育较弱的小团块状结构; 少量极细根, 土体内有大量风化较强的中块状结构, 少量小块状岩石碎屑; 向下平滑清晰过渡。

C: 62～90 cm, 淡黄橙色（10YR 8/4, 干）, 亮黄棕色（10YR 7/6, 润）; 砂质壤土; 风化较强的岩块。

慈恩寺系代表性单个土体物理性质

| 土层 | 深度/cm | 砾石(> 2 mm, 体积分数)/% | 细土颗粒组成(粒径：mm)/(g/kg) | | | 质地 | 容重/(g/cm³) |
			砂粒 2～0.05	粉粒 0.05～0.002	黏粒 < 0.002		
Ap	0～8	35	487	443	70	砂质壤土	1.35
AB	8～35	20	404	499	97	壤土	—
Bw	35～62	20	502	411	87	壤土	1.48
C	62～90	80	715	249	37	砂质壤土	—

慈恩寺系代表性单个土体化学性质

| 深度/cm | pH | | 有机质/(g/kg) | 全氮(N)/(g/kg) | 全磷(P_2O_5)/(g/kg) | 全钾(K_2O)/(g/kg) | 阳离子交换量/(cmol/kg) |
	H_2O	KCl					
0～8	5.5	3.9	13.6	0.96	0.28	28.0	7.6
8～35	6.6	—	2.9	0.18	0.14	26.1	3.2
35～62	6.7	—	2.2	0.16	0.00	29.3	5.0
62～90	6.8	—	1.7	0.15	1.06	32.2	3.4

9.4.5　衣杖子系（Yizhangzi Series）

土　族：粗骨壤质混合型石灰温性-普通简育干润雏形土
拟定者：王秋兵，韩春兰，刘杨杨，顾欣燕，张寅寅，孙仲秀

分布与环境条件　本土系分布于辽宁省朝阳市、阜新市和锦州市的低山丘陵下部地带，15°～25° 的中坡，成土母质为碳酸盐岩坡残积物；土地利用类型为有林地-常绿矮小灌木，种植山杏树、松树。温带半干旱、半湿润大陆性季风气候，雨热同期，日照充足，昼夜温差较大，年均气温 8.7 ℃，境内南北气温相差 1.5 ℃，年均降水量 492 mm 左右，年均日照时数为 2808 h，平均无霜期 144 d。

衣杖子系典型景观

土系特征与变幅　诊断层包括淡薄表层、雏形层，诊断特性包括碳酸盐岩岩性特征、温性土壤温度状况、半干润土壤水分状况、石灰性。本土系发育在碳酸盐岩坡残积物母质上，土体中含有多量碳酸盐岩石碎屑，黏粒含量在 150～203 g/kg，通体有强烈的石灰反应，$CaCO_3$ 相当物含量为 26.52～63.43 g/kg，土壤 pH 6.51～7.14，有机质含量为 23.9～40.0 g/kg，全氮含量为 1.09～1.39 g/kg，有效磷含量为 2.84～13.94 mg/kg。

对比土系　同土族内没有其他土系，相似的土系有慈恩寺系，为同一亚类不同土族。慈恩寺系的矿物学类型为硅质混合型，土壤反应为非酸性，土壤温度状况为冷性。

利用性能综述　本土系土体浅薄，地表有少量岩石露头和很多岩石粗碎块，土体内岩石碎屑多，不宜耕作。由于所处地区气候较干旱，地表植被稀疏，且地形部位较高，坡度较陡，易产生沟蚀、面蚀。应作为林业用地加以利用，封山育林育草，保护天然植被，减少水土流失。

参比土种　坡淤土（壤质坡洪积潮褐土）。

代表性单个土体　位于辽宁省朝阳市喀喇沁左翼蒙古族自治县大营子乡衣杖子村，41°12′35.5″N，119°34′24.2″E，海拔 437 m，地势起伏，地形为山地坡下部，成土母质为碳酸盐岩坡残积物，土地利用类型为林地，植被有山杏树和松树，通体有强石灰反应。野外调查时间为 2011 年 5 月 15 日，编号 21-190。

衣杖子系代表性单个土体剖面

Ah： 0～11 cm，浊红棕色（5YR 5/4，干），暗红棕色（5YR 3/4，润）；稍干，壤土，发育弱的小团块结构，干时松散，湿时松散，稍黏着；中量中根，中量小次圆状风化的碳酸盐岩碎屑；强石灰反应；向下波状清晰过渡。

AB： 11～28 cm，浊棕色（7.5YR 5/4，干），浊红棕色（5YR 5/4，润）；稍润，粉壤土，发育弱的小团块结构，干时稍坚硬，湿时疏松；多量中根和少量粗根，中量小次圆状风化的碳酸盐岩碎屑；强石灰反应；向下平滑渐变过渡。

Bw： 28～66 cm，浊棕色（7.5YR 5/4，干），浊红棕色（5YR 4/4，润）；润，粉壤土，发育中等的中团块结构，干时稍坚硬，湿时松散；多量中根和很少粗根，多量中次圆状风化的碳酸盐岩碎屑；强石灰反应；向下平滑渐变过渡。

BC： 66～90 cm，浊棕色（7.5YR 5/4，干），浊红棕色（5YR 4/4，润）；润，壤土，发育弱的小团块结构，干时稍坚硬，湿时疏松；少量中根，多量大次圆状风化的碳酸盐岩碎屑；强石灰反应。

衣杖子系代表性单个土体物理性质

| 土层 | 深度 /cm | 石砾 (>2 mm，体积分数)/% | 细土颗粒组成(粒径：mm)/(g/kg) | | | 质地 | 容重 /(g/cm³) |
			砂粒 2～0.05	粉粒 0.05～0.002	黏粒 <0.002		
Ah	0～11	10	505	344	151	壤土	1.42
AB	11～28	20	328	511	162	粉壤土	—
Bw	28～66	40	78	719	203	粉壤土	—
BC	66～90	60	334	499	166	壤土	—

衣杖子系代表性单个土体化学性质

深度 /cm	pH (H₂O)	有机质 /(g/kg)	全氮(N) /(g/kg)	全磷(P₂O₅) /(g/kg)	全钾(K₂O) /(g/kg)	阳离子交换量 /(cmol/kg)	碳酸钙相当物/(g/kg)
0～11	7.1	40.0	1.39	3.55	25.2	12.8	63.43
11～28	6.9	35.1	1.26	5.06	17.0	12.9	50.53
28～66	7.1	23.9	1.16	3.10	18.1	19.0	26.52
66～90	6.5	26.1	1.09	4.44	23.6	17.9	44.31

9.4.6　端正梁系（**Duanzhengliang Series**）

土　　族：壤质混合型石灰温性-普通简育干润雏形土
拟定者：王秋兵，韩春兰，王雪娇

分布与环境条件　本土系分布
于辽宁省朝阳市、阜新市和锦州
市低山丘陵地带，成土母质为黄
土状物质；由于原生植被长期遭
受破坏，植物稀疏，加之垦殖过
度，土壤侵蚀严重，水土流失量
大。温带半干旱、半湿润大陆性
季风气候，雨热同期，日照充足，
昼 夜 温 差 较 大 ， 年 均 气 温 为
8.7 ℃，境 内 南 北 气 温 相 差
1.5 ℃，年均降水量为 492 mm
左右，年均日照时数为 2808 h，
平均无霜期 144 d。

端正梁系典型景观

土系特征与变幅　诊断层包括淡薄表层、雏形层；诊断特性包括温性土壤温度状况、半
干润土壤水分状况、石灰性。本土系发育在黄土状物质上，通体有石灰反应，向下逐渐
增强，有石灰结核、假菌丝体和碳酸钙粉末等次生碳酸盐；通体黏粒含量在 87.39～
173.02 g/kg，土壤呈碱性，pH 7.81～8.33，有机质含量为 4.6～21.6 g/kg，全氮含量为 0.64～
1.08 g/kg，全磷含量为 0.30～1.43 g/kg，全钾含量为 16.5～38.2 g/kg。

对比土系　同土族没有其他土系，相似的土系有大营子系和后坟系。大营子系具黏壤质
颗粒大小级别。后坟系具黏质颗粒大小级别和伊利石混合型矿物类型。

利用性能综述　本土系土体深厚，质地较砂，保水保肥能力差，易遭受春旱，保全苗困
难，是辽宁省低产土壤之一。又由于所处地区气候较干旱多风，地表植被稀疏，且地形
部位较高，坡度较陡，易发生水土流失。在坡度较大的地方应该以水土保持为中心，退
耕封山还林还草，保护天然植被，减少水土流失。坡度较小的坡地可以修筑梯田，适宜
的抗旱耐贫瘠作物有谷子、高粱、玉米、花生等杂粮、杂豆。

参比土种　板黄白土（壤质浅钙黄土质石灰性褐土）。

代表性单个土体　位于辽宁省朝阳市喀喇沁左翼蒙古族自治县公营子镇端正沟梁村东
大梁，41°23′15.1″N，119°51′57.3″E，海拔 424 m，低山丘陵地区坡中部，成土母质为黄
土状物质，坡度约为 5°，土地利用类型为荒地。野外调查时间为 2010 年 6 月 1 日，编
号 21-078。

端正梁系代表性单个土体剖面

Ahk: 0～20 cm，橙色（7.5YR 6/6，干），亮棕色（7.5YR 5/6，润）；壤土，团粒状，干时较松软，湿时较疏松，稍黏着，稍塑；有很多细根；有微弱的石灰反应；向下平滑渐变过渡。

ABk: 20～35 cm，橙色（5YR 6/6，干），暗红棕色（5YR 3/4，润）；壤土，粒状和小块状结构，干时较松软，湿时较疏松，稍黏着，稍塑；有很多细根；中等石灰反应；向下平滑清晰过渡。

Bwk1: 35～76 cm，浊橙色（7.5YR 6/4，干），棕色（7.5YR 4/6，润）；粉壤土，中、大的块状棱块状结构，干时坚硬，湿时稍坚实，稍黏着，中塑；石灰反应强烈，有少量 2 cm 左右的石灰结核，有很多假菌丝体和碳酸钙粉末；向下平滑模糊过渡。

Bwk2: 76～137 cm， 橙色（7.5YR 6/6，干），棕色（7.5YR 4/6，润）；稍干，粉壤土，大的块状棱块状结构，干时坚硬，湿时稍坚实，稍黏着，中塑；石灰反应强烈，有少量 2 cm 左右的石灰结核，有很多假菌丝体和碳酸钙粉末。

端正梁系代表性单个土体物理性质

| 土层 | 深度 /cm | 石砾 (>2 mm, 体积分数)/% | 细土颗粒组成(粒径: mm)/(g/kg) | | | 质地 | 容重 /(g/cm³) |
			砂粒 2～0.05	粉粒 0.05～0.002	黏粒 <0.002		
Ahk	0～20	0	371	485	144	壤土	1.31
ABk	20～35	0	476	437	87	壤土	1.34
Bwk1	35～76	0	230	615	155	粉壤土	1.46
Bwk2	76～137	0	231	596	173	粉壤土	1.43

端正梁系代表性单个土体化学性质

深度 /cm	pH (H₂O)	有机质 /(g/kg)	全氮(N) /(g/kg)	全磷(P₂O₅) /(g/kg)	全钾(K₂O) /(g/kg)	阳离子交换量 /(cmol/kg)	碳酸钙相当物 /(g/kg)
0～20	7.8	24.6	0.72	0.57	38.2	9.0	8.0
20～35	7.8	21.6	0.64	0.30	18.2	26.1	15.6
35～76	8.3	19.7	0.65	1.24	16.6	20.4	21.6
76～137	8.3	15.9	1.08	1.43	16.5	20.4	22.2

9.4.7　大营子系（Dayingzi Series）

土　族：黏壤质混合型石灰温性-普通简育干润雏形土
拟定者：王秋兵，韩春兰，顾欣燕，刘杨杨，张寅寅，孙仲秀，席江勇

分布与环境条件　本土系分布于辽宁省朝阳市、阜新市和锦州市低山丘陵地带，成土母质为次生黄土；土地利用类型为旱地，种植玉米、酸枣，一年一熟。温带半干旱、半湿润大陆性季风气候，雨热同期，日照充足，昼夜温差较大，年均气温为 8.7 ℃，境内南北气温相差 1.5 ℃，年均降水量为 492 mm 左右，年均日照时数为 2808 h，平均无霜期144 d。

大营子系典型景观

土系特征与变幅　诊断层包括淡薄表层、雏形层，诊断特性包括温性土壤温度状况、半干润土壤水分状况、石灰性。本土系发育在次生黄土上，通体有强石灰反应，100 cm 左右出现石灰结核；黏粒含量在 177.45～299.97 g/kg；土壤呈碱性，pH 7.94～8.41，有机质含量为 11.8～18.3 g/kg，全氮含量为 0.40～1.45 g/kg，全磷含量为 2.85～4.82 mg/kg。

对比土系　同土族没有其他土系，相似的土系有后坟系和端正梁系。后坟系具黏质颗粒大小级别和伊利石混合型矿物类型。端正梁系具壤质颗粒大小级别。

利用性能综述　本土系土层深厚，土壤结构紧实黏重，通透性差，易遭春旱，保全苗难。又由于所处地区气候较干旱多风，地表植被稀疏，且地形部位较高，坡度较陡，易发生水土流失。

参比土种　三宝黄白土（壤质深钙黄土质石灰性褐土）。

代表性单个土体　位于辽宁省朝阳市喀喇沁左翼蒙古族自治县大营子乡衣杖子村，41°12′39.4″N，119°34′06.0″E，海拔 408 m，地势起伏，地形部位为低丘坡下部，成土母质为次生黄土，土地利用类型为耕地，种植玉米，周围有切沟侵蚀，通体有强石灰反应。野外调查时间为 2011 年 5 月 15 日，编号 21-189。

21-189

大营子系代表性单个土体剖面

Ahk:　0～17 cm，浊黄橙色（10YR 7/4，干），棕色（10YR 4/4，润）；粉壤土，发育弱的小团块结构，干时稍坚硬，湿时疏松，黏着，中塑；少量细草根；强石灰反应；向下平滑渐变过渡。

Bwk1：17～39 cm，淡黄橙色（10YR 8/3，干），棕色（10YR 4/6，润）；粉壤土，发育较强的中团块结构，干时稍坚硬，湿时疏松，黏着，中塑；中量细根；强石灰反应；向下平滑清晰过渡。

Bwk2：39～63 cm，浊黄橙色（10YR 6/4，干），棕色（7.5YR 4/6，润）；粉质黏壤土，发育中等的中团块结构，干时稍坚硬，湿时疏松，黏着，稍塑；强石灰反应；向下平滑清晰过渡。

Bwk3：63～91 cm，浊黄橙色（10YR 6/4，干），浊橙色（7.5YR 6/4，润）；粉壤土，发育中等的中棱块状结构，干时坚硬，湿时稍坚实，稍黏着，稍塑；强石灰反应；向下平滑清晰过渡。

Bwk4：91～137 cm，浊棕色（7.5YR 5/4，干），浊红棕色（5YR 4/3，润）；粉壤土，发育中等的中棱块状结构，干时坚硬，湿时稍坚实，黏着，中塑；很多灰白色大角状碳酸钙结核；强石灰反应。

大营子系代表性单个土体物理性质

土层	深度 /cm	砾石 (>2 mm，体积分数)/%	细土颗粒组成(粒径：mm)/(g/kg)			质地	容重 /(g/cm³)
			砂粒 2～0.05	粉粒 0.05～0.002	黏粒 <0.002		
Ahk	0～17	0	110	704	186	粉壤土	1.35
Bwk1	17～39	0	59	683	258	粉壤土	1.5
Bwk2	39～63	0	52	648	300	粉质黏壤土	1.48
Bwk3	63～91	0	53	697	250	粉壤土	1.47
Bwk4	91～137	0	22	801	177	粉壤土	1.42

大营子系代表性单个土体化学性质

深度 /cm	pH (H₂O)	有机质 /(g/kg)	全氮(N) /(g/kg)	全磷(P₂O₅) /(g/kg)	全钾(K₂O) /(g/kg)	阳离子交换量 /(cmol/kg)	碳酸钙相当物 /(g/kg)
0～17	7.9	18.3	0.85	4.82	13.7	22.7	38.4
17～39	8.4	17.1	0.49	3.40	13.6	14.6	29.5
39～63	8.3	15.5	1.45	2.85	11.1	16.4	40.6
63～91	8.4	14.8	0.40	3.24	13.1	18.0	30.1
91～137	8.1	11.8	0.52	4.46	14.4	17.8	44.1

9.4.8 后坟系（**Houfen Series**）

土　族：黏质伊利石混合型石灰温性-普通简育干润雏形土
拟定者：王秋兵，韩春兰，顾欣燕，刘杨杨，张寅寅，孙仲秀

分布与环境条件　本土系分布
于辽宁省朝阳市、阜新市和锦州
市等地区的低山丘陵地带，成土
母质为黄土状物质，土地利用类
型为林地，地表植被为矮小灌
木，包括山榆树、酸枣等。温带
半干旱、半湿润大陆性季风气
候，雨热同期，日照充足，昼夜
温差较大，年均气温为 8.7 ℃，
境内南北气温相差 1.5 ℃，年均
降水量为 492 mm 左右，年均日
照时数为 2808 h，平均无霜期
144 d。

后坟系典型景观

土系特征与变幅　诊断层包括淡薄表层、雏形层，诊断特性包括温性土壤温度状况、半
干润土壤水分状况。本土系发育在黄土状物质上，通体有石灰反应，有假菌丝体。黏粒
含量在 309.62～413.42 g/kg；土壤呈碱性，pH 7.78～7.93，有机质含量为 4.1～7.9 g/kg，
全氮含量为 0.51～0.71 g/kg，有效磷含量为 3.09～4.96 mg/kg。

对比土系　同土族没有其他土系，相似的土系有端正梁系和大营子系。端正梁系具壤质
颗粒大小级别和混合型矿物类型。大营子系具黏壤质颗粒大小级别和混合型矿物类型。

利用性能综述　本土系土层深厚，土壤结构紧实黏重，通透性差，易遭春旱，保全苗难。
又由于所处地区气候较干旱多风，地表植被稀疏，且地形部位较高，坡度较陡，易发生
水土流失。在坡度较大的地方应该以水土保持为中心，退耕封山还林还草，保护天然植
被，减少水土流失。也可以人工植树造林、种草，因地制宜种植松林或开发为果园。坡
度较小的坡地可以修筑梯田，适宜的抗旱耐贫瘠作物有谷子、高粱、玉米、花生等杂粮、
杂豆。

参比土种　板坡黄白土（壤质浅钙坡积石灰性褐土）。

代表性单个土体　位于辽宁省朝阳市喀喇沁左翼蒙古族自治县六官营子镇后坟村六组，
41°10′3.5″N，119°38′54″E，海拔 373 m，地形为谷地，成土母质为黄土状物质。野外调
查时间为 2011 年 5 月 15 日，编号 21-192。

后坟系代表性单个土体剖面

Apk: 0～20 cm：亮棕色（7.5YR 5/6，干），棕色（7.5YR 4/6，润）；粉质黏土，发育强的小团块结构，干时稍坚硬，湿时坚实，稍黏着，中塑；少量极细根，很少量假菌丝体；中度石灰反应；向下平滑清晰过渡。

Bwk1：20～43 cm，亮棕色（7.5YR 5/8，干），棕色（7.5YR 4/6，润）；粉质黏壤土，发育中等的中团块结构，湿时稍坚实，稍黏着，中塑；少量极细根，很少量中、粗根，很少量假菌丝体；中度石灰反应；向下平滑渐变过渡。

Bwk2：43～89 cm，亮棕色（7.5YR 5/6，干），亮棕色（7.5YR 5/6，润）；粉质黏壤土，发育弱的中团块结构，湿时稍坚实，稍黏着，中塑；有少量粗根，少量假菌丝体；中度石灰反应；向下平滑清晰过渡。

Bwk3：89～111 cm，亮棕色（7.5YR 5/6，干），亮棕色（7.5YR 5/6，润）；粉质黏壤土，发育中等的小团块状结构，湿时很坚实，黏着，中塑；少量假菌丝体；轻度石灰反应；向下平滑清晰过渡。

Bwk4：111～124 cm，亮棕色（7.5YR 5/6，干），棕色（7.5YR 4/6，润）；粉质黏壤土，发育强的中团块结构，湿时很坚实，黏着，中塑；少量假菌丝体，少量橙白色（7.5YR 8/1）大椭圆状碳酸钙结核；轻度石灰反应。

后坟系代表性单个土体物理性质

| 土层 | 深度 /cm | 砾石 (> 2 mm，体积分数)/% | 细土颗粒组成（粒径：mm）/(g/kg) | | | 质地 | 容重 /(g/cm³) |
			砂粒 2～0.05	粉粒 0.05～0.002	黏粒 < 0.002		
Apk	0～20	0	35	551	413	粉质黏土	1.36
Bwk1	20～43	0	18	606	376	粉质黏壤土	1.33
Bwk2	43～89	0	23	590	387	粉质黏壤土	1.46
Bwk3	89～111	0	62	545	393	粉质黏壤土	1.48
Bwk4	111～124	0	108	582	310	粉质黏壤土	1.45

后坟系代表性单个土体化学性质

深度 /cm	pH (H₂O)	有机质 /(g/kg)	全氮(N) /(g/kg)	全磷(P₂O₅) /(g/kg)	全钾(K₂O) /(g/kg)	阳离子交换量 /(cmol/kg)	碳酸钙相当物 /(g/kg)
0～20	7.8	7.1	0.71	1.88	19.0	20.1	9.9
20～43	7.9	5.6	0.57	1.72	21.3	22.1	8.9
43～89	7.9	7.9	0.57	1.12	19.8	22.4	8.8
89～111	7.9	4.5	0.55	1.56	20.6	23.4	2.0
111～124	7.9	4.1	0.51	1.80	14.2	24.7	2.3

9.5 冷凉湿润雏形土

9.5.1 坎川系（**Kanchuan Series**）

土　族：粗骨壤质硅质混合型-酸性冷凉湿润雏形土
拟定者：王秋兵，韩春兰，崔　东，王晓磊，荣　雪

分布与环境条件　本土系位于辽宁省东部地区低丘山地的坡中上部，母质为残坡积物，植被为针阔混交林。温带湿润大陆性季风气候，主要气候特点是四季分明，雨量充沛，日照充足，温度适中，雨热同期。年均气温为 7 ℃，雨量比较充足，年均降水量为 900 mm 左右，主要集中在夏季的 7、8 月。

坎川系典型景观

土系特征与变幅　诊断层包括暗沃表层、雏形层，诊断特性包括准石质接触面、湿润土壤水分状况、冷性土壤温度状况。该土系发育在片麻岩坡残积物母质上，土体中含岩石碎屑，黏粒含量在 126.13～310.69 g/kg；土壤呈酸性，pH 4.92～5.32，容重在 0.96～1.66 g/cm³，有机质含量为 2.4～78.5 g/kg，全氮含量为 0.41～3.83 g/kg，有效磷含量为 5.66～10.17 mg/kg，速效钾含量为 39.73～75.61 mg/kg。

对比土系　同土族内没有其他土系，相似的土系有拐磨子系，为同一个土类不同亚类。拐磨子系土壤反应为非酸性，而本土系矿质土表至 125 cm 范围内 pH 均小于 5.5。

利用性能综述　本土系土层较薄，土壤质地疏松，通气透水性好，土壤中水、肥、气、热协调，土壤肥力较高，但通体含有多量岩屑，不宜作为农业用地。

参比土种　大沟坡积棕壤（中腐坡积棕壤）。

代表性单个土体　位于辽宁省丹东市宽甸县与本溪市桓仁县交界处的坎川沟坎川岭，41°5′31.7″N，125°5′59.9″E，海拔 761 m，地形为山地，成土母质为片麻岩坡残积物，目前利用方式为林地，植被为油松和辽东栎。野外调查时间为 2010 年 10 月 16 日，编号 21-136。

坎川系代表性单个土体剖面

Oi:　+4～0 cm，枯枝落叶层。

Ah:　0～19 cm，灰黄棕色（10YR 4/2，干），黑棕色（10YR 2/2，润）；润，砂质黏壤土，发育强的团粒结构，疏松；大量细根和中根，偶见粗根；向下平滑清晰过渡。

AB:　19～48 cm，浊黄棕色（10YR 6/3，干），黑棕色（10YR 2/3，润）；润，砂质壤土，发育中等的团粒结构，疏松；中量根系，其中大量中根，少量细根，中量小角状风化不一的岩石碎屑；向下平滑清晰过渡。

Bw:　48～82 cm，浊黄棕色（10YR 7/3，干），黄棕色（10YR 5/6，润）；润，粉质黏壤土，发育中等的小团块结构，疏松；中量根系，其中大量中根，少量细根，多量岩石碎屑，其中大量中块，少量小块；向下波状清晰过渡。

BC:　82～115 cm，浊黄棕色（10YR 7/4，干），黄棕色（10YR 5/8，润）；润，黏壤土，发育中等的小团块状结构，疏松；少量根系，其中大量中根，少量细根，多量小角状岩石碎屑，其中大量大块，少量小块和中块。

坎川系代表性单个土体物理性质

土层	深度 /cm	砾石 (> 2 mm，体积分数)/%	细土颗粒组成(粒径：mm)/(g/kg)			质地	容重 /(g/cm³)
			砂粒 2～0.05	粉粒 0.05～0.002	黏粒 < 0.002		
Ah	0～19	0	555	234	211	砂质黏壤土	0.96
AB	19～48	5	748	126	126	砂质壤土	1.10
Bw	48～82	70	157	533	311	粉质黏壤土	—
BC	81～115	20	233	482	285	黏壤土	1.66

坎川系代表性单个土体化学性质

深度 /cm	pH		有机质 /(g/kg)	全氮(N) /(g/kg)	全磷(P₂O₅) /(g/kg)	全钾(K₂O) /(g/kg)	阳离子交换量 /(cmol/kg)
	H₂O	KCl					
0～19	4.9	4.1	78.5	3.83	1.35	31.2	19.9
19～48	5.0	4.3	38.0	2.01	0.88	27.7	20.4
48～82	5.2	4.4	8.0	0.76	0.60	33.4	6.2
81～115	5.3	4.3	2.4	0.41	0.64	40.3	4.4

9.5.2　八面城系（**Bamiancheng Series**）

土　族：壤质混合型非酸性-暗沃冷凉湿润雏形土
拟定者：韩春兰，崔　东，王晓磊，荣　雪

分布与环境条件　本土系分布
于辽宁省北部波状起伏的漫岗
缓坡下部及低平地上，成土母质
为黄土状物质，土地利用类型为
旱地。温带半湿润大陆性季风气
候，日照充足，四季分明，雨热
同季，年均气温 7.0 ℃，年均降
水量 608 mm，全年日照时数
2776 h，无霜期 148 d。

土系特征与变幅　诊断层包括
暗沃表层、雏形层，诊断特性包
括湿润土壤水分状况、冷性土壤

八面城系典型景观

温度状况、氧化还原特征。本土系发育在黄土状物质上，暗沃表层为发育较好的团粒状
结构，之下为人为扰动层次，团块状结构，85～110 cm 有白色的硅粉，110～130 cm 存
在少量铁锈斑纹；黏粒含量多在 100～220 g/kg；土壤呈微酸性，pH 6.24～6.66；土壤有
机质含量表层为 11.8 g/kg，向下减少到 1 g/kg 左右，全氮含量 0.42～1.14 g/kg，速效磷
含量为 1.95～27.98 mg/kg。

对比土系　同土族内没有其他土系。相似的土系有十五间房系，为同一亚类不同土族。
十五间房系具黏壤质土壤颗粒大小级别。

利用性能综述　本土系土体深厚，所处地势低平，气候湿润，土壤水热协调，肥力较高，
生产性能好，适种作物广，是辽宁省粮食主产区。盛产玉米、高粱、谷子、大豆、花生
和多种蔬菜。

参比土种　黑土（厚层黄土状黑土）。

代表性单个土体　位于辽宁省铁岭市昌图县八面城镇广宁村高家，43°16′4.6″N，
124°2′27.7″E，海拔 111 m，成土母质为黄土状物质，旱地，种植玉米。野外调查时间为
2009 年 10 月 19 日，编号 21-086。

八面城系代表性单个土体剖面

Ap: 0～29 cm，棕色（10YR 4/4，干），黑棕色（7.5YR 3/2，润）；壤土，发育较好的团粒状结构，极疏松；大量细根，少量中根，大量炭粒；向下平滑清晰过渡。

Au: 29～63 cm，亮黄棕色（10YR 6/6，干），棕色（7.5YR 4/4，润）；粉壤土，发育很弱的小团块状结构，疏松；大量细根，少量中根，与 Ap 层交界处有炭粒；土层受到人为扰动；向下不规则清晰过渡。

AB: 63～85 cm，暗棕色（10YR 3/4，干），黑棕色（10YR 3/2，润）；粉壤土，发育弱的中团块状结构，疏松；大量细根；向下平滑清晰过渡。

2Bw: 85～110 cm，亮黄棕色（10YR 7/6，干），亮黄棕色（10YR 6/6，润）；粉壤土，发育中等的大团块状结构，疏松；很少量细根，有硅粉；向下平滑清晰过渡。

2Br: 110～130 cm，浊黄橙色（10YR 7/3，干），浊黄橙色（10YR 6/4，润）；粉壤土，发育强的大团块状结构，疏松；少量细根，少量铁锈斑纹。

八面城系代表性单个土体物理性质

土层	深度 /cm	砾石 (> 2 mm，体积分数)/%	细土颗粒组成(粒径：mm)/(g/kg)			质地	容重 /(g/cm³)
			砂粒 2～0.05	粉粒 0.05～0.002	黏粒 < 0.002		
Ap	0～29	0	371	477	152	壤土	1.20
Au	29～63	0	362	532	106	粉壤土	1.31
AB	63～85	0	308	523	169	粉壤土	1.37
2Bw	85～110	0	377	538	85	粉壤土	1.34
2Br	110～130	0	160	615	225	粉壤土	1.56

八面城系代表性单个土体化学性质

深度 /cm	pH		有机质 /(g/kg)	全氮(N) /(g/kg)	全磷(P₂O₅) /(g/kg)	全钾(K₂O) /(g/kg)	阳离子交换量 /(cmol/kg)
	H₂O	KCl					
0～29	6.4	5.0	11.8	1.14	0.41	37.4	21.2
29～63	6.7	—	5.1	0.79	0.72	32.9	11.9
63～85	6.4	5.1	7.4	0.87	0.93	39.1	16.2
85～110	6.4	5.0	1.8	0.43	0.73	34.8	10.1
110～130	6.2	5.0	1.6	0.42	0.37	35.8	10.2

9.5.3 拐磨子系（Guaimozi Series）

土　族：粗骨壤质硅质混合型非酸性-暗沃冷凉湿润雏形土
拟定者：王秋兵，韩春兰，崔　东，王晓磊，荣　雪

分布与环境条件　本土系分布于辽宁省东部低丘山地的坡中部，片麻岩坡积物母质；旱地，种植玉米，一年一熟。温带湿润大陆性季风气候，年均气温 6.9 ℃，年均降水量 814 mm。

土系特征与变幅　诊断层包括暗沃表层、雏形层，诊断特性包括冷性土壤温度状况、湿润土壤水分状况。本土系发育在坡积物上，土体中有大量岩屑。暗沃表层，有机质含量为 15.52～

拐磨子系典型景观

29.43 g/kg，以下各层有机质含量锐减为 2～3 g/kg。土壤表层呈酸性，pH 5.37，向下呈弱酸性，pH 6.2～6.5。阳离子交换量为 6.72～13.24 cmol/kg。70 cm 以下出现根系限制层。

对比土系　目前在同土族内没有其他土系，相似的土系有坎川系，为同一亚类不同土族。坎川系土壤酸性更强，矿质土表至 125 cm 范围内 pH 均小于 5.5，而本土系土壤反应为非酸性。

利用性能综述　本土系土层较薄，质地相对较黏，土体中含有较多岩石碎屑，影响土壤的耕作。地表坡度为 5°～15°，易发生土壤侵蚀，使土层变薄。宜种植耐旱耐瘠薄的作物，或退耕还草还林，防止水土流失。

参比土种　山黄土（壤质硅铝质棕壤）。

代表性单个土体　位于辽宁省本溪市桓仁满族自治县拐磨子乡（古城镇）双岭村，41°26′37.7″N，125°23′52.7″E，海拔 415 m，地形为丘陵，成土母质为发育在片麻岩上的坡积物，目前利用方式为耕地，种植玉米。野外调查时间为 2010 年 10 月 15 日，编号 21-133。

Ap: 0～13 cm，灰黄棕色（10YR 5/2，干），暗棕色（10YR 3/3，润）；砂质黏壤土，中等发育的中团块结构，疏松；中量细根，中量（5%～15%）新鲜的小（10～25 mm）角状岩石碎屑；向下平滑清晰过渡。

Ah: 13～26 cm，浊黄棕色（10YR 5/3，干），暗棕色（10YR 3/2，润）；黏壤土，中等发育的小团块结构，疏松；少量细根，中量（5%～15%）新鲜的小（10～25 mm）角状岩石碎屑；向下波状清晰过渡。

Bw1: 26～47 cm，淡黄橙色（10YR 8/3，干），黄棕色（10YR 5/6，润）；黏壤土，中等发育的小团块结构，疏松；少量细根，多量（15%～40%）新鲜的中（25～70 mm）角状岩石碎屑；向下平滑渐变过渡。

拐磨子系代表性单个土体剖面

Bw2: 47～72 cm，淡黄橙色（10YR 8/4，干），黄棕色（10YR 5/6，润）；黏壤土，中等发育的小团块结构，疏松；很少量细根，很多量（40%～80%）角状岩石碎屑，大量小块（10～25 mm），少量中块（25～70 mm）；向下平滑渐变过渡。

C: 72～110 cm，很少量细根，极多量（大于80%）棱块状岩石碎屑，大量极大块（大于250 mm），少量中块（25～70 mm）。

拐磨子系代表性单个土体物理性质

土层	深度/cm4	砾石（>2 mm，体积分数)/%	细土颗粒组成(粒径：mm)/(g/kg)			质地	容重/(g/cm³)
			砂粒 2～0.05	粉粒 0.05～0.002	黏粒 <0.002		
Ap	0～13	10	535.19	195.79	269.02	砂质黏壤土	1.28
Ah	13～26	10	404.15	325.6	270.24	黏壤土	1.31
Bw1	26～47	30	373.42	285.73	340.84	黏壤土	—
Bw2	47～72	70	350.26	309.52	340.21	黏壤土	—
C	72～110	90	—	—	—	—	—

拐磨子系代表性单个土体化学性质

深度/cm	pH		有机质/(g/kg)	全氮(N)/(g/kg)	全磷(P₂O₅)/(g/kg)	全钾(K₂O)/(g/kg)	阳离子交换量/(cmol/kg)
	H₂O	KCl					
0～13	5.4	4.1	29.4	1.95	0.36	14.5	12.9
13～26	6.3	5.1	15.5	1.21	0.60	18.9	13.2
26～47	6.5	5.1	3.5	0.62	0.58	31.4	10.1
47～72	6.5	—	2.6	0.49	0.59	34.9	6.7
72～110	—	—	—	—	—	—	—

9.5.4　十五间房系（**Shiwujianfang Series**）

土　　族：黏壤质混合型非酸性-暗沃冷凉湿润雏形土
拟定者：韩春兰，崔　东，王晓磊，荣　雪

分布与环境条件　本土系分布
于辽宁省抚顺市新宾和清原满
族自治县等的丘陵山地坡下部，
5°～15° 中缓坡，成土母质为坡
积物；土地利用类型为旱地，种
植玉米，一年一熟。温带半湿润
大陆性季风气候，雨热同季，四
季分明，冬季漫长寒冷，夏季炎
热多雨，年均气温 4.6 ℃，年均
降水量 750～850 mm，年均日照
时数为 2230～2520 h，无霜期
150 d 左右。

十五间房系典型景观

土系特征与变幅　诊断层包括暗沃表层、雏形层，诊断特性包括湿润土壤水分状况、冷
性土壤温度状况、氧化还原特征。本土系发育在坡积物母质上，暗沃表层有发育良好的
中团粒状结构，74 cm 开始有少量铁锈斑纹出现，发育良好的中等大小的棱块状结构；
通体黏粒含量 142～527 g/kg；土壤呈酸性，pH 5.6～6.2；容重为 1.11～1.55 g/cm³；有
机质含量为 2.7～51.8 g/kg，全氮含量为 0.82～2.94 g/kg，有效磷含量为 4.02～
39.93 mg/kg，速效钾含量为 53.72～82.67 mg/kg。

对比土系　同土族没有其他土系，相似的土系有文兴系，为同一亚类不同土族。文兴系
的矿物学类别为硅质混合型，剖面中下部有埋藏 A 层，有机质含量高。

利用性能综述　本土系土层较厚，所处地区气候冷凉湿润，土体上部腐殖质含量高，通
体质地上轻下重，保水保肥，土壤水、肥、气协调。但由于气温较低，春季升温慢，不
发小苗，适耕期短，另外土壤微酸，好气性微生物活动弱，有机质分解缓慢，有效养分
含量低，不易被作物吸收。

参比土种　开原山根土（厚腐坡洪积潮棕壤）。

代表性单个土体　位于辽宁省抚顺市新宾满族自治县红庙子乡十五间房村的低山丘陵
的坡下部，41°30′30.4″N，125°6′57.6″E，海拔 464 m，坡向东偏南 10°，地形为丘陵坡地，
成土母质为坡积物。野外调查时间为 2010 年 10 月 6 日，编号 21-119。

Ap: 0～15 cm，灰黄棕色（10YR 5/2，干），黑棕色（10YR 3/2，润）；壤土，发育强的中团粒状结构，极疏松；大量中根和少量细根；向下平滑渐变过渡。

AB: 15～38 cm，灰黄棕色（10YR 6/2，干），黑棕色（10YR 3/2，润）；黏土，发育强的中团粒状结构，极疏松；大量细根和少量中根；向下平滑清晰过渡。

Ahb: 38～50 cm，灰黄棕色（10YR 4/2，干），黑棕色（10YR 3/4，润）；壤土，发育强的中团块状结构，疏松；大量中根和少量细根；向下平滑清晰过渡。

AB: 50～74 cm，灰黄棕色（10YR 5/2，干），暗棕色（10YR 3/4，润）；壤土，发育强的中团块状结构，疏松；少量细根；向下波状渐变过渡。

十五间房系代表性单个土体剖面

Bwr: 74～101 cm，浅淡黄色（2.5Y 8/4，干），黄棕色（10YR 5/6，润）；黏壤土，发育强的中棱块状结构，稍坚硬；少量铁锈斑纹；向下波状渐变过渡。

BCr: 101～130 cm，浅淡黄色（2.5Y 8/3，干），黑棕色（10YR 3/1，润）；黏壤土，发育强的中棱块状结构，稍坚硬；少量铁锈斑纹。

十五间房系代表性单个土体物理性质

土层	深度/cm	砾石（> 2 mm，体积分数)/%	细土颗粒组成(粒径：mm)/(g/kg)			质地	容重/(g/cm³)
			砂粒 2～0.05	粉粒 0.05～0.002	黏粒 < 0.002		
Ap	0～15	0	428	383	189	壤土	1.26
AB	15～38	0	200	272	527	黏土	1.50
Ahb	38～50	0	378	480	142	壤土	1.11
AB	50～74	0	407	401	192	壤土	1.28
Bwr	74～101	0	347	310	343	黏壤土	1.55
BCr	101～130	0	374	324	303	黏壤土	—

十五间房系代表性单个土体化学性质

深度/cm	pH		有机质/(g/kg)	全氮(N)/(g/kg)	全磷(P₂O₅)/(g/kg)	全钾(K₂O)/(g/kg)	阳离子交换量/(cmol/kg)
	H₂O	KCl					
0～15	5.8	4.2	33.9	2.17	0.50	39.5	19.1
15～38	5.7	4.5	32.9	2.12	1.88	30.2	20.3
38～50	6.2	4.8	51.8	2.94	1.93	29.4	20.7
50～74	6.2	4.8	24.6	1.64	2.27	28.8	16.5
74～101	5.6	3.9	3.8	0.82	1.56	28.3	13.4
101～130	5.6	3.7	2.7	0.90	0.84	31.9	14.6

9.5.5　文兴系（Wenxing Series）

土　族：黏壤质硅质混合型非酸性-暗沃冷凉湿润雏形土
拟定者：韩春兰，崔　东，王晓磊，荣　雪

分布与环境条件　本土系分布
于辽宁省东北部，集中分布在铁
岭市西丰县、抚顺市新宾、清原
满族自治县等的山间沟谷洼地
上，成土母质为冲洪积物；土地
利用类型为旱地，种植玉米，一
年一熟。温带湿润大陆性季风气
候，四季分明，气候温和，雨量
充沛，空气湿度相对较大，年平
均在 70%以上，蒸发量小，年均
气温 5.1 ℃，年均降水量 738 mm，
无霜期 135 d 左右。

文兴系典型景观

土系特征与变幅　诊断层包括暗沃表层、雏形层，诊断特性包括湿润土壤水分状况、冷
性土壤温度状况、氧化还原特征。本土系发育在冲洪积物母质上，暗沃表层为发育较强
的团粒状结构，40 cm 以下有铁锈斑纹，37～100 cm 为泥炭层，有机质含量高达 170～
227 g/kg，以块状结构为主，有少量片状结构，pH 4.8，呈酸性，容重在 0.69～0.73 g/cm³；
1 m 以内黏粒含量在 102～257 g/kg，底层黏粒含量可达 400 g/kg，色调 2.5YR 或 10YR，
明度 2～3，彩度 1；土壤表层和底层呈弱酸性，pH 5.5～6.3；容重 1.25～1.36 g/cm³；全
氮含量为 0.75～9.25 g/kg，碱解氮含量为 0.21～7.21 mg/kg，有效磷含量为 39.69～
259.49 mg/kg，速效钾含量为 72.67～226.30 mg/kg。

对比土系　同土族没有其他土系，相似的土系有十五间房系。十五间房系的矿物学类别为
混合型，氧化还原特征出现在土表下 50～100 cm 范围内。

利用性能综述　本土系土层深厚，地处平坦丰水地段，土质疏松，有机质含量较高，质
地上壤下黏，保水保肥能力强。但是也存在着严重的障碍因素：由于所处地区气候冷凉，
春季升温慢，不发小苗，适耕期短，土壤有效养分少；土壤疏松多孔，作物不易扎根固
定，幼苗生长柔弱，中后期气温升高后，作物生长过于旺盛，常造成贪青晚熟，并易引
起倒伏，对作物生长发育十分不利；土壤酸性强，养分转化率低，速效养分供应不足，
缺磷少钾，影响作物产量。

参比土种　深埋草煤土（深位埋藏泥炭土）。

代表性单个土体　位于辽宁省铁岭市西丰县钓鱼乡文兴村王家营子，42°50′2.6″N，
124°38′13.2″E，海拔 190 m，地形为丘间洼地，地下水位 1 m，成土母质为冲洪积物。野

外调查时间为 2010 年 10 月 6 日，编号 21-114。

Ap: 　0～16 cm，浊黄棕色（10YR 4/3，干），暗棕色（10YR 3/3，润）；壤土，发育较强的团粒状结构，疏松；大量中根和少量细根；向下平滑清晰过渡。

Bw: 　16～37 cm，橄榄棕色（2.5YR 4/3，干），黑棕色（10YR 2/3，润）；砂质壤土，发育中等的团粒状结构，疏松；大量细根和少量中根；向下平滑清晰过渡。

2Ahr1: 37～71 cm，黑色（10YR 2/1，干），黑色（10YR 2/1，润）；壤土，发育中等的团块状结构，其中也有少量发育中等的片状结构，疏松；大量中根和少量细根，少量铁锈斑纹；向下平滑清晰过渡。

2Ahr2: 71～108 cm，黑色（2.5Y 2/1，干），黑色（10YR 2/1，润）；壤土，发育中等的小棱块状结构，其中也有少量发育中等的小片状结构，很坚实；少量细根，中量铁锈斑纹；向下平滑清晰过渡。

文兴系代表性单个土体剖面

2ABr: 108～145 cm，黑色（2.5Y 2/1，干），黑色（2.5YR 2/1，润）；粉质黏壤土，发育中等的中棱块状结构，坚实；少量细根，中量铁锈斑纹；向下平滑渐变过渡。

2Cr: 　145～160 cm，暗灰黄色（2.5Y 5/2，干），黑棕色（10YR 3/1，润）；黏壤土，发育中等的中棱块状结构，坚实；少量细根，少量铁锈斑纹。

文兴系代表性单个土体物理性质

土层	深度/cm	砾石（>2 mm，体积分数)/%	细土颗粒组成(粒径: mm)/(g/kg)			质地	容重/(g/cm³)
			砂粒 2～0.05	粉粒 0.05～0.002	黏粒 <0.002		
Ap	0～16	0	459	439	103	壤土	1.25
Bw	16～37	0	577	301	122	砂质壤土	1.36
2Ahr1	37～71	0	343	454	203	壤土	0.69
2Ahr2	71～108	0	454	289	257	壤土	0.73
2ABr	108～145	0	169	434	397	粉质黏壤土	1.30
2Cr	145～160	0	314	288	398	黏壤土	—

文兴系代表性单个土体化学性质

深度/cm	pH		有机质/(g/kg)	全氮(N)/(g/kg)	全磷(P₂O₅)/(g/kg)	全钾(K₂O)/(g/kg)	阳离子交换量/(cmol/kg)
	H₂O	KCl					
0～16	5.5	4.2	35.7	2.03	1.23	26.5	21.3
16～37	6.3	5.2	28.7	1.60	1.99	30.0	23.4
37～71	4.8	4.0	227.1	9.25	1.02	32.2	20.4
71～108	4.8	4.0	170.4	6.21	4.75	26.6	52.8
108～145	5.7	4.6	50.9	2.20	1.81	26.4	42.7
145～160	6.0	4.7	10.5	0.75	0.73	30.3	8.6

9.5.6 纯仁系（**Chunren Series**）

土　族：粗骨砂质硅质混合型非酸性-暗沃冷凉湿润雏形土
拟定者：韩春兰，崔　东，王晓磊，荣　雪

分布与环境条件　本土系位于
辽宁省北部，所处地形部位为丘
间洼地、河流阶地，成土母质为
冲积物；土地利用类型为旱地，
种植玉米，一年一熟。温带湿润
大陆性季风气候，四季分明，气
候温和，雨量充沛，空气湿度相
对较大，年平均在 70%以上，蒸
发量小，年均气温 5.1 ℃，年均
降水量 738 mm，无霜期 135 d
左右。

纯仁系典型景观

土系特征与变幅　诊断层包括
暗沃表层、雏形层，诊断特性包括湿润土壤水分状况、冷性土壤温度状况。本土系发育
在冲积物母质上，土体中含较多砾石，土壤结构体为发育中等的团粒、团块、棱块状结
构；通体黏粒含量 78.02～125.16 g/kg；土壤呈酸性，pH 5.55～6.71；有机质含量为 30.6～
43.8 g/kg，全氮含量为 1.63～2.41 g/kg，碱解氮含量为 1.17～3.89 mg/kg，有效磷含量为
25.96～580.48 mg/kg，速效钾含量为 90.24～124.70 mg/kg。

对比土系　同土族内没有其他土系，相似的土系有安民系，为同一亚类不同土族。安民
系土壤具粗骨壤质颗粒大小级别。

利用性能综述　本土系土体较浅薄，所处地区地势低洼，气候冷凉湿润，土壤腐殖质含
量高，土壤质地疏松，通气透水性好，土壤水、肥、气协调，土壤自然肥力较好。但由
于所处地区气候冷凉，春季升温慢，不发小苗，适耕期短，土壤有效养分少。另外，土
体中含较多砾石，土壤耕性差，耕地主要种植玉米等耐旱耐瘠薄作物。

参比土种　漏河淤土（砂底壤质草甸土）。

代表性单个土体　位于辽宁省铁岭市西丰县更刻乡德榆村纯仁屯，42°41′29.2″N，
124°41′15.0″E，海拔 209 m，地形为丘陵，成土母质为冲积物，该点所处地势较低洼，
附近有小河，四面环山。野外调查时间为 2010 年 10 月 6 日，编号 21-120。

Ap: 0~10 cm，黑棕色（10YR 2/2，干），黑棕色（7.5YR 3/2，润）；壤土，发育中等的团粒结构，疏松；大量细根，多量砾石，其中大量小块，少量中块；向下平滑过渡。

AB: 10~37 cm，黑色（10YR 2/1，干），黑色（10YR 2/1，润）；砂质壤土，发育较强的团粒结构，疏松；中量细根，多量砾石，其中大量中块，少量小块；向下平滑模糊过渡。

Bw: 37~55 cm，黑色（10YR 2/1，干），黑棕色（10YR 3/2，润）；砂质壤土，发育中等的小团块结构，疏松；少量细根，中量砾石，其中大量小块，少量中块；向下平滑模糊过渡。

BC: 55~80 cm，黑色（10YR 2/1，干），黑色（10YR 2/1，润）；砂质壤土，发育中等的小棱块结构，疏松；极少量细根，中量砾石，其中大量中块，少量小块；向下平滑清晰过渡。

纯仁系代表性单个土体剖面

C: 80~100 cm，黑棕色（10YR 3/1，干），浊黄棕色（10YR 5/4，润）；冲积物母质，很多量砾石。

纯仁系代表性单个土体物理性质

土层	深度/cm	砾石(>2 mm，体积分数)/%	细土颗粒组成(粒径：mm)/(g/kg)			质地	容重/(g/cm³)
			砂粒 2~0.05	粉粒 0.05~0.002	黏粒 <0.002		
Ap	0~10	30	435	440	125	壤土	1.15
AB	10~37	20	609	289	102	砂质壤土	1.17
Bw	37~55	10	554	368	78	砂质壤土	1.13
BC	55~80	10	613	306	81	砂质壤土	1.22
C	80~100	80	—	—	—	—	—

纯仁系代表性单个土体化学性质

深度/cm	pH		有机质/(g/kg)	全氮(N)/(g/kg)	全磷(P₂O₅)/(g/kg)	全钾(K₂O)/(g/kg)	阳离子交换量/(cmol/kg)
	H₂O	KCl					
0~10	5.6	4.5	43.8	2.41	1.08	34.5	20.6
10~37	6.6	—	30.6	1.63	3.56	36.0	22.7
37~55	6.7	—	37.6	1.95	1.77	35.2	28.6
55~80	6.6	—	36.2	1.88	2.35	32.8	28.9
80~100	—	—	—	—	—	—	—

9.5.7 安民系（**Anmin Series**）

土　族：粗骨壤质硅质混合型非酸性-暗沃冷凉湿润雏形土
拟定者：韩春兰，崔　东，王晓磊，荣　雪

分布与环境条件　本土系位于辽宁省北部和东部，地形为丘陵山地，25°～35°的陡坡，母质为残积物和坡积物；土地利用类型为林地，植被为松树、矮小灌木等，地表覆盖度为 15%～40%，轻度水蚀-片蚀。中温带湿润大陆性季风气候，四季分明，气候温和，雨量充沛，年均气温 5.1 ℃，年均降水量 738 mm。

安民系典型景观

土系特征与变幅　诊断层包括暗沃表层、雏形层，诊断特性包括准石质接触面、湿润土壤水分状况、冷性土壤温度状况。本土系发育在花岗岩残坡积物母质上，暗沃表层为发育较强的团粒状结构，向下为发育程度不等的团块状结构；黏粒含量多在 62.31～102.57 g/kg；土壤 pH 6.68～6.90；有机质含量为 12.3～70.1 g/kg，全氮含量为 1.07～3.46 g/kg，有效磷含量为 2.85～16.37 mg/kg，碱解氮含量为 0.83～2.40 mg/kg，速效钾含量 143.16～463.26 mg/kg。

对比土系　同土族没有其他土系，相似的土系有纯仁系，为同一亚类不同土族。纯仁系土壤具粗骨砂质颗粒大小级别。

利用性能综述　本土系土体较浅薄，所处地区气候冷凉湿润，土壤腐殖质层深厚。土壤质地较疏松，土壤通水透气性能较好，适宜根系向下伸展，但所处地区地势高、坡度大，土层较薄，且土体中含岩石碎屑，应作为林业用地封山育林育草，保护天然植被，减少水土流失。也可以人工植树造林、种草。

参比土种　金县山砂土（厚层硅铝质棕壤性土）。

代表性单个土体　位于辽宁省铁岭市西丰县安民镇恩光村的低丘坡下部，42°43′36.3″N，124°54′49.0″E，海拔 267 m，坡向西，成土母质为残积物和坡积物（花岗岩），目前利用方式为林地，生长落叶松。野外调查时间为 2010 年 10 月 6 日，编号 21-116。

安民系代表性单个土体剖面

Oi：　+1~0 cm，枯枝落叶层。

Ah：　0~15 cm，浊黄棕色（10YR 4/3，干），暗棕色（10YR 3/3，润）；砂质壤土，发育较强的团粒状结构，松散；中量细根和中根，中量小块状新鲜的岩石碎屑；向下平滑清晰过渡。

Bw：15~38 cm，暗棕色（10YR 3/4，干），暗棕色（10YR 3/3，润）；壤土，发育较弱的团块状结构，疏松；少量中根，偶见粗根，少量新鲜的岩石碎屑，其中大量小块，偶见中块；向下平滑清晰过渡。

BC：38~58 cm，棕色（10YR 4/6，干），棕色（10YR 4/6，润）；砂质壤土，发育中等的小团块状结构，松散；大量中根和极细根，少量细根，大量新鲜的岩石碎屑，大量中块和少量大块结构；向下平滑清晰过渡。

C：58~98 cm，棕色（10YR 4/6，干），棕色（10YR 4/6，润）；发育较弱的小团块状结构，松散；很少量细根，大量巨大块状新鲜的岩石。

安民系代表性单个土体物理性质

土层	深度/cm	砾石（> 2 mm，体积分数)/%	细土颗粒组成(粒径：mm)/(g/kg)			质地	容重/(g/cm³)
			砂粒 2~0.05	粉粒 0.05~0.002	黏粒 < 0.002		
Ah	0~15	10	521	400	79	砂质壤土	1.21
Bw	15~38	5	417	481	103	壤土	1.24
BC	38~58	30	501	437	62	砂质壤土	—
C	58~98	70	—	—	—	—	—

安民系代表性单个土体化学性质

深度/cm	pH(H₂O)	有机质/(g/kg)	全氮(N)/(g/kg)	全磷(P₂O₅)/(g/kg)	全钾(K₂O)/(g/kg)	阳离子交换量/(cmol/kg)
0~15	6.7	70.1	3.46	1.03	28.3	22.7
15~38	6.9	29.0	1.82	1.25	17.9	20.7
38~58	6.9	12.3	1.07	1.01	24.3	18.4
58~98	—	—	—	—	—	—

9.5.8 骆驼山系（Luotuoshan Series）

土　族：粗骨壤质混合型非酸性-暗沃冷凉湿润雏形土
拟定者：王秋兵，韩春兰，邢冬蕾

分布与环境条件　本土系分布于辽宁省东部，集中分布在抚顺市新宾、清原满族自治县等的丘陵山地顶部，成土母质为玄武岩残积物，自然植被为灌木林地。温带湿润大陆性季风气候，雨热同季，四季分明，冬季漫长寒冷，夏季炎热多雨，年均气温 3.9～5.4 ℃，最冷出现在 1 月，最热出现在 7 月，1 月平均气温–16 ℃，最低气温–37.6 ℃，7 月平均气温 22.8 ℃，最高气温 36.5 ℃，年均降水量 700～850 mm，降水集中在 6、7、8 月，植物生长季

骆驼山系典型景观

在 4～9 月，年均日照时数 2433 h，≥10 ℃的年活动积温 2497.5～2943.0 ℃，无霜期 120～139 d。

土系特征与变幅　诊断层包括暗沃表层、雏形层，诊断特性包括石质接触面、湿润土壤水分状况、冷性土壤温度状况。本土系发育在玄武岩残积物母质上，通体中量至大量不同风化强度的玄武岩岩块，暗沃表层有机质达 134.5 g/kg，向下降至 14.9 g/kg 以下；细土黏粒含量 100～200 g/kg。土壤呈酸性，pH 5.7～6.4。

对比土系　同土族没有其他土系，相似的土系有哈达系，为同一亚类不同土族。哈达系具粗骨质颗粒大小级别和碳酸盐型矿物类型。

利用性能综述　本土系土体浅薄，所处地区气候冷凉湿润，土壤腐殖质层深厚，土壤质地较疏松，土壤通水透气性能较好，适宜根系向下伸展，但所处地区地势高、坡度大，应该封山育林育草，保护天然植被，减少水土流失。也可以人工植树造林、种草。

参比土种　大碴糟石土（中层铁镁质棕壤性土）。

代表性单个土体　位于辽宁省抚顺市清原满族自治县草市镇骆驼山山顶，42°16′48″N，125°13′53″E，海拔 526 m，地形为山地，成土母质为玄武岩残积物，山顶有近 20 m 厚的玄武岩覆盖，地表岩石出露多，山顶植被为杂草和低矮的灌木，山坡中部为栎树、榛子等相间的林地，山坡较平缓处开辟为耕地，种植玉米。野外调查时间为 2009 年 10 月 18

日，编号 21-002。

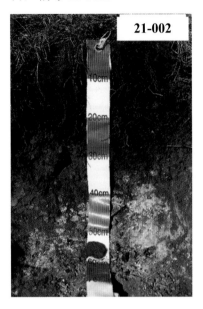

Ah：0～15 cm，暗棕色（10YR 3/3，干），黑棕色（5YR 2/2，润）；粉壤土，弱发育小粒状结构，疏松；大量细根，夹有中量强风化小玄武岩石块，偶见中石块；向下平滑渐变过渡。

AB：15～26 cm，棕色（10YR 4/4，干），暗棕色（7.5YR 3/4，润）；砂质壤土，弱发育小粒状结构，疏松；大量细根，夹有大量风化的中玄武岩石块，黄棕色（10YR 5/6，干）；向下波状渐变过渡。

Bw：26～37 cm，黄棕色（10YR 5/6，干），棕色（7.5YR 4/6，润）；壤土，中度发育中块状结构；少量细根，含大量风化的大玄武岩石块；向下波状清晰过渡。

R：37～52 cm，新鲜的玄武岩基岩。

骆驼山系代表性单个土体剖面

骆驼山系代表性单个土体物理性质

| 土层 | 深度/cm | 砾石（>2 mm，体积分数)/% | 细土颗粒组成(粒径：mm)/(g/kg) | | | 质地 | 容重/(g/cm³) |
			砂粒2～0.05	粉粒0.05～0.002	黏粒<0.002		
Ah	0～15	10	354	542	104	粉壤土	—
AB	15～26	30	535	279	186	砂质壤土	—
Bw	26～37	50	513	308	179	壤土	—

骆驼山系代表性单个土体化学性质

| 深度/cm | pH | | 有机质/(g/kg) | 全氮(N)/(g/kg) | 全磷(P_2O_5)/(g/kg) | 全钾(K_2O)/(g/kg) | 阳离子交换量/(cmol/kg) |
	H_2O	KCl					
0～15	5.7	4.6	134.5	7.85	5.56	12.7	53.4
15～26	5.8	4.8	37.9	3.41	3.70	8.4	49.5
26～37	6.4	4.7	14.9	2.41	2.46	6.4	159

9.5.9 哈达系（Hada Series）

土　族：粗骨质碳酸盐型-暗沃冷凉湿润雏形土
拟定者：王秋兵，韩春兰，崔　东，王晓磊，荣　雪，姚振都

分布与环境条件　本土系零星
分布于辽宁省抚顺市清原满族
自治县枸乃甸乡的筐子沟、南八
家乡的马前寨，抚顺县哈达镇、
顺城区会元乡，新宾满族自治县
平顶山镇、苇子峪镇等地石质丘
陵的顶部至中下部，成土母质为
石灰岩、白云质灰岩等的风化残
积物；自然植物生长稀疏，多为
野生杂草，山势较平缓的地区间
有少量耕地。温带半湿润大陆性
季风气候，雨热同季，四季分明，

哈达系典型景观

年均气温 6.8 ℃，年均降水量 823 mm，多集中在 7、8、9 月，无霜期 145 d 左右。

土系特征与变幅　诊断层包括暗沃表层、雏形层，诊断特性包括碳酸盐岩岩性特征、石
质接触面、湿润土壤水分状况、冷性土壤温度状况、石灰性。本土系发育在石灰岩、白
云质灰岩残积物母质上，土体中含大量岩石碎屑，含量大于 75%（体积分数），100 cm
以上出现基岩，暗沃表层为团粒状结构；通体黏粒含量 109.97～273.74 g/kg。土壤呈碱
性，有微弱石灰反应，pH 7.28～7.53；有机质含量为 100.2～131.5 g/kg，全氮含量为 1.50～
5.32 g/kg，碱解氮含量为 0.97～4.67 mg/kg，有效磷含量为 1.43～9.19 mg/kg。

对比土系　同土族没有其他土系，相似的土系有骆驼山系，为同一亚类不同土族。骆驼
山系具粗骨壤质颗粒大小级别和混合型矿物类型。

利用性能综述　本土系土体浅薄，所处地区气候冷凉、湿润，土壤腐殖质层深厚，质地
较疏松，土壤通水透气性能较好，适宜植物根系向下伸展。但土体中有大量大小不均一、
磨圆度较高的砾石，因此宜耕性差，自然植物生长稀疏。

参比土种　大河南石灰土（厚层钙镁质褐土性土）。

代表性单个土体　位于辽宁省抚顺市抚顺县哈达镇哈达村后山，42°00′56.0″N，
124°11′33.9″E，海拔 178 m，坡的中部，坡度 22°，坡向东南，地形为丘陵，成土母质为
石灰岩、白云质灰岩的风化残积物，现利用类型为林地，生长着油松、榛子以及杂草等。
野外调查时间为 2010 年 9 月 23 日，编号 21-091。

Ah:　0～11 cm，黑棕色（10YR 3/2，干），黑色（10YR 2/1，润）；壤土，发育较强的团粒状结构，松散；少量细根，有中量风化的中块岩石碎屑；有石灰反应；向下平滑渐变过渡。

ABh: 11～44 cm，暗棕色（10YR 3/4，干），黑棕色（10YR 2/3，润）；黏壤土，发育较强的团粒结构，松散；少量细根，有很多风化的中块岩石碎屑；有微弱的石灰反应；向下波状渐变过渡。

Bw：　44～81 cm，浊棕色（7.5YR 6/4，干），棕色（7.5YR 4/4，润）；壤土，发育中等的团粒状结构，疏松；很少量细根，有极多风化岩石碎屑（少量大块、大量中块）；有微弱石灰反应；向下平滑渐变过渡。

C：　81～110 cm，岩石碎块。

哈达系代表性单个土体剖面

哈达系代表性单个土体物理性质

土层	深度/cm	砾石(> 2 mm，体积分数)/%	细土颗粒组成(粒径：mm)/(g/kg)			质地	容重/(g/cm³)
			砂粒 2～0.05	粉粒 0.05～0.002	黏粒 < 0.002		
Ah	0～11	5	321	461	218	壤土	0.85
ABh	11～44	40	241	485	274	黏壤土	—
Bw	44～81	85	407	483	110	壤土	—
C	81～110	90	—	—	—	—	—

哈达系代表性单个土体化学性质

深度/cm	pH(H₂O)	有机质/(g/kg)	全氮(N)/(g/kg)	全磷(P₂O₅)/(g/kg)	全钾(K₂O)/(g/kg)	阳离子交换量/(cmol/kg)	碳酸钙相当物/(g/kg)
0～11	7.3	100.2	5.32	5.68	40.3	42.1	32.1
11～44	7.5	131.5	3.16	5.58	37.5	28.0	7.9
44～81	7.4	106.5	1.50	5.19	38.8	—	15.1
81～110	—	—	—	—	—	—	—

9.5.10 汪清门系（Wangqingmen Series）

土　族：黏壤质盖粗骨砂质硅质混合型非酸性-斑纹冷凉湿润雏形土
拟定者：王秋兵，李　岩，邢冬蕾，白晨辉

分布与环境条件　本土系分布于辽宁省东北部，集中分布在铁岭市西丰县，抚顺市新宾、清原满族自治县等的河流沿岸阶地，成土母质为河流冲积物，地下水位较高；土地利用类型为旱地，种植玉米、大豆，一年一熟。温带湿润大陆性季风气候，雨热同季，四季分明，冬季漫长寒冷，夏季炎热多雨，年均气温 4.6 ℃，年均降水量在 750～850 mm，年均日照时数为 2230～2520 h，无霜期 150 d 左右。

汪清门系典型景观

土系特征与变幅　诊断层包括淡薄表层、雏形层，诊断特性包括湿润土壤水分状况、冷性土壤温度状况、氧化还原特征。本土系发育在河流冲积物母质上，通体有铁锈斑纹，80～100 cm 有很多岩石碎屑，土壤结构体为中等发育的团状、块状结构；通体黏粒含量29.79～334.62 g/kg；土壤呈酸性，pH 5.6～6.4。容重 1.13～1.38 g/cm³；有机质含量为20.1～42.0 g/kg，全氮含量为 1.45～2.64 g/kg，碱解氮含量为 0.35～2.01 mg/kg，有效磷含量为 51.08～135.52 mg/kg，速效钾含量为 56.24～92.18 mg/kg。

对比土系　同土族没有其他土系，相似的土系有大泉眼系，为同一亚类不同土族。大泉眼系的颗粒大小级别为黏壤质。

利用性能综述　本土系土体较浅薄，所处地区气候冷凉湿润，土壤腐殖质含量较高，但土壤质地黏重，通透性不良，宜耕性差，适耕期短，因此土壤产量不高，属中低产土壤。

参比土种　荒砂潮土（薄腐砂质潮土）。

代表性单个土体　位于辽宁省抚顺市新宾满族自治县上夹河镇上夹河村北，41°44′55.2″N，125°16′6.6″E，海拔 414 m，地形为丘陵，成土母质为河流冲积物，现利用方式为耕地，种植玉米、大豆。野外调查时间为 2010 年 10 月 7 日，编号 21-125。

汪清门系代表性单个土体剖面

Apr: 0～14 cm，黄棕色（10YR 5/3，干），棕色（10YR 4/4，润）；黏壤土，发育中等的中团块状结构，疏松；少量中根和细根，很少量铁锈斑纹，少量中块状新鲜的岩石碎屑；向下平滑渐变过渡。

Bwr1：14～48 cm，黄棕色（10YR 5/3，干），暗棕色（10YR 3/3，润）；黏壤土，发育中等的中块状结构，疏松；少量中根和细根，少量铁锈斑纹；向下平滑渐变过渡。

Bwr2：48～66 cm，橄榄棕色（2.5Y 4/4，干），棕色（10YR 4/4，润）；砂质黏壤土，发育中等的小块状结构，疏松；少量细根，大量明显鲜明的铁锈斑纹（红棕色 5YR 4/8）；向下波状渐变过渡。

Cr1：66～81 cm，暗灰黄色（2.5Y 4/2，干），暗棕色（10YR 3/3，润）；黏壤土，发育中等的大块状结构，疏松；大量明显鲜明的铁锈斑纹（红棕色 5YR 4/8）；向下平滑突变过渡。

Cr2：81～120 cm，橙色（7.5YR 6/8，干），红棕色（5YR 4/8，润）；砂土，疏松；很多中块状和小块状砾石，有铁锈斑纹。

汪清门系代表性单个土体物理性质

土层	深度/cm	砾石（>2 mm，体积分数）/%	细土颗粒组成(粒径：mm)/(g/kg)			质地	容重/(g/cm³)
			砂粒 2～0.05	粉粒 0.05～0.002	黏粒 <0.002		
Apr	0～14	2	287	378	335	黏壤土	1.15
Bwr1	14～48	0	308	396	296	黏壤土	1.13
Bwr2	48～66	0	530	195	275	砂质黏壤土	1.23
Cr1	66～81	0	344	340	316	黏壤土	1.38
Cr2	81～120	30	923	47	30	砂土	—

汪清门系代表性单个土体化学性质

深度/cm	pH		有机质/(g/kg)	全氮(N)/(g/kg)	全磷(P₂O₅)/(g/kg)	全钾(K₂O)/(g/kg)	阳离子交换量/(cmol/kg)
	H₂O	KCl					
0～14	5.6	4.1	42.0	2.64	1.52	33.5	16.2
14～48	5.8	4.3	33.0	2.18	1.98	31.5	14.8
48～66	6.1	4.7	27.0	1.69	3.14	30.9	15.3
66～81	6.2	4.8	22.3	1.45	0.47	33.0	11.2
81～120	6.4	4.9	20.1	1.15	0.45	20.2	7.5

9.5.11 宝力系（Baoli Series）

土　　族：壤质混合型非酸性-斑纹冷凉湿润雏形土
拟定者：王秋兵，韩春兰，王晓磊

分布与环境条件　本土系分布于辽宁省北部，地形多为冲积平原和缓坡平地，成土母质为黄土状物质；土地利用类型为旱地。温带半湿润大陆性季风气候，日照充足，四季分明，雨热同季，年均气温 7.0 ℃，年均降水量 607.5 mm，年均日照时数 2776 h，无霜期 147.8 d。

宝力系典型景观

土系特征与变幅　诊断层包括淡薄表层、雏形层，诊断特性包括湿润土壤水分状况、冷性土壤温度状况、氧化还原特征。本土系发育在黄土状物质上，通体有铁锰结核和铁锈斑纹。淡薄表层有机质含量 10.3～15.5 g/kg，pH 5.7～6.2，微酸性；向下有机质含量逐渐减少到 2.8 g/kg，pH 6.69～7.17；通体黏粒含量 51～317 g/kg，碱解氮含量 23.09～85.86 mg/kg。

对比土系　目前在同土族内没有其他土系，相似的土系有大泉眼系和厂子系，为同一亚类不同土族。大泉眼系是黏壤质颗粒大小级别，有硅粉。厂子系是黏壤质颗粒大小级别，也有硅粉。

利用性能综述　本土系土体深厚，所处地区气候湿润，地势平坦，水热协调。土壤水分、养分均较丰富，土质疏松，砂黏适中，通气透水性良好，土壤肥力较高，生产性能好，适种作物广，各种粮食作物、经济作物和蔬菜、瓜果均较适宜。

参比土种　河砂潮土（砂质潮土）。

代表性单个土体　位于辽宁省铁岭市昌图县宝力镇宝力村五组国道西侧，42°54′28.6″N，123°47′31.1″E，海拔 110 m，地形为平原，成土母质为黄土状物质。野外调查时间为 2010 年 9 月 18 日，编号 21-090。

Ap:　0～18 cm，暗棕色（10YR 3/3，干），暗棕色（10YR 3/4，润）；砂质壤土，发育强的团粒状结构，坚实；有大量细根和中根，有大量蚯蚓粪和铁锰结核，少量瓦块；向下平滑清晰过渡。

ABr:　18～29 cm，暗棕色（10YR 3/4，干），黑棕色（10YR 3/2，润）；砂质壤土，发育中等的团块状结构，坚实；有很多细根，有大量铁锰结核；向下平滑渐变过渡。

Bwr1：29～50 cm，浊黄棕色（10YR 4/3，干），棕色（10YR 4/6，润）；粉壤土，发育中等的团块状结构，疏松；有少量细根，有大量铁锰结核和铁锈斑纹；向下平滑渐变过渡。

Bwr2：50～78 cm，棕色（10YR 4/4，干），棕色（10YR 4/6，润）；粉壤土，发育弱的片状结构，疏松；有少量细根和中根，有少量的铁锰结核，很少量的铁锈斑纹；向下平滑渐变过渡。

宝力系代表性单个土体剖面

Bwr3：78～123 cm，棕色（10YR 4/6，干），棕色（10YR 4/6，润）；粉质黏壤土，发育中等的核状结构，疏松；有少量中根，并且有少量铁锰结核，很少量的铁锈斑纹。

宝力系代表性单个土体物理性质

土层	深度 /cm	砾石 （>2 mm，体积分数)/%	细土颗粒组成(粒径：mm)/(g/kg)			质地	容重 /(g/cm³)
			砂粒 2～0.05	粉粒 0.05～0.002	黏粒 <0.002		
Ap	0～18	0	536	414	51	砂质壤土	1.27
ABr	18～29	0	653	283	65	砂质壤土	1.36
Bwr1	29～50	0	385	527	88	粉壤土	1.33
Bwr2	50～78	0	384	512	104	粉壤土	1.32
Bwr3	78～123	0	70	613	317	粉质黏壤土	1.41

宝力系代表性单个土体化学性质

深度 /cm	pH		有机质 /(g/kg)	全氮(N) /(g/kg)	全磷(P₂O₅) /(g/kg)	全钾(K₂O) /(g/kg)	阳离子交换量 /(cmol/kg)
	H₂O	KCl					
0～18	5.7	4.4	15.5	1.37	1.04	22.9	10.1
18～29	6.2	5.0	10.3	1.00	0.37	25.7	9.8
29～50	6.7	—	6.8	0.80	0.54	27.2	10.4
50～78	7.0	—	3.5	0.64	0.31	24.1	11.7
78～123	7.2	—	2.8	0.59	0.94	29.5	7.9

9.5.12　大泉眼系（Daquanyan Series）

土　族：黏壤质硅质混合型非酸性-斑纹冷凉湿润雏形土
拟定者：王秋兵，刘杨杨，张寅寅，李　甄

分布与环境条件　本土系位于辽宁省北部的平原地区，2°～5°的微坡，河流冲积物母质；土地利用类型为耕地，种植玉米，一年一熟。温带半湿润大陆性季风气候，日照充足，四季分明，雨热同季，年均气温 7.0 ℃，年均降水量 607.5 mm，年均日照时数 1749 h，无霜期 147.8 d。

土系特征与变幅　诊断层包括淡薄表层、雏形层，诊断特性包括湿润土壤水分状况、冷性土壤

大泉眼系典型景观

温度状况、氧化还原特征。土壤通体颜色较暗，表层由于旱耕颜色变浅，通体有机质含量 9.6～18.2 g/kg；雏形层上界出现在 50～100 cm，厚度大于 50 cm，弱度至中度发育的小团块或中团块状结构，通体黏粒含量 212～392 g/kg；土壤呈微酸性，pH 5.4～6.1。

对比土系　同土族的土系有厂子系。厂子系表层质地为粉壤土。

利用性能综述　本土系土体深厚，所在地区气候湿润，地势平坦，水热协调，土壤水分、养分均较丰富。土壤质地偏黏，保水保肥，抗旱抗涝，土性潮，肥劲长，土壤肥力较高，生产性能好，适种作物广，是辽宁省粮棉生产的主产区。

参比土种　河砂潮土（砂质潮土）。

代表性单个土体　位于辽宁省铁岭市昌图县毛家店镇大泉眼村，42°17′59.1″N，124°16′40.5″E，海拔 147.8 m，地形为平原，成土母质为河流冲积物，此地地势略起伏，土地利用类型为耕地，种植玉米。野外调查时间为 2011 年 10 月 12 日，编号 21-300。

Ap：　0～7 cm，浊黄棕色（10YR 5/3，干），暗棕色（10YR 3/4，润）；粉质黏壤土，发育中等的中团块状结构，干时极坚硬，湿时坚实，稍黏着，中塑；中量中根和细根；向下平滑清晰过渡。

ABr：7～25 cm，浊黄棕色（10YR 4/3，干），黑棕色（10YR 3/2，润）；粉质黏壤土，发育中等的中团块状结构，湿时坚实，稍黏着，中塑；少量中根，少量铁锰结核；向下平滑清晰过渡。

大泉眼系代表性单个土体剖面

Bwr:　25～42 cm，黑棕色（10YR 2/3，干），黑棕色（10YR 3/2，润）；粉壤土，发育中等的小团块结构，湿时疏松；稍黏着，稍塑；少量中根和细根，多量小铁锰斑纹；向下平滑渐变过渡。

Bwrq1：42～67 cm，黑棕色（10YR 2/3，干），黑棕色（10YR 3/2，润）；粉壤土，发育中等的中团块状结构，湿时疏松；稍黏着，稍塑；多量小铁锰斑纹，多量硅粉；向下平滑渐变过渡。

Bwrq2：67～84 cm，灰黄棕色（10YR 2/3，干），黑棕色（10YR 4/2，润）；粉质黏壤土，发育弱的中团块状结构，湿时疏松；稍黏着，稍塑；多量小铁锰斑纹，少量硅粉；向下平滑清晰过渡。

2A：　84～125 cm，灰黄棕色（10YR 4/2，干），黑棕色（10YR 2/3，润）；粉质黏壤土，稍湿，发育中等的中团块状结构，湿时疏松；黏着，中塑。

大泉眼系代表性单个土体物理性质

土层	深度/cm	砾石(>2 mm，体积分数)/%	细土颗粒组成（粒径：mm)/(g/kg)			质地	容重/(g/cm³)
			砂粒 2～0.05	粉粒 0.05～0.002	黏粒 <0.002		
Ap	0～7	0	20	628	353	粉质黏壤土	1.29
ABr	7～25	0	64	651	285	粉质黏壤土	1.32
Bwr	25～42	0	6	765	228	粉壤土	1.38
Bwrq1	42～67	0	126	661	212	粉壤土	1.35
Bwrq2	67～84	0	64	656	280	粉质黏壤土	1.42
2A	84～125	0	98	510	392	粉质黏壤土	1.40

大泉眼系代表性单个土体化学性质

深度/cm	pH		有机质/(g/kg)	全氮(N)/(g/kg)	全磷(P_2O_5)/(g/kg)	全钾(K_2O)/(g/kg)	阳离子交换量/(cmol/kg)
	H_2O	KCl					
0～7	5.4	3.6	16.5	1.86	5.01	17.5	7.0
7～25	5.9	4.5	18.2	1.64	3.64	14.5	25.8
25～42	5.9	4.4	18.1	1.65	3.71	13.7	39.7
42～67	6.1	5.3	14.8	1.60	4.00	14.2	16.5
67～84	6.0	5.1	9.6	1.39	5.30	12.6	35.7
84～125	6.1	5.4	16.3	1.63	4.27	14.7	27.5

9.5.13　厂子系（Changzi Series）

土　族：黏壤质硅质混合型非酸性-斑纹冷凉湿润雏形土
拟定者：王秋兵，韩春兰，顾欣燕，刘杨杨

分布与环境条件　本土系位于
辽宁省北部，河流冲积平原上；
成土母质为河流冲积物；土地利
用类型为耕地。温带半湿润大陆
性季风气候，日照充足，四季分
明，雨热同季，年均气温 7.0 ℃，
年均降水量 607.5 mm，年均日
照时数 2776 h，无霜期 147.8 d。

厂子系典型景观

土系特征与变幅　诊断层包括
淡薄表层、雏形层，诊断特性包
括湿润土壤水分状况、冷性土壤
温度状况、氧化还原特征。本土
系发育在河流冲积物母质上，淡
薄表层有机质含量 18.05 g/kg；表层以下各层有机质含量 1.64～3.93 g/kg，弱度至较强度
发育的大团块或小棱块状，黏粒含量 250～310 g/kg；地表 50 cm 以下有中量至多量硅粉，
土体中有少量铁锈斑纹；土壤呈微酸性，pH 5.8～6.2。

对比土系　同土族的大泉眼系。大泉眼系表层土壤质地为粉质黏壤土。

利用性能综述　本土系土体深厚，所在地区气候湿润，地势平坦，水热协调，土壤水分、
养分均较丰富。总体质地偏黏，保水保肥，抗旱抗涝，土性潮，肥劲长，土壤肥力较高，
生产性能好，适种作物广。适种作物有玉米、高粱、谷子、大豆、棉花、花生和多种
蔬菜。

参比土种　河砂潮土（砂质潮土）。

代表性单个土体　位于辽宁省铁岭市昌图县曲家店镇厂子村，43°14′39.0″N，
124°00′44.4″E，海拔 115 m，地形为冲积平原，成土母质为河流冲积物，土地利用类型
为耕地，种植玉米（曾种过水稻）。野外调查时间为 2011 年 10 月 4 日，编号 21-322。

Ap1：　0～15 cm，浊黄棕色（10YR 5/3，干），暗棕色（10YR 3/4，润）；粉壤土，发育弱的小团粒
　　　结构，坚实，稍黏着，稍塑；少量极细、中根；向下平滑清晰过渡。

厂子系代表性单个土体剖面

ABr: 15～28 cm，浊黄棕色（10YR 5/4，干），黑棕色（10YR 3/2，润）；粉质黏壤土，发育中等的大团块结构，很坚实，黏着，中塑；少量细根，很多锈纹锈斑；向下平滑清晰过渡。

Bwr: 28～50 cm，浊黄棕色（10YR 6/4，干），暗棕色（10YR 3/4，润）；粉壤土，发育中等的大团块结构，很坚实，黏着，中塑；少量细根，很多锈纹锈斑；向下平滑清晰过渡。

Bwrq1: 50～68 cm，灰黄棕色（10YR 6/2，干），浊黄棕色（10YR 5/4，润）；粉质黏壤土，发育强的小棱块状结构，疏松，稍塑；很少极细根系，极少锈纹锈斑，中量硅粉；向下平滑模糊过渡。

Bwrq2: 68～82 cm，浊黄橙色（10YR 7/3，干），浊黄棕色（10YR 5/3，润）；粉壤土，发育强的小块状结构，疏松；多量硅粉；向下平滑模糊过渡。

BCrq: 82～110 cm，淡黄橙色（10YR 8/3，干），棕色（10YR 4/4，润）；粉壤土，发育中等的中团块状结构，极疏松，稍塑；少量铁锰结核，多量硅粉。

厂子系代表性单个土体物理性质

| 土层 | 深度/cm | 砾石(> 2 mm，体积分数)/% | 细土颗粒组成(粒径：mm)/(g/kg) | | | 质地 | 容重/(g/cm³) |
			砂粒 2～0.05	粉粒 0.05～0.002	黏粒 < 0.002		
Ap1	0～15	0	290	581	129	粉壤土	1.27
ABr	15～28	0	145	545	311	粉质黏壤土	1.41
Bwr	28～50	0	167	571	262	粉壤土	1.38
Bwrq1	50～68	0	81	574	345	粉质黏壤土	1.4
Bwrq2	68～82	0	27	718	256	粉壤土	1.42
BCrq	82～110	0	167	559	273	粉壤土	1.41

厂子系代表性单个土体化学性质

| 深度/cm | pH | | 有机质/(g/kg) | 全氮(N)/(g/kg) | 全磷(P₂O₅)/(g/kg) | 全钾(K₂O)/(g/kg) | 阳离子交换量/(g/kg) | 游离氧化铁(Fe₂O₃)含量/(g/kg) |
	H₂O	KCl						
0～15	5.9	4.6	18.1	1.37	0.29	15.6	2.0	24.0
15～28	5.8	4.9	14.8	1.18	0.40	18.6	2.2	24.4
28～50	6.0	5.5	3.9	0.67	0.38	15.0	1.8	13.0
50～68	6.1	5.4	2.0	0.48	0.28	18.2	2.3	22.5
68～82	6.0	5.5	1.6	0.42	2.19	16.4	5.3	15.0
82～110	6.2	5.6	1.6	0.42	0.47	16.3	2.1	14.1

9.5.14　木奇系（Muqi Series）

土　族：粗骨壤质混合型非酸性-普通冷凉湿润雏形土
拟定者：王秋兵，李　岩，邢冬蕾，白晨辉

分布与环境条件　本土系分布于辽宁省东部，集中分布在抚顺市新宾、清原满族自治县等的丘陵山地坡中部，2°～5°微坡，成土母质为玄武岩残坡积物；土地利用类型为耕地，种植玉米，一年一熟。温带湿润大陆性季风气候，雨热同季，四季分明，冬季漫长寒冷，夏季炎热多雨，年均气温 4.6 ℃，年均降水量 750～850 mm，年均日照时数为 2230～2520 h，无霜期 150 d 左右。

木奇系典型景观

土系特征与变幅　诊断层包括淡薄表层、雏形层，诊断特性包括准石质接触面、湿润土壤水分状况、冷性土壤温度状况。本土系发育在玄武岩残坡积物上，土体中有少量岩石碎屑，淡薄表层有机质达 27.12 g/kg，向下降至 3.0 g/kg；黏粒含量 203～319 g/kg，小团块状结构；土壤呈酸性，pH 5.6～6.3，阳离子交换量 11.3～13.2 cmol/kg。

对比土系　同土族内的土系有平顶山系。平顶山系表层土壤质地为壤土，土地利用类型为林地。

利用性能综述　本土系土体浅薄，土体中含有大量的砾石，耕性差，应封山育林，保护天然植被，减少水土流失。在地势平坦、土层相对较厚的地方，适宜种植玉米等作物。

参比土种　振安暗黄土（壤质铁镁质棕壤）。

代表性单个土体　位于辽宁省抚顺市新宾满族自治县木奇镇水手村东面，42°2′15.6″N，123°50′15.6″E，海拔 234 m，地形为丘陵坡中部，成土母质为玄武岩残坡积物，现利用方式为耕地，种植玉米、大豆。野外调查时间为 2010 年 10 月 5 日，编号 21-113。

21-113

木奇系代表性单个土体剖面

Ap:　0～15 cm，黄棕色（2.5Y 5/3，干），浊棕色（7.5YR 5/4，润）；黏壤土，发育较强的小团块状结构，疏松；少量中根和大量细根，较多小块状和少量中块状风化的岩石碎屑；向下平滑清晰过渡。

Bw1：15～29 cm，浅淡黄色（2.5Y 8/4，干），黄棕色（10YR 7/3，润）；黏壤土，发育中等的小团块状结构，疏松；少量中根和细根，较多小、中块状和少量大块状风化的岩石碎屑；向下平滑渐变过渡。

Bw2：29～53 cm，浅淡黄色（2.5Y 8/3，干），红棕色（10YR 4/6，润）；砂质黏壤土，发育中等的小团块状结构，疏松；很少量中根和细根，大量大、中、小块状风化的岩石碎屑；向下平滑渐变过渡。

C：　53～72 cm，黄橙色（10YR 8/8，干），黄棕色（10YR 5/6，润）；砂质黏壤土，发育很弱的小团块状结构，稍坚实。

木奇系代表性单个土体物理性质

土层	深度/cm	砾石（>2 mm，体积分数）/%	细土颗粒组成（粒径：mm）/(g/kg)			质地	容重/(g/cm³)
			砂粒 2～0.05	粉粒 0.05～0.002	黏粒 <0.002		
Ap	0～15	5	221	460	319	黏壤土	1.04
Bw1	15～29	20	265	436	299	黏壤土	—
Bw2	29～53	30	516	257	228	砂质黏壤土	1.55
C	53～72	40	601	195	203	砂质黏壤土	—

木奇系代表性单个土体化学性质

深度/cm	pH		有机质/(g/kg)	全氮(N)/(g/kg)	全磷(P₂O₅)/(g/kg)	全钾(K₂O)/(g/kg)	阳离子交换量/(cmol/kg)
	H₂O	KCl					
0～15	5.6	4.1	27.1	1.98	0.44	33.7	12.7
15～29	6.2	4.7	6.0	0.88	1.20	35.6	13.2
29～53	6.3	4.9	3.8	0.83	0.75	37.2	12.0
53～72	6.3	5.0	3.2	0.77	1.03	35.5	11.3

9.5.15 平顶山系（**Pingdingshan Series**）

土　族：粗骨壤质硅质混合型非酸性-普通冷凉湿润雏形土
拟定者：王秋兵，韩春兰，崔　东，王晓磊，荣　雪

分布与环境条件　本土系分布于辽宁省东部丘陵山地坡下部，残积物和坡积物母质；土地利用类型为林地，植被有辽东栎、榛子等落叶林。温带湿润大陆性季风气候，年均气温 4.6 ℃，年均降水量 750～850 mm，年均日照时数 2230～2520 h，无霜期150 d。

平顶山系典型景观

土系特征与变幅　诊断层包括淡薄表层、雏形层，诊断特性包括冷性土壤温度状况、湿润土壤水分状况。本土系发育在坡积物上，土体中含有岩屑，由上至下增多。淡薄表层有机质含量为 55.06 g/kg，以下各层有机质含量锐减为 3～8 g/kg。土壤呈弱酸性，pH 5.6～6.4。阳离子交换量 6.01～9.87 cmol/kg。

对比土系　同土族的土系有木奇系。木奇系表层质地为黏壤土，有准石质接触面，利用方式为耕地。

利用性能综述　本土系土层浅薄，所处位置气候冷凉湿润，土壤冷凉，中性微酸，土壤质地适中，土体中含有一定量的岩石碎屑。坡度较大，不宜开垦，宜发展林业。

对比土系　山黄土（壤质硅铝质棕壤）。

代表性单个土体　位于辽宁省抚顺市新宾满族自治县平顶山镇大琵琶村，41°23′13.7″N，124°49′37.7″E，海拔 533 m，地形为山地，成土母质为残积物和坡积物，林地，生长大量辽东栎、榛子等。野外调查时间为 2010 年 10 月 14 日，编号 21-132。

平顶山系代表性单个土体剖面

Oi: +2～0 cm，枯枝落叶层。

Ah: 0～9 cm，暗棕色（10YR 3/4，干），黑棕色（10YR 2/3，润）；壤土，强度发育的团粒结构，疏松；多量细中根；向下平滑清晰过渡。

Bw: 9～30 cm，浊黄橙色（10YR 7/4，干），黄棕色（10YR 5/8，润）；粉壤土，弱度发育的小团块结构，疏松；中量细中根，中量风化的岩石碎屑，大量小块和中块，偶见大块；向下平滑清晰过渡。

BC1: 30～63 cm，亮黄棕色（10YR 7/6，干），黄棕色（10YR 5/6，润）；砂质壤土，弱度发育的粒状结构，疏松；中量细中根，中量风化的岩石碎屑，大量中块，少量大块；向下平滑渐变过渡。

BC2: 63～93 cm，亮黄棕色（10YR 7/6，干），黄棕色（10YR 5/8，润）；壤土，弱度发育的粒状结构，疏松；很少量细中根，多量风化的岩石碎屑，大量小块，少量大块和中块；向下平滑渐变过渡。

C: 93～115 cm，淡黄橙色（10YR 8/4，干），亮黄棕色（10YR 6/6，润）；壤土，弱度发育的粒状结构，疏松；很少量细中根；多量风化的岩石碎屑，大量中块，少量大块和小块。

平顶山系代表性单个土体物理性质

土层	深度/cm	砾石（>2 mm，体积分数)/%	细土颗粒组成(粒径：mm)/(g/kg)			质地	容重/(g/cm³)
			砂粒 2～0.05	粉粒 0.05～0.002	黏粒 <0.002		
Ah	0～9	0	516	378	106	壤土	1.21
Bw	9～30	10	131	654	215	粉壤土	1.36
BC1	30～63	30	646	216	139	砂质壤土	—
BC2	63～93	30	518	363	119	壤土	—
C	93～115	30	510	378	112	壤土	—

平顶山系代表性单个土体化学性质

深度/cm	pH		有机质/(g/kg)	全氮(N)/(g/kg)	全磷(P_2O_5)/(g/kg)	全钾(K_2O)/(g/kg)	阳离子交换量/(cmol/kg)
	H_2O	KCl					
0～9	6.4	5.4	55.1	2.84	2.59	24.6	9.9
9～30	5.6	4.4	7.6	0.71	0.53	25.3	7.3
30～63	6.0	4.6	3.0	0.34	0.45	23.8	6.0
63～93	6.1	4.6	3.2	0.41	0.68	26.8	6.0
93～115	6.2	4.7	3.1	0.36	0.63	25.3	6.0

9.5.16 高官系（Gaoguan Series）

土　　族：粗骨砂质混合型非酸性-普通冷凉湿润雏形土
拟定者：王秋兵，韩春兰，崔　东，王晓磊，荣　雪

分布与环境条件　本土系位于
辽宁省东部，低山丘陵坡中部，
5°～15°中缓坡，二元母质，上
部为黄土状物质，下部为混合岩
坡积物、残积物；土地利用方式
为旱地，种植玉米，一年一熟。
温带湿润大陆性季风气候，主要
气候特点是四季分明，雨量充
沛，日照充足，温度适中，雨热
同期，年均气温 6.9 ℃，年均降
水量 778.3 mm。

高官系典型景观

土系特征与变幅　诊断层包括
淡薄表层、雏形层，诊断特性包括准石质接触面、湿润土壤水分状况、冷性土壤温度状
况。本土系发育在二元母质上，80 cm 内土壤质地均偏砂，且存在少量至多量砾石和岩
石碎屑，淡薄表层有机质达 19.84 g/kg，向下降至 3.45 g/kg；土壤呈酸性，pH 5.3～6.4，
阳离子交换量 7～18 cmol/kg。

对比土系　同土族没有其他土系，相似的土系有黑沟系、小莱河系、红升系和木奇系。
黑沟系、小莱河系具粗骨质颗粒大小级别。红升系具粗骨质颗粒大小级别，石质接触面，
铁质特性。木奇系具粗骨壤质颗粒大小级别。

利用性能综述　本土系土体浅薄，所处地区气候冷凉湿润，质地较粗，土体中含有大量
的砾石，保水保肥性能差。由于土层较薄，养分含量少，宜耕期短，适宜种植玉米等耐
旱耐瘠薄作物。

参比土种　砂坡黄土（砂质坡积棕壤）。

代表性单个土体　位于辽宁省本溪市本溪满族自治县高官镇沿龙村二组，41°26′15.4″N，
123°55′6.4″E，海拔 150 m，地形为丘陵坡中部，二元母质，上部为黄土状物质，下部为
混合岩坡积物、残积物，目前利用方式为耕地，种植玉米。野外调查时间为 2010 年 10
月 17 日，编号 21-141。

Ap: 0~13 cm，浊黄橙色（10YR 6/3，干），暗棕色（10YR 3/3，润）；砂质壤土，发育中等的小棱块结构，润时疏松，干时坚硬；中量细根，少量极小块角状砾石和岩石碎屑；向下平滑渐变过渡。

Bw: 13~40 cm，浊黄橙色（10YR 6/4，干），黄棕色（10YR 5/8，润）；壤质砂土，发育中等的小团块结构，润时疏松，干时坚硬；中量细根，中量极小块角状砾石和岩石碎屑；向下波状清晰过渡。

2BC：40~80 cm，橙色（5YR 5/8，干），橙色（5YR 6/8，润）；砂质壤土，发育弱的小团块结构，润时疏松，干时坚硬；少量细根，多量极小块角状砾石和岩石碎屑；向下平滑渐变过渡。

高官系代表性单个土体剖面

2C：80~92 cm，混合岩，强风化。

高官系代表性单个土体物理性质

| 土层 | 深度/cm | 砾石(>2 mm, 体积分数)/% | 细土颗粒组成(粒径：mm)/(g/kg) | | | 质地 | 容重/(g/cm³) |
			砂粒 2~0.05	粉粒 0.05~0.002	黏粒 <0.002		
Ap	0~13	5	662	296	42	砂质壤土	1.53
Bw	13~40	30	752	208	40	壤质砂土	1.59
2BC	40~80	50	666	292	43	砂质壤土	1.70

高官系代表性单个土体化学性质

| 深度/cm | pH | | 有机质/(g/kg) | 全氮(N)/(g/kg) | 全磷(P_2O_5)/(g/kg) | 全钾(K_2O)/(g/kg) | 阳离子交换量/(cmol/kg) |
	H_2O	KCl					
0~13	5.3	3.9	19.8	1.32	1.07	22.2	7.2
13~40	6.4	4.6	9.1	0.64	0.98	15.8	8.4
40~80	6.1	4.7	3.5	0.37	0.90	20.3	17.8

9.5.17 小莱河系（**Xiaolaihe Series**）

土　族：粗骨壤质混合型非酸性-普通冷凉湿润雏形土
拟定者：王秋兵，李　岩，邢冬蕾，白晨辉

分布与环境条件　本土系分布于辽宁省东部，集中分布在抚顺市新宾、清原满族自治县等的丘陵漫岗中上部，5°～15° 中缓坡，排水良好，成土母质为坡积物、残积物；自然植被为针阔混交林，地表覆盖度大于 80%。温带湿润大陆性季风气候，雨热同季，四季分明，冬季漫长寒冷，夏季炎热多雨，年平均气温 3.9～5.4 ℃，年均降水量 700～850 mm，降雨集中在 6、7、8

小莱河系典型景观

月，植物生长季在 4～9 月，年均日照时数 2433 h，≥10 ℃的年活动积温 2497.5～2943.0 ℃，无霜期 120～139 d。

土系特征与变幅　诊断层包括淡薄表层、雏形层，诊断特性包括准石质接触面、湿润土壤水分状况、冷性土壤温度状况。本土系发育在坡积物、残积物母质上，土体中含有硬度不等的风化碎石，淡薄表层有机质达 43.79 g/kg，向下降至 1.93 g/kg；黏粒含量 60～109 g/kg；土壤呈酸性，pH 5.8～6.1，阳离子交换量表层为 8～13 cmol/kg。

对比土系　草市系，为不同土纲。草市系具有淡薄表层，育层出现在土表至 50 cm 范围内，而本土系具有暗沃表层，潜育层出现在土表下 50～100 cm 范围内

利用性能综述　本土系土体较浅薄，所处地区气候冷凉湿润，由于所处地势高，土层较薄，质地较粗，土体中含有大量的砾石，保水保肥性能差，因此不适宜作为耕地。

参比土种　金县山砂土（厚层硅铝质棕壤性土）。

代表性单个土体　位于辽宁省抚顺市清原满族自治县敖家堡乡小莱河村附近，41°53′4.6″N，124°42′56.9″E，海拔 514 m，地形为丘陵坡中上部，成土母质为坡积物、残积物，现利用方式为林地。野外调查时间为 2010 年 10 月 7 日，编号 21-131。

小莱河系代表性单个土体剖面

Oi:　+2～0 cm，枯枝落叶层。

Ah:　0～17 cm，灰黄棕色（10YR 6/2，干），棕色（10YR 3/4，润）；壤土，发育中等的小粒状结构，疏松；稍黏着；少量中根和大量细根；向下波状清晰过渡。

Bw:　17～40 cm，灰白色（10YR 8/2，干），浊黄棕色（10YR 5/4，润）；粉壤土，发育中等的小棱块状结构，稍坚实；少量中根和少量细根，土体中有少量角状小碎石；向下波状渐变过渡。

BC:　40～71 cm，浊黄橙色（10YR 6/3，干），黄棕色（10YR 5/6，润）；粉壤土，发育中等的小棱块状结构，坚实；很少量中根，并有大量角状碎石；向下平滑渐变过渡。

C:　71～125 cm，浊黄橙色（10YR 7/3，干），黄棕色（10YR 5/6，润）；砂质壤土，发育中等的小团块状结构，坚实；有较多强风化的碎石。

小莱河系代表性单个土体物理性质

土层	深度/cm	砾石（>2 mm，体积分数)/%	细土颗粒组成(粒径：mm)/(g/kg)			质地	容重/(g/cm³)
			砂粒 2～0.05	粉粒 0.05～0.002	黏粒 <0.002		
Ah	0～17	1	488	423	88	壤土	1.24
Bw	17～40	5	374	517	109	粉壤土	1.43
BC	40～71	40	425	514	61	粉壤土	—
C	71～125	50	698	236	67	砂质壤土	—

小莱河系代表性单个土体化学性质

深度/cm	pH		有机质/(g/kg)	全氮(N)/(g/kg)	全磷(P₂O₅)/(g/kg)	全钾(K₂O)/(g/kg)	阳离子交换量/(cmol/kg)
	H₂O	KCl					
0～17	6.1	4.9	43.8	2.62	0.06	44.2	13.1
17～40	5.9	4.4	6.0	0.66	0.88	24.0	8.6
40～71	5.8	4.2	3.3	0.46	0.02	24.1	8.7
71～125	5.6	3.9	1.9	0.27	1.01	25.2	8.8

9.5.18 红升系（Hongsheng Series）

土　族：粗骨质混合型非酸性-普通冷凉湿润雏形土
拟定者：王秋兵，李　岩，邢冬蕾，白晨辉

分布与环境条件　本土系分布于辽宁省东部，集中分布在抚顺市新宾、清原满族自治县等的丘陵山地缓坡中部，2°～5°微坡，排水良好，成土母质为紫色页岩坡积物；自然植被为落叶松、小灌木草本，地表覆盖度≥80%。温带湿润大陆性季风气候，雨热同季，四季分明，冬季漫长寒冷，夏季炎热多雨，年均气温 4.6 ℃，年均降水量在 750～850 mm，年均日照时数为 2230～2520 h，无霜期 150 d 左右。

红升系典型景观

土系特征与变幅　诊断层包括淡薄表层、雏形层；诊断特性包括石质接触面、湿润土壤水分状况、冷性土壤温度状况、铁质特性。本土系发育在紫色页岩坡积物母质上，土体中含有大量岩石碎屑，含量大于 75%；黏粒含量 85～128 g/kg；土壤呈酸性，pH 5.8～6.3，有机质含量 1.6～3.9 g/kg，土壤全氮含量 0.70～0.83 g/kg，有效磷含量 3～10 mg/kg，有效钾含量 106～116 mg/kg，通体土壤色调为 5 YR。

对比土系　同土族的土系有黑沟系。黑沟系不具铁质特性，土壤质地为粉质黏壤土，有准石质接触面。

利用性能综述　本土系土体浅薄，所处地区气候冷凉、湿润，由于所处地势高，土层较薄，质地较粗，土体中含有大量的砾石，保水保肥性能差，通气透水性较好，若开垦可能会造成水土流失严重，因此不适宜作为耕地。

参比土种　塔峪山砂土（中层硅铝质棕壤性土）。

代表性单个土体　位于辽宁省抚顺市新宾满族自治县红升乡南蜂蜜沟，41°47′15.3″N，124°36′5.6″E，海拔 400 m，地形为丘陵坡中部，成土母质为紫色页岩坡积物，林地。野外调查时间为 2010 年 10 月 5 日，编号 21-115。

Oi:　+2~0 cm，枯枝落叶层。

Ah:　0~12 cm，浊橙色（5YR 6/3，干），浊红棕色（5YR 4/4，润）；壤土，发育中等的小团粒结构，疏松；稍黏着；少量中根和极少量的粗根，很多强风化的小碎石块；向下平滑渐变过渡。

Bw:　12~29 cm，浊橙色（5YR 7/3，干），浊红棕色（5YR 4/4，润）；壤土，发育中等的小团块结构，坚实；中量细根，很多风化的中小石块；向下平滑渐变过渡。

C:　29~57 cm，浊橙色（5YR 6/3，干），红棕色（5YR 4/6，润）；发育中等的小团块结构，坚实；极少量细根，很多风化的中小石块。

红升系代表性单个土体剖面

红升系代表性单个土体物理性质

土层	深度/cm	砾石(>2 mm，体积分数)/%	细土颗粒组成(粒径：mm)/(g/kg)			质地	容重/(g/cm³)
			砂粒 2~0.05	粉粒 0.05~0.002	黏粒 <0.002		
Ah	0~12	15	461	453	85	壤土	1.54
Bw	12~29	70	467	405	128	壤土	1.69
C	29~57	85	—	—	—	—	—

红升系代表性单个土体化学性质

深度/cm	pH		有机质/(g/kg)	全氮(N)/(g/kg)	全磷(P₂O₅)/(g/kg)	全钾(K₂O)/(g/kg)	阳离子交换量/(cmol/kg)
	H₂O	KCl					
0~12	5.8	3.9	3.9	0.83	0.47	32.6	13.9
12~29	6.3	3.9	1.6	0.70	0.41	34.9	12.9
29~57	—	—	—	—	—	—	—

9.5.19 黑沟系（**Heigou Series**）

土　族：粗骨质混合型非酸性-普通冷凉湿润雏形土
拟定者：王秋兵，韩春兰，崔　东，王晓磊，荣　雪

分布与环境条件　本土系位于辽宁省东部地区低丘山地的坡中部，15°～25° 的中坡，母质为坡积物，排水良好；植被为落叶林林地，地表覆盖度 40%～80%，中度水蚀-片蚀。温带湿润大陆性季风气候，四季分明，雨量充沛，日照充足，温度适中，雨热同期，年均气温为 6.9 ℃，年均降水量为 814 mm 左右，其中一半集中在夏季的 7、8 月。

黑沟系典型景观

土系特征与变幅　诊断层包括淡薄表层、雏形层，诊断特性包括准石质接触面、湿润土壤水分状况、冷性土壤温度状况。本土系发育在玄武岩上的坡积物母质上，土体中有多量新鲜的岩石碎屑；通体黏粒含量 268.17～341.81 g/kg；土壤呈酸性，pH 5.67～5.79；有机质含量为 7.9～78.2 g/kg，全氮含量为 0.83～4.01 g/kg，有效磷含量为 4.69～14.86 mg/kg，速效钾含量为 83.73～178.37 mg/kg。

对比土系　同土族的土系有红升系。红升系具铁质特性、石质接触面，表层土壤质地为壤土。

利用性能综述　本土系土体浅薄，所处地区气候冷凉湿润，由于所处地势高，土层较薄，质地较粗，土体中含有大量的砾石，保水保肥性能差，因此不适宜作为耕地。应作为林业用地加以利用，封山育林育草，保护天然植被，减少水土流失。也可以人工植树造林、种草。

参比土种　新宾暗黄土（中腐铁镁质棕壤）。

代表性单个土体　位于辽宁省本溪市桓仁满族自治县黑沟乡黑沟村，41°22′26.6″N，125°22′4.2″E，海拔 379 m，地形为丘陵坡中部，成土母质为玄武岩坡积物。目前利用方式为林地，生长落叶松。野外调查时间为 2010 年 10 月 15 日，编号 21-135。

Oi: +3～0 cm，枯枝落叶层。

Ah: 0～19 cm，灰黄棕色（10YR 6/2，干），黑棕色（10YR 2/2，润）；粉质黏壤土，发育强的团粒结构，疏松；中量细中根，少量新鲜的小角状岩石碎屑；向下平滑清晰过渡。

Bw: 19～42 cm，橙白色（10YR 8/2，干），浊黄棕色（10YR 5/4，润）；粉质黏壤土，发育弱的小团块结构，疏松；少量细中根，多量新鲜的岩石碎屑，大量中块，少量小块和大块；向下平滑渐变过渡。

BC: 42～66 cm，浊黄橙色（10YR 7/2，干），棕色（10YR 4/4，润）；粉质黏壤土，发育弱的小团块结构，疏松；很少量细中根，很多量新鲜的岩石碎屑，大量中块，少量小块和大块；向下平滑渐变过渡。

黑沟系代表性单个土体剖面

C: 66～116 cm，浊黄橙色（10YR 7/2，干），棕色（10YR 4/4，润）；壤土，发育中等的粒状结构，疏松；很少量细中根，极多量新鲜的岩石碎屑，大量中、大块，少量小块。

黑沟系代表性单个土体物理性质

| 土层 | 深度/cm | 砾石（>2 mm，体积分数)/% | 细土颗粒组成(粒径：mm)/(g/kg) | | | 质地 | 容重/(g/cm³) |
			砂粒 2～0.05	粉粒 0.05～0.002	黏粒 <0.002		
Ah	0～19	5	68	633	299	粉质黏壤土	1.02
Bw	19～42	60	128	530	342	粉质黏壤土	—
BC	42～66	75	170	517	313	粉质黏壤土	—
C	66～116	85	264	468	268	壤土	—

黑沟系代表性单个土体化学性质

| 深度/cm | pH | | 有机质/(g/kg) | 全氮(N)/(g/kg) | 全磷(P₂O₅)/(g/kg) | 全钾(K₂O)/(g/kg) | 阳离子交换量/(cmol/kg) |
	H₂O	KCl					
0～19	5.7	4.5	78.2	4.01	9.24	31.1	23.1
19～42	5.8	4.3	16.2	1.34	2.65	26.7	19.2
42～66	5.7	4.3	13.4	1.24	0.54	27.2	11.2
66～116	5.7	4.3	7.9	0.83	0.74	29.6	13.2

9.5.20　振兴系（Zhenxing Series）

土　族：粗骨质碳酸盐型-普通冷凉湿润雏形土
拟定者：韩春兰，崔　东，王晓磊，荣　雪

分布与环境条件　本土系位于辽宁省北部地区的丘陵坡下部，$15°\sim25°$ 的中坡，成土母质为石灰岩、白云岩坡积物；土地利用类型为林地，植被为辽东栎及矮小灌木，地表覆盖度 $40\%\sim80\%$。温带湿润大陆性季风气候，四季分明，气候温和，雨量充沛，年均气温 5.1 ℃，年均降水量 738 mm，无霜期 135 d 左右。

振兴系典型景观

土系特征与变幅　诊断层包括淡薄表层、雏形层，诊断特性包括碳酸盐岩岩性特征、石质接触面、湿润土壤水分状况、冷性土壤温度状况、石灰性。本土系发育在石灰岩、白云岩风化的坡积物母质上，含大量的岩石碎屑。淡薄表层有机质含量为 4.4 g/kg，通体具有石灰反应，呈弱碱性，pH $7.6\sim7.8$。

对比土系　同土族没有其他土系，相似的土系有黑沟系和红升系，为同一亚类不同土族。黑沟系和红升系矿物学类型为混合型。

利用性能综述　本土系土层浅薄，所处地区气候冷凉湿润，土层较薄，土壤质地疏松，通气透水性好，但土壤贫瘠，肥力很低，且通体含有多量岩屑，不宜耕作，农业利用价值不大。可以人工植树造林、种草，因地制宜栽种适宜树种。

参比土种　灰砾土（钙镁质粗骨土）。

代表性单个土体　位于辽宁省铁岭市西丰县振兴镇诚信村老水泥厂附近，42°39′10.2″N，124°54′9.9″E，海拔 320 m，地形部位为丘陵坡下部，成土母质为石灰岩、白云岩风化的坡积物，目前利用方式为林地，生长辽东栎及矮小灌木。野外调查时间为 2010 年 10 月 6 日，编号 21-118。

Oi:　　+3～0 cm，枯枝落叶层。

Ah:　　0～16 cm，暗棕色（10YR 3/3，干），黑棕色（7.5YR 3/2，润）；粉壤土，发育较强的团粒结构，疏松；中量细根和中根，少量小块新鲜的岩石碎屑；有石灰反应；向下平滑清晰过渡。

Bw:　　16～52 cm，浊橙色（7.5YR 7/4，干），棕色（7.5YR 4/3，润）；砂质壤土，发育较弱的团块状结构，松散；大量细根和中根，偶见粗根，大量中块，少量小块和大块的新鲜的岩石碎屑；有石灰反应；向下波状清晰过渡。

C:　　52～98 cm，淡黄橙色（10YR 8/3，干），黄灰色（2.5Y 4/1，润）；石灰岩、白云岩岩石碎块。

振兴系代表性单个土体剖面

振兴系代表性单个土体物理性质

| 土层 | 深度/cm | 砾石(>2 mm，体积分数)/% | 细土颗粒组成(粒径：mm)/(g/kg) | | | 质地 | 容重/(g/cm³) |
			砂粒 2～0.05	粉粒 0.05～0.002	黏粒 <0.002		
Ah	0～16	5	159	616	226	粉壤土	0.85
Bw	16～52	70	639	273	89	砂质壤土	—
C	52～98	85	—	—	—	—	—

振兴系代表性单个土体化学性质

深度/cm	pH(H₂O)	有机质/(g/kg)	全氮(N)/(g/kg)	全磷(P₂O₅)/(g/kg)	全钾(K₂O)/(g/kg)	阳离子交换量/(cmol/kg)	碳酸钙相当物/(g/kg)
0～16	7.8	14.4	0.88	0.81	32.1	19.7	72.5
16～52	7.6	9.7	0.94	0.70	20.1	12.8	69.8
52～98	—	—	—	—	—	—	63.7

9.5.21 老秃顶系（**Laotuding Series**）

土 族：壤质硅质混合型非酸性-普通冷凉湿润雏形土
拟定者：王秋兵，韩春兰

分布与环境条件 本土系位于辽宁省东部地区山地的坡中上部，母质为残积物，排水良好；植被为草本植物,覆盖度 100%。温带湿润大陆性季风气候，由于受海洋性气候和地势高差的影响，形成特殊的小气候区，雨量充沛，年平均相对湿度 73%，年均气温 6 ℃，年均降水量 870～1060 mm，≥10 ℃有效年积温 3005 ℃，无霜期 139 d。

老秃顶系典型景观

土系特征与变幅 诊断层包括淡薄表层、雏形层，诊断特性包括湿润土壤水分状况、冷性土壤温度状况。本土系发育在花岗岩残积物上，土体中含有少量的岩屑；土体上部偏砂，发育程度较强，下部相对较黏，发育程度中等，黏粒含量 55～278 g/kg；土壤呈酸性，pH 5.3～5.6，阳离子交换量 11～26 cmol/kg。

对比土系 同土族无其他土系。相似的土系有孤家子系，为同一亚类不同土族。孤家子系的颗粒大小级别为黏壤质。

利用性能综述 本土系土体浅薄，位于中山顶部，海拔较高，气候寒冷，空气湿度较大，土壤自然肥力高，生长着茂密的草甸植被，对于防治土壤侵蚀和山地水源的涵养有着重要意义，应以保护天然植被为主。此外，草本植物种类繁多，植物资源丰富，有不少植物是珍贵的中药材。

参比土种 山甸土（厚腐硅铝质山地灌丛草甸土）。

代表性单个土体 位于辽宁省本溪市桓仁满族自治县老秃顶子山顶部，41°16′38″N，124°49′6″E，海拔 1327 m，山地的坡中上部，成土母质为花岗岩残积物，主要植被有山韭菜、蕨类等。野外调查时间为 2001 年 7 月 24 日，编号 21-238。

Ah：0～7 cm，浊黄棕色（10YR 4/3，干），黑棕色（10YR 2/3，润）；砂质壤土，发育强的团粒结构；稍黏着，稍塑；根系较多，土壤动物有蚯蚓；向下平滑渐变过渡。

AB：7～19 cm，浊黄棕色（10YR 5/4，干），黑棕色（10YR 3/2，润）；砂质黏壤土，发育强的团粒状结构；根系较多，有少量岩屑，土壤动物有蚯蚓；向下平滑渐变过渡。

Bw：19～48 cm，淡黄色（2.5Y 7/4，干），橄榄棕色（2.5Y 4/6，润）；黏壤土，发育强的粒状结构，稍黏着；根系较上层多，以细根为主，有少量很小的岩屑；向下平滑渐变过渡。

C：48～75 cm，淡黄色（2.5Y 7/4，干），棕色（10YR 4/6，润）；粉壤土；植物根系较少，有较大砾石和少量中等大小的岩屑，半风化。

老秃顶系代表性单个土体剖面

老秃顶系代表性单个土体物理性质

土层	深度 /cm	砾石 (>2 mm，体积分数)/%	细土颗粒组成(粒径：mm)/(g/kg)			质地	容重 /(g/cm³)
			砂粒 2～0.05	粉粒 0.05～0.002	黏粒 <0.002		
Ah	0～7	5	567	239	194	砂质壤土	1.23
AB	7～19	7	633	93	274	砂质黏壤土	1.34
Bw	19～48	8	345	378	278	黏壤土	1.42
C	48～75	15	400	545	55	粉壤土	1.53

老秃顶系代表性单个土体化学性质

深度 /cm	pH (H₂O)	有机质 /(g/kg)	全氮(N) /(g/kg)	全磷(P₂O₅) /(g/kg)	全钾(K₂O) /(g/kg)	阳离子交换量 /(cmol/kg)
0～7	5.4	18.7	1.35	1.34	32.9	26.1
7～19	5.3	14.4	1.01	2.63	37.4	23.5
19～48	5.5	17.5	0.83	2.44	39.7	21.4
48～75	5.6	13.8	0.72	3.26	32.1	11.5

9.5.22　孤家子系（**Gujiazi Series**）

土　族：黏壤质硅质混合型非酸性-普通冷凉湿润雏形土
拟定者：王秋兵，韩春兰，崔　东，王晓磊，荣　雪

分布与环境条件　本土系分布
于辽宁省东部，集中分布在抚顺
市新宾、清原满族自治县等的石
质山地的坡积裙上，2°～5°微
坡，二元母质，上部为坡积物，
下部为洪积物；自然植被已被破
坏，利用类型为耕地，种植玉米，
一年一熟。温带湿润大陆性季风
气候，雨热同季，四季分明，冬
季漫长寒冷，夏季炎热多雨，年
均气温 6.8 ℃，年均降水量
750～850 mm，年均日照时数为
2230～2520 d，无霜期 150 d 左右。

孤家子系典型景观

土系特征与变幅　诊断层包括淡薄表层、雏形层；诊断特性包括湿润土壤水分状况、冷
性土壤温度状况。本土系发育二元母质上，上部为坡积物，下部为洪积物，通体含有中
量岩石碎屑，淡薄表层有机质含量 20.45 g/kg；黏粒含量 88～501 g/kg，土壤结构有发育
微弱的小块状至发育较强的粒状；土壤呈酸性，pH 5.3～6.4，阳离子交换量表层为 5.7～
14 cmol/kg。

对比土系　同土族土系有后营盘系，后营盘系表层土壤质地为壤土。

利用性能综述　本土系土体较深厚，位于坡脚，土体中含中量砾石，土壤耕性和生产性
能稍差，适宜种植玉米等耐旱耐瘠薄作物。

参比土种　坡黄土（壤质坡积棕壤）。

代表性单个土体　位于辽宁省抚顺市抚顺县马圈子乡孤家子村，41°29′51.5″N，
124°21′53.3″E，海拔 303 m，地形为丘陵，二元母质，上部为坡积物，下部为洪积物，
目前利用方式为旱田。野外调查时间为 2010 年 10 月 14 日，编号 21-128。

孤家子系代表性单个土体剖面

Ap: 0~12 cm，浊黄棕色（10YR 6/3，干），棕色（10YR 4/4，润）；砂质壤土，发育微弱的小块状结构，疏松；少量细根，中量角状的岩石碎屑，少量新鲜的很小块，偶见风化的中块；向下平滑渐变过渡。

AB: 12~28 cm，灰黄棕色（10YR 6/2，干），棕色（10YR 4/4，润）；砂质壤土，发育微弱的小块状结构，疏松；很少量细根，少量角状的岩石碎屑，少量新鲜的小块，偶见风化的中块；向下平滑清晰过渡。

Bw: 28~58 cm，浊黄棕色（10YR 5/4，干），棕色（10YR 4/6，润）；砂质壤土，发育中等的小块状结构，疏松；很少量细根，少量角状的岩石碎屑，少量新鲜的小块，偶见风化的中块；向下平滑清晰过渡。

2A: 58~113 cm，灰黄棕色（10YR 5/2，干），黑棕色（10YR 3/3，润）；黏壤土，发育较强的粒状结构，疏松；少量细根，中量次圆状岩石碎屑，其中大量风化的小块，少量风化的中块；向下平滑渐变过渡。

2Bw: 113~130 cm，灰黄棕色（10YR 6/2，干），黑棕色（10YR 3/2，润），黏土，发育较强的粒状结构，疏松；很少量细根，中量次圆状岩石碎屑，其中大量新鲜的很小块，少量风化的中块。

孤家子系代表性单个土体物理性质

| 土层 | 深度/cm | 砾石(>2 mm，体积分数)/% | 细土颗粒组成(粒径：mm)/(g/kg) | | | 质地 | 容重/(g/cm³) |
			砂粒 2~0.05	粉粒 0.05~0.002	黏粒 <0.002		
Ap	0~12	5	543	331	127	砂质壤土	1.41
AB	12~28	5	683	229	88	砂质壤土	1.62
Bw	28~58	8	635	263	103	砂质壤土	1.68
2A	58~113	10	392	322	286	黏壤土	1.56
2Bw	113~130	15	120	379	501	黏土	1.54

孤家子系代表性单个土体化学性质

| 深度/cm | pH | | 有机质/(g/kg) | 全氮(N)/(g/kg) | 全磷(P₂O₅)/(g/kg) | 全钾(K₂O)/(g/kg) | 阳离子交换量/(cmol/kg) |
	H₂O	KCl					
0~12	5.3	3.8	20.5	1.42	1.21	32.5	6.6
12~28	6.0	4.4	6.3	0.75	2.52	23.1	5.7
28~58	6.4	4.7	7.3	0.79	1.93	23.3	13.6
58~113	6.4	4.8	14.7	0.95	1.99	20.9	13.7
113~130	6.3	4.7	39.8	0.82	5.16	29.1	10.5

9.5.23 后营盘系（Houyingpan Series）

土　族：黏壤质硅质混合型非酸性-普通冷凉湿润雏形土
拟定者：王秋兵，荣　雪，王晓磊，崔　东

分布与环境条件　本土系位于
辽宁省北部，所处地形部位为丘
陵山地坡中下部，25°～35°陡
坡，成土母质为坡积物；土地利
用类型为林地,生长榛子、油松、
柳树等，地表覆盖度 40%～
80%。温带半湿润大陆性季风气
候，热量充足，四季分明，气候
温和，雨水充沛，雨热同季，年
均气温 6.3 ℃，年均降水量
675 mm，年均日照时数 2600 h
左右，无霜期 146 d 左右。

后营盘系典型景观

土系特征与变幅　诊断层包括淡薄表层、雏形层；诊断特性包括湿润土壤水分状况、冷
性土壤温度状况。本土系发育在坡积物上，通体含有数量不等的岩石碎屑，淡薄表层有
机质达 23 g/kg，向下逐渐降至 3 g/kg；黏粒含量 230～350 g/kg，土壤呈酸性，pH 5.2～
5.6，阳离子交换量 13～16 cmol/kg。

对比土系　同土族的土系有孤家子系。孤家子系为二元母质，表层土壤质地为砂质壤土。

利用性能综述　本土系土体较厚，所处地区气候冷凉湿润，土体紧实黏重，保水性能好，
但通体含有多量岩屑，不宜作为农业用地。应作为林业用地加以利用，采取封山育林育
草，保护天然植被，以减少水土流失。也可以人工植树造林、种草，因地制宜栽种适宜
树种。

参比土种　坡黄土（壤质坡积棕壤）。

代表性单个土体　位于辽宁省铁岭市铁岭县横道河子镇后营盘子村，42°4′37.7″N，
123°59′16.2″E，海拔 283 m，地形为丘陵坡中下部，成土母质为坡积物，目前利用状况
为林地，生长大片榛子及油松。野外调查时间为 2010 年 10 月 1 日，编号 21-109。

Oi:　　+2～0 cm，枯枝落叶层。

Ah:　　0～21 cm，浊黄橙色（10YR 6/3，干），棕色（10YR 4/4，润）；稍润，壤土，发育微弱的小棱块状结构，疏松；大量中根和少量细根，少量中块岩石碎屑和很少量小块岩石碎屑；向下波状渐变过渡。

Bw1:　21～49 cm，浊黄橙色（10YR 7/4，干），黄棕色（10YR 5/6，润）；润，黏壤土，发育中等的小棱块状结构，坚实；少量中根，中量小块岩石碎屑；向下平滑渐变过渡。

Bw2:　49～93 cm，浊黄橙色（10YR 7/4，干），黄棕色（10YR 5/6，润）；润，黏壤土，发育中等的中棱块状结构，坚实；很少量细根，大量中块岩石碎屑；向下平滑渐变过渡。

后营盘系代表性单个土体剖面

BC：93～114 cm，淡黄橙色（10YR 8/3，干），浊黄橙色（10YR 6/3，润）；润，黏壤土，发育较强的中棱块状结构，坚实；很少量细根、极细根，很少量小块岩石碎屑。

后营盘系代表性单个土体物理性质

| 土层 | 深度 /cm | 砾石 (>2 mm，体积分数)/% | 细土颗粒组成(粒径：mm)/(g/kg) | | | 质地 | 容重 /(g/cm³) |
			砂粒 2～0.05	粉粒 0.05～0.002	黏粒 <0.002		
Ah	0～21	4	389	376	236	壤土	1.06
Bw1	21～49	6	385	262	353	黏壤土	1.49
Bw2	49～93	10	384	309	307	黏壤土	1.52
BC	93～114	8	248	431	321	黏壤土	1.55

后营盘系代表性单个土体化学性质

| 深度 /cm | pH | | 有机质 /(g/kg) | 全氮(N) /(g/kg) | 全磷(P₂O₅) /(g/kg) | 全钾(K₂O) /(g/kg) | 阳离子交换量 /(cmol/kg) |
	H₂O	KCl					
0～21	5.6	4.8	23.2	1.39	0.85	37.0	14.2
21～49	5.6	4.1	9.4	0.70	0.22	38.5	16.1
49～93	5.5	3.9	4.5	0.46	1.17	31.2	14.0
93～114	5.2	3.8	3.3	0.40	0.87	38.6	13.7

9.5.24 宏胜系（Hongsheng Series）

土　族：黏壤质混合型非酸性-普通冷凉湿润雏形土
拟定者：王秋兵，韩春兰，顾欣燕，刘杨杨

分布与环境条件　本土系分布于辽宁省北部的丘陵漫岗，二元母质，土体上部为风积沙，下部为黄土状物质；土地利用类型为耕地。温带半湿润大陆性季风气候，年均气温 7.0 ℃，年均降水量 607.5 mm，无霜期 148 d。

宏胜系典型景观

土系特征与变幅　诊断层包括淡薄表层、雏形层，诊断特性包括冷性土壤温度状况、湿润土壤水分状况。本土系发育在二元母质上，上部为风积沙，下部为黄土状物质；淡薄表层有机质含量为 13.43 g/kg，以下各层有机质含量逐渐减少；土壤呈微酸性，pH 5.93～6.30。

对比土系　同土族内没有其他土系，相似的土系有孤家子系和后营盘系，它们属于同一亚类不同土族。孤家子系和后营盘系的矿物学类别为硅质混合型。

利用性能综述　本土系土层较厚，质地上壤下黏，通气透水，地表疏松，易耕作。由于靠近内蒙古风沙区，易受风沙威胁，应注意防止水土流失，或者退耕还林还草。

参比土种　老黄土（壤质深淀黄土状棕壤）。

代表性单个土体　位于辽宁省铁岭市昌图县长岭子乡宏胜村，42°38′42.42″N，123°46′40″E，海拔 102 m，地形为丘陵漫岗，二元母质，土体上部为风积沙，下部为黄土状物质，耕地，种植玉米。野外调查时间为 2011 年 10 月 21 日，编号 21-320。

Ap: 0～11 cm，浊棕色（7.5YR 5/4，干），棕色（10YR 4/4，润）；壤土，弱度发育的小团块结构，极疏松，稍黏着，稍塑；多量细根；向下平滑渐变过渡。

AB: 11～26 cm，浊黄棕色（10YR 5/4，干），暗棕色（10YR 3/4，润）；砂质壤土，中度发育的中团块结构，坚实，稍黏着，稍塑；少量中根，很少细根；向下平滑清晰过渡。

2Ah: 26～50 cm，暗棕色（10YR 3/4，干），黑棕色（10YR 3/2，润）；粉壤土，中度发育小片状结构，疏松，黏着，中塑；多量极细根，很少细根；向下平滑清晰过渡。

2Bw: 50～78 cm，黄棕色（10YR 5/8，干），棕色（7.5YR 4/6，润）；黏壤土，强度发育大块状结构，疏松，黏着，中塑；少量极细根；向下平滑清晰过渡。

宏胜系代表性单个土体剖面

2Bq: 78～112 cm，亮黄棕色（10YR 7/6，干），浊棕色（7.5YR 6/4，润）；粉质黏壤土，强度发育的很大块状结构，疏松，黏着，中塑；少量硅粉。

宏胜系代表性单个土体物理性质

土层	深度 /cm	砾石 (>2 mm，体积分数)/%	细土颗粒组成(粒径: mm)/(g/kg)			质地	容重 /(g/cm³)
			砂粒 2～0.05	粉粒 0.05～0.002	黏粒 <0.002		
Ap	0～11	0	514	311	175	壤土	1.22
AB	11～26	1	542	343	115	砂质壤土	1.24
2Ah	26～50	1	149	650	202	粉壤土	1.31
2Bw	50～78	0	206	395	400	黏壤土	1.29
2Bq	78～112	0	75	620	306	粉质黏壤土	1.32

宏胜系代表性单个土体化学性质

深度 /cm	pH		有机质 /(g/kg)	全氮(N) /(g/kg)	全磷(P₂O₅) /(g/kg)	全钾(K₂O) /(g/kg)	阳离子交换量/(cmol/kg)
	H₂O	KCl					
0～11	6.1	3.8	13.4	1.78	1.60	19.4	14.5
11～26	5.9	4.1	10.0	1.51	3.29	15.1	13.1
26～50	6.1	5.2	11.6	1.45	3.26	15.0	17.8
50～78	6.1	5.3	4.6	1.19	0.44	18.6	21.6
78～112	6.3	5.3	2.1	1.07	0.73	19.5	14.0

9.6 铁质湿润雏形土

9.6.1 徐岭系（Xuling Series）

土　族：粗骨砂质硅质混合型酸性温性-红色铁质湿润雏形土
拟定者：王秋兵，韩春兰

分布与环境条件　本土系位于辽宁省南部，所处地形部位为丘陵山地坡下部，5°～15°中缓坡，成土母质为花岗混合岩残积物；土地利用类型为旱地，种植玉米，一年一熟。温带半湿润大陆性季风气候，冬无严寒，夏无酷暑，四季分明，年均气温 10 ℃左右，年平均降水量 550～950 mm，年均日照时数 2500～2800 h，无霜期 180～200 d。

徐岭系典型景观

土系特征与变幅　诊断层包括淡薄表层、雏形层，诊断特性包括准石质接触面、温性土壤温度状况、湿润土壤水分状况、铁质特性。本土系发育在残积物母质上，淡薄表层有机质含量为 3.8 g/kg，粒状结构；以下各层有机质含量为 1.1～1.5 g/kg，块状结构，黏粒含量 172～270 g/kg，色调为 5YR；游离氧化铁 32 g/kg；土壤呈酸性，pH 5.1～5.3，阳离子交换量表层 9～12 cmol/kg。

对比土系　同土族没有其他土系，相似的土系有南沙河系、龙王庙和石河系，属于同一亚类不同土族。南沙河系具粗骨壤质盖砂质颗粒大小级别，非酸性土壤反应级别。龙王庙系具砂质颗粒大小级别，非酸性土壤反应级别。石河系具壤质颗粒大小级别，非酸性土壤反应级别。

利用性能综述　本土系土体浅薄，所处地区气候温暖湿润，但土壤质地较粗，结构松散，地表有粗碎块，通气透水性好，土壤酸、瘦，肥力低下，适宜种植玉米等耐旱耐瘠薄作物。

参比土种　金县山砂土（厚层硅铝质棕壤性土）。

代表性单个土体　位于辽宁省大连市庄河市徐岭镇徐炉村，39°46′37.5″N，122°58′13.7″E，海拔 76 m，地貌为丘陵，采样点位于坡地的下部，植被类型为玉米，母质为花岗混合岩残积物，土地利用方式为旱地，种植玉米。野外调查时间为 2005 年 7 月 4 日，编号 21-166。

Ap:　0～9 cm，橙色（5YR 6/8，干），亮红棕色（5YR 5/8，润）；黏壤土，粒状结构，松散；有很多 1～2 mm 的根系；向下平滑渐变过渡。

AB：9～28 cm，橙色（5YR 6/8，干），亮红棕色（2.5YR 5/8，润）；砂质黏壤土，粒状结构，松散；有中量 1～2 mm 的根系；向下平滑渐变过渡。

Bw：28～40 cm，橙色（5YR 7/6，干），橙色（5YR 6/8，润）；砂质壤土，发育弱的块状结构，松散；有少量 1 mm 左右的根系；向下平滑渐变过渡。

C：　40～65 cm，橙色（2.5YR 6/8，干），橙色（5YR 6/8，润）；砂质壤土，混合岩风化壳。

徐岭系代表性单个土体剖面

徐岭系代表性单个土体物理性质

土层	深度/cm	砾石（>2 mm，体积分数）/%	砂粒 2～0.05	粉粒 0.05～0.002	黏粒 <0.002	质地	容重/(g/cm³)
			细土颗粒组成(粒径：mm)/(g/kg)				
Ap	0～9	20	435	295	271	黏壤土	1.34
AB	9～28	14	521	277	203	砂质黏壤土	1.43
Bw	28～40	40	553	276	172	砂质壤土	1.59
C	40～65	60	600	215	185	砂质壤土	1.63

徐岭系代表性单个土体化学性质

深度/cm	pH H₂O	pH KCl	有机质/(g/kg)	全氮(N)/(g/kg)	全磷(P₂O₅)/(g/kg)	全钾(K₂O)/(g/kg)	阳离子交换量/(cmol/kg)	游离氧化铁(Fe₂O₃)含量/(g/kg)
0～9	5.1	4.2	3.8	0.88	0.83	40.7	12.4	35.5
9～28	5.2	4.4	1.5	0.90	0.67	37.2	11.0	35.8
28～40	5.3	4.4	1.3	0.90	0.69	38.2	10.0	32.7
40～65	5.3	4.3	1.1	0.75	0.64	42.9	10.6	31.0

9.6.2 南沙河系（Nanshahe Series）

土 族：粗骨壤质盖砂质硅质混合型非酸性温性-红色铁质湿润雏形土
拟定者：王秋兵，韩春兰

分布与环境条件 本土系分布于辽宁省西南部的山麓平原，成土母质为残积物；土地利用类型为果园、耕地，有少量山枣树和杂草生长，地表覆盖度几乎为零。温带半湿润大陆性季风气候，四季分明，水热同期，降水集中，日照充足，季风明显，年均气温 9.6 ℃，年均降水量 630 mm 左右。

南沙河系典型景观

土系特征与变幅 诊断层包括淡薄表层、雏形层，诊断特性包括准石质接触面、温性土壤温度状况、湿润土壤水分状况、铁质特性。本土系发育在残积物上，土体 50 cm 以上有石英岩脉穿过，淡薄表层有机质含量 12.7 g/kg，以下各层有机质含量 1～3 g/kg；通体粒状结构，细土为砂质壤土，黏粒含量 100～200 g/kg；土壤基质色调为 5YR，全剖面游离氧化铁含量为 13～21 g/kg；土壤呈中性或微酸性，pH 6.3～6.7，阳离子交换量 6～12 cmol/kg，盐基饱和度 76%～96%。

对比土系 同土族没有其他土系，相似的土系有徐岭系、龙王庙系和石河系，属于同一亚类不同土族。徐岭系具粗骨砂质颗粒大小级别，且土壤反应级别为酸性。龙王庙系具砂质颗粒大小级别。石河系具壤质颗粒大小级别，非酸性土壤反应级别。

利用性能综述 本土系土层浅薄，所处地区气候温暖湿润，但土壤质地较粗，结构松散，土体中有大量岩屑，通气透水性好，土壤酸、瘦，肥力低下，是辽宁省低产土壤之一，适宜种植玉米等耐旱耐瘠薄作物。也可以作为林业用地，封山育林育草，保护天然植被，减少水土流失。

参比土种 金县山砂土（厚层硅铝质棕壤性土）。

代表性单个土体 位于辽宁省葫芦岛市绥中县沙河镇穆家屯，40°17′7.6″N，120°16′18.0″E，海拔 47 m，残积物母质，土地利用类型为耕地，种植玉米。野外调查时间为 2005 年 5 月 9 日，编号 21-181。

Ap:　0～22 cm，浊橙色（7.5YR 4/6，干），红棕色（5YR 4/6，润）；壤土，粒状结构，坚实；根系多，较多砾石；向下波状清晰过渡。

Bw1：22～55 cm，亮红棕色（5YR 5/6，干），红棕色（2.5YR 4/6，润）；砂质壤土，粒状结构，松散；根系多，有石英岩脉穿过，很多砾石；向下波状清晰过渡。

Bw2：55～90 cm，橙色（5YR 7/6，干），亮红棕色（2.5YR 5/8，润）；砂质壤土，粒状结构，松散；红色混合片麻岩风化壳，少量砾石。

南沙河系代表性单个土体剖面

南沙河系代表性单个土体物理性质

土层	深度/cm	砾石(> 2 mm, 体积分数)/%	细土颗粒组成(粒径: mm)/(g/kg)			质地	容重/(g/cm³)
			砂粒 2～0.05	粉粒 0.05～0.002	黏粒 < 0.002		
Ap	0～22	12	495	309	197	壤土	1.33
Bw1	22～55	32	528	320	152	砂质壤土	1.54
Bw2	55～90	28	683	220	97	砂质壤土	1.62

南沙河系代表性单个土体化学性质

深度/cm	pH		有机质/(g/kg)	全氮(N)/(g/kg)	全磷(P_2O_5)/(g/kg)	全钾(K_2O)/(g/kg)	阳离子交换量/(cmol/kg)	游离氧化铁/(g/kg)
	H_2O	KCl						
0～22	6.7	—	12.7	2.10	0.69	36.1	11.9	20.2
22～55	6.3	5.4	2.7	1.76	0.39	40.1	12.0	20.6
55～90	6.6	—	1.0	1.61	0.33	41.9	6.3	13.0

9.6.3 龙王庙系（Longwangmiao Series）

土　族：砂质硅质混合型非酸性温性-红色铁质湿润雏形土
拟定者：王秋兵，韩春兰

分布与环境条件　本土系位于辽宁省东部，地形为山间平地，成土母质为残积物；土地利用类型为旱地，种植玉米，一年一熟。温带湿润大陆性季风气候，受黄海影响，具有海洋性气候特点，冬无严寒，夏无酷暑，四季分明，雨热同季，年均气温 8.4 ℃，年均降水量 888 mm，年均日照时数 2484.3 h，无霜期 182 d，结冻期 147 d。

龙王庙系典型景观

土系特征与变幅　诊断层包括淡薄表层、雏形层，诊断特性包括温性土壤温度状况、湿润土壤水分状况、铁质特性。本土系发育在残积物上，淡薄表层有机质含量 13.9 g/kg，以下各层有机质含量 1～2 g/kg；通体黏粒含量 120～230 g/kg；B 层土壤色调为 5YR，游离氧化铁含量 21 g/kg；土壤呈酸性，pH 5.0～5.7，阳离子交换量 8～12 cmol/kg。

对比土系　同土族没有其他土系，相似的土系有徐岭系、南沙河系和石河系，属于同一亚类不同土族。徐岭系具粗骨砂质颗粒大小级别，且土壤反应级别为酸性。南沙河系具粗骨壤质盖砂质颗粒大小级别，非酸性土壤反应级别。石河系具壤质颗粒大小级别，非酸性土壤反应级别。

利用性能综述　本土系土层较浅薄，所处地区气候温暖湿润，但土壤质地较粗，结构松散，通气透水性好，土壤酸、瘦，肥力低下，适宜种植玉米等耐旱耐瘠薄作物。也可以作为林业用地，封山育林育草，保护天然植被，减少水土流失。或者因地制宜栽种柞树，发展养蚕业。

参比土种　金县山砂土（厚层硅铝质棕壤性土）。

代表性单个土体　位于辽宁省丹东市东港市龙王庙镇马家堡村，40°0′2.6″N，123°47′45.2″E，海拔 38 m，地貌为山间平地，母质为片麻岩残积物，土地利用方式为旱地，种植玉米，有大棚，棚内种植草莓和甜瓜。野外调查时间为 2005 年 7 月 7 日，编号 21-175。

Ap: 0～10 cm，淡黄橙色（7.5YR 8/6，干），棕色（7.5YR 4/6，润）；壤土，粒状结构，松散；有很多1 mm左右的植物根系；向下平滑清晰过渡。

Bw: 10～39 cm，橙色（5YR 7/8，干），橙色（5YR 6/8，润）；砂质壤土，发育弱的块状结构，松散；有中量小于1 mm的植物根系，有1 cm左右的蚂蚁洞3、4个，青蛙洞1个；向下平滑渐变过渡。

C: 39～80 cm，黄橙色（7.5YR 7/8，干），橙色（5YR 6/8，润）；砂质壤土，无结构，松散；有很少的小于1 mm的植物根系，土壤动物有蚂蚁。

龙王庙系代表性单个土体剖面

龙王庙系代表性单个土体物理性质

土层	深度/cm	砾石（>2 mm，体积分数)/%	细土颗粒组成(粒径: mm)/(g/kg)			质地	容重/(g/cm³)
------	---------	------	砂粒 2～0.05	粉粒 0.05～0.002	黏粒 <0.002	------	------
Ap	0～10	6	443	325	232	壤土	1.12
Bw	10～39	3	562	250	188	砂质壤土	1.46
C	39～80	3	611	267	122	砂质壤土	1.54

龙王庙系代表性单个土体化学性质

深度/cm	pH H₂O	pH KCl	有机质/(g/kg)	全氮(N)/(g/kg)	全磷(P_2O_5)/(g/kg)	全钾(K_2O)/(g/kg)	阳离子交换量/(cmol/kg)	游离氧化铁/(g/kg)
0～10	5.0	3.9	14.0	1.76	42.17	1.5	11.8	20.3
10～39	5.7	4.3	1.9	0.97	44.56	1.1	8.9	21.6
39～80	5.6	4.3	0.8	0.87	48.88	0.9	9.1	15.9

9.6.4 石河系（Shihe Series）

土　　族：壤质硅质混合型非酸性温性-红色铁质湿润雏形土

拟定者：王秋兵，韩春兰

分布与环境条件　本土系位于辽宁省南部，所处地形部位为丘陵山地的坡下部，5°～15°的中缓坡，成土母质为坡积物，排水良好，无或轻度水蚀-片蚀；植被主要为矮小灌木，也生长槐树等，地表覆盖度40%～80%。温带半湿润大陆性季风气候，冬无严寒，夏无酷暑，四季分明，年均气温 10 ℃左右，年均降水量550～670 mm，年均日照时数为2500～2800 h，无霜期180～200 d。

石河系典型景观

土系特征与变幅　诊断层有淡薄表层、雏形层，诊断特性包括湿润土壤水分状况、温性土壤温度状况、铁质特性。本土系发育在坡积物上，土体中有少量岩屑，土体厚度 1 m以上；淡薄表层有机质含量6.2 g/kg，以下各层有机质含量1～3 g/kg；A 层为粒状结构；黏粒含量150～290 g/kg，游离氧化铁含量17～19 g/kg；土壤色调为5YR，土壤呈微酸性，pH 6.3～6.9，阳离子交换量表层为9.0～10.2 cmol/kg。

对比土系　同土族内没有其他土系，相似的土系有徐岭系、南沙河系和龙王庙系，属于同一亚类不同土族。徐岭系具粗骨砂质颗粒大小级别，且土壤反应类别为酸性。南沙河系具粗骨壤质盖砂质颗粒大小级别，非酸性土壤反应级别。龙王庙系具砂质颗粒大小级别，非酸性土壤反应级别。

利用性能综述　本土系土层较薄，地表多岩石碎屑，通透性差，不宜耕作，土壤贫瘠，肥力很低。土壤植被覆盖度较大，农业利用价值不大，应作为林业用地加以利用，如封山育林育草，保护天然植被，减少水土流失。

参比土种　金县山砂土（厚层硅铝质棕壤性土）。

代表性单个土体　位于辽宁省大连市金州区石河镇高房身村，39°19′3.2″N，121°50′35.1″E，海拔 56 m。地貌为丘陵，采样点位于坡地的底部，坡度6°，坡向东南；植被类型为槐树、山枣树；母质为坡积物；土地利用方式为荒草地。野外调查时间为2005 年 7 月 6 日，编号21-170。

石河系代表性单个土体剖面

Ah：　0～29 cm，橙色（5YR 6/8，干），红棕色（5YR 4/8，润）；砂质壤土，粒状结构，松散；有少量棱角状新鲜岩屑，中量细根系；向下波状渐变过渡。

AB：　29～49 cm，亮红色（5YR 5/8，干），红棕色（5YR 4/8，润）；砂质壤土，弱发育小团块状结构，松散；有少量棱角状新鲜岩屑，中量细根系，丰度25～50条/dm²；向下波状渐变过渡。

Bw1：49～82 cm，亮红棕色（5YR 5/8，干），红棕色（2.5YR 4/6，润）；砂质壤土，弱发育小团块状结构，松散；有少量的棱角状新鲜岩屑，少量细根系；向下波状渐变过渡。

Bw2：82～105 cm，亮红棕色（5YR 5/8，干），红棕色（2.5YR 4/6，润）；砂质黏壤土，弱发育小团块状结构，松散；有少量棱角状新鲜岩屑，很少量细根系；向下波状渐变过渡。

Bw3：105～130 cm，亮红棕色（2.5YR 5/8，干），红棕色（2.5YR 4/8，润）；黏壤土，弱发育小团块状结构，松散；有少量棱角状新鲜岩屑。

石河系代表性单个土体物理性质

土层	深度/cm	砾石（>2 mm，体积分数）/%	细土颗粒组成（粒径：mm）/(g/kg)			质地	容重/(g/cm³)
			砂粒 2～0.05	粉粒 0.05～0.002	黏粒 <0.002		
Ah	0～29	11	605	227	168	砂质壤土	1.28
AB	29～49	3	663	185	152	砂质壤土	1.35
Bw1	49～82	5	515	289	196	砂质壤土	1.47
Bw2	82～105	6	461	250	289	砂质黏壤土	1.55
Bw3	105～130	11	398	331	271	黏壤土	1.53

石河系代表性单个土体化学性质

深度/cm	pH		有机质/(g/kg)	全氮(N)/(g/kg)	全磷(P₂O₅)/(g/kg)	全钾(K₂O)/(g/kg)	阳离子交换量/(cmol/kg)
	H₂O	KCl					
0～29	6.4	5.0	10.7	1.29	0.41	31.1	10.2
29～49	6.9	—	4.7	1.00	0.28	28.1	9.0
49～82	6.8	—	4.3	0.88	0.43	29.1	9.2
82～105	6.7	—	5.0	1.01	0.33	28.3	13.5
105～130	6.3	5.1	3.1	0.83	0.45	28.4	15.9

9.7　简育湿润雏形土

9.7.1　柳壕系（**Liuhao Series**）

土　族：黏质伊利石混合型非酸性温性-暗沃简育湿润雏形土
拟定者：王秋兵，韩春兰

分布与环境条件　本土系分布于辽宁省中部的冲积平原，母质为冲积物；土地利用类型为耕地，种植玉米，一年一熟。温带半湿润大陆性季风气候，年均气度 8.4 ℃，年均降水量 572 mm，年均无霜期 154 d。

柳壕系典型景观

土系特征与变幅　诊断层包括暗沃表层、雏形层，诊断特性包括温性土壤温度状况、湿润土壤水分状况。本土系发育在冲积物上，暗沃表层有机质含量 23～51 g/kg；A 层以下黏粒含量 400 g/kg 以上；土壤呈中性至碱性，pH 7.2～7.9。

对比土系　同土族内没有其他土系，相似的土系有黄家系，属于同一亚类不同土族。黄家系是黏壤质颗粒大小级别，硅质混合型土壤矿物学类型。

利用性能综述　本土系土体较深厚，所处地区气候温暖湿润，所处地形为平原，地势平坦，水热条件较好，地下水位较高，植物生长茂盛，生物积累作用强，形成了深厚的黑色腐殖质层。土壤表层质地疏松，通水透气性好，下层土壤质地黏重，保水保肥，水热协调，土壤肥力较高，生产性能好，适种作物广。

参比土种　辽阳黑淤土（厚黑壤质草甸土）。

代表性单个土体　位于辽宁省辽阳市辽阳县柳壕镇，41°14′43.6″N，122°51′52.4″E，海拔 61 m，地形为冲积平原，成土母质为冲积物，土地利用类型为旱田，种植玉米。野外调查时间为 2011 年 9 月 30 日，编号 21-200。

Ap：　0～10 cm，灰黄棕色（10YR 4/2，干），黑棕色（10YR 2/3，润）；粉壤土，发育强的大团块状结构，湿时疏松，黏着，中塑；中量细根；向下平滑渐变过渡。

Bw：　10～19 cm，灰黄棕色（10YR 4/2，干），黑棕色（10YR 2/3，润）；粉质黏土，发育强的片状结构，湿时坚实，黏着，强塑；少量细根；向下平滑渐变过渡。

Ahb：　19～37 cm，灰黄棕色（10YR 5/2，干），暗棕色（10YR 3/3，润）；粉质黏土，发育中等的中团粒结构，湿时很坚实，极黏着，中塑；向下平滑渐变过渡。

Bwb：　37～80 cm，灰棕色（10YR 4/1，干），黑棕色（10YR 2/2，润）；粉质黏壤土，发育强的中团粒结构，湿时很坚实，极黏着，中塑。

柳壕系代表性单个土体剖面

柳壕系代表性单个土体物理性质

| 土层 | 深度/cm | 砾石(>2 mm，体积分数)/% | 细土颗粒组成(粒径：mm)/(g/kg) | | | 质地 | 容重/(g/cm³) |
			砂粒 2～0.05	粉粒 0.05～0.002	黏粒 <0.002		
Ap	0～10	0	153	593	254	粉壤土	1.07
Bw	10～19	0	13	583	404	粉质黏土	1.16
Ahb	19～37	0	19	557	424	粉质黏土	1.25
Bwb	37～80	0	43	557	400	粉质黏壤土	1.27

柳壕系代表性单个土体化学性质

深度/cm	pH(H₂O)	有机质/(g/kg)	全氮(N)/(g/kg)	全磷(P₂O₅)/(g/kg)	全钾(K₂O)/(g/kg)	阳离子交换量/(cmol/kg)
0～10	7.2	28.7	1.97	0.92	20.0	35.9
10～19	7.6	23.2	1.63	0.80	19.6	35.9
19～37	7.6	50.4	1.89	0.85	20.1	39.0
37～80	7.9	23.7	1.58	1.03	16.4	37.8

9.7.2　黄家系（Huangjia Series）

土　族：黏壤质硅质混合型非酸性温性-暗沃简育湿润雏形土
拟定者：王秋兵，韩春兰，顾欣燕，刘杨杨，张寅寅，孙仲秀

分布与环境条件　本土系位于辽宁省中部河流冲积平原，成土母质为冲积物；土地利用类型为耕地。温带半湿润大陆性季风气候，冬冷夏暖，寒冷期长，春秋短而多风，雨量集中，日照充足，四季分明，年均气温 8.3 ℃，夏季炎热多雨，空气湿润，占全年总降水量的 60% 左右，雨水主要集中在 7、8 月，常以暴雨形式出现，年均降水量 690 mm，全年无霜期 183 d。

黄家系典型景观

土系特征与变幅　诊断层包括暗沃表层、雏形层，诊断特性包括温性土壤温度状况、湿润土壤水分状况、氧化还原特征。本土系发育在冲积物母质上，有机质含量 7.6～22.5 g/kg；50 cm 以下有碳酸钙结核和锈纹锈斑；通体黏粒含量在 150～350 g/kg；A 层 pH 6.65，下层 pH 7.2～8.2。

对比土系　同土族无其他土系，相似的土系有柳壕系，属于同一亚类不同土族。柳壕系的土壤颗粒大小级别为黏质，土壤矿物学类别为伊利石混合型。

利用性能综述　本土系土体深厚，所在地气候湿润，水分充足，有较厚的腐殖质层。土壤水分、养分均较丰富，土质疏松，砂黏适中，通气透水性良好，土壤水、肥、气、热协调，土壤肥力较高，生产性能好，适种作物广，各种粮食作物、经济作物和蔬菜、瓜果均较适宜。

参比土种　石灰河淤土（壤质石灰性草甸土）。

代表性单个土体　位于辽宁省沈阳市沈北新区黄家街道黄家村，42°6′26.5″N，123°29′52.1″E，海拔 54 m，地形为冲积平原，成土母质为冲积物，土地利用类型为耕地，种植玉米。野外调查时间为 2011 年 5 月 22 日，编号 21-202。

黄家系代表性单个土体剖面

Ap: 0~20 cm，灰黄棕色（10YR 4/2，干），红黑色（2.5YR 2/1，润）；砂质黏壤土，发育强的大团块结构，坚实，稍黏着，中塑；少量极细根；向下平滑清晰过渡。

AB1: 20~38 cm，黑棕色（5YR 3/1，干），黑棕色（5YR 2/1，润）；粉壤土，发育弱的小团粒结构，疏松，稍黏着，中塑；很少量极细根；向下平滑清晰过渡。

AB2: 38~55 cm，灰黄棕色（10YR 4/2，干），黑棕色（10YR 2/2，润）；壤土，发育弱的小团块结构，疏松，稍黏着，中塑；很少量极细根；向下波状清晰过渡。

Bwk: 55~79 m，黑灰黄棕色（10YR 5/2，干），棕色（10YR 3/2，润）；砂质黏壤土，发育中等的小团块结构，稍坚实，稍黏着，中塑；很少极细水稻根，很少棱块状碳酸钙结核；中度石灰反应；向下平滑模糊过渡。

Bwrk1: 79~100 cm，淡黄色（2.5Y 7/4，干），浊黄棕色（10YR 5/3，润）；砂质黏壤土，发育中等的小团块结构，疏松，稍黏着，中塑；很少小球状铁锰结核，中量小锈纹锈斑，很少棱块状碳酸钙结核；中度石灰反应；向下平滑清晰过渡。

Bwrk2: 100~120 cm，浊黄橙色（10Y 7/3，干），浊黄棕色（10YR 5/4，润）；粉壤土，发育弱的小团块结构，疏松，稍黏着，中塑；很少小球状铁锰结核，中量小的锈纹锈斑，很少棱块状碳酸钙结核；中度石灰反应。

黄家系代表性单个土体物理性质

| 土层 | 深度 /cm | 砾石 (>2 mm，体积分数)/% | 细土颗粒组成(粒径：mm)/(g/kg) | | | 质地 | 容重 /(g/cm³) |
			砂粒 2~0.05	粉粒 0.05~0.002	黏粒 <0.002		
Ap	0~20	0	634	24	342	砂质黏壤土	1.27
AB1	20~38	0	311	501	188	粉壤土	1.25
AB2	38~55	0	365	400	236	壤土	1.23
Bwk	55~79	0	658	86	256	砂质黏壤土	1.46
Bwrk1	79~100	0	566	122	312	砂质黏壤土	1.47
Bwrk2	100~120	0	78	774	148	粉壤土	1.62

黄家系代表性单个土体化学性质

深度 /cm	pH (H₂O)	有机质 /(g/kg)	全氮(N) /(g/kg)	全磷(P₂O₅) /(g/kg)	全钾(K₂O) /(g/kg)	阳离子交换量 /(cmol/kg)	碳酸钙相当物 /(g/kg)
0~20	6.7	17.6	1.23	4.04	17.5	33.4	0.0
20~38	7.2	22.5	1.39	3.41	15.9	31.3	0.0
38~55	7.9	20.4	0.92	3.60	17.4	24.7	0.0
55~79	8.2	8.2	0.49	4.38	16.5	21.5	13.6
79~100	8.1	7.6	0.31	3.08	16.5	15.0	18.5
100~120	8.0	11.7	0.29	2.55	16.1	12.2	43.6

9.7.3 青椅山系（Qingyishan Series）

土　族：黏质伊利石混合型非酸性温性-斑纹简育湿润雏形土
拟定者：王秋兵，韩春兰，崔　东，王晓磊

分布与环境条件　本土系位于辽宁省丹东市宽甸县玄武岩台地，成土母质为黄土状物质；土地利用类型为林地，植被为辽东栎和矮小灌木，覆盖度 40%～80%。温带湿润大陆性季风气候，四季分明，雨量充沛，冬暖夏凉，光照充足，年均气温 7.1 ℃，年均降水量 1100 mm 左右，≥10 ℃积温为 3000 ℃，无霜期 140 d。

青椅山系典型景观

土系特征与变幅　诊断层包括淡薄表层、雏形层，诊断特性包括温性土壤温度状况、湿润土壤水分状况、氧化还原特征、潜育特征。本土系发育在黄土状物质上，底层有潜育化特征，有明显的氧化还原特征；淡薄表层有机质 25 g/kg，底层下降至 3.6 g/kg；土壤全氮含量 0.53～1.57 g/kg；土壤黏粒含量 298～449 g/kg；土体下部有少量至多量的铁锰斑纹；土壤呈酸性，pH 4.6～5.7。

对比土系　同土族内没有其他土系，相似的土系有兴隆台系和青石岭系。兴隆台系和青石岭系的颗粒大小级别为黏壤质，矿物学类型为硅质混合型。

利用性能综述　本土系土体较厚，所处地区气候温暖湿润，但通体质地较黏着，通水透气性较差，宜耕性相对较差。应作为林业用地，封山育林育草，保护天然植被，减少水土流失。

参比土种　坡黄土（壤质坡积棕壤）。

代表性单个土体　位于辽宁省丹东市宽甸满族自治县青椅山，40°41′48.3″N，124°37′0.2″E，海拔 163 m，地形为玄武岩台地，成土母质为黄土状物质。野外调查时间为 2010 年 10 月 28 日，编号 21-155。

青椅山系代表性单个土体剖面

Oi： +3～0 cm，枯枝落叶层。

Ah： 0～16 cm，淡黄色（2.5YR 7/3，干），暗棕色（10YR 3/4，润）；粉质黏壤土，发育较强的小棱块状结构，疏松；大量中根，其中中根多，细根少；向下平滑清晰过渡。

AB： 16～36 cm，淡黄色（2.5YR 7/3，干），暗棕色（10YR 3/4，润）；黏壤土，发育较强的小团块状结构，疏松；中量细根；向下平滑清晰过渡。

Bw： 36～63 cm，浅淡黄色（2.5YR 8/4，干），黄棕色（2.5YR 5/4，润）；黏壤土，发育较强的小团块状结构，疏松；少量细根；向下平滑清晰过渡。

BCr： 63～107 cm，灰白色（2.5YR 8/2，干），淡黄色（2.5YR 7/4，润）；粉质黏壤土，发育中等的中团块状结构，坚实；很少量极细根，少量铁锰斑纹；向下波状清晰过渡。

Cr：107～135 cm，灰白色（2.5YR 8/2，干），淡黄色（2.5YR 7/4，润）；粉质黏土，发育中等的中团块状结构，坚实；多量铁锰斑纹。

青椅山系代表性单个土体物理性质

土层	深度/cm	砾石（>2 mm，体积分数）/%	细土颗粒组成（粒径：mm）/(g/kg)			质地	容重/(g/cm³)
			砂粒 2～0.05	粉粒 0.05～0.002	黏粒 <0.002		
Ah	0～16	0	179	477	344	粉质黏壤土	0.95
AB	16～36	0	272	430	298	黏壤土	1.11
Bw	36～63	0	268	351	381	黏壤土	1.07
BCr	63～107	0	168	458	374	粉质黏壤土	1.29
Cr	107～135	0	135	416	449	粉质黏土	1.33

青椅山系代表性单个土体化学性质

深度/cm	pH		有机质/(g/kg)	全氮(N)/(g/kg)	全磷(P₂O₅)/(g/kg)	全钾(K₂O)/(g/kg)	阳离子交换量/(cmol/kg)
	H₂O	KCl					
0～16	5.0	3.8	25.0	1.57	1.05	28.3	19.5
16～36	4.6	3.8	21.0	1.15	0.84	20.8	20.6
36～63	5.2	3.7	16.7	0.97	1.61	25.9	18.3
63～107	5.5	3.8	8.6	0.69	3.09	30.1	16.0
107～135	5.7	3.5	3.6	0.53	0.76	32.0	21.7

9.7.4　青石岭系（**Qingshiling Series**）

土　　族：黏壤质硅质混合型非酸性温性–斑纹简育湿润雏形土
拟定者：王秋兵，韩春兰

分布与环境条件　本土系位于
辽宁省南部的河流冲积平原，成
土母质为冲积物；土地利用类型
为水田，种植水稻，一年一熟。
温带半湿润大陆性季风气候，四
季分明，日照充足，年均气温
9.5 ℃，年均降水量 636.3 mm，
无霜期 189 d。

青石岭系典型景观

土系特征与变幅　诊断层包括
淡薄表层、雏形层，诊断现象包
括水耕现象；诊断特性包括温性
土壤温度状况、湿润土壤水分状

况、氧化还原特征。本土系发育在冲积物母质上，有机质含量 2.5～5.1 g/kg；通体黏粒
含量 217～360 g/kg；土壤呈中性至微碱性，pH 7.1～8.1，阳离子交换量底层 10.0～
17.2 cmol/kg。

对比土系　同土族的土系有兴隆台系。兴隆台系表层土壤质地为黏壤土。

利用性能综述　本土系土体较深厚，所处地区气候温暖湿润，地势平坦，水热条件较好。
土壤质地黏重，保肥性较强，水热协调，生产性能好，适宜种植水稻等作物。

参比土种　黄土田（壤质黄土状淹育田）。

代表性单个土体　位于辽宁省营口市盖州市青石岭镇必家村，40°29′51.4″N，
122°24′37.9″E，海拔 5 m，地形为平原，成土母质为冲积物，土地利用类型为水田，种
植水稻。野外调查时间为 2011 年 5 月 8 日，编号 21-185。

21-185

青石岭系代表性单个土体剖面

Apr: 0～20 cm，淡黄色（2.5YR 7/3，干），棕色（10YR 4/4，润）；壤土，发育中等的中团块结构，湿时坚实，稍黏着，中塑；中量细根，少量铁锰斑纹，土壤动物有蚯蚓；向下平滑清晰过渡。

Bwr1: 20～42 cm，浊黄橙色（10YR 7/4，干），黄棕色（10YR 5/6，润）；粉壤土，发育中等的中团块结构，湿时坚实，稍黏着，中塑；很少量中根，少量铁锰斑纹；向下平滑渐变过渡。

Bwr2: 42～67 cm，浊黄橙色（10YR 7/4，干），黄棕色（10YR 4/6，润）；粉质黏壤土，发育中等的中团块结构，很坚实，稍黏着，中塑；少量根系，少量铁锰斑纹；向下平滑渐变过渡。

Bwr3: 67～91 cm，浊黄橙色（10YR 7/4，干），棕色（10YR 4/6，润）；粉质黏壤土，发育中等的小团块结构，坚实，黏着，中塑；少量铁锰斑纹；向下平滑渐变过渡。

Bw: 91～110 cm，浊黄橙色（10YR 7/4，干），棕色（10YR 4/6，润）；粉质黏壤土，小团块结构，坚实，黏着，中塑。

青石岭系代表性单个土体物理性质

土层	深度 /cm	砾石 (> 2 mm，体积分数)/%	细土颗粒组成(粒径: mm)/(g/kg)			质地	容重 /(g/cm³)
			砂粒 2～0.05	粉粒 0.05～0.002	黏粒 < 0.002		
Apr	0～20	0	287	496	217	壤土	1.33
Bwr1	20～42	0	257	525	218	粉壤土	1.5
Bwr2	42～67	0	27	639	334	粉质黏壤土	1.35
Bwr3	67～91	0	25	615	360	粉质黏壤土	1.27
Bw	91～110	0	25	675	300	粉质黏壤土	1.24

青石岭系代表性单个土体化学性质

深度 /cm	pH (H₂O)	有机质 /(g/kg)	全氮(N) /(g/kg)	全磷(P₂O₅) /(g/kg)	全钾(K₂O) /(g/kg)	阳离子交换量 /(cmol/kg)	游离氧化铁 (Fe₂O₃)含量 /(g/kg)
0～20	8.1	4.5	0.54	3.47	13.5	10.2	4.3
20～42	8.1	2.5	0.33	3.83	19.3	10.0	3.0
42～67	8.1	3.1	0.47	3.16	17.9	15.0	4.6
67～91	7.4	3.3	0.52	3.60	17.9	11.0	5.0
91～110	7.1	5.1	0.70	3.78	14.3	17.2	6.0

9.7.5　兴隆台系（Xinglongtai Series）

土　族：黏壤质硅质混合型非酸性温性-斑纹简育湿润雏形土
拟定者：王秋兵，韩春兰

分布与环境条件　本土系位于
辽宁省中部冲积平原，成土母质
为河流冲积物；土地利用类型为
耕地，种植玉米，一年一熟。温
带半湿润大陆性季风气候，冬冷
夏暖，寒冷期长，春秋短而多风，
雨量集中，日照充足，四季分明，
夏季炎热多雨，空气湿润，占全
年总降水量的 60%左右，雨水主
要集中在 7、8 月，常以暴雨形
式出现，年均气温 8.4 ℃，年均
降水量 690 mm，全年无霜期
183 d。

兴隆台系典型景观

土系特征与变幅　诊断层包括淡薄表层、雏形层，诊断特性包括温性土壤温度状况、湿
润土壤水分状况、氧化还原特征。本土系发育在河流冲积物上，通体有少量至中量的锈
纹锈斑和铁锰结核；淡薄表层有机质 15.7 g/kg，下层有机质含量 2.8～4.2 g/kg；通体黏
粒含量 287～390 g/kg；土壤呈酸性至中性，pH 5.7～7.4，阳离子交换量 17～32 cmol/kg。

对比土系　同土族的土系有青石岭系。青石岭系表层土壤质地为壤土。

利用性能综述　本土系土体深厚，所处地形为平原，地势平坦，气候湿润，水热条件较
好。土层较厚，表层土壤养分充足，适宜耕作。下层土壤质地较黏重，保水保肥，水热
协调，土壤肥力较高，生产性能好，适宜种植玉米等作物。

参比土种　新城子黑淤土（薄黑壤质草甸土）。

代表性单个土体　位于辽宁省沈阳市沈北新区兴隆台街道三台子村，42°3′40.5″N，
123°25′36.4″E，海拔 47 m，地形为冲积平原，成土母质为河流冲积物，土地利用类型为
耕地，种植玉米。野外调查时间为 2011 年 5 月 22 日，编号 21-201。

兴隆台系代表性单个土体剖面

Apr：0～30 cm，暗灰黄色（2.5YR 4/2，干），暗棕色（10YR 3/4，润）；黏壤土，发育强的中团粒结构，干时坚硬，湿时疏松，稍塑；中量细根，少量铁锰斑纹；向下不规则清晰过渡。

Bwr：30～69 cm，浊黄橙色（10Y 6/3，干），橄榄棕色（2.5YR 4/4，润）；砂质黏壤土，发育强的小团块结构，稍坚实，稍黏着，中塑；中量细根，少量铁锰斑纹；向下平滑渐变过渡。

BCr1：69～97 cm，浊黄橙色（10Y 7/3，干），橄榄棕色（2.5YR 4/6，润）；砂质黏壤土，发育中等的小团块结构，稍坚实，稍黏着，中塑；少量细根，中量铁锰斑纹；向下平滑渐变过渡。

BCr2：97～140 cm，浊黄橙色（10Y 6/4，干），黄棕色（10YR 5/6，润）；黏壤土，发育中等的大团粒结构，干时极坚硬，湿时疏松，黏着，强塑；中量铁锰斑纹。

兴隆台系代表性单个土体物理性质

土层	深度 /cm	砾石 (>2 mm，体积分数)/%	细土颗粒组成(粒径：mm)/(g/kg)			质地	容重 /(g/cm³)
			砂粒 2～0.05	粉粒 0.05～0.002	黏粒 <0.002		
Apr	0～30	0	439	249	312	黏壤土	1.29
Bwr	30～69	0	472	241	287	砂质黏壤土	1.51
BCr1	69～97	0	461	246	293	砂质黏壤土	1.53
BCr2	97～140	0	352	258	390	黏壤土	1.39

兴隆台系代表性单个土体化学性质

深度 /cm	pH		有机质 /(g/kg)	全氮(N) /(g/kg)	全磷(P₂O₅) /(g/kg)	全钾(K₂O) /(g/kg)	阳离子交换量 /(cmol/kg)
	H₂O	KCl					
0～30	5.7	4.6	27.1	1.10	1.19	16.0	32.3
30～69	6.7	—	7.2	0.36	1.09	17.1	19.6
69～97	7.4	—	4.8	0.30	1.29	18.6	18.3
97～140	6.9	—	5.0	0.31	1.55	18.4	17.0

9.7.6 下马塘系（**Xiamatang Series**）

土　族：粗骨壤质硅质混合型非酸性温性-普通简育湿润雏形土
拟定者：王秋兵，韩春兰

分布与环境条件　本土系分布于辽宁省东部丘陵山地的坡中部，5°～15°中缓坡，成土母质为残坡积物，排水良好；土地利用类型为旱地，种植玉米，一年一熟。温带湿润大陆性季风气候，年均气温为 7.8 ℃，年均降水量为 776 mm。

下马塘系典型景观

土系特征与变幅　诊断层包括淡薄表层、雏形层，诊断特性包括准石质接触面、温性土壤温度状况、湿润土壤水分状况。本土系发育在残坡积物上，通体含有弱风化的花岗岩岩石碎屑，淡薄表层有机质达 32.1 g/kg，逐层下降至 2.6 g/kg。黏粒含量 100～298 g/kg，土壤呈酸性，pH 5.5～6.9，土壤全氮含量 0.52～2.07 g/kg。

对比土系　同土族内没有其他土系，相似的土系有双岭系、宽邦系和草河系，属于同一亚类不同土族。双岭系具混合型矿物类型。宽邦系具粗骨砂质颗粒大小级别。草河系具粗骨砂质颗粒大小级别，且具酸性土壤反应级别。

利用性能综述　本土系所处地区气候温暖湿润，土壤水、热条件好。但土体较薄，土壤贫瘠，肥力很低，且通体含有多量岩屑，土体紧实，不宜耕作，农业利用价值不大。应作为林业用地加以利用，封山育林育草，保护天然植被，减少水土流失。

参比土种　金县山砂土（厚层硅铝质棕壤性土）。

代表性单个土体　位于辽宁省本溪市南芬区下马塘镇，40°59′45.9″N，123°45′8.5″E，海拔 283 m，地形部位为丘陵坡中部，成土母质为残坡积物，土地利用类型为耕地，种植玉米。野外调查时间为 2011 年 9 月 29 日，编号 21-218。

Ap: 0～19 cm，浊黄橙色（10YR 7/2，干），棕色（10YR 4/4，润）；粉壤土，发育中等的中团粒结构，湿时疏松，黏着，中塑；中量中、细根，少量小粒状弱风化的花岗岩岩石碎屑，有少量炭块侵入体；向下平滑清晰过渡。

Bw1: 19～46 cm，淡黄橙色（10YR 8/3，干），浊棕色（7.5YR 5/4，润）；黏壤土，发育中等的中团块状结构，湿时疏松，黏着，中塑；少量中、细根，多量大棱块状弱风化的花岗岩岩石；向下平滑渐变过渡。

Bw2: 46～71 cm，淡黄橙色（10YR 8/3，干），浊棕色（7.5YR 5/4，润）；粉壤土，发育中等的中团块状结构，湿时疏松，黏着，中塑；多量大棱块状弱风化的花岗岩岩石；向下平滑渐变过渡。

下马塘系代表性单个土体剖面

BC: 71～93 cm，浊橙色（7.5YR 6/4，干），橙白色（10YR 8/2，润）；砂质壤土，发育中等的中团块状结构，湿时疏松，稍黏着；多量大棱块状弱风化的花岗岩岩石。

下马塘系代表性单个土体物理性质

土层	深度/cm	砾石（>2 mm，体积分数)/%	细土颗粒组成(粒径：mm)/(g/kg)			质地	容重/(g/cm³)
			砂粒 2～0.05	粉粒 0.05～0.002	黏粒 <0.002		
Ap	0～19	2	269	520	211	粉壤土	1.25
Bw1	19～46	30	272	430	298	黏壤土	—
Bw2	46～71	35	277	579	144	粉壤土	—
BC	71～93	45	559	341	100	砂质壤土	—

下马塘系代表性单个土体化学性质

深度/cm	pH		有机质/(g/kg)	全氮(N)/(g/kg)	全磷(P₂O₅)/(g/kg)	全钾(K₂O)/(g/kg)	阳离子交换量/(cmol/kg)
	H₂O	KCl					
0～19	5.5	4.5	32.1	2.07	1.06	21.1	13.8
19～46	6.7	—	10.8	1.09	0.79	21.3	14.9
46～71	6.9	—	4.8	0.73	0.73	19.6	11.3
71～93	6.8	—	2.6	0.52	3.28	19.9	10.7

9.7.7 双岭系（**Shuangling Series**）

土　族：粗骨壤质混合型非酸性温性-普通简育湿润雏形土
拟定者：王秋兵，韩春兰，李　岩

分布与环境条件　本土系分布
于辽宁省东部，地形为台地，成
土母质为玄武岩残积物；土地利
用方式为旱地，种植玉米，一年
一熟。温带湿润大陆性季风气
候，四季分明，雨量充沛，冬暖
夏凉，光照充足，年平均气温
7.1 ℃，年均降水量 1100 mm 左
右，≥10 ℃积温为 3000 ℃，
无霜期 140 d。

双岭系典型景观

土系特征与变幅　诊断层包括
淡薄表层、雏形层，诊断特性包
括温性土壤温度状况、湿润土壤水分状况。本土系发育在玄武岩残积物上，淡薄表层有
机质含量 9.88 g/kg，小团粒结构；以下各层有机质含量 1.28~3.03 g/kg，块状结构；黏
粒含量 208~291 g/kg， pH 6.9~7.4，土壤全氮含量 0.94~1.50 g/kg。

对比土系　同土族内没有其他土系，相似的土系有下马塘系，属于同一亚类不同土族。
下马塘系具硅质混合型矿物类型、准石质接触面。

利用性能综述　本土系土体深厚，所处地区气候温暖湿润，土壤水、热条件好。但质地
较粗，土壤养分贫瘠，且通体含有多量岩屑，保水保肥力差，适宜种植耐旱耐贫瘠的玉
米。也可以退耕还林还草，保护天然植被，减少水土流失。

参比土种　火山灰土（腐殖质暗火山灰土）。

代表性单个土体　位于辽宁省丹东市宽甸满族自治县双岭子村，40°41′29.6″N，
124°42′18.4″E，海拔 221 m，地形为台地，成土母质为玄武岩残积物。野外调查时间为
2009 年 11 月 4 日，编号 21-017。

Ap:　0～20 cm，浊黄橙色（10YR 6/3，干），棕色（10YR 4/4，润）；黏壤土，发育弱的小团粒结构，疏松；多量细根；向下平滑清晰过渡。

Bw1：20～44 cm，浊黄橙色（10YR 7/3，干），黄棕色（10YR 5/6，润）；粉壤土，发育中等的小团块结构，疏松；多量细根，少量砾石；向下平滑渐变过渡。

Bw2：44～81 cm，橙色（7.5YR 6/6，干），黄棕色（10YR 5/6，润）；壤土，发育中等的块状结构，疏松；少量细根，多量砾石；向下平滑渐变过渡。

BC：　81～105 cm，干态时以灰色（N 6/0，干）为主，黄棕色（10YR 5/8，润）；黏壤土，发育中等的块状结构，疏松；少量细根，多量砾石。

双岭系代表性单个土体剖面

双岭系代表性单个土体物理性质

| 土层 | 深度/cm | 砾石(> 2 mm, 体积分数)/% | 细土颗粒组成(粒径：mm)/(g/kg) | | | 质地 | 容重/(g/cm³) |
			砂粒 2～0.05	粉粒 0.05～0.002	黏粒 < 0.002		
Ap	0～20	5	361	366	274	黏壤土	1.22
Bw1	20～44	25	202	590	208	粉壤土	1.34
Bw2	44～81	30	296	454	250	壤土	—
BC	81～105	35	388	321	291	黏壤土	—

双岭系代表性单个土体化学性质

| 深度/cm | pH | | 有机质/(g/kg) | 全氮(N)/(g/kg) | 全磷(P_2O_5)/(g/kg) | 全钾(K_2O)/(g/kg) | 阳离子交换量/(cmol/kg) |
	H₂O	KCl					
0～20	6.9	5.4	9.9	1.50	10.10	5.3	23.6
20～44	7.2	5.6	3.0	1.16	10.41	4.1	22.8
44～81	7.4	5.6	1.3	1.00	13.50	2.8	23.8
81～105	7.4	5.7	1.4	0.94	13.79	4.6	22.2

9.7.8 草河系（Caohe Series）

土　　族：粗骨砂质硅质混合型酸性温性-普通简育湿润雏形土
拟定者：王秋兵，韩春兰

分布与环境条件　本土系分布于辽宁省东部丘陵山地顶部的平地，成土母质为残积物，排水良好；土地利用类型为林地，生长槐树、栗树等落叶树，地表覆盖度 80% 以上。温带湿润大陆性季风气候，四季分明，雨量充沛，冬暖夏凉，光照充足，年均气温 7.3～7.5 ℃，年均降水量 1010 mm，无霜期 145～160 d。

草河系典型景观

土系特征与变幅　诊断层包括淡薄表层、雏形层，诊断特性包括温性土壤温度状况、湿润土壤水分状况。本土系发育在残积物上，土体有大量岩屑，淡薄表层有机质含量 8.8 g/kg；以下各层有机质含量 1～3 g/kg，弱度发育的小棱块结构，黏粒含量 120～243 g/kg；土壤呈酸性，pH 5.1～5.7。

对比土系　同土族内没有其他土系，相似的土系有宽邦系，属于同一亚类不同土族。宽邦系具非酸性土壤反应　级别。

利用性能综述　本土系土体较深厚，所处地区气候温暖湿润，土壤水、热条件好。但土壤通体有多量岩石碎屑，影响植物根系生长，不宜作为农业用地。

参比土种　金县山砂土（厚层硅铝质棕壤性土）。

代表性单个土体　位于辽宁省丹东市凤城市草河街道人民法院西 300 m，40°28′30.6″N，124°8′45.4″E，海拔 32 m，地形为丘陵山地顶部，成土母质为残积物，土地利用类型为林地，种植槐树、栗树。野外调查时间为 2011 年 5 月 8 日，编号 21-216。

Oi: +2～0 cm，枯枝落叶层。

Ah: 0～22 cm，橙白色（10YR 8/2，干），浊棕色（7.5YR 5/4，润）；壤土，发育中等的中团粒结构，湿时坚实，稍黏着，稍塑；少量中根；向下平滑清晰过渡。

Bw: 22～49 cm，淡黄橙色（10YR 8/4，干），亮棕色（7.5YR 5/6，润）；壤土，发育弱的小棱块结构，疏松，稍黏着，稍塑；少量细根，有多量岩石碎屑；向下不规则清晰过渡。

BC: 49～101 cm，淡黄橙色（10YR 8/3，干），橙色（7.5YR 7/6，润）；壤土，弱发育的小团块结构，疏松，稍黏着，稍塑；有大量岩石碎屑；向下平滑渐变过渡。

C: 101～134 cm，淡黄橙色（10YR 8/4，干），橙色（7.5YR 7/6，润）；壤土，无结构，疏松，稍黏着；有大量岩石碎屑。

草河系代表性单个土体剖面

草河系代表性单个土体物理性质

| 土层 | 深度 /cm | 砾石 （>2 mm，体积分数)/% | 细土颗粒组成(粒径：mm)/(g/kg) | | | 质地 | 容重 /(g/cm³) |
			砂粒 2～0.05	粉粒 0.05～0.002	黏粒 <0.002		
Ah	0～22	5	391	427	182	壤土	1.31
Bw	22～49	30	262	496	243	壤土	1.45
BC	49～101	36	436	438	126	壤土	1.56
C	101～134	42	428	381	191	壤土	—

草河系代表性单个土体化学性质

| 深度 /cm | pH | | 有机质 /(g/kg) | 全氮(N) /(g/kg) | 全磷(P₂O₅) /(g/kg) | 全钾(K₂O) /(g/kg) | 阳离子交换量 /(cmol/kg) |
	H₂O	KCl					
0～22	5.1	3.9	8.8	0.89	0.68	29.1	10.1
22～49	5.3	3.9	3.1	0.55	3.60	21.4	10.6
49～101	5.2	3.7	1.4	0.32	0.61	30.7	9.0
101～134	5.7	3.6	0.8	0.21	0.54	23.2	6.0

9.7.9　宽邦系（**Kuanbang Series**）

土　　族：粗骨砂质硅质混合型非酸性温性-普通简育湿润雏形土
拟定者：王秋兵，韩春兰

分布与环境条件　本土系分布于辽宁省葫芦岛市的侵蚀残丘地带，成土母质为残积物；现利用方式为果园，种植梨树，地表覆盖度 40%～80%。温带半湿润大陆性季风气候，四季分明，水热同期，降水集中，日照充足，季风明显，年均气温 9.6 ℃，年均降水量 630 mm 左右。

土系特征与变幅　诊断层包括淡薄表层、雏形层，诊断特性包括温性土壤温度状况、湿润土壤水分状况。本土系发育在残积物

宽邦系典型景观

上，土体中含大量直径 < 5 mm 的砂砾。淡薄表层有机质含量 130 g/kg，以下各层有机质含量 6.9～27.1 g/kg；黏粒含量 37～128 g/kg。土壤呈酸性，pH 6.0～6.6，阳离子交换量 2～9 cmol/kg，土壤全氮含量 0.72～1.61 g/kg。

对比土系　同土族内没有其他土系，相似的土系有草河系，属于同一亚类不同土族。草河系具酸性土壤反应级别。

利用性能综述　本土系土体较深厚，所处地区气候温暖湿润，土壤水、热条件好。但质地较粗，疏松，通透性好，漏水漏肥，易干旱，不宜耕作，应退耕还林还草，保护天然植被，减少水土流失。

参比土种　金县山砂土（厚层硅铝质棕壤性土）。

代表性单个土体　位于辽宁省葫芦岛市绥中县宽邦镇东岔沟，40°29′26.8″N，120°7′16.6″E，海拔 96 m，母质为残积物，利用方式为林地，种植梨树，林间种植玉米。野外调查时间为 2005 年 5 月 9 日，编号 21-180。

宽邦系代表性单个土体剖面

Ap:　0～19 cm，浊橙色（7.5YR 7/4，干），亮棕色（7.5YR 5/6，润）；壤土，粒状结构，松散；根系较多，很多虫孔，向下平滑清晰过渡。

AB:　19～50 cm，橙色（7.5YR 7/6，干），亮棕色（7.5YR 5/6，润）；砂质壤土，粒状结构，松散；有土壤动物，有较大虫孔；向下平滑渐变过渡。

Bw1:　50～84 cm，浊橙色（7.5YR 7/4，干），亮棕色（7.5YR 5/6，湿）；砂质壤土，粒状结构，松散；根系很多；向下平滑渐变过渡。

Bw2:　84～106 cm，橙色（7.5YR 7/6，干），橙色（7.5YR 6/8，润）；砂质壤土，块状结构；松软；根系较多；向下平滑渐变过渡。

C：106～130 cm，橙色（7.5YR 7/6，干），亮棕色（7.5YR 5/8，润）；砂土，无结构，松散。

宽邦系代表性单个土体物理性质

土层	深度 /cm	砾石 (> 2 mm，体积分数)/%	细土颗粒组成(粒径：mm)/(g/kg)			质地	容重 /(g/cm³)
			砂粒 2～0.05	粉粒 0.05～0.002	黏粒 < 0.002		
Ap	0～19	5	513	359	128	壤土	1.44
AB	19～50	25	733	175	92	砂质壤土	1.51
Bw1	50～84	31	635	257	108	砂质壤土	1.47
Bw2	84～106	35	679	207	113	砂质壤土	1.48
C	106～130	40	900	63	37	砂土	1.56

宽邦系代表性单个土体化学性质

深度 /cm	pH		有机质 /(g/kg)	全氮(N) /(g/kg)	全磷(P_2O_5) /(g/kg)	全钾(K_2O) /(g/kg)	阳离子交换量 /(cmol/kg)
	H_2O	KCl					
0～19	6.0	4.9	10.5	1.61	3.45	15.1	3.6
19～50	6.6	—	6.4	1.00	3.14	17.1	5.1
50～84	6.5	4.9	7.7	0.93	0.84	16.7	8.9
84～106	6.3	5.0	6.6	0.91	1.12	20.4	2.9
106～130	6.6	—	5.9	0.72	1.44	16.4	2.4

9.7.10 专子山系（Zhuanzishan Series）

土　族：壤质硅质混合型非酸性温性-普通简育湿润雏形土
拟定者：王秋兵，李　岩，姚振都

分布与环境条件　本土系分布于辽宁省中部丘陵山地的坡中部，5°～15°中缓坡，二元母质，上部为坡洪积物，下部为冰水沉积物，排水良好；利用方式为有林地，植被种类为油松和刺槐，地表覆盖度 40%～80%。温带半湿润大陆性季风气候，冬冷夏暖，寒冷期长，春秋短而多风，雨量集中；日照充足，四季分明，夏季炎热多雨，年均气温 8.4 ℃，年均降水量 690 mm，全年无霜期 183 d。

专子山系典型景观

土系特征与变幅　诊断层包括淡薄表层、雏形层，诊断特性包括温性土壤温度状况、湿润土壤水分状况。本土系发育在二元母质上，上部为坡洪积物，下部为冰水沉积物；淡薄表层有机质达 39.15 g/kg，以下各层有机质含量 5.57～17.53 g/kg，小团粒或小团块结构；黏粒含量 100～183 g/kg，土壤呈酸性，pH 5.6～5.7，阳离子交换量 9～13 cmol/kg，土壤全氮含量 0.43～2.12 g/kg。

对比土系　同土族没有其他土系，相似的土系有蓉花山系，属于同一亚类不同土族。蓉花山系剖面底部土壤质地为壤土，砾石含量较低。

利用性能综述　本土系土体深厚，所处气候温暖湿润，土壤水、热条件好。土壤通体质地适中，但存在一定坡度，且土体中有少量岩石碎屑，对土壤生产性能有一定影响，农业利用价值不大。应作为林业用地加以利用，封山育林育草，保护天然植被，减少水土流失。也可以人工植树造林、种草。

参比土种　大沟坡黄土（中腐坡积棕壤）。

代表性单个土体　位于辽宁省沈阳市浑南区满堂乡腰沟村专子山，41°53′24.0″N，123°35′19.0″E，海拔 157 m，地形为丘陵，二元母质，上部为坡洪积物，下部为冰水沉积物，现利用方式为林地，生长油松和刺槐。野外调查时间为 2010 年 10 月 14 日，编号 21-149。

专子山系代表性单个土体剖面

Oi：+2～0 cm，枯枝落叶层。

Ah：0～3 cm，浊黄棕色（10YR 4/3，干），暗棕色（10YR 3/4，润）；壤土，发育较强的小团粒状结构，疏松，稍黏和稍塑；少量中根和中量细根；向下平滑清晰过渡。

AB：3～35 cm，浊黄棕色（10YR 5/4，干），棕色（10YR 4/6，润）；粉壤土，发育较强的小团粒状结构，疏松，黏着和中塑；少量中根和中量细根，土体中有少量小砾石；向下波状渐变过渡。

Bw：35～91 cm，橙色（7.5YR 6/6，干），亮棕色（10YR 5/6，润）；砂质壤土，发育中等的小团块状结构，疏松，黏着和中塑；少量中根和粗根，土体中有少量小砾石；向下平滑渐变过渡。

2C：91～105 cm，亮黄棕色（10YR 7/6，干），浊棕色（10YR 5/4，润）；粉壤土，发育中等的小团块状结构，疏松，黏着和中塑；少量中根和细根，土体中有很多大砾石和中砾石。

专子山系代表性单个土体物理性质

土层	深度/cm	砾石(> 2 mm，体积分数)/%	细土颗粒组成(粒径：mm)/(g/kg)			质地	容重/(g/cm³)
			砂粒 2～0.05	粉粒 0.05～0.002	黏粒 < 0.002		
Ah	0～3	5	398	459	143	壤土	1.26
AB	3～35	10	334	524	143	粉壤土	1.34
Bw	35～91	5	577	323	100	砂质壤土	1.46
2C	91～105	20	185	632	183	粉壤土	—

专子山系代表性单个土体化学性质

深度/cm	pH		有机质/(g/kg)	全氮(N)/(g/kg)	全磷(P_2O_5)/(g/kg)	全钾(K_2O)/(g/kg)	阳离子交换量/(cmol/kg)
	H_2O	KCl					
0～3	5.7	4.4	39.2	2.12	1.14	29.0	13.3
3～35	5.7	4.4	17.5	1.01	0.48	21.1	9.7
35～91	5.6	4.3	8.5	0.53	0.95	23.0	11.4
91～105	5.6	4.3	5.6	0.43	0.62	26.8	11.3

9.7.11　蓉花山系（**Ronghuashan Series**）

土　族：壤质硅质混合型非酸性温性-普通简育湿润雏形土
拟定者：顾欣燕，刘杨杨，张寅寅，孙仲秀，邵　帅

分布与环境条件　本土系分布于辽宁省南部低丘，地势平坦，成土母质为坡积物；土地利用类型为林地，植被有刺槐、杂草等，植被覆盖度≥80%。温带半湿润大陆性季风气候，气候温和，四季分明，年均气温 9.1 ℃，受山地和海洋影响，南北气温可相差1～2 ℃，降水在时间和空间上分布不均，年均降水量 757.4 mm，受地形和季风影响，降水自西南向东北递增，无霜期平均为165 d。

蓉花山系典型景观

土系特征与变幅　诊断层有淡薄表层、雏形层，诊断特性包括湿润土壤水分状况、温性土壤温度状况。该土系发育在坡积物母质上，土体中含有岩石碎屑，土体厚度大于150 cm；土壤呈酸性，pH 5.5～5.9，有机质含量 7.9～18.2 g/kg，土壤全氮含量为 0.82～1.31 g/kg，有效磷含量 56～71 mg/kg。

对比土系　专子山系。专子山系剖面底部土壤质地为粉壤土，砾石含量较高。

利用性能综述　本土系通体含有岩屑和砾石，农业利用价值不大，应作为林业用地加以利用，如封山育林育草，保护天然植被，减少水土流失程度。

参比土种　金县山砂土（厚层硅铝质棕壤性土）。

代表性单个土体　位于辽宁省大连市庄河市蓉花山镇，39°55′57.2″N，122°50′51.5″E，海拔 69.5 m，地形为低丘，成土母质为坡积物；土地利用类型为林地，植被有刺槐、杂草等，植被覆盖度约为80%。野外调查时间为 2011 年 10 月 7 日，编号 21-231。

蓉花山系代表性单个土体剖面

Ah: 0～20 cm，浊黄橙（10YR 5/3，干），暗橄榄棕（2.5YR 3/3，润）；壤土，弱度发育的小团块状结构，稍坚实，稍黏着；多量细根，有中量很小的细砾石；向下波状渐变过渡。

Bw: 20～52 cm，淡黄色（2.5YR 7/3，干），棕色（10YR 4/4，润）；壤土，弱发育的小团块状结构，稍坚实；少量细根，有很多细砾石，中量中砾石；向下平滑清晰过渡。

BC: 52～133 cm，浊黄橙色（10YR 5/4，干），黑棕色（10YR 2/3，润）；壤土，弱发育的小团块结构，稍坚实；极多很小的细砾石，少量中砾石，少量大石块；向下平滑清晰过渡。

2Ah: 133～167 cm，浊黄橙色（10YR 5/3，干），黑棕色（10YR 2/3，润）；壤土，稍润；弱度发育的小团块结构，松软；稍黏着；少量粗砾石。

蓉花山系代表性单个土体物理性质

| 土层 | 深度/cm | 砾石(>2 mm，体积分数)/% | 细土颗粒组成(粒径：mm)/(g/kg) | | | 质地 | 容重/(g/cm³) |
			砂粒 2～0.05	粉粒 0.05～0.002	黏粒 <0.002		
Ah	0～20	21	392	368	240	壤土	1.26
Bw	20～52	21	381	355	265	壤土	1.32
BC	52～133	6	342	448	211	壤土	1.43
2Ah	133～167	6	397	338	265	壤土	1.34

蓉花山系代表性单个土体化学性质

| 深度/cm | pH | | 有机质/(g/kg) | 全氮(N)/(g/kg) | 全磷(P₂O₅)/(g/kg) | 全钾(K₂O)/(g/kg) | 阳离子交换量/(cmol/kg) |
	H₂O	KCl					
0～20	5.6	4.4	18.2	1.31	4.63	18.9	12.2
20～52	5.9	4.5	7.9	0.82	4.72	18.9	8.0
52～133	5.8	4.5	11.1	0.95	3.91	19.2	13.6
133～167	5.5	4.3	11.8	1.03	4.04	15.9	11.9

第10章 新 成 土

10.1 干润砂质新成土

10.1.1 章古台系（**Zhanggutai Series**）

土　族：硅质混合型非酸性冷性-斑纹干润砂质新成土
拟定者：王秋兵，韩春兰，崔　东，王晓磊，荣　雪，姚振都

分布与环境条件　本土系位于辽宁省西北部，靠近内蒙古科尔沁沙地边缘；地形为丘间平地，成土母质为风积沙；土地利用类型为林地，植被为樟子松、榆树、冷蒿等植物，地表覆盖度 40%～80%。温带半干旱大陆性季风气候，四季分明，雨热同季，昼夜温差大，光照充足，春季多风，全年主导风向为西南风；年均气温 7.5 ℃，最高温度 37.4 ℃，最低温度为–30.4 ℃，年均降水量 510 mm，

章古台系典型景观

全年最大降水量 744.1 mm，最小降水量 329.4 mm，最大相对湿度 78%，最小相对湿度 48%，年均日照时数 2850～2950 h，年均无霜期 156 d。

土系特征与变幅　诊断层有淡薄表层，诊断特性包括砂质沉积物岩性特征、半干润土壤水分状况、冷性土壤温度状况、氧化还原特征。本土系发育在风积沙母质上，土体厚度在 1 m 以上；0～38 cm 为发育微弱的粒状结构，38 cm 以下开始出现铁锈斑纹，向下逐渐增多；A 层容重为 1.17 g/cm^3，其他层次均高于 1.58 g/cm^3；土壤有机质含量 1.1～10.8 g/kg，全氮含量 0.28～1.03 g/kg，速效磷含量为 0.51～5.75 mg/kg。

对比土系　同土族内没有其他土系，相似的土系有阿尔系和三江口系，属于同一亚类不同土类。阿尔系和三江口系无氧化还原特征。

利用性能综述　本土系土体较浅薄，地处干旱多风气候区，通水透气性能好，保水保肥能力很弱，各种养分含量低。植被覆盖率低，目前多生长有榆树、樟子松、冷蒿等植物，是人工建立的防护林带，以防止沙丘移动，避免农田、牧场沙化。地表有轻度风蚀现象。

参比土种　荒砂丘土（薄层固定草原风沙土）。

代表性单个土体　位于辽宁省阜新市彰武县章古台镇实验林场，42°42′37.3″N，122°31′30.4″E，海拔 237 m，地形为丘间平地，成土母质为风积沙。野外调查时间为 2010 年 9 月 26 日，编号 21-099。

章古台系代表性单个土体剖面

Oi：　+1~0 cm，枯枝落叶层。

Ah：　0~7 cm，浊黄橙色（10YR 7/3，干），棕色（7.5YR 4/3，润）；粉壤土，发育微弱的粒状结构，松散；中量细根和中粗根；向下平滑渐变过渡。

AC：　7~38 cm，浊黄橙色（10YR 7/3，干），浊黄橙色（10YR 7/4，润）；砂质壤土，发育微弱的粒状结构，松散；中量细根和中粗根；向下平滑渐变过渡。

Cr1：38~83 cm，浊黄橙色（10YR 7/3，干），浊黄橙色（10YR 6/4，润）；粉壤土，无结构，疏松；少量细根和中根，少量铁锈斑纹；向下平滑渐变过渡。

Cr2：83~109 cm，浊黄橙色（10YR 7/3，干），浊黄橙色（10YR 6/4，润）；砂质壤土，无结构，疏松；少量细根和中根，中量铁锈斑纹；向下平滑清晰过渡。

2Ar：109~122 cm，灰黄棕色（10YR 5/2，干），暗棕色（10YR 3/3，润）；砂土，无结构，疏松；中量中粗根，中量铁锈斑纹。

章古台系代表性单个土体物理性质

土层	深度 /cm	砾石 (>2 mm，体积分数)/%	细土颗粒组成(粒径: mm)/(g/kg)			质地	容重 /(g/cm³)
			砂粒 2~0.05	粉粒 0.05~0.002	黏粒 <0.002		
Ah	0~7	0	443	519	38	粉壤土	1.17
AC	7~38	0	561	402	37	砂质壤土	1.62
Cr1	38~83	0	391	568	41	粉壤土	1.61
Cr2	83~109	0	543	419	38	砂质壤土	1.58
2Ar	109~122	0	872	68	60	砂土	1.60

章古台系代表性单个土体化学性质

深度 /cm	pH		有机质 /(g/kg)	全氮(N) /(g/kg)	全磷(P₂O₅) /(g/kg)	全钾(K₂O) /(g/kg)	阳离子交换量 /(cmol/kg)
	H₂O	KCl					
0~7	6.4	6.0	10.8	1.03	0.34	23.2	2.0
7~38	6.7	—	2.0	0.39	0.00	20.8	2.3
38~83	6.8	—	1.1	0.28	0.00	24.7	1.3
83~109	6.8	—	3.1	0.56	0.40	28.9	1.8
109~122	6.9	—	6.7	0.80	0.00	26.9	3.8

10.1.2 三江口系（Sanjiangkou Series）

土　　族：硅质混合型非酸性冷性-普通干润砂质新成土
拟定者：王秋兵，韩春兰，王晓磊

分布与环境条件　本土系分布于辽宁省西北部－辽宁、内蒙古、吉林三省交界处的农牧交错带及河流两侧的沙丘上。该地区的风沙大，气候干冷，属温带半湿润大陆性季风气候，日照充足，四季分明，雨热同季；年平均降水量不足 600 mm，年均气温 7.0 ℃，年均日照时数 2776 h，作物生长期有效日照时数 1749 h，无霜期 147.8 d。

三江口系典型景观

土系特征与变幅　诊断层有淡薄表层，诊断特性包括砂质沉积物岩性特征、半干润土壤水分状况、冷性土壤温度状况。本土系发育在风积沙母质上，土体厚度在 1 m 以上；0～19 cm 以上为团块状结构，发育程度弱；通体容重在 1.48～1.69 g/cm³；土壤呈中性，pH 6.9～7.1；土壤有机质含量 1.3～13.4 g/kg，全氮含量 0.24～1.07 g/kg，速效磷含量为 10.14～56.17 mg/kg。

对比土系　同土族的土系为阿尔系。阿尔系无 A 层发育。

利用性能综述　本土系地处半牧半农区，气候干旱多风，养分贫瘠，保水保肥性能很差。植被覆盖率低，易受风蚀。受自然条件和水源的限制，生产水平较低，宜农性差。

参比土种　灰砂丘土（中熟固定草原风沙土）。

代表性单个土体　位于辽宁省铁岭市昌图县三江口镇海丰村，43°19′36.1″N，123°47′9.4″E，海拔 124 m，地形为沙丘，成土母质为风积沙，荒地。野外调查时间为 2010 年 9 月 17 日，编号 21-087。

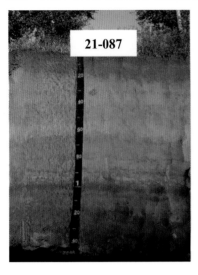

三江口系代表性单个土体剖面

Ah：　0～10 cm，浊黄棕色（10YR 4/3，干），棕色（10YR 4/6，润）；壤质砂土，发育弱的团块状结构，疏松；少量细根；向下平滑清晰过渡。

AC：　10～19 cm，浊黄棕色（10YR 5/3，干），棕色（10YR 4/4，润）；壤质砂土，发育弱的团块状结构，极疏松；很少量细根；向下平滑清晰过渡。

C1：　19～61 cm，浊黄橙色（10YR 6/3，干），黄橙色（10YR 7/8，润）；砂质壤土，无结构，松散；很少量细根和粗根；向下平滑清晰过渡。

C2：　61～93 cm，浊黄橙色（10YR 6/4，干），亮黄棕色（10YR 6/8，润）；粉壤土，无结构，松散；很少量细根，向下平滑清晰过渡。

2Ah：93～134 cm，暗棕色（10YR 3/4，干），浊黄橙色（10YR 6/4，润）；粉壤土，无结构，松散；少量中粗根。

三江口系代表性单个土体物理性质

| 土层 | 深度/cm | 砾石（>2 mm，体积分数)/% | 细土颗粒组成(粒径：mm)/(g/kg) | | | 质地 | 容重/(g/cm³) |
			砂粒 2～0.05	粉粒 0.05～0.002	黏粒 <0.002		
Ah	0～10	0	797	129	75	壤质砂土	1.48
AC	10～19	0	783	142	75	壤质砂土	1.68
C1	19～61	0	753	149	98	砂质壤土	1.69
C2	61～93	0	399	566	34	粉壤土	1.69
2Ah	93～134	0	482	507	11	粉壤土	1.60

三江口系代表性单个土体化学性质

深度/cm	pH(H₂O)	有机质/(g/kg)	全氮(N)/(g/kg)	全磷(P₂O₅)/(g/kg)	全钾(K₂O)/(g/kg)	阳离子交换量/(cmol/kg)
0～10	6.9	13.4	1.07	1.05	28.3	6.9
10～19	6.9	5.0	0.81	0.84	20.8	3.7
19～61	7.0	1.5	0.24	1.61	25.9	2.1
61～93	7.1	1.3	0.27	0.49	30.3	2.3
93～134	7.1	10.2	1.03	0.17	29.5	6.2

10.1.3　阿尔系（Aer Series）

土　　族：硅质混合型非酸性冷性–普通干润砂质新成土
拟定者：王秋兵，韩春兰，崔　东，王晓磊，荣　雪，姚振都

分布与环境条件　本土系位于辽宁省西北部，靠近内蒙古科尔沁沙地边缘的低丘沙地，成土母质为风积沙，排水过快，风蚀强烈，生长差巴嘎蒿、沙柳、锦鸡儿和蓼科等旱生植物。温带半干旱大陆性季风气候，四季分明，雨热同季，昼夜温差大，光照充足，春季多风，全年主导风向为西南风；年均气温 7.5 ℃，最高温度 37.4 ℃，最低温度–30.4 ℃，年均降水量 510 mm，全年最大

阿尔系典型景观

降水量 744.1 mm，最小降水量 329.4 mm，最大相对湿度 78%，最小相对湿度 48%，年均日照时数 2850～2950 h，年均无霜期 156 d。

土系特征与变幅　诊断层有淡薄表层，诊断特性包括砂质沉积物岩性特征、半干润土壤水分状况、冷性土壤温度状况。本土系发育在风积沙母质上；通体无结构，质地为砂土；通体黏粒含量在 24～52 g/kg，容重在 1.60～1.63 g/cm³；土壤呈中性，pH 6.8～6.9；全氮含量为 0.25～0.28 g/kg，碱解氮含量为 0.20～0.23 mg/kg，速效磷含量为 2.30～3.85 mg/kg。

对比土系　同土族的土系为三江口系。三江口系有 A 层发育。

利用性能综述　本土系地处气候干旱多风区，土体通体为砂质，养分贫瘠，各种养分含量低，供肥、保水保肥性能均很差。植被覆盖率低，只能生长稀疏耐旱、耐瘠薄的砂生植物，植物长势弱，对沙丘固定程度差，为流动和半固定沙丘。由于植被覆盖率低，易受风蚀和水源的限制，生产水平较低，宜农性差。

参比土种　盖县荒砂土（薄层固定草甸风沙土）。

代表性单个土体　位于辽宁省阜新市彰武县阿尔乡镇北甸子村，42°49′18.6″N，122°22′27.7″E，海拔 295 m，地形为低丘，成土母质为风积沙。野外调查时间为 2014 年 4 月 16 日，编号 21-100。

C1：0～28 cm，浊黄橙色（10YR 7/3，干），浊黄橙色（10YR 7/4，润）；砂土，松散，无结构；中量细根；向下平滑清晰过渡。

C2：28～87 cm，淡黄橙色（10YR 8/3，干），浊黄橙色（10YR 7/4，润）；砂土，松散，无结构；中量中粗根；向下平滑清晰过渡。

C3：87～122 cm，淡黄橙色（10YR 8/3，干），浊黄橙色（10YR 7/4，润）；砂土，疏松，无结构；很少量极细根。

阿尔系代表性单个土体剖面

阿尔系代表性单个土体物理性质

| 土层 | 深度 /cm | 砾石 (>2 mm，体积分数)/% | 细土颗粒组成(粒径：mm)/(g/kg) | | | 质地 | 容重 /(g/cm³) |
			砂粒 2～0.05	粉粒 0.05～0.002	黏粒 <0.002		
C1	0～28	0	960	2	38	砂土	1.60
C2	28～87	0	974	3	24	砂土	1.63
C3	87～122	0	919	29	52	砂土	1.61

阿尔系代表性单个土体化学性质

深度 /cm	pH (H₂O)	有机质 /(g/kg)	全氮(N) /(g/kg)	全磷(P₂O₅) /(g/kg)	全钾(K₂O) /(g/kg)	阳离子交换量 /(cmol/kg)
0～28	6.9	1.0	0.28	0.34	41.8	1.3
28～87	6.9	0.3	0.25	0.22	44.4	1.0
87～122	6.8	0.9	0.26	0.13	37.8	0.8

10.2 湿润砂质新成土

10.2.1 东岗系（Donggang Series）

土　族：硅质混合型非酸性温性-普通潮湿砂质新成土
拟定者：顾欣燕，刘杨杨，张寅寅，孙仲秀，邵　帅

分布与环境条件　本土系位于辽宁省南部滨海平原，成土母质为风积沙；土地利用类型为林地，生长松树、芦苇，地表覆盖度≥80%。温带半湿润大陆性季风气候，冬季较冷，夏无酷暑，年均气温 9.6 ℃，最冷的 1 月平均气温–7.1 ℃，平均最低气温–11.5 ℃，最热的 7～8 月平均气温 24 ℃左右，平均最高气温 28 ℃，年均降水量 600 mm 左右，无霜期 165～185 d。

东岗系典型景观

土系特征与变幅　诊断层有淡薄表层，诊断特性包括砂质沉积物岩性特征、潮湿土壤水分状况、温性土壤温度状况。本土系发育在风积沙母质上，34 cm 以上为发育极弱的小块状结构，通体为砂土，黏粒含量 0～30 g/kg；土壤呈中性至弱碱性，pH 6.8～8.3；有机质含量为 1.1～5.6 g/kg，全氮含量为 0.28～0.66 g/kg。

对比土系　同土族内没有其他土系，相似的土系有三江口系，属于同一亚纲不同土类。三江口系具半干润土壤水分状况、冷性土壤温度状况。

利用性能综述　本土系地处辽宁省南部滨海地区，生长滨海沙生植物群落和疏林，地表覆盖度较高，可达 60%～80%。本土系质地通体为砂土，漏水漏肥，不适宜开垦农耕，适宜适度开发林业或牧业，防风固沙，防止水土流失。

参比土种　盖县荒砂土（薄层固定草甸风沙土）。

代表性单个土体　位于辽宁省大连市瓦房店市东岗镇大嘴村，39°45′44.4″N，121°29′6.4″E，海拔 10 m，地形为滨海平原，成土母质为风积沙。野外调查时间为 2011 年 10 月 7 日，编号 21-233。

Ah: 0～14 cm，浊黄橙色（10YR 6/3，干），棕色（10YR 4/4，润）；干，砂土，发育极弱的小块状结构，松散；少量极细根，中量中根；向下平滑渐变过渡。

AC: 14～34 cm，浊黄橙色（10YR 6/3，干），暗棕色（10YR 3/4，润）；干，砂土，发育极弱的小块状结构，松散；少量中根；向下平滑渐变过渡。

C: 34～104 cm，浊黄橙色（10YR 7/3，干），棕色（10YR 4/6，润）；潮，砂土，无结构，松散；极少粗根；向下平滑渐变过渡。

2C: 104～140 cm，浊黄橙色（10YR 7/2，干），浊黄棕色（10YR 5/4，润）；潮，砂土，无结构，松散。

东岗系代表性单个土体剖面

东岗系代表性单个土体物理性质

| 土层 | 深度 /cm | 砾石 (> 2 mm，体积分数)/% | 细土颗粒组成(粒径：mm)/(g/kg) | | | 质地 | 容重 /(g/cm³) |
			砂粒 2～0.05	粉粒 0.05～0.002	黏粒 < 0.002		
Ah	0～14	0	995	4	1	砂土	1.53
AC	14～34	0	923	47	30	砂土	1.57
C	34～104	0	949	47	4	砂土	1.60
2C	104～140	0	946	54	0	砂土	1.49

东岗系代表性单个土体化学性质

深度 /cm	pH (H₂O)	有机质 /(g/kg)	全氮(N) /(g/kg)	全磷(P₂O₅) /(g/kg)	全钾(K₂O) /(g/kg)	阳离子交换量 /(cmol/kg)
0～14	7.6	5.6	0.66	0.60	22.5	1.0
14～34	7.9	2.3	0.37	4.59	23.2	1.6
34～104	8.3	1.4	0.28	0.53	23.0	0.8
104～140	6.8	1.1	0.29	0.60	23.5	0.8

10.3　湿润冲积新成土

10.3.1　偏岭系（Pianling Series）

土　族：粗骨砂质硅质混合型非酸性冷性-普通湿润冲积新成土
拟定者：王秋兵，韩春兰，崔　东，王晓磊，荣　雪

分布与环境条件　本土系位于辽宁省中部、南部，成土母质为冲积物；天然植被以喜湿草本植物为主。温带湿润大陆性季风气候，主要气候特点是四季分明，雨量充沛，日照充足，雨热同期，年均气温 6.9 ℃，1 月平均气温为–17.0 ℃，7 月平均气温为 23.4 ℃，年均降水量为 778 mm。

偏岭系典型景观

土壤特性与特征变幅　诊断层有淡薄表层，诊断特性包括冲积物岩性特征、湿润土壤水分状况、冷性土壤温度状况。本土系发育在冲积物母质上，淡薄表层有机质含量 13.4～18.6 g/kg，向下减少为 1.4～9.1 g/kg，表层质地为壤土；0～16 cm 发育中等的团块状结构，1 m 以内出现少量铁锈斑纹和铁锰结核；C 层黏粒含量在 28～83 g/kg，粉粒含量在 40～415 g/kg；土壤呈酸性，pH 5.7～6.7；土壤容重为 1.45～1.67 g/cm³；全氮含量为 0.29～1.27 g/kg，速效磷含量为 3.27～37.14 mg/kg，碱解氮含量为 0.14～3.62 mg/kg，速效钾含量为 21.77～73.63 mg/kg。

对比土系　同土族内没有其他土系，相似的土系有汪清门系，属于不同土纲。汪清门系具有雏形层，为雏形土。

利用性能综述　本土系所处地区气候湿润，地形平坦，土壤水热条件好，土壤质地疏松，通气透水性好，但土体中含有冲积而来的砾石等碎屑物质，土壤耕性和生产性能稍差，适宜种植玉米等耐旱耐瘠薄作物。

参比土种　腰砂河淤潮土（来砂壤质潮土）。

代表性单个土体　位于辽宁省本溪市本溪县偏岭乡，41°23′52.9″N，124°57′41.8″E，海拔 78 m，地形为谷地，成土母质为冲积物，目前利用方式为耕地，种植玉米。野外调查时间为 2010 年 10 月 17 日，编号 21-140。

偏岭系代表性单个土体剖面

Ap:　0～9 cm，橙白色（10YR 8/2，干），棕色（10YR 4/4，润）；壤土，疏松，发育中等的中团块状结构；中量细根，少量次圆状的小块砾石；向下平滑清晰过渡。

Apr:　9～16 cm，浊黄橙色（10YR 6/3，干），暗棕色（10YR 3/4，润）；砂质壤土，疏松，发育中等的大团块状结构；少量细根，中量扁平的岩石碎屑，其中大量中块和小块，偶见大块；少量铁锈斑纹和铁锰结核；向下波状渐变过渡。

C1:　16～31 cm，浊黄橙色（10YR 6/3，干），棕色（10YR 4/4，润）；壤质砂土，含砾粗砂层，疏松，无结构；少量细根；多量次圆状的砾石，大量中块和小块，偶见大块；向下波状清晰过渡。

Cr:　31～67 cm，浊黄橙色（10YR 6/3，干），棕色（7.5YR 4/4，润）；砂土，由上至下可细分为五个层次，含黏土粉砂质粗砂层（7 cm）、砂砾石层（15 cm）、粉质黏土层（1～2 cm）（该层有铁锈斑纹，但由于层次太薄而未划分为主要层次）、粉砂土层（6 cm）、粗砂层（7 cm）；很少量细根、极细根；向下平滑清晰过渡。

C2: 67～88 cm，浊黄橙色（10YR 6/3，干），暗棕色（10YR 3/4，润）；壤土，互砂层，由上至下可细分为四个层次，砂砾石层（5 cm）、粉砂土层（8 cm）、砂砾石层（4 cm）、细砂层（4 cm）；很少量细根和极细根；向下平滑清晰过渡。

C3: 88～125 cm，浊黄橙色（10YR 6/3，干），棕色（10YR 4/4，润）；砂土，疏松，砂砾石层。

偏岭系代表性单个土体物理性质

土层	深度/cm	砾石（>2 mm，体积分数）/%	细土颗粒组成(粒径：mm)/(g/kg)			质地	容重/(g/cm³)
			砂粒 2～0.05	粉粒 0.05～0.002	黏粒 <0.002		
Ap	0～9	1	409	493	99	壤土	1.52
Apr	9～16	3	529	385	86	砂质壤土	1.67
C1	16～31	15	831	141	28	壤质砂土	1.53
Cr	31～67	25	876	82	41	砂土	—
C2	67～88	15	502	415	83	壤土	1.45
C3	88～125	40	920	40	40	砂土	—

偏岭系代表性单个土体化学性质

深度/cm	pH		有机质/(g/kg)	全氮(N)/(g/kg)	全磷(P₂O₅)/(g/kg)	全钾(K₂O)/(g/kg)	阳离子交换量/(cmol/kg)
	H₂O	KCl					
0～9	5.7	4.3	18.6	1.27	1.06	31.6	10.6
9～16	6.2	4.7	13.4	0.92	1.79	34.5	7.7
16～31	6.5	5.0	1.4	0.29	1.40	22.7	1.7
31～67	6.6	—	8.6	0.61	1.05	26.3	4.0
67～88	6.5	—	9.1	0.61	1.94	33.0	4.3
88～125	6.7	—	5.3	0.72	1.37	27.6	0.6

10.4　红色正常新成土

10.4.1　元台系（**Yuantai Series**）

土　族：粗骨黏质硅质混合型非酸性温性-饱和红色正常新成土
拟定者：王秋兵，韩春兰

分布与环境条件　本土系位于辽宁省南部、东部丘陵山地坡下部，5°～15°中缓坡，母质为红色砾岩残积物；常绿针阔叶林，植被类型为松树、槐树、杨树等，覆盖度 40%～80%，排水良好温带半湿润大陆性季风气候，年均气温 9 ℃，1 月平均气温 –7.4 ℃，最低气温 –23.5 ℃，7 月平均气温 23 ℃，最高气温 37.4 ℃，年均降水量 700 mm，多集中在 7～9 月，无霜期 175 d 左右。

元台系典型景观

土系特征与变幅　诊断层有淡薄表层，诊断特性包括红色砂、页岩、砂砾岩和北方红土岩性特征、湿润土壤水分状况、温性土壤温度状况。本土系发育在红色砾岩风化残积物母质上，土体中有大量岩屑，土体厚度 1 m 以上；淡薄表层有机质含量 9.7 g/kg，以下各层有机质含量介于 1.3～1.9 g/kg；A 层粒状结构，黏粒含量 220～374 g/kg，A 层色调为 5YR 或 2.5YR，母质色调为 10R；A 层游离氧化铁含量 21 g/kg，母质层游离氧化铁含量 37～45 g/kg；土壤呈酸性，pH 5.4～5.9，阳离子交换量表层 11～25 cmol/kg，盐基饱和度 51%～77%。

对比土系　同土族内没有其他土系，相似的土系有三台子系。三台子系有石质接触面，粗骨质土壤颗粒大小级别，二元母质，上部为黄土状物质，下部为花岗岩残积物。

利用性能综述　本土系所处地区气候温暖湿润，土壤水热条件好，但土体紧实，通体含有多量岩屑，土壤养分贫瘠，肥力很低，不宜耕作，农业利用价值不大。应作为林业用地加以利用，如封山育林育草，保护天然植被，减轻水土流失程度。也可以人工植树造林、种草，因地制宜种植果树以增加经济收入。

参比土种　旅顺砾砂土（中层硅质棕壤性土）。

代表性单个土体　　位于辽宁省大连市普兰店区元台镇李屯，39°33′48.2″N，122°0′46.8″E，海拔 103 m，地貌为丘陵，采样点位于坡地的下部，母质红色砾岩风化残积物，疏林，草地。野外调查时间为 2005 年 7 月 6 日，编号 21-171。

Ah：　0～10 cm，浊橙色（5YR 6/4，干），红棕色（5YR 4/6，润）；粉壤土，发育强的粒状结构，松散；中量次圆状新鲜岩屑；有多量细根系；向下波状清晰过渡。

AC：　10～44 cm，橙色（2.5YR 7/6，干），红色（10R 5/6，润）；黏壤土；有较多次圆到次棱角状新鲜岩屑；有很少细根系；向下波状渐变过渡。

C1：　44～93 cm，红色（10R 5/6，干），红色（10R 4/6，润）；黏土；有中量圆状新鲜岩屑；向下波状渐变过渡。

C2：　93～115 cm，红色（10R 5/6，干），红色（10R 4/6，润）；黏土；有少量圆状新鲜岩屑。

元台系代表性单个土体剖面

元台系代表性单个土体物理性质

| 土层 | 深度/cm | 砾石（>2 mm，体积分数)/% | 细土颗粒组成(粒径：mm)/(g/kg) | | | 质地 | 容重/(g/cm³) |
			砂粒 2～0.05	粉粒 0.05～0.002	黏粒 <0.002		
Ah	0～10	30	231	520	248	粉壤土	—
AC	10～44	65	316	310	374	黏壤土	—
C1	44～93	30	243	244	513	黏土	—
C2	93～115	5	263	263	473	黏土	—

元台系代表性单个土体化学性质

| 深度/cm | pH | | 有机质/(g/kg) | 全氮(N)/(g/kg) | 全磷(P₂O₅)/(g/kg) | 全钾(K₂O)/(g/kg) | 阳离子交换量/(cmol/kg) |
	H₂O	KCl					
0～10	5.9	4.5	9.7	1.27	2.57	11.8	12.0
10～44	5.5	3.9	7.3	0.82	2.84	11.5	19.5
44～93	5.4	3.8	6.4	0.99	3.15	17.4	25.2
93～115	5.7	3.7	5.9	0.98	13.99	55.9	25.9

10.5 干润正常新成土

10.5.1 观军场系（Guanjunchang Series）

土　族：粗骨砂质硅质混合型非酸性温性-石质干润正常新成土
拟定者：王秋兵，崔　东，王晓磊

分布与环境条件　本土系位于辽宁省中西部丘陵山地坡中部，5°～15°中缓坡，成土母质为残积物，排水良好，中度水蚀-切沟侵蚀；土地利用类型为旱生灌木林地，生长酸枣、荆条，地表覆盖度≥80%。温带半湿润大陆性季风气候，气候四季分明，雨热同季，日照充足，年均气温8 ℃，年均降水量540 mm。

观军场系典型景观

土系特征与变幅　诊断层有淡薄表层，诊断特性包括石质接触面、半干润土壤水分状况、温性土壤温度状况。本土系发育在残积物母质上，土体中含有小块岩石碎屑，基岩出现在 50 cm 以内；0～14 cm 为发育中等的小团块状结构，14～26 cm 为发育较强的小单粒状结构；A 层容重 1.58～1.62 g/cm³，黏粒含量在 128～172 g/kg；C 层容重 1.71 g/cm³，黏粒含量在 42 g/kg；土壤呈微酸性，pH 6.3～6.5；通体有机质含量为 1.4～6.7 g/kg，全氮含量为 0.12～0.74 g/kg。

对比土系　同土族内没有其他土系，相似的土系有登仕堡系和六官营系，属于同一亚类不同土族。登仕堡系具壤质颗粒大小级别和冷性土壤温度状况。六官营系具粗骨壤质颗粒大小级别。

利用性能综述　本土系土层较薄，且土体下部含有多量岩屑和砾石，土壤孔隙度大，通水透气性能好，保肥能力差，土壤贫瘠，肥力很低，农业利用价值不大。应作为林业用地加以利用，进行封山育林育草，保护天然植被，减少水土流失。

参比土种　沟门子石灰土（中层钙镁质褐土性土）。

代表性单个土体　位于辽宁省锦州市北镇市观军场村，41°27′32.9″N，121°38′55.3″E，海拔 17 m，地形为低丘，成土母质为残积物。野外调查时间为 2010 年 10 月 24 日，编号 21-154。

A:　　0～14 cm，浊棕色（7.5YR 5/4，干），棕色（7.5YR 4/3，润）；壤土，疏松，发育中等的小团块状结构；中量细根；向下波状渐变过渡。

AC:　　14～26 cm，浊棕色（7.5YR 6/3，干），棕色（7.5YR 4/3，润）；砂质壤土，疏松，发育较强的小单粒状结构；少量细根，中量风化的小块角状岩石碎屑；向下波状渐变过渡。

C:　　26～45 cm，浊橙色（7.5YR 7/4，干），橙色（7.5YR 7/6，润）；壤质砂土，风化严重的母质。

R:　　45～55 cm，浊橙色（7.5YR 7/4，干），亮红棕色（5YR 5/6，润）；基岩有风化。

观军场系代表性单个土体剖面

观军场系代表性单个土体物理性质

土层	深度/cm	砾石（> 2 mm，体积分数)/%	细土颗粒组成(粒径：mm)/(g/kg)			质地	容重/(g/cm³)
			砂粒 2～0.05	粉粒 0.05～0.002	黏粒 < 0.002		
A	0～14	10	505	323	172	壤土	1.58
AC	14～26	20	536	336	128	砂质壤土	1.62
C	26～45	35	856	101	42	壤质砂土	1.71

观军场系代表性单个土体化学性质

深度/cm	pH		有机质/(g/kg)	全氮(N)/(g/kg)	全磷(P₂O₅)/(g/kg)	全钾(K₂O)/(g/kg)	阳离子交换量/(cmol/kg)
	H₂O	KCl					
0～14	6.3	5.1	6.7	0.74	0.12	23.3	4.6
14～26	6.4	5.2	4.9	0.58	0.29	27.2	4.0
26～45	6.5	5.3	1.4	0.12	0.36	36.1	0.8

10.5.2 登仕堡系（Dengshipu Series）

土　族：壤质硅质混合型非酸性冷性-石质干润正常新成土
拟定者：王秋兵，韩春兰，崔　东，王晓磊，荣　雪，姚振都

分布与环境条件　本土系位于
辽宁省北部丘陵山地坡顶部，
5°～8°缓坡，成土母质为残积
物，排水良好，轻度水蚀-细沟
侵蚀；土地利用方式为旱地，种
植高粱、刺槐，地表覆盖度
15%～40%。温带半湿润大陆性
季风气候，雨热同季，日照充足，
气候温和，年均气温 7.3 ℃，年
均降水量 600 mm 左右，全年无
霜期在 155 d 左右。

登仕堡系典型景观

土系特征与变幅　诊断层有淡
薄表层，诊断特性包括石质接触面、半干润土壤水分状况、冷性土壤温度状况。本土系
发育在残积物母质上，基岩出现在 50 cm 以内；0～18 cm 为发育较弱的小团块结构，18～
31 cm 为发育很弱的棱块状结构；黏粒含量在 84～102 g/kg，容重在 1.47～1.67 g/cm³；
土壤呈微酸性，pH 6.3；有机质含量为 4.5～12.9 g/kg，全氮含量为 0.44～0.98 g/kg。

对比土系　同土族内没有其他土系，相似的土系有观军场系和六官营系，属于同一亚类
不同土族。观军场系和六官营系具温性土壤温度状况，且观军场系具粗骨砂质颗粒大小
级别，六官营系具粗骨壤质颗粒大小级别。

利用性能综述　本土系土层较薄，且土体中含有少量岩屑和砾石，且土壤侵蚀较重。土
壤孔隙度大，通水透气性能好，保肥能力差，土壤贫瘠，肥力很低，农业利用上属中低
产土壤类型。应作为林业用地加以利用，进行封山育林育草，保护天然植被，或种植黑
松、刺槐等适宜树种，减少水土流失。

参比土种　山石土（铁镁质中性石质土）。

代表性单个土体　位于辽宁省沈阳市法库县登仕堡子镇登仕堡子村低山丘陵的上部，
42°17′41.6″N，123°7′34.3″E，海拔 104 m，丘陵山地坡顶部，成土母质为残积物；耕地，
主要种植高粱、玉米等作物。野外调查时间为 2010 年 9 月 28 日，编号 21-106。

Ah: 0～18 cm，浊黄橙色（10YR 6/3，干），浊黄棕色（10YR 5/4，润）；砂质壤土，发育较弱的小团块结构，疏松；大量细根和中根；向下平滑清晰过渡。

AC：18～31 cm，黄橙色（10YR 7/8，干），黄棕色（10YR 5/6，润）；砂质壤土，发育很弱的棱块状结构，疏松；很少量细根和极细根；向下平滑清晰过渡。

R： 31～70 cm，黄橙色（10YR 7/8，干），亮黄棕色（10YR 6/6，润）；基岩，裂隙有风化。

登仕堡系代表性单个土体剖面

登仕堡系代表性单个土体物理性质

| 土层 | 深度/cm | 砾石(>2 mm，体积分数)/% | 细土颗粒组成(粒径：mm)/(g/kg) | | | 质地 | 容重/(g/cm³) |
			砂粒 2～0.05	粉粒 0.05～0.002	黏粒 <0.002		
Ah	0～18	3	643	272	84	砂质壤土	1.47
AC	18～31	4	638	260	102	砂质壤土	1.67

登仕堡系代表性单个土体化学性质

| 深度/cm | pH | | 有机质/(g/kg) | 全氮(N)/(g/kg) | 全磷(P_2O_5)/(g/kg) | 全钾(K_2O)/(g/kg) | 阳离子交换量/(cmol/kg) |
	H_2O	KCl					
0～18	6.3	4.8	12.9	0.98	0.89	36.6	10.6
18～31	6.3	5.3	4.5	0.44	0.84	31.5	11.4

10.5.3 六官营系（Liuguanying Series）

土　族：粗骨壤质混合型非酸性温性-石质干润正常新成土
拟定者：王秋兵，韩春兰，顾欣燕，刘杨杨，张寅寅，孙仲秀

分布与环境条件　本土系位于辽宁省西部丘陵山地坡中部，5°～15°中缓坡，成土母质为残积物，排水良好，剧烈水蚀-切沟侵蚀；土地利用类型为林地，植被为矮小灌木，生长白羊草，温带半湿润大陆性季风气候，四季雨热同期，日照充足，昼夜温差较大。年均气温 8.7 ℃，境内南北气温相差 1.5 ℃，年均降水量 492 mm 左右，年均日照时数为 2807.8 h，年均无霜期 144 d。

六官营系典型景观

土系特征与变幅　诊断层有淡薄表层，诊断特性包括石质接触面、半干润土壤水分状况、温性土壤温度状况。本土系发育在残积物母质上，土体中含有岩石碎屑；黏粒含量 192～262 g/kg；土壤呈酸性，pH 6.2～6.6，有机质含量 3.1～17.6 g/kg，土壤全氮含量为 0.70～1.60 mg/kg，有效磷含量 7.17～6.48 mg/kg。

对比土系　同土族内没有其他土系，相似的土系有登仕堡系和观军场系，属于同一亚类不同土族。登仕堡系具壤质颗粒大小级别和温性土壤温度状况。观军场系具粗骨砂质颗粒大小级别。

利用性能综述　本土系土层较薄，且土体中含有多量岩屑和砾石，土壤孔隙度大，通水透气性能好，保肥能力差，土壤贫瘠，肥力很低，农业利用价值不大。土壤植被覆盖度较大，应作为林业用地加以利用，应该进行封山育林育草，保护天然植被，减少水土流失。

参比土种　粗石土（铁镁质中性粗骨土）。

代表性单个土体　位于辽宁省朝阳市喀喇沁左翼蒙古族自治县六官营子镇后坎村六组，41°10′7.7″N，119°38′51″E，海拔 383 m，丘陵山地坡中部，成土母质为残积物，林地。野外调查时间为 2011 年 5 月 15 日，编号 21-193。

Ah： 0～10 cm，浊黄橙色（10YR 6/4，干），棕色（7.5YR 4/4，润）；壤土，中度发育的小团块结构，干时松散，湿时稍坚实；黏着，稍塑；中量极细草根，很多小棱块状岩石碎屑；向下波状渐变过渡。

AC： 10～35 cm，亮黄棕色（10YR 7/6，干），亮棕色（7.5YR 5/6，润）；砂质壤土，无结构，干时松散，湿时稍坚实；少量极细草根，极多中棱块状岩石碎屑；向下波状渐变过渡。

C： 35～53 cm，亮黄棕色（10YR 6/6，干），亮棕色（7.5YR 5/6，润）；无结构，干湿时均松散；很少量极细根。

六官营系代表性单个土体剖面

六官营系代表性单个土体物理性质

土层	深度/cm	砾石（> 2 mm，体积分数）/%	细土颗粒组成(粒径：mm)/(g/kg)			质地	容重/(g/cm³)
			砂粒 2～0.05	粉粒 0.05～0.002	黏粒 < 0.002		
Ah	0～10	35	256	482	262	壤土	1.41
AC	10～35	70	638	170	192	砂质壤土	—

六官营系代表性单个土体化学性质

深度/cm	pH		有机质/(g/kg)	全氮(N)/(g/kg)	全磷(P₂O₅)/(g/kg)	全钾(K₂O)/(g/kg)	阳离子交换量/(cmol/kg)
	H₂O	KCl					
0～10	6.2	6.1	17.6	1.60	3.46	13.3	18.2
10～35	6.6	—	3.1	0.70	2.99	12.9	14.1

10.5.4　青峰山系（Qingfengshan Series）

土　　族：壤质硅质混合型石灰性温性–石质干润正常新成土
拟定者：王秋兵，韩春兰

分布与环境条件　本土系分布
于辽宁省西部低丘坡下部，坡度
15°～25°，二元母质，上部为
黄土状物质，下部为片麻岩残积
物，排水良好，中度水蚀–片蚀；
土地利用类型为林地，植被为酸
枣、榆树、荆条、油松等。温带
半干旱大陆性季风气候，年均气
温 8.4 ℃，年均降水量 450 mm
左右，多集中在 6～8 月，无霜
期 120～155 d。

青峰山系典型景观

土系特征与变幅　诊断层有淡
薄表层，诊断特性包括准石质接触面、半干润土壤水分状况、温性土壤温度状况、石灰
性。本土系发育在二元母质上，上部为黄土状物质，下部为片麻岩残积物；淡薄表层为
团块状结构；通体强石灰反应，有少量假菌丝体、块状碳酸钙结核，黏粒含量 85～
118 g/kg，土壤呈弱酸性至中性，pH 6.1～6.7，有机质含量 6.6～48.5 g/kg，土壤全氮含
量 0.31～1.24 g/kg，准石质接触面出现在 50 cm 内。

对比土系　同土族内没有其他土系，相似的土系有观军场系、登仕堡系和六官营系，属
于同一亚类不同土族。观军场系具粗骨砂质土壤颗粒大小级别、非酸性土壤反应级别。
登仕堡系具非酸性土壤反应级别、冷性土壤温度状况。六官营系具粗骨壤质土壤颗粒大
小级别，非酸性土壤反应级别。

利用性能综述　本土系所处地形坡度较大，土层薄，土壤侵蚀严重，不适合大田作物，
适宜用作林地、草地。应封山育林育草，保护天然植被，减少水土流失。也可以人工植
树造林、种草，因地制宜种植果树或果粮间种以增加经济收入。

参比土种　灰石土（钙镁质石质土）。

代表性单个土体　位于辽宁省朝阳市建平县青峰山镇宋家湾村张家窝铺，41°32′41.5″N，
119°35′20.0″E，海拔 567 m，地形为山地，二元母质，上部为黄土状物质，下部为片麻
岩残积物，林地，植被有酸枣、榆树、荆条、油松。野外调查时间为 2011 年 5 月 14 日，
编号 21-188。

青峰山系代表性单个土体剖面

Ah: 0～15 cm，浊黄橙色（10YR 6/4，干），浊黄棕色（10YR 4/3，润）；砂质壤土，弱度发育小团块结构，干时松软，湿时疏松，稍黏着，稍塑；少量细根；强石灰反应；向下平滑渐变过渡。

AC: 15～24 cm，暗橄榄色（2.5YR 4/1，干），橄榄黑色（10Y 3/1，润）；壤土，弱度发育中团块结构，干时松软，湿时疏松，稍黏着，稍塑；少量极细根；少量假菌丝体，极少量 3 mm 大小的块状碳酸钙结核，强石灰反应；向下波状渐变过渡。

2C: 24～60 cm，浊黄橙色（10YR 6/4，干），浊黄棕色（10YR 4/3，润）；砂质壤土，极疏松，稍黏着，稍塑；很少极细根；强石灰反应；向下波状渐变过渡。

R: 60～85 cm，基岩。

青峰山系代表性单个土体物理性质

土层	深度 /cm	砾石 (>2 mm，体积分数)/%	细土颗粒组成(粒径：mm)/(g/kg)			质地	容重 /(g/cm³)
			砂粒 2～0.05	粉粒 0.05～0.002	黏粒 <0.002		
Ah	0～15	0	570	344	86	砂质壤土	1.38
AC	15～24	0	489	426	85	壤土	1.46
2C	24～60	80	671	210	118	砂质壤土	—
R	60～85	—	—	—	—	—	—

青峰山系代表性单个土体化学性质

深度 /cm	pH		有机质 /(g/kg)	全氮(N) /(g/kg)	全磷(P₂O₅) /(g/kg)	全钾(K₂O) /(g/kg)	阳离子交换量/(cmol/kg)	碳酸钙相当物/(g/kg)
	H₂O	KCl						
0～15	6.1	3.9	14.4	1.24	5.72	14.3	14.9	23.6
15～24	6.6	—	6.6	0.82	4.71	9.5	10.0	33.5
24～60	6.5	—	24.9	0.69	5.03	6.6	10.0	21.9
60～85	6.7	—	48.5	0.31	4.96	5.6	9.4	19.1

10.6 湿润正常新成土

10.6.1 李千户系（Liqianhu Series）

土　族：粗骨壤质混合型非酸性冷性-石质湿润正常新成土

拟定者：王秋兵，崔　东，王晓磊，荣　雪

分布与环境条件　本土系位于辽宁省北部丘陵山地坡中部，5°～15°中缓坡，成土母质为残积物，排水良好，中度水蚀；土地利用类型为林地，生长油松，地表覆盖度 15%～40%。温带半湿润大陆性季风气候，热量充足，四季分明，气候温和，年均气温 6.3 ℃，1 月平均气温 –13.5 ℃，最低气温 - 34.3 ℃；7 月平均气温 24.4 ℃，最高气温 35.8 ℃；年均降水量

李千户系典型景观

675 mm，雨水充沛，雨热同季，年均日照时数 2600 h 左右，无霜期 146 d 左右。

土系特征与变幅　诊断层有淡薄表层，诊断特性包括准石质接触面、湿润土壤水分状况、冷性土壤温度状况。本土系发育在残积物母质上，土体中含有多于 75%的岩石碎屑；淡薄表层为发育中等的小团块状结构；黏粒含量 212～213 g/kg；土壤呈酸性，pH 6.4～6.6，有机质含量 8.8～42.1 g/kg，土壤全氮含量为 0.84～2.43 g/kg，有效磷含量 0～5.5 mg/kg。

对比土系　同土族内没有相似土系,相似的土系有会元系和三台子系，属于同一亚类不同土族。会元系具粗骨壤质土壤颗粒大小级别、硅质混合型土壤矿物学类型、石灰性土壤反应级别。三台子系具粗骨质土壤颗粒大小级别、硅质混合型土壤矿物学类型、温性土壤温度状况。

利用性能综述　本土系土层较薄，且含有多量岩屑和砾石，不宜耕种作物，应封山育林育草，保护天然植被，减少水土流失。还可以人工植树造林、种草，因地制宜栽种适宜树种。

参比土种　片石土（硅钾质中性粗骨土）。

代表性单个土体　位于辽宁省铁岭市铁岭县李千户乡大会屯村的石质低丘上，42°7′37.0″N，123°50′9.6″E，海拔 113 m，地形为丘陵，成土母质为紫色页岩残积物，林地。野外调查时间为 2010 年 10 月 1 日，编号 21-107。

Ah：　0～20 cm，浊黄橙色（10YR 5/4，干），浊黄橙色（10YR 5/4，润）；壤土，发育中等的小团块状结构，疏松；有中量风化的岩石碎屑，其中大量很小块和很少量中块碎屑；向下平滑渐变过渡。

AC：　20～49 cm，淡黄橙色（10YR 8/3，干），棕色（10YR 4/6，润）；壤土，发育中等的小团块状结构，疏松；有多量风化的岩石碎屑，其中大量小块和中块碎屑，很少量大块碎屑；向下平滑清晰过渡。

C：　49～68 cm，浊红橙色（7.5YR 6/4，干），浊红棕色（7.5YR 4/3，润）；岩石风化物。

李千户系代表性单个土体剖面

李千户系代表性单个土体物理性质

土层	深度 /cm	砾石 (>2 mm，体积分数)/%	细土颗粒组成(粒径：mm)/(g/kg)			质地	容重 /(g/cm³)
			砂粒 2～0.05	粉粒 0.05～0.002	黏粒 <0.002		
Ah	0～20	10	398	390	212	壤土	1.23
AC	20～49	90	400	387	213	壤土	—

李千户系代表性单个土体化学性质

深度 /cm	pH		有机质 /(g/kg)	全氮(N) /(g/kg)	全磷(P₂O₅) /(g/kg)	全钾(K₂O) /(g/kg)	阳离子交换量/(cmol/kg)
	H₂O	KCl					
0～20	6.4	5.2	42.1	2.43	0.26	34.3	12.6
20～49	6.6	—	8.8	0.84	0.52	29.6	4.30

10.6.2 会元系（Huiyuan Series）

土 族：粗骨壤质硅质混合型石灰冷性-石质湿润正常新成土
拟定者：王秋兵，韩春兰，崔 东，王晓磊，荣 雪，姚振都

分布与环境条件 本土系分布于辽宁省东部，集中分布在抚顺市新宾、清原满族自治县等石质丘陵的中上部，2°～5°微坡，排水良好，成土母质为砾岩残积物；自然植被为榛子及柞树，地表覆盖度40%～80%。温带湿润大陆性季风气候，年均气温5.5～7.0 ℃，年均降水量为600～850 mm，年均日照时数为2516 h，无霜期150～160 d。

会元系典型景观

土系特征与变幅 诊断层有淡薄表层，诊断特性包括准石质接触面、湿润土壤水分状况、冷性土壤温度状况、石灰性。本土系发育在砾岩残积物母质上，土体中含有多量小块或大块的岩石碎屑；有机质含量在41.4～55.1 g/kg；土壤呈中性至弱碱性，pH 6.1～8.2，微弱石灰反应，黏粒含量10～234 g/kg。

对比土系 同土族没有其他土系，相似的土系有李千户系和三台子系，属于同一亚类不同土族。李千户系具粗骨壤质土壤颗粒大小级别、混合型土壤矿物学类型、非酸性土壤反应级别。三台子系具粗骨质土壤颗粒大小级别、非酸性土壤反应类型、温性土壤温度状况。

利用性能综述 本土系土层较薄，且土体中含有多量岩屑和砾石，土壤孔隙度大，通水透气性能好，保肥能力差，土壤贫瘠，肥力很低，农业利用价值不大。土壤植被覆盖度较大，应作为林业用地加以利用，进行封山育林育草，保护天然植被，减少水土流失。

参比土种 砾石土（硅质中性石质土）。

代表性单个土体 位于辽宁省抚顺市顺城区会元乡金花村的低丘上，42°0′19.4″N，123°50′57.8″E，海拔 176 m，地形为丘陵，成土母质为发育在砾岩上的残积物。野外调查时间为 2010 年 9 月 23 日，编号 21-093。

会元系代表性单个土体剖面

Oi: +4~0 cm，枯枝落叶层。

Ah: 0~11 cm，棕色（7.5YR 4/6，干），极暗红棕色（5YR 2/4，润）；壤土，发育较强的团粒状结构，松散；黏着；中量细根和很少量粗根，土体内有少量小角状岩石碎屑；有微弱石灰反应；向下平滑渐变过渡。

AC: 11~25 cm，浊橙色（5YR 7/4，干），亮红棕色（2.5YR 5/6，润）；砂质壤土，松散；稍黏着；中量中粗根，土体内有多量大块角状岩石碎屑；有微弱石灰反应；向下平滑清晰过渡。

C: 25~74 cm，浅淡红橙色（2.5YR 7/3，干），浅淡红橙色（2.5YR 7/3，润）；砂质壤土，松散；稍黏着；少量细根，土体内有极多量大中块角状岩石碎屑；有微弱石灰反应。

R: 74~110 cm，砾岩。

会元系代表性单个土体物理性质

| 土层 | 深度 /cm | 砾石 (>2 mm，体积分数)/% | 细土颗粒组成(粒径：mm)/(g/kg) | | | 质地 | 容重 /(g/cm³) |
			砂粒 2~0.05	粉粒 0.05~0.002	黏粒 <0.002		
Ah	0~11	10	297	469	234	壤土	1.01
AC	11~25	30	653	330	17	砂质壤土	1.32
C	25~74	85	688	301	10	砂质壤土	—

会元系代表性单个土体化学性质

| 深度 /cm | pH | | 有机质 /(g/kg) | 全氮(N) /(g/kg) | 全磷(P₂O₅) /(g/kg) | 全钾(K₂O) /(g/kg) | 阳离子交换量 /(cmol/kg) | 碳酸钙相当物 /(g/kg) |
	H₂O	KCl						
0~11	6.1	5.1	43.4	2.37	0.31	19.6	17.0	5.4
11~25	7.1	—	41.4	1.90	0.41	17.9	12.4	8.8
25~74	8.2	—	55.1	0.81	0.29	17.8	8.8	26.7

10.6.3　三台子系（Santaizi Series）

土　族：粗骨质硅质混合型非酸性温性-石质湿润正常新成土
拟定者：王秋兵，崔　东，王晓磊

分布与环境条件　本土系位于
辽宁省西南部丘陵山地坡上部，
2°～5°微坡，二元母质，表层
为坡积黄土状物质，下伏花岗岩
残积物，排水良好，强度水蚀-
切沟侵蚀；土地利用类型为旱
地，种植花生，一年一熟。温带
半湿润大陆性季风气候，四季分
明，雨热同季，日照充足，年均
气温 8.7 ℃，年均降水量
610 mm，年均日照时数大于
2700 h，多风，有风天数平均可
达 200 d，无霜期 160～180 d。

三台子系典型景观

土系特征与变幅　诊断层有淡薄表层，诊断特性包括石质接触面、湿润土壤水分状况、
温性土壤温度状况。本土系发育在二元母质上，表层为坡积黄土状物质，下伏花岗岩残
积物，土体中含有大量岩石碎屑，基岩出现在 100 cm 以下；淡薄表层为发育中等的小团
块状结构，黏粒含量 85～315 g/kg；C 层黏粒含量 315 g/kg；土壤呈酸性，pH 5.6～6.7，
有机质含量较低，为 0.9～4.2 g/kg，土壤全氮含量为 0.23～0.71 g/kg，有效磷含量 1～
10 mg/kg。

对比土系　同土族内没有其他土系，相似的土系有李千户系和会元系，属于同一亚类不
同土族。李千户系具粗骨壤质土壤颗粒大小级别、混合型土壤矿物学类型、非酸性土壤
反应级别、冷性土壤温度状况。会元系具粗骨壤质土壤颗粒大小级别、石灰性土壤反应
级别、冷性土壤温度状况。

利用性能综述　本土系土层较薄，且土体下部含有多量岩屑和砾石，土壤孔隙度大，通
水透气性能好，保肥能力差，土壤贫瘠，肥力很低，农业利用价值不大。土壤植被覆盖度
较大，应作为林业用地加以利用，进行封山育林育草，保护天然植被，减轻水土流失程度。

参比土种　酥石土（硅铝质中性粗骨土）。

代表性单个土体　位于辽宁省锦州市凌海市三台子镇五台子村，41°18′58.4″N，
121°33′2.8″E，海拔 45 m，地形为丘陵，二元母质，表层为坡积黄土状物质，下伏花岗
岩残积物。野外调查时间为 2010 年 10 月 24 日，编号 21-152。

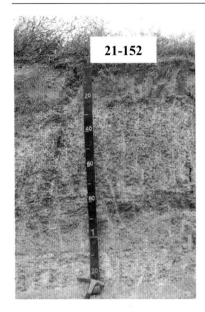

Ah: 0～24 cm，黄棕色（10YR 5/6，干），暗棕色（10YR 3/4，润）；砂质壤土，疏松，发育中等的小团块状结构；少量细根，中量风化的小块角状岩石碎屑；向下平滑清晰过渡。

2C: 24～106 cm，橙色（5YR 6/8，干），亮红棕色（2.5YR 5/6，润）；黏壤土，疏松；少量细根，极多量风化的中块岩石碎屑；向下平滑渐变过渡。

R: 106～127 cm，橙色（5YR 6/8，干），亮红棕色（2.5YR 5/6，润）；中等风化的基岩。

三台子系代表性单个土体剖面

三台子系代表性单个土体物理性质

| 土层 | 深度 /cm | 砾石 (> 2 mm，体积分数)/% | 细土颗粒组成(粒径：mm)/(g/kg) | | | 质地 | 容重 /(g/cm³) |
			砂粒 2～0.05	粉粒 0.05～0.002	黏粒 < 0.002		
Ah	0～24	35	702	213	85	砂质壤土	1.64
2C	24～106	80	265	420	315	黏壤土	1.90

三台子系代表性单个土体化学性质

| 深度 /cm | pH | | 有机质 /(g/kg) | 全氮(N) /(g/kg) | 全磷(P₂O₅) /(g/kg) | 全钾(K₂O) /(g/kg) | 阳离子交换量/(cmol/kg) |
	H₂O	KCl					
0～24	5.6	4.3	4.2	0.71	0.41	40.7	6.9
24～106	6.7	—	0.9	0.23	0.76	37.6	4.4

10.6.4　虹螺岘系（Hongluoxian Series）

土　族：粗骨砂质硅质混合型非酸性温性-普通湿润正常新成土
拟定者：王秋兵，崔　东，王晓磊

分布与环境条件　本土系位于辽宁省西部丘陵山地坡上部，5°～15° 中缓坡，二元母质，上部为黄土状物质，下部为残积物，排水过快；土地利用类型为旱地，种植大豆，一年一熟。温带半湿润大陆性季风气候，年均气温 8.5～9.5 ℃，年均降水量 600～650 mm，年均日照时数为 2600～2800 h，无霜期 175 d。

虹螺岘系典型景观

土系特征与变幅　诊断层有淡薄表层，诊断特性包括石质接触面、湿润土壤水分状况、温性土壤温度状况。本土系发育在二元母质上，土体中含有岩石碎屑，基岩出现在 50 cm 以下；淡薄表层为发育中等的中等团块状结构或粒状结构；黏粒含量 82～86 g/kg；土壤呈酸性，pH 6.4～6.9，有机质含量 3.8～14.8 g/kg，土壤全氮含量为 0.35～1.15 g/kg。

对比土系　同土族内没有其他土系，相似的土系有观军场系，属于同一亚纲不同土类。观军场系具有干润土壤水分状况。

利用性能综述　本土系土层较薄，且土体下部含有多量岩屑和砾石，土壤孔隙度大，通水透气性能好，保肥能力差，土壤贫瘠，肥力很低。土壤植被覆盖度较大，农业利用价值不大，应作为林业用地加以利用，如封山育林育草，保护天然植被，减少水土流失。

参比土种　酥石土（硅铝质中性粗骨土）。

代表性单个土体　位于辽宁省葫芦岛市南票区虹螺岘镇兴隆屯村，41°3′13.3″ N，120°50′5.6″ E，地形为丘陵，海拔 103 m，二元母质，上部为黄土状物质，下部为残积物。野外调查时间为 2010 年 10 月 20 日，编号 21-147。

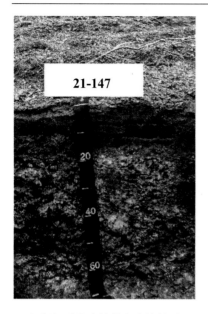

Ap:　0～14 cm, 浊黄棕色（10YR 5/4, 干）, 棕色（7.5YR 4/3, 润）; 壤土, 松散, 发育中等的中等团块状结构; 中量细根; 中量的小角状风化碎石; 向下清晰平滑过渡。

2AC:　14～37 cm, 亮棕色（7.5YR 5/6, 干）, 暗红棕色（5YR 3/6, 润）; 砂质壤土, 疏松, 发育中等的中等粒状结构; 少量细根; 中量的中小角状风化碎石; 向下清晰平滑过渡。

2C:　37～52 cm, 浊红棕色（5YR 5/4, 干）, 浊红棕色（5YR 4/4, 润）; 砂质壤土; 中量的中小角状风化碎石; 向下清晰平滑过渡。

R:　52～64 cm, 浊黄棕色（10YR 5/4, 干）, 棕色（7.5YR 4/3, 润）; 风化的石质接触面。

虹螺岘系代表性单个土体剖面

虹螺岘系代表性单个土体物理性质

| 土层 | 深度 /cm | 砾石 (>2 mm, 体积分数)/% | 细土颗粒组成(粒径: mm)/(g/kg) | | | 质地 | 容重 /(g/cm³) |
			砂粒 2～0.05	粉粒 0.05～0.002	黏粒 <0.002		
Ap	0～14	15	484	430	86	壤土	1.48
2AC	14～37	25	531	387	82	砂质壤土	1.76
2C	37～52	40	617	298	85	砂质壤土	—

虹螺岘系代表性单个土体化学性质

| 深度 /cm | pH | | 有机质 /(g/kg) | 全氮(N) /(g/kg) | 全磷(P₂O₅) /(g/kg) | 全钾(K₂O) /(g/kg) | 阳离子交换量/(cmol/kg) |
	H₂O	KCl					
0～14	6.4	4.8	14.8	1.15	0.62	28.9	12.8
14～37	6.9	—	4.5	0.38	1.30	26.2	15.5
37～52	6.9	—	3.8	0.35	0.96	22.7	16.9

参 考 文 献

陈恩凤. 1948. 中国土壤地理[M]. 上海: 商务印书馆.

陈凤贤, 等. 1986. 辽宁省农业气候区划探讨//农业资源与区划研究文集[M]. 沈阳: 辽宁科学技术出版社.

程伯容, 等. 1957. 辽河流域土壤调查报告[R].

程伯容, 许广山, 张国梁. 1993. 我国暗棕壤的特性和系统分类的研究//中国土壤系统分类研究丛书编委会. 中国土壤系统分类进展[C]. 北京: 科学出版社: 170-176.

程伯容, 许广山, 张玉萍, 等. 1994. 我国东北地区的冷凉淋溶土//中国土壤系统分类研究丛书编委会. 中国土壤系统分类新论[C]. 北京: 科学出版社: 264-267.

董厚德. 1987. 辽宁植被区划[M]. 沈阳: 辽宁大学出版社.

董厚德. 2011. 辽宁植被与植被区划[M]. 沈阳: 辽宁大学出版社.

杜恒俭. 1981. 地貌学及第四纪地质学[M]. 北京: 地质出版社.

龚子同. 1998. 唐耀先教授与中国土壤系统分类//沈阳农业大学土地与环境学院. 中国农业资源与环境持续发展的探讨: 庆贺唐耀先教授八十华诞纪念论文集[C]. 沈阳: 辽宁科学技术出版社: 11-12.

龚子同. 2012. 从俄罗斯黑钙土到中国黑土——纪念宋达泉先生诞辰 100 周年[J]. 土壤通报, 43(5): 1035-1028.

龚子同. 2014. 中国土壤地理[M]. 北京: 科学出版社.

龚子同, 等. 1999. 中国土壤系统分类: 理论•方法•实践[M]. 北京: 科学出版社.

龚子同, 张甘霖, 陈志诚. 2007. 土壤发生与系统分类[M]. 北京: 科学出版社.

韩春兰, 顾欣燕, 刘杨杨, 等. 2013b. 长白山山脉火山喷出物发育土壤的特性及系统分类研究[J]. 土壤学报, 50(6): 1061-1070.

韩春兰, 王秋兵, 孙福军, 等. 2006. 中国北方红色土壤分类问题的探讨[J]. 土壤通报, 37(3): 572-575.

韩春兰, 王秋兵, 孙福军, 等. 2010. 辽宁朝阳地区第四纪古红土特性及系统分类研究[J]. 土壤学报, 47(5): 836-846.

韩春兰, 姚振都, 杨武成, 等. 2013a. 中国土壤系统分类中"红色砂、页岩、砂砾岩和北方红土岩性特征"的比较研究及诊断标准的修订[J]. 土壤, 45(3): 554-559.

胡童坤. 1987. 多层地形的理论在土壤调查中的应用[J]. 土壤通报, (5): 203-205.

贾文锦. 1990. 辽宁土壤和景观的演化//贾文锦, 李文科. 辽宁省第二次土壤普查专题研究文选[C]. 沈阳: 辽宁大学出版社: 1-15.

贾文锦, 等. 1992a. 辽宁土壤[M]. 沈阳: 辽宁科学技术出版社.

贾文锦, 李金凤, 隋尧冰. 1992b. 辽宁省"红黏土"特性的研究//中国土壤系统分类研究丛书编委会. 中国土壤系统分类进展[C]. 北京: 科学出版社: 132-145.

贾文锦, 李金凤, 隋尧冰. 1993a. 辽宁省褐土系统分类的研究//中国土壤系统分类研究丛书编委会. 中国土壤系统分类进展[C]. 北京: 科学出版社: 191-197.

贾文锦, 曲延林, 隋尧冰. 1994. 辽宁省植稻土壤在中国土壤系统分类中的归属研究//中国土壤系统分类研究丛书编委会. 中国土壤系统分类新论[C]. 北京: 科学出版社: 78-86.

贾文锦, 隋尧冰. 1993b. 辽宁省酸性棕壤系统分类的研究//中国土壤系统分类研究丛书编委会. 中国土壤系统分类进展[C]. 北京: 科学出版社: 182-190.

贾文锦, 佟士儒, 李春金. 1993c. 辽宁省棕壤系统分类的研究//中国土壤系统分类研究丛书编委会. 中国土壤系统分类进展[C]. 北京: 科学出版社: 177-182.

贾文锦, 王锦珊, 苏雨贵, 等. 1990. 辽宁省的成土母质类型及其在成土中的作用//贾文锦, 李文科. 辽宁省第二次土壤普查专题研究文选[C]. 沈阳: 辽宁大学出版社: 16-37.

焦树仁. 1982. 章古台沙地人口林对沙土性质的影响[J]. 土壤通报, 13(5): 13-15.

李天来. 2005a. 辽宁省日光温室发展现状和今后研究方向(上)[J]. 农村实用工程技术(温室园艺), (6): 11-13.

李天来. 2005b. 辽宁省日光温室发展现状和今后研究方向(下)[J]. 农村实用工程技术(温室园艺), (7): 18-19.

廖维满. 2001. 辽宁省土地志[M]. 沈阳: 辽宁大学出版社.

冷疏影, 刘勇, 朱海勇, 等. 2010. 2010 年度地理学基金项目评审与成果分析[J]. 地球科学进展, 25(12): 1380-1387.

辽宁省地质局水文地质大队. 1983. 辽宁第四纪[M]. 北京: 地质出版社.

辽宁省计划经济委员会. 1987. 辽宁国土资源[M]. 沈阳: 辽宁人民出版社.

辽宁省农业资源和区划地图集编辑委员会. 1988. 辽宁省农业资源和区划地图集[M]. 北京: 测绘出版社.

辽宁省水利厅. 2006. 辽宁水资源管理[M]. 沈阳: 辽宁科学技术出版社: 200-235.

辽宁省土壤肥料总站. 1991. 辽宁土种志[M]. 沈阳: 辽宁大学出版社.

辽宁省土壤普查办公室. 1961. 辽宁土壤志[M]. 沈阳: 辽宁人民出版社.

辽宁省土壤普查办公室. 1982. 辽宁省第二次土壤普查土壤工作分类方案[R].

辽宁省自然资源厅. 2019. 辽宁省水系图[ED]. 审图号: 辽 S(2018)64 号.

马溶之. 1941. 中国土壤概图(1:1000 万)[J]. 土壤季刊, 2(1): 4-14.

马志强, 王秋兵, 王帅, 等. 2015a. 冻融作用对棕壤水溶性盐和土壤氧化物的影响[J]. 水土保持学报, 29(2): 193-197.

马志强, 王秋兵, 王帅, 等. 2015b. 沈阳棕壤氧化还原电位动态变化的研究[J]. 土壤, 47(5): 989-993.

潘德顿, 陈伟, 常庆隆, 等. 1953. 哈尔滨区土壤约测[J]. 李庆逵摘译, 土壤专报, 11 号: 1-19.

全国土壤普查办公室. 1979. 全国第二次土壤普查土壤工作分类暂行方案[S]. 北京: 农业出版社.

全国土壤普查办公室. 1988. 中国土壤分类系统表[R].

全国土壤普查办公室. 1994. 中国土种志[M]. 北京: 中国农业出版社.

任玉民, 等. 2003. 辽河三角洲滨海盐渍土综合改良与利用[M]. 沈阳: 东北大学出版社: 97-98.

寿祝邦, 等. 1959. 老哈河流域土壤调查报告[R]. 沈阳: 辽宁省水利勘测设计院.

寿祝邦, 等. 1960. 大小凌河流域土壤调查报告[R]. 沈阳: 辽宁省水利勘测设计院.

寿祝邦, 等. 1961. 辽河流域东部山区土壤调查报告[R]. 沈阳: 辽宁省水利勘测设计院.

宋达泉, 程伯容, 曾昭顺. 1958. 东北及内蒙东部土壤区划[J]. 土壤通报, (4): 1-9.

宋达泉, 孙汉中, 张丽姗, 等. 1959. 辽宁省土壤概图及土壤利用与提高土壤肥力措施表说明书[J]. 土壤通报, (1): 28-34.

唐耀先. 1962. 论土壤的矛盾性及农业土壤形成过程的实质[J]. 土壤通报, (6): 6-12.

唐耀先, 等. 1979. 沈阳地区棕壤的基本性质和水热动态的研究[J]. 沈阳农学院学报, (2): 1-9.

唐耀先, 须湘成. 1983. 我国现行土壤分类制必须改革//中国土壤学会. 中国土壤学会第五次大表大会学术年会论文集[C]: 87-90.

王天豪, 韩春兰, 王秋兵. 2018. 辽宁省植稻土壤在中国土壤系统分类中的归属[J]. 土壤通报, 49(1): 1-8.

王秋兵. 2012. 古土壤在土壤系统分类中的分类地位探讨//张甘霖, 史学正, 黄标. 土壤地理研究回顾与展望——祝贺龚子同先生从事土壤地理研究60周年[C]. 北京: 科学出版社: 105-113.

王秋兵, 崔东, 韩春兰, 等. 2013a. 土壤发育指标与气候因子的关系及辽西地区古气候重建[J]. 土壤学报, 50(2): 244-252.

王秋兵, 韩春兰. 2008. 古红土在中国土壤系统分类中的分类地位探讨[J]. 沈阳农业大学学报, 39(1): 3-6.

王秋兵, 蒋卓东, 孙仲秀. 2019. 中国北方第四纪黄土发育土壤铁锰结核形成环境及空间分布[J]. 土壤学报, 56(2): 288-297.

王秋兵, 李岩, 韩春兰, 等. 2013b. 宽甸盆地火山喷出物发育土壤特性研究[J]. 土壤通报, 44(2): 257-265.

王秋兵, 汪景宽, 胡宏祥, 等. 2002. 辽宁省沈阳样区土系的划分[J]. 土壤通报, 33(4): 246-252.

王秋兵, 须湘成, 徐晓寰, 等. 1996. 辽吉东部山区土壤诊断特性及其系统分类研究[J]. 土壤通报, 27(5): 205-208.

王秋兵, 王惠强, 韩春兰, 等. 2008. 辽宁地区古红土黏土矿物特征及其环境意义[J]. 土壤通报, 39(4): 924-927.

王秋兵, 王晶媚, 韩春兰. 2010. 将土种资料转化为土系的必要性与可行性分析[J]. 土壤通报, 41(1): 17-22.

王秋兵, 王燕平, 孙仲秀, 等. 2017. 辽宁省白浆化土壤中白土层的特征及其形成[J]. 土壤, 49(2): 400-407.

王秋兵, 吴殿龙, 韩春兰, 等. 2009. 辽宁地区古红土微量元素的地球化学特征研究[J]. 土壤通报, 40(4): 789-794.

王云森. 1980. 中国古代土壤科学[M]. 北京: 科学出版社.

肖笃宁. 1986. 脉冲雷达及其在土壤调查中的应用[J]. 土壤学进展, (4): 51-57.

肖笃宁, 盛士骏. 1987. 横断山区森林土壤的数值分类[J]. 土壤学报, 24(2): 180-192.

肖笃宁, 张国枢. 1994. 关于东北白浆土的系统分类//中国土壤系统分类研究丛书编委会. 中国土壤系统分类新论[C]. 北京: 科学出版社: 276-279.

肖笃宁, 谢志霄. 1994. 试论中国淋溶土的成土过程与基本特性[J]. 土壤学报, 31(4): 403-412.

谢萍若. 1992. 我国火山灰土的诊断特性和系统分类//中国土壤系统分类研究丛书编委会. 中国土壤系统分类进展[C]. 北京: 科学出版社: 135-137.

谢萍若, 张国枢, 胡思敏, 等. 1993. 我国火山灰土诊断特性的初步研究//中国土壤系统分类研究丛书编委会. 中国土壤系统分类探讨[C]. 北京: 科学出版社: 292-302.

谢萍若, 张国枢, 胡思敏, 等. 1994. 我国东北地区火山灰土的矿物性质与诊断特性//中国土壤系统分类研究丛书编委会. 中国土壤系统分类新论[C]. 北京: 科学出版社: 329-335.

曾昭顺. 1958. 关于白浆土的形成问题//中国科学院林业土壤研究所集刊(第一号)[M]. 北京: 科学出版社: 26-35.

曾昭顺. 1963. 论白浆土的形成和分类问题[J]. 土壤学报, 11(2): 111-129.

张甘霖, 龚子同. 2012. 土壤调查实验室分析方法[M]. 北京: 科学出版社.

张甘霖, 王秋兵, 张凤荣, 等. 2013. 中国土壤系统分类土族与土系划分标准[J]. 土壤学报, 50(4): 190-198.

张国枢, 庄季屏, 肖笃宁, 等. 1993. 中国黑土系统分类的初步研究//中国土壤系统分类研究丛书编委会. 中国土壤系统分类进展[C]. 北京: 科学出版社: 245-254.

中国科学院林业土壤研究所. 1980. 中国东北土壤[M]. 北京: 科学出版社.

中国科学院南京土壤研究所, 中国科学院西安光学精密机械研究所. 1989. 中国标准土壤色卡[M]. 南京: 南京出版社.

中国科学院南京土壤研究所土壤系统分类课题组, 中国土壤系统分类课题研究协作组. 1985. 中国土壤系统分类初拟[J]. 土壤, 17(6): 290-318.

中国科学院南京土壤研究所土壤系统分类课题组, 中国土壤系统分类课题研究协作组. 1987. 中国土壤系统分类(二稿)[J]. 土壤学进展, 中国土壤系统分类研讨会特刊: 69-104.

中国科学院南京土壤研究所土壤系统分类课题组, 中国土壤系统分类课题研究协作组. 1991. 中国土壤系统分类(首次方案)[M]. 北京: 科学出版社.

中国科学院南京土壤研究所土壤系统分类课题组, 中国土壤系统分类课题研究协作组. 1995. 中国土壤系统分类(修订方案)[M]. 北京: 中国农业科技出版社.

中国科学院南京土壤研究所土壤系统分类课题组, 中国土壤系统分类课题研究协作组. 2001. 中国土壤系统分类检索. 3 版[M]. 合肥: 中国科学技术大学出版社.

中国科学院《中国自然地理》编辑委员会. 1981. 中国自然地理·土壤地理[M]. 北京: 科学出版社.

中国土壤学会. 1989. 中国土壤土属土种分类研究[M]. 南京: 江苏科学技术出版社.

池田实. 1942. 满洲の土壤と肥料[M]. 满洲事情案内所刊.

突永一枝, 池田实, 渡边改治. 1937. "满州"的土壤类型[R]. 研究时报, 20: 17-72.

突永一枝. 1930. 南满洲土性调查报告[R]. 农事试验场汇报. 第 28 号.

突永一枝. 1938. 满洲国土壤预察图. 国立公主岭农事试验场, 满洲日日新闻社.

J. 梭颇. 1936. 中国之土壤[M]. 李庆逵, 李连捷, 译. 南京地质调查所土壤研究室,土壤特刊,2 种一号.

Gordeef T P. 1926. Description of soils and rocks amid which has been found Mammoth-task [J]. The Society Forstudy of Manchuria, Harbin, Bul: 6.

Jiang Y, Wang Q, Sui P. 1990. Effect of the physical properties of the argillic horizon of argillic brown earths on development of plant roots in Shenyang area//Transactions of 14th International Congress of Soil Science[C]. International Society of Soil Science, Ⅰ: 329-330.

Lin M L, Chu C M, Shih J Y, et al. 2006. Assessment and monitoring of desertification using satellite imagery of MODIS in East Asia[J]. Proceedings of SPIE, 6411(23): 1-9.

Sun Z, Jiang Y, Wang Q, et al. 2018. Geochemical characterization of the loess-paleosol sequence in northeast

China [J]. Geoderma, 321: 127-140.

Sun Z, Owens P R, Han C, et al. 2016. A quantitative reconstruction of a loess–paleosol sequence focused on paleosol genesis: An example from a section at Chaoyang, China [J]. Geoderma, 266: 25-39.

Sun Z, Wang Q, Han C, et al. 2016. Clay mineralogical characteristics and the palaeoclimatic significance of a Holocene to Late Middle Pleistocene loess–palaeosol sequence from Chaoyang, China[J]. Earth and Environmental Science Transactions of the Royal Society of Edinburgh, 1-13.

Wang Q, Hartemink A E, Jiang Z, et al. 2017. Digital soil morphometrics of krotovinas in a deep Alfisol derived from loess in Shenyang, China[J]. Geoderma, 301: 11-18.

Xiao D. 1992. Alfisols and closely related soils in China [J]. Chinese Geographical Science, 2(1): 18-29.

Xie H, Zhao J, Wang Q, et al. 2015. Soil type recognition as improved by genetic algorithm-based variable selection using near infrared spectroscopy and partial least squares discriminant analysis [J]. Scientific Reports, 5, 10930.

Сун Да-Чен,Генезис. 1956. развитие и общие свойства черноземов,дерново-подзолистых и заболоченных почв В Северо-Восточном Китая [J]. "Почвоведение", (4): 44-46.

Сун.чв, Иун.чвоведение"итая ая тая очном Китн,Почвы46.чвовед1957《ДРУЖБА》КитйскойчНародной Республики [J].убликииспублик, (1): 26-36.

附　　录

辽宁省土系与土种参比表

土　系	土　种	土　系	土　种
阿尔系	盖县荒砂土（薄层固定草甸风沙土）	高家梁系	北票红土（壤质红黏土）
阿及系	岫岩洼甸土（深潜草甸土）	孤家子系	坡黄土（壤质坡积棕壤）
安民系	金县山砂土（厚层硅铝质棕壤性土）	孤山子系	北票红土（壤质红黏土）
八宝系	营口潮黄土（壤质深淀黄土状潮棕壤）	拐磨子系	山黄土（壤质硅铝质棕壤）
八宝沟系	辽阳红土（薄腐红黏土）	观军场系	沟门子石灰土（中层钙镁质褐土性土）
八家沟系	新城子板潮黄土（壤质浅淀黄土状潮棕壤）	哈叭气系	宋杖子黄土（壤质黄土质淋溶褐土）
八面城系	黑土（厚层黄土状黑土）	哈达系	大河南石灰土（厚层钙镁质褐土性土）
巴图营系	坡黄土（壤质坡积棕壤）	海洲窝堡系	灰砂土（中熟固定草甸风沙土）
宝力系	河砂潮（砂质潮土）	郝杖子系	北票红土（壤质红黏土）
北九里系	大沟坡黄土（中腐坡积棕壤）	黑沟系	新宾暗黄土（中腐铁镁质棕壤）
北口前系	新城子板潮黄土（壤质浅淀黄土状潮棕壤）	横道河系	营口潮黄土（壤质深淀黄土状潮棕壤）
北四平系	薄草炭土（薄层泥炭土）	红光系	砂菜园土（砂质菜园草甸土）
边门系	振安暗黄土（壤质铁镁质棕壤）	红庙系	薄草炭土（薄层泥炭土）
波罗赤系	辽阳红土（薄腐红黏土）	红升系	塔峪山砂土（中层硅铝质棕壤性土）
草河系	金县山砂土（厚层硅铝质棕壤性土）	宏胜系	老黄土（壤质深淀黄土状棕壤）
草市系	堡包土（浅位泥炭沼泽土）	虹螺岘系	酥石土（硅铝质中性粗骨土）
长春屯系	黏板潮黄土（黏质浅淀黄土状潮棕壤）	后坟系	板坡黄白土（壤质浅钙坡积石灰性褐土）
厂子系	河砂潮土（砂质潮土）	后营盘系	坡黄土（壤质坡积棕壤）
纯仁系	漏河淤土（砂底壤质草甸土）	黄家系	石灰河淤土（壤质石灰性草甸土）
慈恩寺系	法库片砂土（厚层硅钾质棕壤性土）	黄土坎系	宋杖子黄土（壤质黄土质淋溶褐土）
大川头系	火山灰土（腐殖质暗火山灰土）	会元系	砾石土（硅质中性石质土）
大甸系	新城子板潮黄土（壤质浅淀黄土状潮棕壤）	碱厂沟系	营口潮黄土（壤质深淀黄土状潮棕壤）
大房身系	坡黄土（壤质坡积棕壤）	坎川系	大沟坡积棕壤（中腐坡积棕壤）
大红旗系	灰砂土（中熟固定草甸风沙土）	康平镇系	黑菜园土（壤质厚黑菜园草甸土）
大泉眼系	河砂潮（砂质潮土）	靠山系	西丰黑淤土田（厚黑壤质冲积淹育田）
大窝棚系	大甸子黄土（中腐黄土状棕壤）	宽邦系	金县山砂土（厚层硅铝质棕壤性土）
大五家系	砂山黄土（砂质硅铝质棕壤）	宽甸镇系	火山灰土（腐殖质暗火山灰土）
大五喇嘛系	尿碱土（浅位碱化盐土）	老边系	黏轻水碱田（黏质轻度氯化物盐渍田）
大营子系	三宝黄白土（壤质浅钙黄土质石灰性褐土）	老秃顶系	山甸土（厚腐硅铝质山地灌丛草甸土）
道义系	营口潮黄土（壤质深淀黄土状潮棕壤）	老窝铺系	建平石灰红土（薄腐覆钙红黏土）
德榆系	浅埋草煤土（浅位埋藏泥炭土）	雷家店系	沟门子石灰土（中层钙镁质褐土性土）
登仕堡系	山石土（铁镁质中性石质土）	李千户系	片石土（硅钾质中性粗骨土）
东风系	轻水碱田（壤质轻度氯化物盐渍田）	李相系	振安暗黄土（壤质铁镁质棕壤）
东岗系	盖县荒砂土（薄层固定草甸风沙土）	联合系	北票红土（壤质红黏土）
东郭系	轻水碱田（壤质轻度氯化物盐渍田）	亮子沟系	振安暗黄土（壤质铁镁质棕壤）
东营坊系	砾石山根土（砾石坡洪积潮棕壤）	柳壕系	辽阳黑淤土（厚黑壤质草甸土）
端正梁系	板黄白土（壤质浅钙黄土质石灰性褐土）	六官营系	粗石土（铁镁质中性粗骨土）
富山系	宋杖子黄土（壤质黄土质淋溶褐土）	龙山系	红黏（黏质红黏土）
高官系	砂坡黄土（砂质坡积棕壤）	龙王庙系	金县山砂土（厚层硅铝质棕壤性土）

土系	土种	土系	土种
骆驼山系	大碾糟石土（中层铁镁质棕壤性土）	仳拉皋系	北票坡黄土（壤质坡积褐土）
阎阳系	坡黄土（壤质坡积棕壤）	塔山系	荒砂潮土（薄腐砂质潮土）
马官桥系	荒甸土（中腐壤质草甸土）	太平系	火山灰土（腐殖质暗火山灰土）
马架子系	大甸子黄土（中腐黄土状棕壤）	桃花吐系	北票坡黄土（壤质坡积褐土）
木奇系	振安暗黄土（壤质铁镁质棕壤）	桃仙系	新城子板潮黄土（壤质浅淀黄土状潮棕壤）
南公营系	北票红土（壤质红黏土）	天柱系	营口潮黄土（壤质深淀黄土状潮棕壤）
南沙河系	金县山砂土（厚层硅铝质棕壤性土）	田家系	轻水碱田（黏质轻度氯化物盐渍田）
南四平系	山黄土（壤质硅铝质棕壤）	头道沟系	新城子板潮黄土（壤质浅淀黄土状潮棕壤）
黏泥岭系	营口潮黄土（壤质深淀黄土状潮棕壤）	汪清门系	荒砂潮土（薄腐砂质潮土）
牌楼系	三家子石灰土（薄层钙镁质褐土性土）	苇子峪系	坡黄土（壤质坡积棕壤）
偏岭系	腰砂河淤潮土（来砂质潮土）	文兴系	深埋草煤土（深位埋藏泥炭土）
平顶山系	山黄土（壤质硅铝质棕壤）	乌兰白系	红黏土（黏质红黏土）
菩萨庙系	盖县片黄土（壤质硅钾质棕壤）	五峰系	土城子糟石土（中层铁镁质褐土性土）
普乐堡系	坡黄土（壤质坡积棕壤）	务欢池系	坡淤土（壤质坡洪积潮褐土）
青峰山系	灰石土（钙镁质石质土）	西佛系	河淤土（壤质草甸土）
青石岭系	黄土田（壤质黄土状淹育田）	西官营系	北票红土（壤质红黏土）
青椅山系	坡黄土（壤质坡积棕壤）	下马塘系	金县山砂土（厚层硅铝质棕壤性土）
曲家系	新城子板潮黄土（壤质浅淀黄土状潮棕壤）	小莱河系	金县山砂土（厚层硅铝质棕壤性土）
泉水系	北票红土（壤质红黏土）	小谢系	三宝黄白土（壤质深钙黄土质石灰性褐土）
蓉花山系	金县山砂土（厚层硅铝质棕壤性土）	星五系	河淤菜园土（壤质菜园草甸土）
三宝系	灵龙塔坡黄土（壤质坡积淋溶褐土）	兴隆台系	新城子黑淤土（薄黑壤质草甸土）
三江口系	灰砂丘土（中熟固定草原风沙土）	徐岭系	金县山砂土（厚层硅铝质棕壤性土）
三台子系	酥石土（硅铝质中性粗骨土）	羊角沟系	北票石灰红土（壤质覆钙红黏土）
哨子河系	底砂河淤潮土（砂底壤质潮土）	样子系	新城子板潮黄土（壤质浅淀黄土状潮棕壤）
深井系	柏山黏黄土（黏质黄土质淋溶褐土）	腰堡系	灰石土（钙镁质石质土）
十三里堡系	红黏土（黏质红黏土）	药王庙系	沟门子石灰土（中层钙镁质褐土性土）
十五间房系	开原山根土（厚腐坡洪积潮棕壤）	业主沟系	厚草炭土（厚层泥炭土）
十字街系	塔峪山砂土（中层硅铝质棕壤性土）	衣杖子系	坡淤土（壤质坡洪积潮褐土）
石河系	金县山砂土（厚层硅铝质棕壤性土）	元台系	旅顺砾砂土（中层硅质棕壤性土）
石灰窑系	北票红土（壤质红黏土）	造化系	荒甸土（中腐壤质草甸土）
石棚峪系	辽阳红土（薄腐红黏土）	查家系	大甸子黄土（中腐黄土状棕壤）
双岭系	火山灰土（腐殖质暗火山灰土）	张家系	腰砂石灰河淤土（夹砂壤质石灰性草甸土）
双庙系	坡黄土（壤质坡积棕壤）	章古台系	荒砂丘土（薄层固定草原风沙土）
双羊系	坡淤土（壤质坡洪积潮褐土）	振兴系	灰砾土（钙镁质粗骨土）
四道梁系	北票红土（壤质红黏土）	朱家洼系	辽阳红土（薄腐红黏土）
四合城系	河砂潮土（砂质潮土）	专子山系	大沟坡黄土（中腐坡积棕壤）
宋杖子系	北票石灰红土（壤质覆钙红黏土）		

(S-1769.01)

ISBN 978-7-03-063983-7

定价：368.00 元